复旦智库丛书

长江大保护

理论、政策与科学研究

李琴 马涛 沈瑞昌◎著

复旦大學出版社

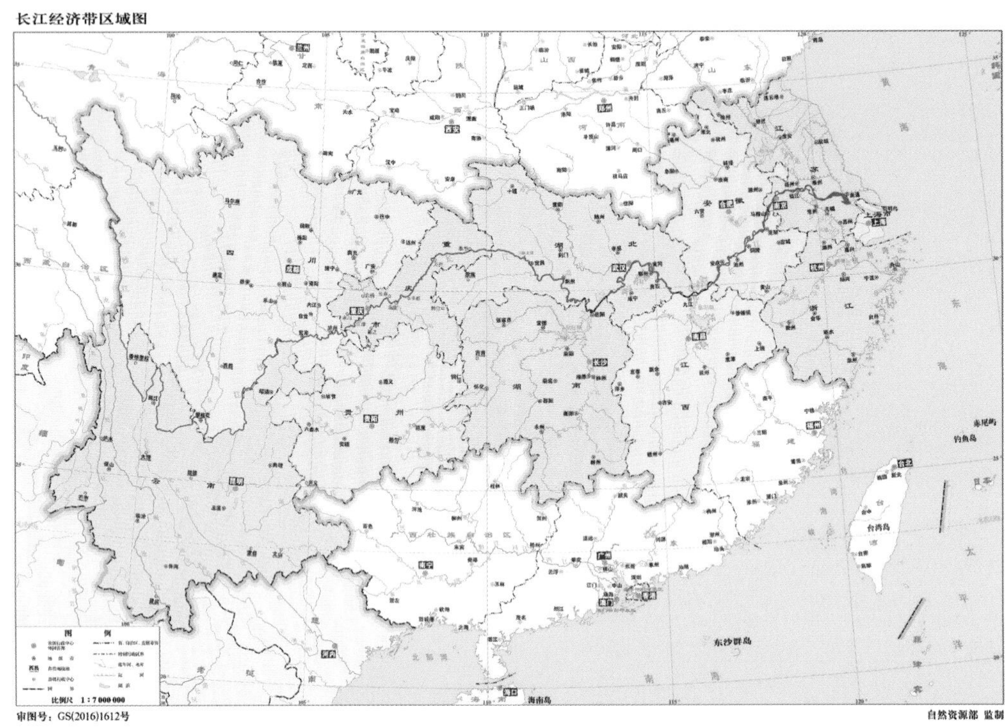

彩图 1　长江经济带区域图

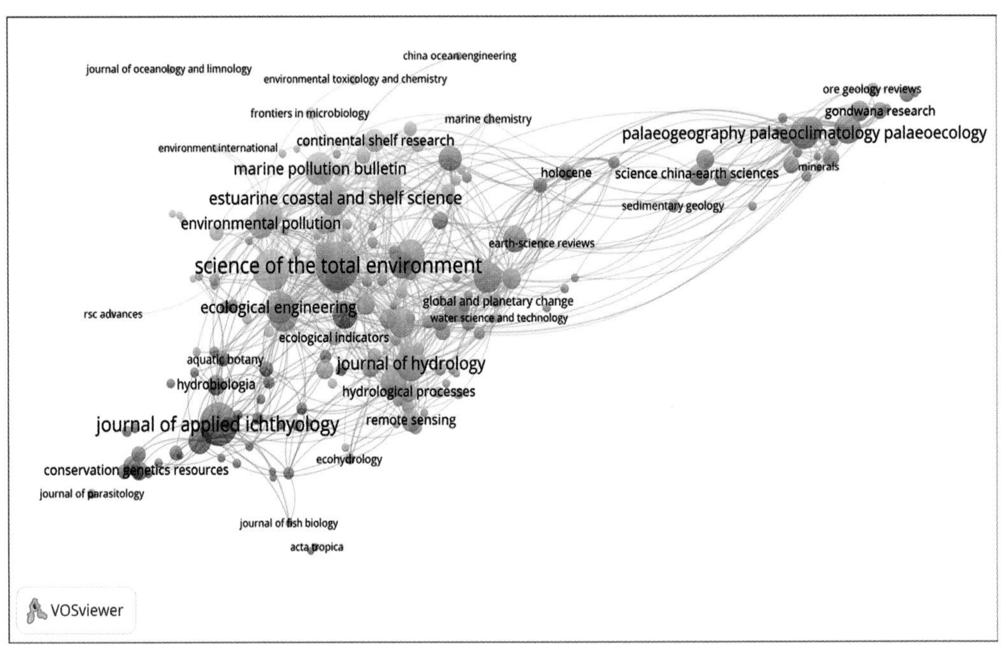

彩图 2　1994—2018 年间发表长江大保护相关文章的英文期刊的共引用分析图

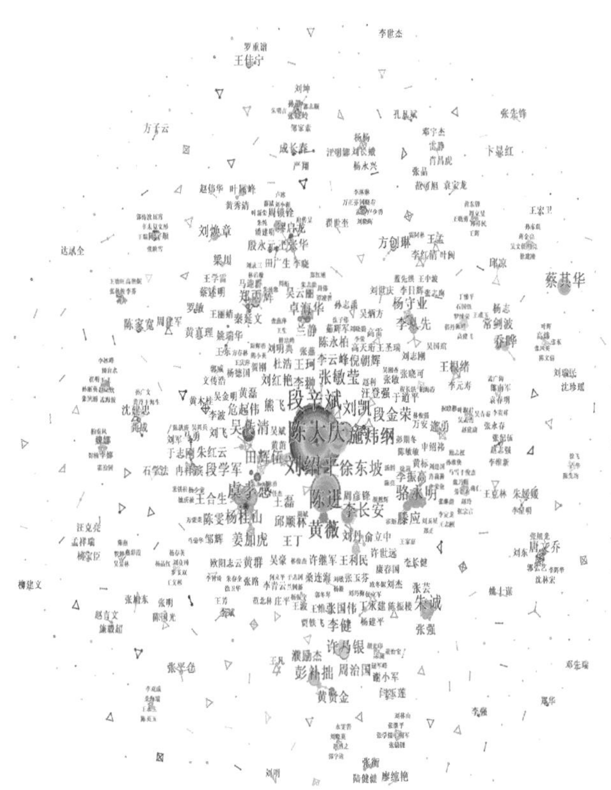

彩图 3　1994—2018 年间长江大保护相关中文文献的作者合作网络分析图

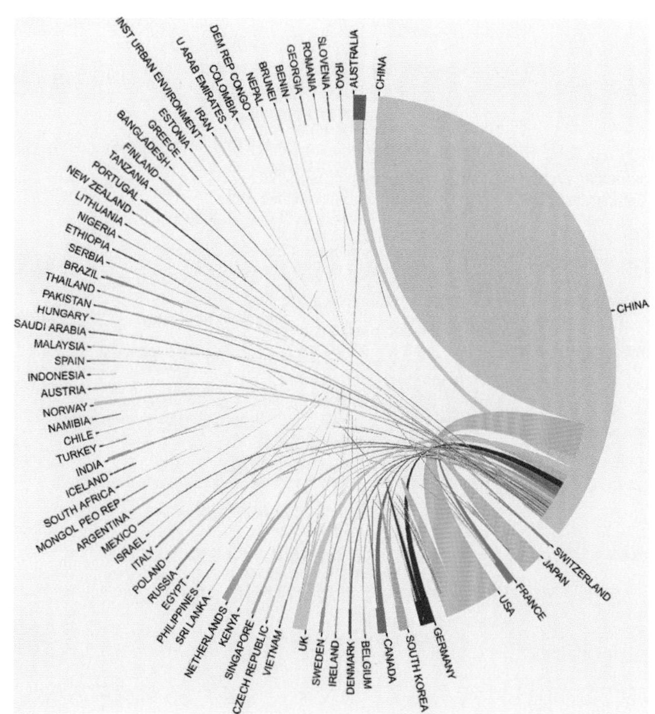

彩图 4　1994—2018 年间长江大保护相关英文文献作者所在国家的分布与合作关系

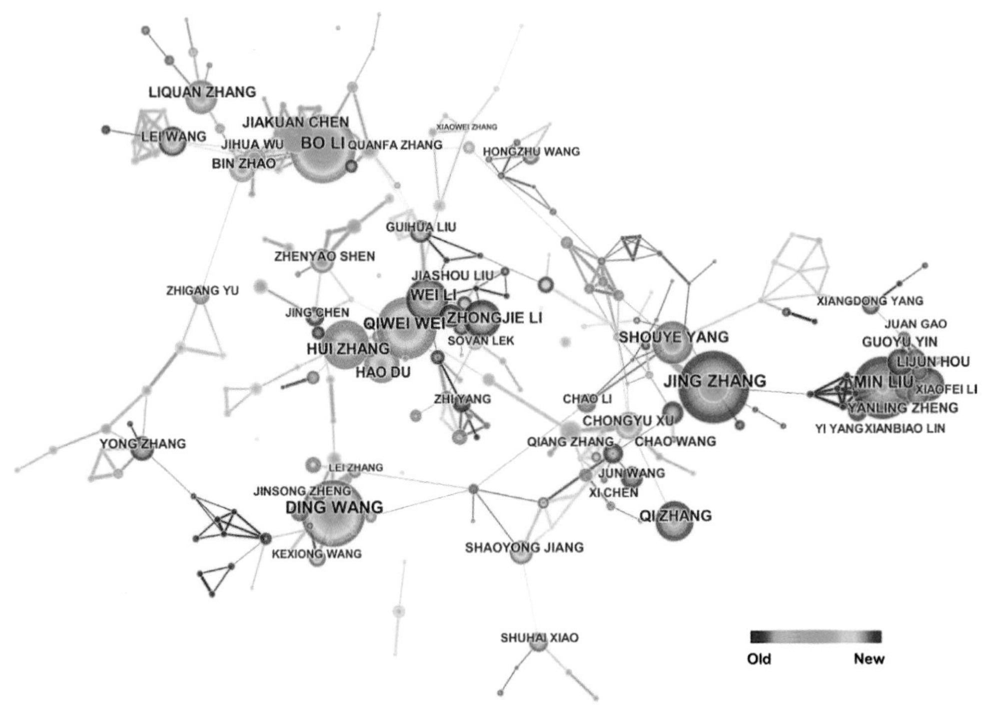

彩图 5　1994—2018 年间长江大保护相关英文文献的作者合作网络分析图

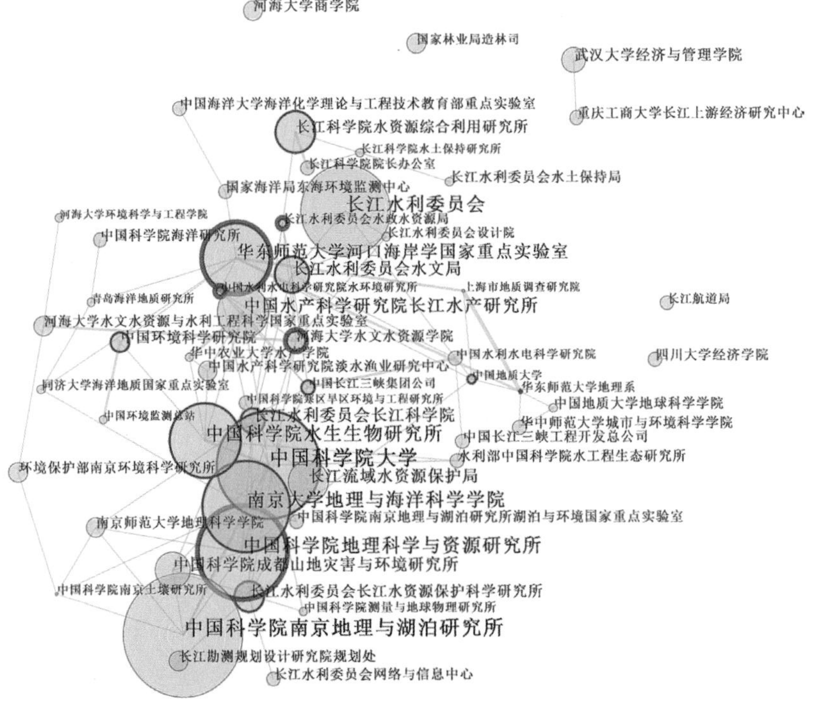

彩图 6　1994—2018 年间长江大保护相关中文文献发表量前 50 位的科研机构的合作网络分析图

（紫色圈表示合作网络图的中心节点）

彩图 7　1994—2018 年间长江大保护相关英文文献发表量前 50 位的科研机构的合作网络分析图

（紫色圈表示合作网络图的中心节点）

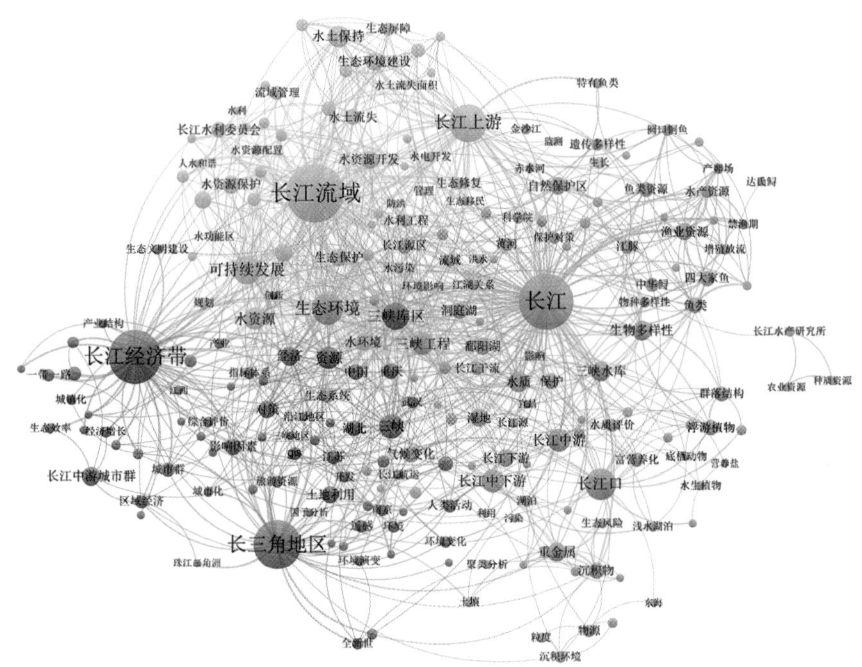

彩图 8　1994—2018 年间长江大保护相关中文文献出现频次超过 10 次的关键词的共现分析图

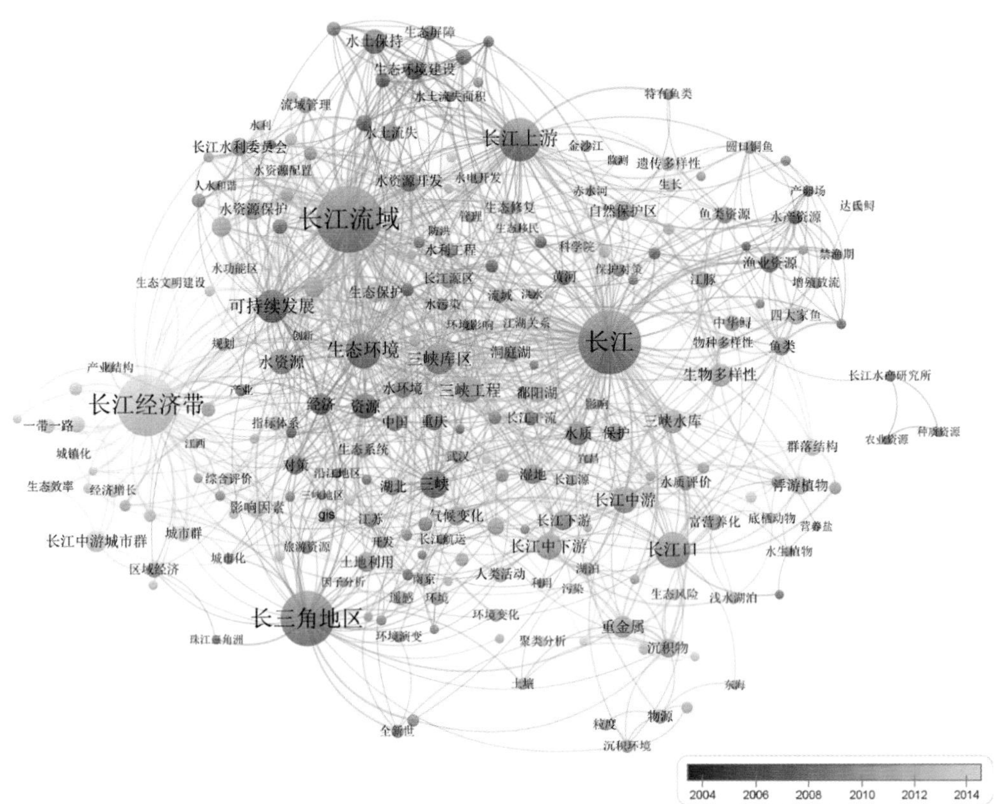

彩图 9　1994—2018 年间长江大保护相关中文文献出现频次超过 10 次的关键词的时间分析图

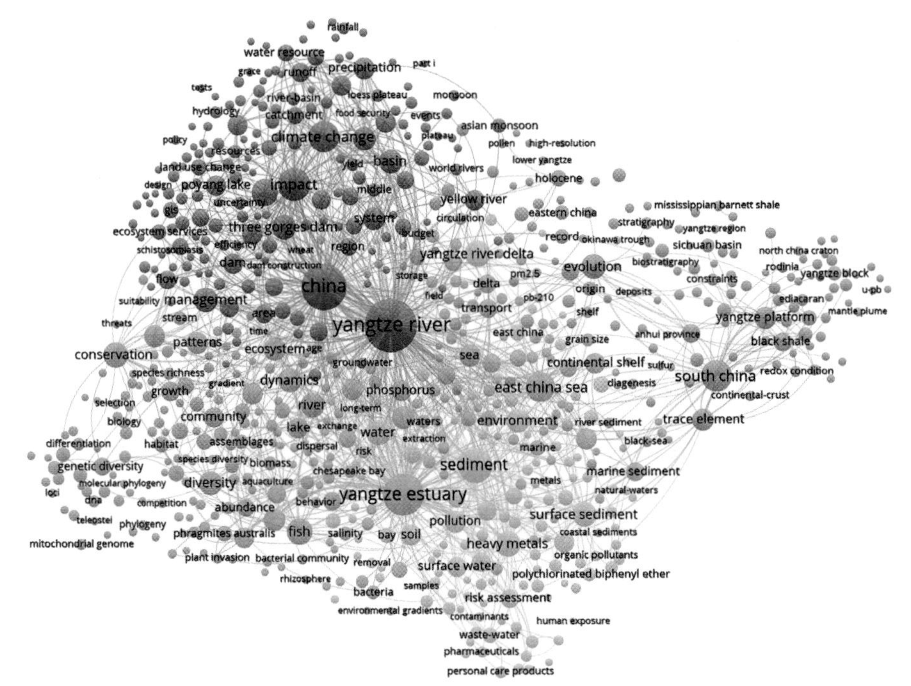

彩图 10　1994—2018 年间长江大保护相关英文文献频次超过 10 次的关键词的共现分析图

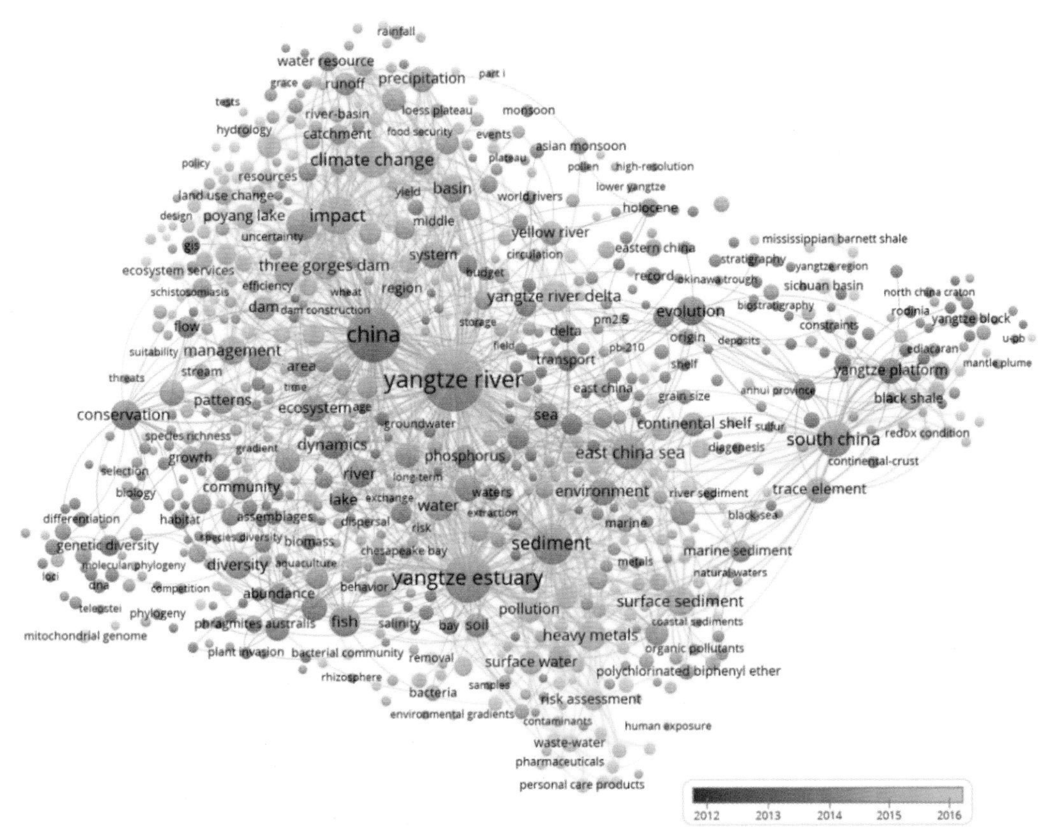

彩图 11　1994—2018 年间长江大保护相关英文文献频次超过 10 次的关键词的时间分析图

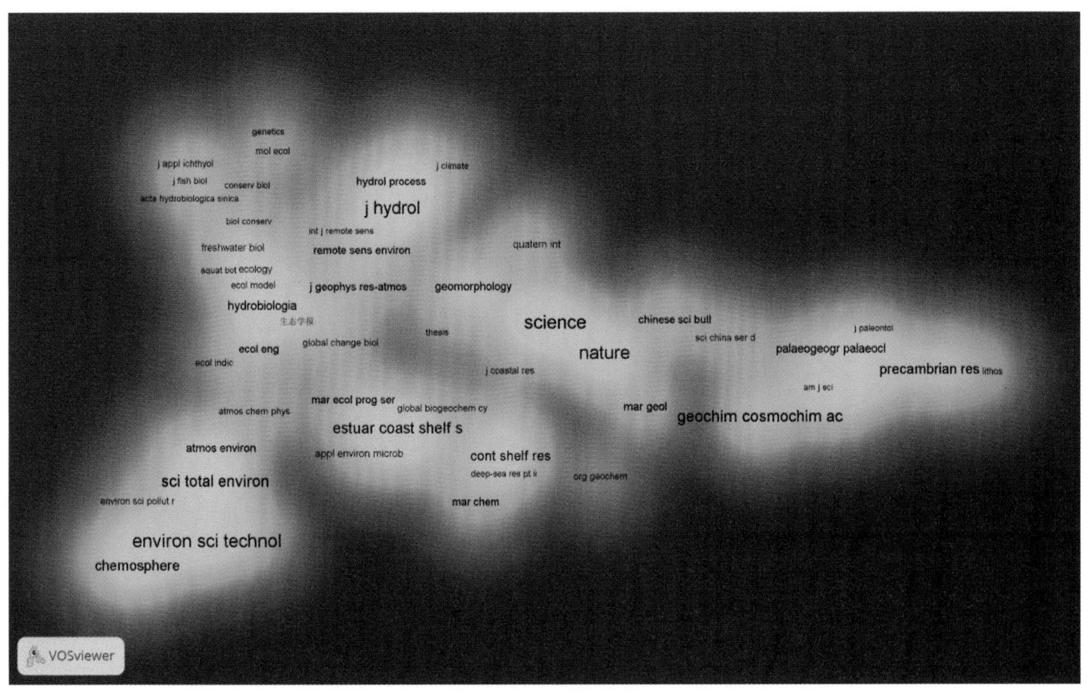

彩图 12　1994—2018 年间长江大保护相关英文文献引用最多的 50 种期刊

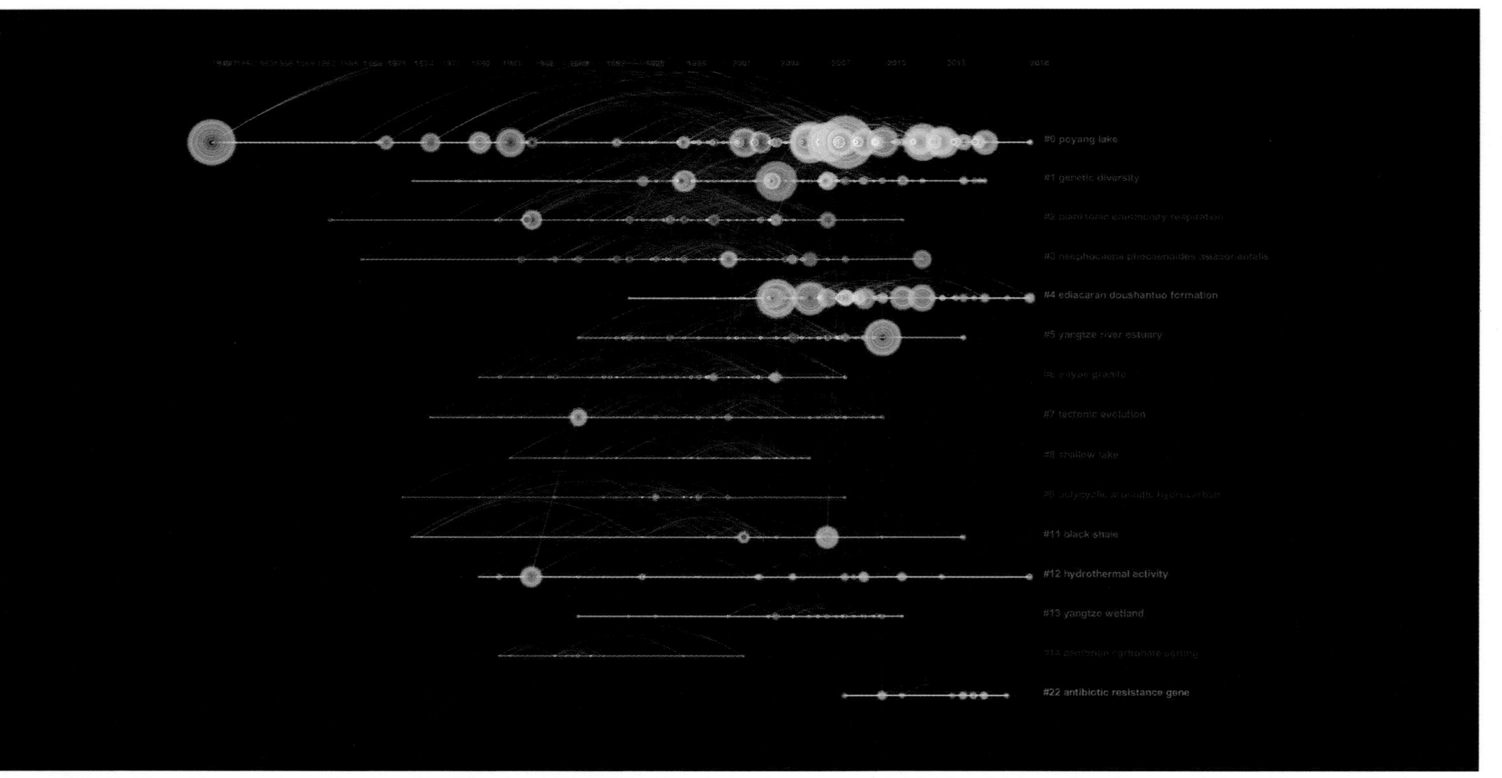

彩图 13　1994—2018 年间长江大保护相关英文文献引用的类别与时间

（从紫色到黄色表示时间由远及近，圆形节点代表文献，两个圆形节点之间的弧形连续代表引用关系）

序一 PREFACE

深化高校智库合作，共促长江保护修复

长江是中华民族的母亲河，是中国经济社会可持续发展的重要命脉，在保障中国生态安全中占有十分重要的战略地位。改革开放以来，长江经济带11个省(直辖市)已发展成为我国综合实力最强、战略支撑作用最大的区域之一，用全国21.5%面积的土地养活了42.9%的人口，贡献了全国约46%的GDP。党中央、国务院高度重视长江流域生态环境保护修复和长江经济带高质量发展。习近平总书记多次主持召开推动长江经济带发展座谈会，作出系列重要指示批示，举旗定向，亲自部署，亲自推动。2016年1月，习近平总书记在重庆召开推动长江经济带发展座谈会，明确提出要共抓大保护、不搞大开发。2018年4月和2020年11月，习近平总书记分别在武汉和南京讲话，提出推动长江经济带开发需要正确把握5个方面的关系，指出加强生态环境系统保护修复，要从生态系统整体性和流域系统性出发，追根溯源、系统治疗。

水生生物多样性是长江流域生态系统结构与功能健康的重要标志。长江流域是一个完整的自然地理单元，拥有独特的生态系统，是我国生物多样性最丰富的区域。但是，随着经济社会的高速发展，各类高强度人类活动在创造了巨大经济效益的同时，也改变了长江的水域生态环境，对于水生生物的影响尤其突出。因此，水生生物特别是鱼类的多样性，在长江大保护战略中受到了高度关注。自2021年1月1日起，长江流域重点水域全面实施十年禁渔。长江十年禁渔是长江大保护的历史性、标志性和示范性工程。长江禁渔范围广、时间长，具有首创性和复杂性，从理论到实践都在探索保护体系的协同创新。

“共抓长江大保护”是一项复杂的系统工程。在科学认知长江生态环境问题的基础上，需要深入研究和探索创新“共抓长江大保护”顶层设计与实施路径规划、理论引领与科学支撑、关键工程技术措施选择、系统监测评价体系构建、价值实现方法路径、立法保护和体制机制创新等重大关键问题，这些问题共同组成了“共抓长江大保护”的体系框架。因此，长江大保护从理论走向实践，需要强有力的科技创新支撑和智力保障。

把长江大保护的各项要求落到实处，离不开一个“共”字，要立足保护修复需求，科学诊断长江生态系统的健康状况，找准长江流域经济社会可持续发展存在的主要问题和面临的挑战，系统提出有针对性的对策和政策建议，因而需要包括高校科研院所在内的各方、各界加强合作，开展基础研究和前瞻研究，以形成合力。

近年来，高校智库在长江保护修复领域发挥着越来越重要的作用，依托多学科和人才

优势，开展了一系列全局性、战略性、前瞻性的研究。《长江大保护理论、政策与科学研究》一书，从生态、经济和历史视角论述了长江流域在中国文明史上极其重要的地位，从流域自然特征的角度阐明了水域生态系统结构和功能的恢复对于长江大保护的意义；解读了实施长江大保护战略的理论与科学依据，总结了流域治理的中国智慧与中国方案；按照时空脉络梳理了长江大保护战略形成的历史脉络，分析了近10年来关于长江保护政策的演进特征、实施路径和存在问题。此外，运用文献计量学方法，分析了近年来长江保护相关科学研究的基本特征、研究热点和主题演化趋势，并提出了未来研究重点科技支撑的建议。

本书关于长江保护修复的理论概述和政策梳理，对于长江保护修复工作具有理论上的启发和方法论的指导价值，也为公众熟悉和参与长江保护事业提供了有益的研究视角和文献基础，具有重要的理论价值和社会价值。更可贵的是，本书3位作者对于长江大保护理论、政策与科学研究的理解颇有见地。作者之一李琴博士曾在农业农村部长江办挂职工作，直接参与长江水生生物保护有关政策创设和实际管理工作，在理论与实践的结合上也有建树。期待这一著作的出版、发行能够发挥更大的价值，为长江保护与高质量发展提供新的知识体系、贡献新的决策智力支持。

农业农村部长江流域渔政监督管理办公室

2022年9月

序二 PREFACE

支持青年学者站到国家需求与科学研究的前沿

喜闻李琴、马涛和沈瑞昌博士所著《长江大保护理论、政策与科学研究》一书即将出版，我对3位为此作出不懈努力表示祝贺、敬佩和欣慰。据我所知，这是迄今为止学界第一本研究长江大保护战略的理论、政策和科学研究三者相结合的著作。我深信，它的问世会对进一步推动长江大保护的深度理论研究、政府科学决策和科学研究布局起到重要作用。

从该科研项目的立项到成书再到正式出版，我是这一全过程的唯一见证人。我反复问自己：你从中得到的最重要感悟是什么？我的回答只有一个：我们老一代科学家一定要创造各种条件，支持青年学者站到国家需求与科学研究的前沿，因为青年一代是中华民族复兴的希望所在！

1. 任务的由来

我现在还清楚地记得，2018年7月30日上午，湖北省长江生态保护基金会（简称"基金会"）专职副理事长（也是我的好朋友）给我打电话，邀请我担任所长的南昌大学流域生态学研究所（以下简称"流域所"）参与"长江大保护政策研究红皮书"的编写工作，同时告诉我这是农业农村部长江流域渔政监督管理办公室（以下简称"长江办"）要求他们承担的任务。编写的文集要在10月农业农村部和湖北省人民政府主办的以"保护生命长江，建设美丽中国"为主题的"第二届长江生物资源保护论坛"（以下简称"论坛"）上派用场。

我明确地告诉他，这样重要的材料要靠非政府组织（NGO）临时组织科研与写作团队在3个月内完成是完全不可能的，并建议他与长江办负责人商量后给我答复：①按照科研项目立项的方式下达给流域所；②建议流域所青年教师李琴主持项目并组织科研与编写队伍；③请长江办有关处室直接与李琴沟通；④建议在论坛结束后将成果修改、完善和出版，应由李琴担任该书主编。

当天下午，我通过电话与李琴讨论由她承担这一项目的重要意义、研究架构、方法路径和前期基础，以及研究团队的组建原则和候选人等。我还明确地告诉她，从接受这一任务起，她就要成为名符其实的项目负责人，遇到再大困难也得自己扛着，自己破解，我仅起咨询和审稿作用，在全过程中我不会写一章一节。我真没有想到，李琴毫不犹豫地接受了这一挑战。

2. 班子的组建

能不能高质量完成科研项目，主要取决于项目负责人的前期研究基础、团队成员的学科结构和研究策略。我一直反对不少科学家把主要精力放在申请科研项目上，而不是放在高质量完成项目预期目标上。

项目负责人李琴，时任江西省流域生态演变与生物多样性重点实验室副主任，当年还在攻读复旦大学生态学博士学位。其优势学科和主要研究领域是流域生态学和保护生物学，以长江流域和鄱阳湖流域为研究区域，主持科研项目 9 项，合作出版专著 2 部，发表学术论文 22 篇。

除了在学科和主要研究领域有主持该项目优势外，她的前期研究与该项目研究内容高度相关，研究基础好，成果突出。

她以第一作者发表与“长江大保护”相关的论文就有：①长江大保护的范围、对象和思路，中国周刊，2017；②长江大保护的理论思考——长江流域的自然资本、文明溯源及保护对策，科学，2017；③长江大保护的历史地位、面临威胁与大保护的建议，长江技术经济，2018；④长江大保护事业呼吁重视植物遗传多样性的保护和可持续利用，生物多样性，2018。

合作出版的专著有：①《生态文明：人类历史发展的必然选择》，重庆出版社，2014；②《鄱阳湖国家级自然保护区二次科学考察报告》，复旦大学出版社，2016。

尤其是她有长江流域上中下游野外考察的多次经历，难能可贵的是参加近 20 天农业部长江流域渔业资源管理委员会、世界自然基金会组织的“美丽中国　生命长江”2013 年长江上游(通天河—宜宾—赤水河)联合科学考察，获“为考察成功做出特别贡献”的荣誉。

李琴在理论和实践上的前期基础，才是我支持她站到长江大保护战略这一国家重大需求与这一科学研究前沿的主要原因。我认为，她有能力把控整个项目的架构和质量，而且能研究完成好第一板块。

李琴在与我讨论项目团队其他成员时，我们的观点是成员的学科结构要合理、研究领域能互补、研究区域有共性，同时，每个成员都要有主持项目的经验及适合其研究的板块。在反复比较各候选人后，李琴决定选择马涛和沈瑞昌作为团队成员。

马涛博士，理论经济学博士后，复旦大学环境科学与工程系环境管理专业副教授。其优势学科是生态经济和环境管理与政策，主要研究领域为全球气候变化与低碳经济、环境与贸易和区域可持续发展，以长江流域的河口湿地九段沙和崇明东滩湿地等为研究区域，主持科研项目 8 项，独立出版和合作出版专著 4 部，特别适合于承担研究项目的第二板块。

沈瑞昌博士，复旦大学生态学流动站博士后，江西鄱阳湖湿地生态系统定位观测研究站副站长。其优势学科是自然地理学和全球生态学，主要研究领域为全球气候变化与生态系统响应，以长江流域的江西鄱阳湖和安徽升金湖等为研究区域，主持科研项目 5 项，合作出版专(译)著 2 部，发表学术论文 20 余篇。在我做沈瑞昌博士后合作导师时，我发现他对海量文献的归纳、分析和评价能力强，能写一手好综述，又静得下心来，因此适合承担研究项目的第三板块。

3. 架构的明确

在研究团队成员确定后，李琴主持，与马涛和沈瑞昌多次讨论全书架构，并征求我的意见。在大家对全书架构取得一致意见后，李琴对三大板块进行分工：前言和第一板块（习近平关于长江大保护战略论述的解读）由李琴自己负责；第二板块（中央、各部委和沿江各省市相关政策与行动的评述）由马涛负责；第三板块（长江大保护战略的科学研究现状、亮点和文献计量学分析）由沈瑞昌负责。

2018年8月13日，李琴、沈瑞昌和我到长江办讨论"长江大保护政策研究红皮书"项目推进方案。会议由长江办负责人主持，基金会和世界自然基金会（WWF）派员参加。主持人对农业农村部和湖北省人民政府将在武汉召开"第二届长江生物资源保护论坛"做了背景介绍，提出编写"长江大保护政策研究红皮书"方案的具体要求。我介绍了研究团队在长江大保护中的前期研究基础。李琴汇报了项目目标、编写架构、研究方式、时间进度和预期成果。长江办对此表示认同，会上明确项目负责人是李琴，并进入签订项目合同阶段，名称定为"长江大保护战略、政策与行动以及生物资源保护研究"。

那一天，当我走出长江办办公室时，我突然意识到3位青年学者已经面对国家重大需求，站到了科学研究的前沿，而李琴和沈瑞昌刚刚年过30，我在同样的年龄时还在一所厂办子弟中学教语文，读研究生只是一个从来没有做过的梦。时代正在发生巨变，我提醒自己一定要跟上时代的步伐，把年轻学者尽快推到学术舞台的中央。

4. 研究的进展

为了确保项目进度和研究质量，在8月13日至27日的15天里，李琴带着马涛和沈瑞昌进入高强度的工作。28日我与李琴一起乘高铁到武汉，晚上认真听取了李琴的项目进展汇报，其进度和质量都让我非常惊喜。第二天我们两人满怀信心走进武汉东湖宾馆凌波厅，参加"第二届长江生物资源保护论坛"筹备工作第二次推进会。会议由长江办主持，会议重要内容之一是听取李琴用PPT制作的项目进展、阶段成果和今后工作。她做了完整清晰的汇报，大家对李琴的汇报一致给予好评，我也在会上对3位青年学者的出色表现作了充分肯定，还感慨地说，中华民族复兴的希望就在下一代青年人身上。

5. 修改与定稿

这一过程不但会一次又一次地提高文稿的质量，而且让李琴课题组懂得了政府部门与学术界评价研究成果的重点和质量标准有着明显的差异，也懂得了为学术而学术的研究是没有生命力的。中国生态学家的科学论文要写在祖国的大地上！

9月11日我收到李琴完成的第一次统稿，审阅后就科学性方面提出意见后返回；9月24日我收到李琴发来的修改版统稿，审阅后就章节逻辑性和文句通达方面提出意见后返回。9月30日，我与李琴和马涛一起到长江办，当面听取了长江办两位领导对文稿的意见。他们充分肯定文稿的质量，希望更加紧扣长江大保护主线与关键环节，还要对各部委和省市自治区的各种大保护举措给予肯定。10月11日部机关又给出对文稿的反馈意见，在李琴主持下，3人最终完成了修改与定稿。

在项目启动前和早期，长江办将项目定名为"长江大保护政策研究红皮书"；课题组启动后在正式上报时，长江办将其改名为"长江大保护的战略、政策与行动"；11月3日，定名为"长江大保护政策理论研究"，作为会议正式印发的材料。

6. 预期的贡献

每一项科学研究的社会功能大小,首先,取决于研究问题或对象的重要程度。长江流域的自然特征与自然资本对中国数千年文明发展史以及对中国再次崛起的作用巨大,换言之,长江大保护战略事关中华民族兴衰。该著作用大量可靠史料科学描述了长江大保护战略的形成与发展的脉络和时空特征,并努力解读了这一战略的科学内涵。这将对广大读者深刻理解与自觉参与长江大保护行动起到积极作用。其次,是该项研究对中央和地方政府出台的各项政策及长江大保护的行动进行追溯与简要评述,这将对我们今后的决策更加科学与精准起到参考作用。再次,研究中对已发表的科学研究的文献计量分析与亮点介绍,则对科技部门“十四五”相关规划以及科学家选择科研突破口有一定借鉴作用。政策特征和科学研究进展的比较,有助于进一步认识科学研究工作与政府决策需求之间的衔接及其不足。该著作使用的交叉学科研究方法也可能引起相关人员的兴趣。

3 位青年学者毕竟学术功底有局限性,加之所研究对象具有复杂性,著作中难免有瑕疵,恳请读者斧正!

从接受任务到完成任务,先后只有 3 个月时间。但我深信,这一经历是他们 3 位特别是李琴博士一生科研生涯中印象最深刻、最难忘和最有意义的时光。我也高兴地看到 3 位青年学者正逐步走到能满足国家需求的科学研究前沿,这才是青年学者的正道!

复旦大学特聘教授

2020 年 9 月

目录 CONTENTS

第三章 长江大保护——中央布局、部委和省市政策与行动 055

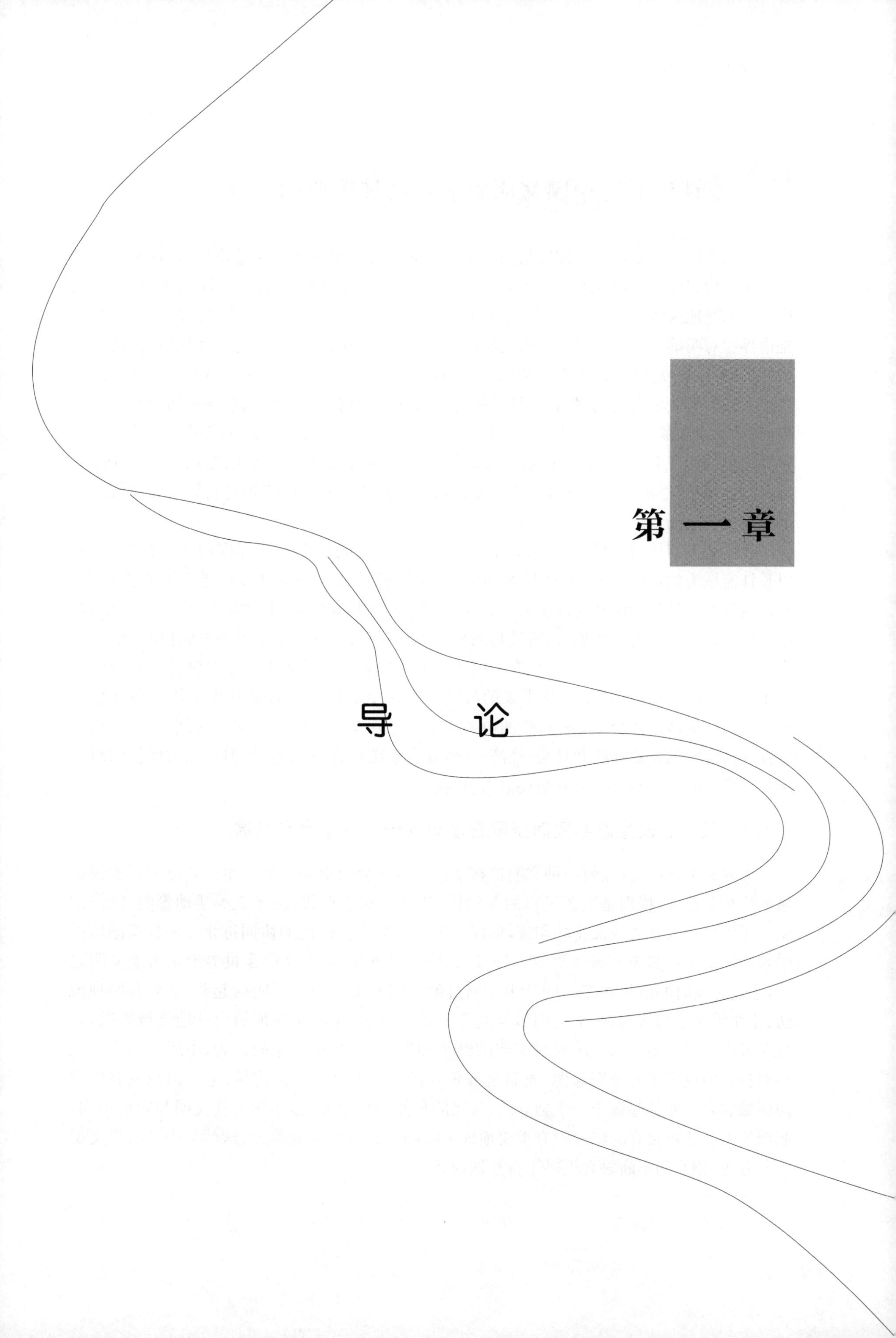

第一章

导　论

1.1 长江流域在中国文明史上有极其重要的地位

地球表面生态要素时空配置格局决定人类文明起源和演化的时空格局，特别是人类四大古文明均起源于大河流域——两河流域、尼罗河流域、印度河流域、长江与黄河流域，温度适宜的湿地区域是陆表生态要素和空间配置最有利于人类文明发展的区域。这些流域是边界相对明确并通过水文过程将流域内各种生态系统联系起来的自然地理单元，是最典型的社会-经济-自然复合生态系统(social economic natural complex ecosystem)之一。世界十大最长河流依次是尼罗河、亚马逊河、长江、密西西比河、黄河、额尔齐斯河、澜沧江、刚果河、勒拿河和黑龙江，其中全境在我国或流经我国的河流占一半。在我国经济社会中有重要地位的除了长江与黄河流域，还有珠江、海河、淮河、钱塘江、闽江、松花江和辽河流域等。因此，我国经济社会的发展很大程度上依赖于大江大河流域特别是它们与海岸带结合部的河口三角洲地区。

我国诸多流域的经济社会发展与生态环境保护之间存在不同程度的人与自然冲突。以长江流域为例，它是中华文明发源地之一，也拥有长江经济带建设的最重要自然资本。长江流域是指长江干流和支流流经的广大区域，横跨中国东部、中部和西部共计19个省、市、自治区，是世界第三大流域，流域总面积约180万平方公里，占中国国土面积的18.8%，全流域人口约4.59亿。长江流域在中国历史上的重要地位首先取决于其独特的地理位置和生态要素时空配置，在现在与未来的战略地位完全取决于能否做到生态优先与绿色发展——长江流域的社会-经济-自然的协调发展。尽管本研究以长江流域为例，而且全球各大江大河流域的自然特征和社会-经济-自然复合系统存在巨大差异，但长江大保护的研究无疑对它们的保护与发展会有重要参考价值。

1.1.1 长江流域生态要素时空配置最有利于文明孕育和发展

纵观人类文明史，任何一种文明都在特定自然社会历史条件下产生。全球主要大河流域的生物多样性，特别是生态过程的多样性，从远古到近现代，由于人类活动影响，已经被烙上了深深的人文的或文化的印迹，形成了生物与文化多样性的协同进化。根据英国历史学家阿诺德·约瑟夫·汤因比(A. J. Toynbee)的研究，中华文明是世界上最古老文明之一，也是持续时间最长和唯一的从未中断过的文明。关于中华文明的起源，学界有两种说法：主张单元论的认为，中华文明最早起源于黄河流域，再由黄河流域向其他流域扩散，长江流域农耕文明是黄河流域农耕文明的继承和发展；主张多元论的认为，中华文明在多处相对独立的地理单元分别起源，再融合成现在的中华文明。两河流域、尼罗河流域和印度河流域农耕文明都起源于一个独立的、封闭的自然地理单元，而中华农耕文明与它们不同，起源于多个相对独立的但又没有重要地理屏障隔离的自然地理单元，这就为中华农耕文明多元起源、相互间不断融合提供了自然地理条件。[①]

① 陈家宽，李琴. 生态文明：人类历史发展的必然选择. 重庆：重庆出版社，2014.

本研究支持多元起源论。长江和黄河都是中华民族的摇篮,长江流域的农耕文明是中华文明的重要组成部分之一。越来越多的考古发现认为长江流域文明起源要早于黄河流域。据考古史料记载,旧石器时代早期距今 170 万年的元谋猿人是迄今中国发现的最早属于"猿人"阶段的人类化石,是长江流域人类活动悠久历史的有力证明。中华文明的不断延续与繁荣发展得益于我国境内有两条东西走向的大河流域——长江流域和黄河流域,两者之间还有便于中华祖先迁移的地理廊道——汉水流域和东部平原。两个流域之间的文明不断交融与更替发展,支撑着具有强大生命力的中华文明发展。

由于长江流域东西走向,除了源区处于高原山地气候,其他上游、中游和下游区域同处于同纬度亚热带湿润季风区,生态要素配置大体相同,又有能通航的长江干流联系起来,因而长江全流域农耕文明有着共性——稻作文明。但长江流域又有多个相对独立的自然地理单元,包括长江流域的宜昌以上的鄂西至宜宾一带和四川盆地,长江中游的江汉平原、汉水流域、洞庭湖流域、鄱阳湖流域和安徽沿江地区,以及长江下游的河流两岸和长江三角洲平原地区。在不同的相对独立的自然地理单元,长江流域农耕文明的文化又极具多样性,如巴蜀文化、楚文化、荆楚文化、湖湘文化、赣文化、客家文化、徽文化、吴文化、越文化和江淮文化等,各种文化既有共性又有明显的差异,最终融合成完整的长江流域农耕文明。南宋以后,长江流域更是成为全国经济社会发展的重心。鸦片战争以后,工业文明传播到中国,最早工业化的城市主要也分布在沿着长江河口向上游的上海、武汉和重庆等地。进入新时代,我国的长江流域经济带和海岸带经济带将形成"T"字形的战略构架,起到引领中华民族强起来的历史使命。

长江流域干流两岸的温度适宜的平原与盆地区域的陆表生态要素及空间配置特征,不仅非常有利于长江农耕文明的发端与繁荣,也有利于工业文明和生态文明的发展。因此,长江流域也是全球所有河流中自然资源和生态要素时空配置最具优势的大江流域之一。

2016 年 1 月 5 日,习近平总书记在重庆主持召开推动长江经济带发展座谈会上的重要讲话指出:长江是中华民族的母亲河,也是中华民族发展的重要支撑。推动长江经济带发展必须从中华民族长远利益考虑,走"生态优先、绿色发展"之路,使绿水青山产生巨大生态效益、经济效益、社会效益,使母亲河永葆生机活力。沿江省市自治区和国家相关部门要在思想认识上形成一条心,在实际行动中形成一盘棋,共同努力把长江经济带建成生态更优美、交通更顺畅、经济更协调、市场更统一、机制更科学的黄金经济带。

1.1.2 长江流域独特生态系统是经济社会发展的物质基础

1. 长江流域的自然特征

长江流域自然与人文地理特征由流域的地形地貌、地理位置和人类活动共同决定。长江流域的地质构造极为复杂,跨三江褶皱系、松潘-甘孜褶皱系、秦岭褶皱系、扬子准地台、华南褶皱系等不同地质构造单元;各区的地质发展历史差异很大,经历过重大地质事件,如第三、四纪冰川期,塑造出了多样地形地貌,包括高原、峡谷、山地、丘陵、河流和湖泊;全流域经度、海拔高差跨度大,因此光照、气温、降雨量和土壤类型等在流域内差异极大,且受到不同人类活动强烈影响。相比于世界其他主要大河流域,长江流域极具独特性和唯一性。

2. 长江流域自然地理孕育了丰富的生物多样性

长江流域的地质历史、自然条件孕育和人类活动影响了该流域丰富的生物多样性。流域面积大,它有世界上同纬度地区最大的通江、浅水和草型并受东南亚季风密切影响而变化剧烈的湖泊群,其干流河道曲折,支流密布,径流量巨大,流域内的河漫滩、湖滨和河口滨海沼泽发育良好,这样河流、湖泊和沼泽形成结构与生态过程复杂、生态系统服务功能巨大的湿地生态系统,在地球同纬度地区具唯一性;流域内具有国际意义的生物多样性关键地区数量非常多,包括青藏高原高寒湿地、秦岭-大巴山地区、川西高山峡谷地区、滇西高山峡谷地区、湘黔川鄂山地地区、两湖平原湿地区域、长江河口湿地区等;全流域内存在全球意义或在生物进化中最有代表性的物种、各种生物类群中的关键类群;具有特殊植被类型或特殊生态系统类型、生态系统、物种和遗传多样性 3 个层次上的生物多样性程度极高;全流域内主要栽培植物、家养动物和淡水鱼类种质资源丰富。根据瓦维洛夫的研究,长江流域是世界上八大农作物起源中心之一。①

生物多样性是人类赖以生存和发展的物质基础,具有巨大的生态系统服务功能。全球生物多样性每年为人类创造的服务价值远高于经济生产总值,据 Costanza 等(1997,2014)研究,1995 年全球生态系统服务功能价值约为 33 万亿美元,当时全球国民生产总值(GNP)约为 18 万亿美元;2011 年全球生态系统服务功能价值达 125 万亿美元,而全球 GNP 约为 68.85 万亿美元。②③ 目前,人类生存与经济社会发展主要还依赖于自然生态系统的巨大服务功能。以长江流域为例,陆域森林生态系统和湿地生态系统是长江流域生态系统的核心部分,它们在维持全流域生物多样性中起重要作用,湿地是调控长江流域水资源、水生态和水环境的主要场所。陆域和湿地保护、修复和调控是维持长江流域生态系统健康的根本途径。随着经济社会发展,流域内生物多样性越来越受到各种形式人类活动的影响,面临着多种不同形式的挑战。

2016 年 1 月 5 日,习近平总书记在主持召开推动长江经济带发展座谈会上的重要讲话中明确指出,长江拥有独特的生态系统,是我国重要的生态宝库。当前和今后相当长一个时期,要把修复长江生态环境摆在压倒性位置,共抓大保护,不搞大开发。要把实施重大生态修复工程作为推动长江经济带发展项目的优先选项,实施好长江防护林体系建设、水土流失及岩溶地区石漠化治理、退耕还林还草、水土保持、河湖和湿地生态保护修复等工程,增强水源涵养、水土保持等生态功能。在座谈会上,习近平总书记还指出,长江经济带作为流域经济,涉及水、路、港、岸、产、城和生物、湿地和环境等多个方面,是一个整体,必须全面把握、统筹谋划。要增强系统思维,统筹各地改革发展、各项区际政策、各领域建设、各种资源要素,使沿江各省市协同作用更明显,促进长江经济带实现上中下游协同发展、东中西部互动合作,把长江经济带建设成为我国生态文明建设的先行示范带、创新驱动带、协调发展带。

① 瓦维洛夫. 主要栽培植物的世界起源中心. 董玉琛译. 北京:中国农业出版社,1982.

② Costanza R, d'Arge R, de Groot R, et al. The value of the world's ecosystem services and natural capital. *Nature*, 1997, 387: 253-260.

③ Costanza R, De Groot R, Sutton P, et al. Changes in the global value of ecosystem services. *Global Environmental Change*, 2014, 26: 152-158.

1.1.3 生物多样性面临的威胁及其保护是重大行动的切入点

长江流域干支流不同江段的生态安全面临着多种形式的人为干扰，不同方式的人类活动对长江上中下游流域生物多样性已造成了巨大的威胁。长江全流域非法捕捞、排污、挖沙、航道和港口建设等，正在导致水生生态系统退化、水生生物物种多样性下降、水体富营养化、洪水调蓄能力降低和供水能力不足等问题，少数湖泊甚至面临萎缩、消亡的威胁。

长江源头区由北源楚玛尔河、南河当曲和正源沱沱河组成，面积10多万平方公里。源头区面临着高寒草甸过度放牧、植被破坏和过度垦荒、外来物种入侵等威胁，特别是气候变化导致雪山的雪线上升，加之基础设施如交通建设造成大量表土流失，造成草甸生态系统和湿地生态系统脆弱性增加，生物多样性保护面临挑战。

长江上游流域区是指金沙江至宜昌段，总面积约100万平方公里。主要威胁是干流和各支流的水电站密布，所修建的大坝将彻底改变长江干流与重要支流的水沙过程，导致许多珍稀特有鱼类洄游场所和栖息地消失。《长江流域生态系统评估》的研究显示，水电梯级开发不仅影响陆地生态系统质量，还显著影响水生生物多样性，给下游河流带来水位下降甚至干涸的风险；中上游的大渡河、青衣江和岷江干流子流域土壤流失问题突出，2000—2010年土壤侵蚀增加，中度以上侵蚀面积增加。上游石漠化区域内的生态系统尤为脆弱，农耕活动导致植被退化与水土流失。

长江中游流域区是指宜昌至鄱阳湖湖口段，流域面积约68万平方公里，占长江全流域面积约37%。流域内有两湖平原和江汉平原等，是河流和湖泊分布最密集区和水资源最丰富区，主要威胁是不合理围垦等湿地开发利用，导致湖泊数量急剧减少和自然湿地面积急剧缩小，人工湿地显著增加。《长江流域生态系统评估》的研究显示，中下游的沼泽湿地面积大为减少，湿地生态系统退化。

长江下游流域区是指鄱阳湖湖口至长江河口段，面积约12万平方公里，占长江全流域面积约7%。主要威胁是工业化和城市化进程加快，各类城镇建设用地面积均大幅度增加；流域重大开发工程以及全球气候变化多重影响，水污染、水环境和土壤污染问题突出，废水及污染物排放向中上游转移。

人类活动和自然变化（特别是全球气候变化）的双重作用决定长江流域的生态演变趋势和生态安全。2018年4月26日，习近平总书记在武汉主持召开推动长江经济带发展座谈会上指出长江大保护的紧迫性：流域生态功能退化依然严重，长江"双肾"洞庭湖、鄱阳湖频频干旱见底，接近30%的重要湖库仍处于富营养化状态，长江生物完整性指数到了最差的"无鱼"等级。①

习近平总书记还语重心长地指出："我讲过'长江病了'，而且病得还不轻。治好'长江病'，要科学运用中医整体观，追根溯源、诊断病因、找准病根、分类施策、系统治疗。这要作为长江经济带共抓大保护、不搞大开发的先手棋。要从生态系统整体性和长江流域系统性出发，开展长江生态环境大普查，系统梳理和掌握各类生态隐患和环境风险，做好资源环境

① 习近平：在深入推动长江经济带发展座谈会上的讲话．新华社，2018年6月13日．

承载能力评价，对母亲河做一次大体检。要针对查找到的各类生态隐患和环境风险，按照山水林田湖草是一个生命共同体的理念，研究提出从源头上系统开展生态环境修复和保护的整体预案和行动方案，然后分类施策、重点突破，通过祛风驱寒、舒筋活血和调理脏腑、通络经脉，力求药到病除。要按照主体功能区定位，明确优化开发、重点开发、限制开发、禁止开发的空间管控单元，建立健全资源环境承载能力监测预警长效机制，做到'治未病'，让母亲河永葆生机活力。"[①]

长江病了，病在哪里？如何系统性修复？这是目前长江系统性保护的关键和难点。我们应科学认识生物多样性资源是人类文明起源、发展和繁荣的最重要物质基础之一；科学认识生物多样性保护是长江大保护的重要切入点；科学认识生物多样性保护、长江大保护、长江经济带发展和中国强起来之间的重要关联，事关中华民族与文明的延续与繁荣。

1.1.4 水生生物多样性是长江流域生态系统健康的标志

长江拥有独特的生态系统，分布有 4 300 多种水生生物，其中鱼类 400 多种(含亚种)，包括 170 多种长江特有种，是全球水生生物最丰富的河流之一。水生生物特别是鱼类多样性是长江流域生态系统健康状况的标志。多年来，人类活动的干扰依然是威胁水生生物的主要因素，如过度捕捞、水域污染、拦河筑坝、航道整治、岸坡硬化、挖沙采石等，导致流域特别是河流生态系统生态演变逆向——严重退化或碎片化，显著影响了物种栖息地、生物多样性组成，特别是长江流域河流和湖泊生态系统健康与鱼类多样性组成和维持。已有研究结果表明，长江河流和湖泊中的水生生物保护形势严峻，长江水域生物多样性指数持续下降，珍稀特有物种资源衰退，中华鲟、长江鲟、长江江豚等极度濒危，"四大家鱼"早期资源量比 20 世纪 80 年代减少了 90%以上。Zhang 等(2019)研究预计，分布于长江的世界上最大的淡水鱼长江白鲟已于 2005—2010 年灭绝。[②] 长江江豚是生活在我国长江流域中的两种淡水鲸类动物之一，也是长江江湖生态系统健康状况的重要标志之一。近年来，长江豚类的栖息环境遭到明显破坏，2022 年农业农村部组织实施的长江江豚生态科学考察结果显示，长江江豚种群数量大幅下降趋势得到遏制，但极度濒危状况仍未改变。当前，长江流域水生生物中列入《中国濒危动物红皮书》的濒危鱼类物种达到了 92 种，列入《濒危野生动植物国际贸易公约》附录的物种已经接近 300 种，水域生态修复任务非常艰巨。

2018 年 4 月 25 日，习近平总书记考察东洞庭湖国家级自然保护区巡护监测站时指出：修复长江生态环境，是新时代赋予我们的艰巨任务，也是人民群众的热切期盼。当务之急是刹住无序开发，限制排污总量，依法从严从快打击非法排污、非法采砂等破坏沿岸生态行为。绝不容许长江生态环境在我们这一代人手上继续恶化下去，一定要给子孙后代留下一

① 习近平总书记主持召开深入推动长江经济带发展座谈会上的讲话. 新华社，2018 年 4 月 26 日.

② Hui Zhang, Ivan Jaric, David L Roberts, et al. Extinction of one of the world's largest freshwater fishes: Lessons for conserving the endangered Yangtze fauna. *Science of the Total Environment*. doi: 10. 1016/j. scitotenv. 2019. 136242.

条清洁美丽的万里长江。[①]

2018 年 9 月 26 日，国务院办公厅正式印发《关于加强长江水生生物保护工作的意见》，基本涵盖了有关长江水生生物保护工作的全过程和各环节。这对长江水生生物多样性保护具有里程碑的意义，是当前和今后相当长一段时间内指导长江水生生物资源保护和水域生态修复工作的纲领性文件。2018 年 10 月 17 日，在国务院新闻办公室举行政策例行吹风会上，时任农业农村部于康震副部长提到：以水生生物为主体的水生生态系统，在维系自然界物质循环、净化水域生态环境等方面发挥着重要作用，是保障国家生态安全的重要基础。长江是中华民族的母亲河、生命河，拥有独特的生态系统，孕育了丰富的水生生物，是我国重要的生态宝库和生态屏障。但是，随着经济社会的高速发展，各类高强度人类活动在创造了巨大经济效益的同时，也改变了长江的水域生态环境，对于水生生物的影响尤其突出。

流域生态系统是“山水林田湖草”的生命共同体。同一个流域是由降水量和地表径流把流域内“山水林田湖草”生态系统各部分联系在一起，其中湿地特别是河流的水资源、水生态、水环境和水灾害集中反映了“山水林田湖草”系统各部分之间发生的生态过程，这一生态过程决定了流域生态系统和各子系统的结构与功能。流域生态系统的食物网中最重要和最敏感的是水生生物。因此，评估与维持长江流域生态系统健康最重要的标志是水生生物多样性。

作为流域生态系统结构与功能是否健康的主要指标——水生生物特别是鱼类的多样性，应当在实施长江大保护战略中受到高度关注。因此，要从全流域尺度共抓大保护，全面加强长江水生生物保护工作，根据水生生物保护和水域生态修复的实际需要，在生态功能重要和生态环境敏感脆弱区域科学建立水生生物保护区；坚持尊重自然、顺应自然、保护自然的理念，把修复长江生态环境摆在压倒性位置，进一步修复水生生物重要栖息地和关键生境的生态功能；坚持上下游、左右岸、江河湖泊、干支流有机统一的空间布局，把水生生物和水域生态环境放在“山水林田湖草”生命共同体中，全面布局、科学规划、系统保护、重点修复。

长江流域是一个完整的自然地理单元，流域“山水林田湖草”生态系统是一个生命共同体。必须实施生态修复工程，统筹“山水林田湖草”整体保护和系统保护，拯救濒危物种，强化长江流域鱼类和珍稀特有水生物种保护，严格渔业资源管理，禁止非法捕捞，加大增殖放流力度，促进水生生物资源保护与恢复。特别是对以中华鲟、长江鲟、长江江豚为代表的珍稀濒危水生生物，加强栖息地保护、全面加强水生生物多样性保护是当务之急。

1.2 长江经济带高质量发展——从大开发到大保护

1.2.1 新时代区域经济高质量发展的引擎

1. 长江经济带高质量发展是关系国家发展全局的重大战略

历史上，长江流域和黄河流域的生态资源、生物多样性资源、矿产资源和空间资源等是

① 习近平主持召开深入推动长江经济带发展座谈会并发表重要讲话. 新华网，2018 年 4 月 25 日.

中华古文明起源、发展和繁荣最重要的物质基础。近年来,大河流域经济带在国家和地区经济发展中的地位日益重要。长江流域的资源不但是长江经济带建设最重要的自然资本,而且长江流域和我国海岸带将一起成为我国经济社会发展最为关键的自然地理区域。习近平总书记 2014 年 12 月有重要批示:"长江通道是我国国土空间开发最重要的东西轴线,在区域发展总体格局中具有重要战略地位,建设长江经济带要坚持一盘棋思想,理顺体制机制,加强统筹协调,更好发挥长江黄金水道作用,为全国统筹发展提供新的支撑。"①可见,21 世纪内要实现中华民族复兴的中国梦的区域发展总体格局是"T"字形格局——以长江流域自然资本为发展基础的长江经济带与以中国海岸带自然资本为基础的沿海经济带(由京津冀、长三角和珠三角 3 个主要经济圈组成)。长江经济带一头对接泛太平洋经济圈,一头连接"一带一路"经济带(包含"丝绸之路经济带"和"21 世纪海上丝绸之路"),因此其重要性不言而喻。我国国土空间开发与经济格局"T"字型构架,科学地反映了中国经济发展潜力的空间分布格局。长江经济带经济发展潜力巨大,这是中国除海岸经济带以外的其他经济带所不能比拟的。

但是,长江大保护与大开发之间的博弈也愈演愈烈。2016 年 1 月,习近平总书记在重庆召开推动长江经济带发展座谈会上提出:"当前和今后相当长一个时期,要把修复长江生态环境摆在压倒性位置,共抓大保护、不搞大开发。"在十九大报告中,习近平总书记再次重申:"以共抓大保护、不搞大开发为导向,推动长江经济带发展。"一系列论述、理念、政策的出台和实施体现着长江流域的发展经历从"大开发"到"开发与保护并重",再到"大保护"的重大战略演变,这是历史发展的必然。"共抓大保护、不搞大开发",体现了中央对长江经济带的最新决策部署,承载着发展理念的深刻变革。2016 年 9 月,《长江经济带发展规划纲要》正式印发,这是我国首个明确将"生态优先、绿色发展"作为首要原则的区域发展战略。2019 年 8 月,习近平总书记在中央财经委员会第五次会议上指出:"我国经济发展的空间结构正在发生深刻变化,中心城市和城市群正在成为承载发展要素的主要空间形式,提出推动形成优势互补高质量发展的区域经济布局。长江经济带发展布局是谋划区域协调发展新思路下的重要抓手和先手棋。"②近年来,中央、国务院、相关部委和沿江省市密集出台新政,一系列生态文明建设的制度和政策推动变革向"深水区"发力。

2. 推进长江经济带绿色发展转型"突围",将为中国经济向高质量发展探索路径

新中国成立后,中国生产力布局经历了几次重大调整,从新中国成立以来的支持东北发展,到开放沿海城市、设立经济特区、西部大开发、促进中部地区崛起,再到京津冀协同发展、粤港澳大湾区建设、长三角一体化发展等,经济发展格局和区域布局在演变中。当前,我国经济发展已经到了高质量增长的阶段,必须从"量"转向"质"。从世界各国也包括中国的区域开发的成功经验来看,"先污染后治理"这样一条道路是在工业化、城镇化初期所采取的一种战略。中国未来经济发展的多目标中,生态环境保护是其中一个重要组成部分。中国的区域经济要全面协调地发展离不开长江经济带,因为沿海崛起以后,真正地影响中

---

① 长江经济带发展. 人民网-中国共产党新闻网,2017 年 9 月 6 日,http://theory.people.com.cn/n1/2017/0906/c413700-29519376.html.

② 习近平. 推动形成优势互补高质量发展的区域经济布局. 求是,2019 年第 24 期.

国整个区域经济发展的关键或者核心就是长江经济带。长江经济带的发展不能再走“先污染后治理”的道路，“共抓大保护、不搞大开发”的道路是长江经济带发展的正确选择。因此，在新时代生态文明建设全面推进的背景，以及中央新的决策部署和发展战略引领下，长江经济带正在成为我国经济高质量发展的新引擎，形成上中下游优势互补、协作联动格局，将发挥重要的战略支撑和示范引领作用。

1.2.2 长江大保护战略的科学依据与意义

要有效实施长江大保护战略必须先要有深度的理论思考，尤其要从生态、经济和历史视角进行深入思考。只有这样才会正确理解长江大保护战略决策的科学依据，提高长江大保护的自觉性，减少行动的盲目性。

1. 生态学视角的思考：地球表面生态要素时空配置格局决定人类文明起源和演化的时空格局，长江流域的战略地位首先取决于其独特的地理位置和生态要素时空配置

地球地表各生态要素不是同质而是异质的，同样地，其时空配置格局各有差异。不同地域的人类生存与发展的物质基础主要依赖于其所在地域的这些自然特征及其属性，包括其所处地理位置、地质历史、地形地貌特征等，以及由此派生出来的各种生态要素——温度、降水、光照、大气、土壤、风、地热和生物等及其它们的时空配置。在这些异质的区域，分布着相对应的森林、草原、荒漠、湿地等自然生态系统，并蕴藏着各种生物、矿产和人文等资源，还有与经济社会发展密切相关的属于该地域的航道、港口、海岸线、领海、领空等。

在尼罗河、亚马逊河、长江、密西西比河、黄河、额尔齐斯河、湄公河、刚果河、勒拿河和黑龙江全球十大河流中，长江流域独特的生态要素(水、温、光、土、风与生物等)时空配置格局与丰富的自然资本在全球大河流域中独一无二：整个流域东西走向，东与泛太平洋经济圈的西海岸近中部连接，西向欧亚大陆延伸，北与黄河流域相邻，南与珠江流域相接。该区域同处于北半球中纬度受东亚季风控制的亚热带地区，对人类生存与发展而言，自然条件极其优越：地质地貌多样，水系发达和河势稳定，温度适宜、光照充足、降雨充沛、土地广袤和生物多样性资源丰富。特别是温、光、水、土和生物这些生态要素的时空配置，与其他大河流域相比，更有利于人类生活和生存。因此，农耕文明、工业文明和生态文明在长江流域得以起源、发展与繁荣。

在人类诞生之前，地球已有近 45 亿年的历史，地表上演绎着一部自然演化史。在 500 万年前，古人类才起源于非洲大峡谷地区。从那时起的 500 万年中，地表上展示的是一部人类与自然互动关系的宏大历史画卷。换句话说，发生在地球表面的不再是不同地域的生物-自然关系的演化历史，而是“人-地”(社会-经济-自然复合生态系统)关系的演化历史，是原始文明-农耕文明-工业文明-生态文明等社会形态的更替。其中，农耕文明主要起源于北半球热带或亚热带的尼罗河流域、底格里斯河与幼发拉底河两河流域、印度河流域及长江与黄河流域，而工业文明发端并主要繁荣于北半球温带的海岸带——以英国伦敦为核心的城市群、欧洲西北部城市群、美国大西洋沿岸城市群和日本太平洋沿岸城市群以及内陆的北美五大湖城市群，在我国则是海岸带的京津冀城市群、长三角城市群和珠三角城市群。

美国斯坦福大学 M. Burke 研究团队 2015 年在 *Nature* 上发表的研究成果发现生态要素之一“年平均温度”与“生产力”之间的密切关系。他们通过分析 1960—2010 年间 166 个国家的经济数据，发现经济生产力会随着年平均温度先上升，并在约 13 摄氏度时达到顶峰，当年均温度超过 13 摄氏度并继续升高时，经济生产力就会下降。这一生产力和年平均温度之间的关系是全球适用的，自 1960—2010 年以来一直保持不变，而且在富裕国家、贫穷国家、农业生产部门和非农业生产部门都表现出了同样的规律。该研究的结论也从一个侧面佐证了“地球表面生态要素时空配置格局是人类文明起源和演化的时空格局的决定性因素之一”的科学判断。

因此，从生态学视角可以认为，长江流域在中国文明社会发展史中的战略地位首先取决于其独特的地理位置和生态要素时空配置。

2. 经济学视角的思考：自然资本是未来经济社会发展的基石，在此基础上，长江经济带与海岸经济带构架了中国经济社会发展“T”字形格局，这一构架将承担起实现中华民族伟大复兴的重任

地域的自然资本是其经济社会发展的基础，不同文明社会形态所需资源不完全相同。陈家宽和李琴(2014)用大量证据阐明了农耕文明所需的自然资本，如四大古代农耕文明发源地——尼罗河流域、底格里斯河与幼发拉底河两河流域、印度河流域及长江与黄河流域在自然资本上都具有发端和繁荣古代农耕文明的全部特征：①土地广袤与土壤肥沃（河谷与三角洲平原）；②水系发达或雨量充沛（大型河流水系和湖泊密布）；③温度适宜同时阳光充足（有利于生活与农作物生长）；④森林繁茂及物种丰富（生活来源之一，作物与家养动物驯化的祖先种与育种的遗传资源）；⑤地形复杂并形成天然屏障（相对独立的山地、盆地、河流和湖泊，可防御外敌入侵）。与其他大江大河流域相比，长江流域这些特征最有利于古代农耕文明社会的起源与繁荣，尤其是南宋以后长江流域更是成为我国古代和近代的经济社会重心。

到了工业文明时代，所需要的自然资本与农业文明时代相比，在种类和数量上存在巨大差异，需要更加充足的资源包括：①水资源，如地表水、地下水等；②空间资源，如岸线，港口、航道、航路、土地等；③能源资源，如石油、天然气、煤炭、电能等；④金属资源，如铁、铝、铜、铅、钾、铀等；⑤材料资源，如橡胶、纤维、水泥等；⑥生物资源，如遗传资源、蛋白质、天然药物等。

长江流域既具备农耕文明时代所需要的自然资本特征，又具备工业文明时代所需要的自然资本特征。

(1) 自然资本之一：优良的水资源、水生态、水环境与水能资源。①水资源，水资源的可持续利用是长江经济带可持续发展的关键。由于长江流域特殊的地貌地形与地理位置，水系发达，降雨量充足，集水面广袤，水资源和水能资源丰富。长江流域多年平均水资源总量达 9 958 亿立方米，约占全国的 35%。多年平均入海径流量达 9 190 亿立方米，近 20 年来变化不明显，约占全国河流径流总量的 36%，约为黄河的 20 倍，仅次于赤道雨林地带的亚马逊河和刚果河。流域内分布有中国主要的大型淡水湖泊，包括鄱阳湖、洞庭湖等。流域水资源保障近 4.6 亿人生活和生产用水，此外通过跨流域调水，还惠泽了黄淮海流域 1 亿多人。[①] ②水生态，也就是湿地生态系统，在长江流域几乎包括了全球各种各样的湿地生态系统类型——沼泽湿地、河流湿地、湖泊湿地和滨海湿地以及各种各样的人工湿地，这些湿地生态系统具有巨大的生态系统服务功能。③水环境，则与其他生态要素合理配置并支持长江流域非凡的自然生产力与社会生产力。

(2) 自然资本之二：广袤的耕地、林地和湿地资源。根据 2017 年统计年鉴和国土资源公报，长江经济带现有耕地约 4 493.4 万公顷，其中，水田约占全国的 66.1%，旱地约占全国的 29.3%，播种面积约占全国的 40.6%。2018 年，长江经济带以我国约 1/5 的国土面积、26%的农业用地、1/3 的耕地，承载了全国超过 53%的农业从业人口，投入了超过全国 40%的农业投资，产出了全国 43%的农业增加值。长江上游的四川盆地和长江中下游流域是我国耕地最集中分布区之一。由于这些耕地处于亚热带季风气候带，耕地资源与光、热和水等生态要素合理的时空配置，耕地与各种农业生态系统生产力非常高。长江中下游又是全球湿地集中分布区之一。长江流域有着丰富的林木资源，包含极高水平的物种多样性、特有性和遗传多样性。自旧石器和新石器时代长江文明早期孕育和发展以来，长江流域林木在食物、能源、工具、建筑和舟船中的应用起到了关键作用，不同时期和地点的长江文明对林木的利用方式不同。长江流域的农业、林业和水产养殖产品丰富，粮、棉、淡水鱼产量分别占全国的 40%、30%和 60%，其中水稻产量占全国的 70%。沿长江两岸的密集大中型城市和庞大人口的维持依赖于丰富的农、林和水产品。

(3) 自然资本之三：拥有居于世界首位的航运资源。长江水利委员会发布资料显示，长江流域内 3 600 多条通航河流的总计通航里程超过 7.1 万公里，占全国总里程 56%以上，居世界之首；长江流域的干支流航道与京杭大运河共同组成中国最大的内河水运网。这些航道对中国东西部的经济区之间以及长江流域与华北地区的经济区之间平衡发展起到重要作用。长江沿江分布着世界上最密集的大中型城市，它们之间的经济社会联系长期依赖于发达的长江航运业。位于长江河口的上海，拥有世界吞吐量第一的航运港口，上海港又将长江经济带与全球经济社会连接起来。

(4) 自然资本之四：极其丰富的水能资源。长江上游特别是金沙江全流域的水能资源居世界前列，而且建设大型水电站的地质条件十分优越。陈进等(2006)的研究表明，长江流域水能资源理论蕴藏量平均功率 27 781 亿千瓦，年发电量 24 336 亿千瓦时，约占全国总量的 40%，其中技术可开发量 25 627 亿千瓦，年发电量 11 879 亿千瓦时，约占全国总量的 48%，经济可开发量 22 832 亿千瓦，年发电量 10 498 亿千瓦时，约占全国总量的 60%。长江流域水能资源的 89.4%集中在其上游金沙江地区。[②]

(5) 自然资本之五：丰富且独特的生物多样性及其提供的巨大生态系统功能与服务。由于独特的地质历史与地形地貌，长江流域分布的具有国际重要意义的生物多样性关键地区有青藏高原高寒草甸地区、横断山脉高山峡谷地区、秦岭太白山地区、鄱阳湖-洞庭湖两湖平原湿地地区和长江河口湿地地区等。长江流域面积大，它有世界上同纬度地区最大的通江、浅水和草型，以及受东南亚季风密切影响而变化剧烈的湖泊群，其干流江面宽展曲

① 段学军，邹辉，陈维肖等. 长江经济带形成演变的地理基础. 地理科学进展，2019，38(8)：1217-1226.

② 陈进，黄薇，张卉. 长江上游水电开发对流域生态环境影响初探. 水利发展研究，2006，6(8)：10-13.

折，支流密布，淡水流量巨大，流域内的河漫滩、湖滨和海滨沼泽发育良好，这样的湿地是独特的河流、湖泊复合生态系统，在地球同纬度地区具唯一性。在这些关键地区的独特生态系统中，分布着各种生物类群中的关键或重要类群，其中生态系统多样性、物种多样性、遗传生物多样性和人文多样性程度都很高。稻作文明和茶文明是中华文明区别于其他文明的最重要标志，它们都发源于长江流域。长江流域生物多样性资源是为其未来发展提供各种选择的重要战略资源之一。

长江流域植物遗传资源及其多样性具有极为重要的战略地位。我国的植物遗传资源及保存数量位于世界前列，野生近缘种的遗传多样性丰富，但栽培种的遗传多样性却十分贫乏，农作物野生近缘种的研究与保护亟待重视。[①] 长江流域内主要栽培植物、家养动物和淡水鱼类种质资源丰富，尤其是稻作文明和茶文明是中华文明区别于其他文明的重要标志，都起源或驯化于长江流域。在经历了漫长的自然选择和人工选择，长江流域的作物遗传资源形成了丰富的遗传多样性。赵耀等(2018)的研究显示，大量考古资料证明中国的原始农业和农耕文明起源于约1万年前的长江流域和黄河流域，长江流域内具备生态要素的合理配置，以及生物多样性提供的农作物野生近缘种、林木资源和家养动物野生种资源。瓦维洛夫的栽培植物起源中心学说认为，中国中部和西部山区及其毗邻的低地（主要位于长江流域）是全球第一个最大的独立的世界农业发源地和栽培植物起源地，是世界八大作物起源中心之一。全流域的栽培植物数量极大，初生和次生中心植物种群变异大，异型和野生近缘种多，遗传多样性丰富，特别是长江流域亚热带的栽培植物区系极为奇特和丰富。目前，长江流域已建立的生物多样性自然保护体系中，学界和决策部门在物种多样性和生态系统多样性两方面已开展大量科研和保护工作，取得了卓有成效的保护成就。

长江流域的各种生态系统服务价值在全国的地位非常高。基于以上科学依据，湿地是调控长江流域水资源、水生态和水环境的主要场所，陆域森林和湿地生态系统是长江流域生态系统的核心部分，陆域和湿地生态系统在维持全球生物多样性中起重要作用，陆域和湿地保护、修复和调控是维持长江流域生态系统健康的根本途径。

长江流域的自然特征与自然资本支撑着流域经济社会的过去、现在和未来的发展，长江流域分布有中国主要的三大城市群格局。根据国家统计局和各省发布的数据，2014年长江经济带覆盖的11个省市国民生产总值(GDP)约占全国的44.8%，2015—2018年分别为45.2%、44.7%、45.2%、44.8%。21世纪内要实现中华民族复兴的中国梦的区域发展总体格局是“T”字形格局——以长江流域自然资本为发展基础的长江经济带与以中国海岸带自然资本为基础的沿海经济带。长江经济带一头对接泛太平洋经济圈，一头连接“一带一路”经济带，有极其重要的战略意义。

3. 历史学视角的思考：人类文明史是不断传承与交流融合的，对长江流域的今天和未来发展做出科学判断必须有历史学视角

如前所述，长江流域的文明在中国历史上有着极其重要的地位。在我国，黄河流域的考古工作开展较早，而长江流域相对滞后。新中国建立后，对长江流域的考古工作陆续开

① 马克平.作物野生近缘种的研究与保护需要重视.生物多样性，2012，20(6)：641-642.

展，发现长江流域人类活动广泛分布于其上游、中游至下游。研究认为，从旧石器时代到新石器时代，长江流域和黄河流域基本上是同步发展的，大体在同一发展水平。在长江上游、中游，有考古发现旧石器时期中期、晚期距今 10 万至 1 万多年前的云南"丽江人"、四川"资阳人"、湖北"长阳人"等的化石和石器。从史前文明距今约 1 万年前，长江流域和黄河流域均开始进入新石器时代(新石器时代大约从 1 万年前开始)。考古学证据表明，水稻最先于 12 000—10 000 年前在长江流域被驯化，水稻驯化和稻作农业的发展催生了长江文明。近 40 多年来长江流域考古不断发现，长江流域内种植和驯化水稻、农田生态系统(稻田)、灌溉系统、生产工具、人类定居和聚居等各要素同时在长江中下游存在。距今约 6 000—4 000 年的史前文明时期，长江中游地区的原始人已开始过着以稻作农业为主、渔猎为辅的定居生活，创造出较高水平的原始文明，出现了湖南的彭头山文化等；约 3 000 年前，江西清江美城和湖北黄陂盘龙城，已发展形成与黄河流域的中原地区基本相同的文化。在长江中下游，旧石器时代到新石器时代陆续有考古发现，包括湖南的炭河里遗址和玉蟾岩遗址，湖北的屈家岭文化和石家河文化，江西的清江县吴城遗址，浙江东部的河姆渡文化遗迹和环太湖流域的马家浜文化、崧泽文化、良渚文化(表 1-1)。

表 1-1　长江流域新石器时期主要文化

长江上游	长江中游	长江下游
城背溪文化(约 7 000 年前)	彭头山文化(约 9 000—8 300 年前)	上山文化(约 8 000 年前)
大溪文化(约 6 400—5 300 年前)	城背溪文化(约 7 000 年前)	跨湖桥文化(约 8 000 年前)
宝墩文化(约 4 500—4 000 年前)	大溪文化(约 6 400—5 300 年前)	马家浜文化(约 7 000—6 000 年前)
	汤家岗文化(约 6 000 年前)	河姆渡文化(约 7 000—5 300 年前)
	石家河文化(约 4 600—4 000 年前)	崧泽文化(约 5 800—4 900 年前)
	屈家岭文化(约 4 550—4 195 年前)	良渚文化(约 5 300—4 000 年前)

长江流域的新石器时期遗址主要集中分布在两湖(洞庭湖和鄱阳湖)平原、太湖流域和三峡地区。在新石器晚期阶段及后期，长江流域已基本具备产生农耕文明的各种因素——地形地貌、土壤、温度、降水、光照和生物多样性资源等，开始进入农耕文明的孕育时期并得到初步发展。随着石家河文化、良渚文化的产生，长江流域文明才从孕育、起源、发展，正逐步实现到文明繁荣的过渡，这是相对黄河流域独立且系统、完整的过程。

4. 有效推进长江大保护战略必须解决的若干十分紧迫的认识问题

各级政府决策管理人员和公众已亲身感受到"'长江病了'，而且病得不轻"。长江流域生态环境的各种病症日益显露：由于严重污染，优质水资源短缺，已经威胁沿江两岸人民健康；由于江湖阻断、过度捕捞和污染等原因，河流和湖泊生态系统退化严重，濒危物种大幅度增加；不合理的水利工程布局改变长江水沙过程，航道淤积；部分区域城市化过度、各级行政区批准的开发区、高新园区纷纷上马等导致流域尺度的国土空间开发格局失控，耕地和湿地面积急剧下降，景观破碎化；保护地体系存在严重空缺、违规违法事件频发和保护措施不当,生物多样性资源特别是遗传多样性资源丧失没有得到根本遏制等。曾经,最令人担忧的是各种名目的大开发项目正冠以大保护名义开展,一些投资巨大的生态修复项目成效低下。这些病症让长江流域不堪重负,并严重制约社会-经济-自然的可持续发展,全面实施长江大保护战略已经迫在眉睫。

"共抓大保护、不搞大开发"对长江保护工作起到了重要的风向标作用。长江大保护的紧迫性得到各级政府、媒体、企业界、科技界和公众共识,但是还存在许多认识上的不足。

第一,还没有从全球视野以及生态学、经济学和文明史等各种维度认识到长江流域的战略地位。长江流域不但是长江经济带发展和繁荣的基石,更是中华民族永续发展的命脉,保护长江流域因而能起到引领和示范意义。党中央已明确提出,"长江是中华民族的母亲河,也是中华民族发展的重要支撑","长江通道是我国国土空间开发最重要的东西轴线,在区域发展总体格局中具有重要战略地位"。长江流域兴则中华民族兴,要从生态学、经济学和文明史等多种角度来认识长江大保护的战略地位。

第二,对长江大保护的范围和对象还需深化共识。有的认为长江大保护就是保护长江,有的认为是保护长江经济带。《中国周刊》(2017)发表了"长达保护理论初探——大保护的范围、对象和思路"一文,阐述了长江大保护的范围是"长江流域",而不仅仅是长江水系和长江经济带,不保护好长江流域,不可能有效保护好长江水系和长江经济带;保护对象是"长江流域的社会-经济-自然复合生态系统",而不仅仅要保护自然生态系统,不协调好三者的关系,长江大保护战略不可能成功。本研究认为,长江大保护不仅仅是生态学家和环境科学家的责任,也绝不能理解为自然保护体系建立和生态环境修复等,而是从经济、社会和自然3个途径去保护。正如习近平总书记提出,"山水林田湖草是生命共同体,要统筹兼顾、整体施策、多措并举,全方位、全地域、全过程开展生态文明建设"。这都是对长江流域的人-地关系的最好诠释,也为长江大保护指明了方向。

第三,还没有充分认识到长江流域上中下游地域面临的主要威胁不尽相同。流域的上中下游地域造成严重生态环境问题的人类强干扰方式是不同的:长江源头主要是高寒草甸放牧过度,上游干流和各支流水电站无序开发,中下游围湖造田、江湖阻隔、肆无忌惮挖沙、滥捕与大规模养殖、沿江布局大量需水且排污企业,以及大规模港口建设。如果认识不清,大保护的顶层设计和重大行动就会出现重大偏差,行动就会事倍功半。

第四,《长江保护法》的落实、体制机制改革、自然保护地体系建设、生态修复技术路径和地域经济社会绿色发展的模式,还缺少强有力的科技支撑。究其原因,相关的科学技术研究滞后:①长江大保护的对象与问题极其复杂,一方面需要地学、水文学、生态学、生物学、环境科学、保护生物学和工程技术等自然科学之间的多学科研究,另一方面需要与经济学、法学和社会学等社会科学之间协同创新;②由于没有深入、系统的研究,只知道长江流域的"病症",并不能精准诊断出病因与致病机制,约束了提出综合治理的良方,正如太湖流域的治理至今举步维艰;③目前科研各自独立,科技评估体系也需进一步完善,大多数还缺乏基础研究、应用基础研究、应用研究之间的联系;④国家重大科技平台和重点研发项目等布局在全流域尺度上存在空缺。

1.2.3 流域治理的中国智慧与中国方案

进入工业文明时代后，全球范围的大河流域特别是跨境大河流域人与自然之间冲突严重，多个大河流域的文明兴衰过程已向我们发出警示：人类活动的不断加剧和不可持续的发展方式导致生物多样性明显下降、河流生态系统健康难以维系、“山水林田湖草”生命共同体破碎化等。按流域单元进行水资源开发利用、生态环境保护、产业和城镇布局等统筹管理逐渐成为世界各国高度关注的主题。

改革开放 40 年来，中国经济社会的高速发展令国际社会瞩目，主要成就包括国民生产总值跃居全球第二和年平均增速为世界第一，产业规模、结构和产业的空间布局发生了巨大变化，城镇化进程、城市群规模和大交通建设创造了纪录。在这一历史进程中，国际社会同样密切关注中国发展模式能否可持续以及经验是否可复制推广。尤其是自 20 世纪 50 年代以来，政治、社会经济改革，人口迅速增长，工业化发展加速了对生态环境的破坏，导致了大规模的可持续紧急状态。高速发展的经济社会给资源和生态与环境带来巨大压力：耕地面积急剧减少，自然资源短缺以及对外依存度增加，局域水资源、土壤和大气污染加剧，温室气体年排放量增加，外来物种入侵，生物多样性下降明显和自然生态系统特别是湿地生态系统快速退化等。

在 2005 年被评估为环境可持续性的 146 个国家中，我国排名在第 133 位，许多因素（如经济社会、政治、人口和科学技术）影响着中国的环境可持续性。我国土地系统和国土开发整体可持续性的规模、影响还未得到充分认识，面临着与快速发展、工业化和城市化相关的巨大社会和环境可持续挑战。联合国可持续发展解决方案中心（UNSDSN）和贝塔斯曼基金会联合发布《2018 年可持续发展目标指数报告》显示，中国可持续发展目标总指数全球排名第五十四位，部分指标已取得显著进步。中国从 1947 年的 69 座城市拓展到 80 年代的 220 余座城市，至今约有 670 座城市。根据联合国统计数据，在世界上人口增长最快的 100 座人口数量超过百万的城市中，中国有 15 座（基于 1950—2000 年的人口增长），排名第二的印度有 8 座。中国已有 100 多座人口数量超过百万以上的城市，数量超过美国和印度。2020 年，我国约有 60％的人口居住在城镇。目前中国城镇化进程仍处于协调自然资源保护和城市范围扩张的探索中。

当前，在我国的经济社会发展过程中生态环境问题越来越呈现出不同等级的流域尺度特征，有大量人口和经济布局在主要大河流域。全球气候变化和剧烈的人类活动极大地改变了不同尺度流域的自然生态和水文过程，对人类社会和生态系统造成了一系列威胁，包括极端气候事件增加、流域水质下降、生物多样性丧失和生态系统稳定性下降。如何协调流域的社会、经济和自然系统之间的关系，早已成为国内外流域保护和发展的重要课题。我国主要大河流域总体上都呈东西走向延伸，涵盖了各类城市群、经济区和主体功能区等，国内学术界对流域经济发展的研究源于改革开放以来国内流域尺度开发实践的不断深入。根据“中国生态环境演变与评估丛书”对长江、黄河、海河、淮河和珠江等重点流域的生态环境状况及变化评估结果，不同流域的经济社会发展布局不同，流域面临的问题也不尽相同（表 1-2）。

表 1-2 我国主要大河流域面临的生态环境挑战①②③④⑤

序号	流域	主要生态环境挑战
1	长江流域	①中上游水土流失加剧；②上游水电梯级开发带来生态环境风险；③中下游湿地生态系统退化；④旱涝灾害频发；⑤社会经济发展对流域生态环境的压力持续增加
2	黄河流域	①源区沼泽湿地退化，破碎化程度加剧；②上游水电开发对生态系统格局、陆生生物结构、水生生物结构、水库和河道水环境产生影响；③中游水土流失严重；④下游湿地退化
3	珠江流域	①水资源分布不均匀，人均水资源下降明显；②经济发展呈逆地理梯度效应，中上游地区生态环境压力大；③局部水质污染严重，水环境安全形势严峻；④水利工程破坏生态环境，水资源开发利用程度低；⑤沿海开发对河口地区滩涂湿地影响；⑥海平面上升和咸潮入侵等自然因素变化对流域生态环境影响；⑦水土流失和石漠化程度加剧
4	海河流域	①地下水资源过度开采，导致水资源极度紧缺以及地下水位快速下降、地面沉降加剧、地裂塌陷和土壤沙化；②水环境污染严重；③河道干涸，湿地退化；④水土流失严重
5	淮河流域	①人口密度是各大流域之首，水资源已成为淮河流域经济社会发展的一个重要制约因素；②社会经济发展和生态环境保护的矛盾极为突出，水污染、水资源短缺和高强度的人类活动带来的环境胁迫是淮河流域当前和未来的突出问题

生态文明建设强调“国土空间是建设生态文明的空间载体”。近年来，随着城镇人口数量增长和城镇化的快速推进，有限的国土空间要承载越来越高强度的人类活动，如何在有限的国土空间科学合理布局经济社会活动是管理部门和学界需要研究的课题。流域的社会活动、经济活动和自然生态水文过程之间的相互作用非常复杂，因此，需要正视并从流域系统的角度探讨我国可持续流域管理与流域治理。

当前，生态文明建设与国家经济社会发展的战略布局在深度融合。从空间布局上，京津冀协同发展、长江经济带发展、粤港澳大湾区建设、长三角区域一体化发展、黄河流域生态保护和高质量发展5个重大国家战略，实施贯彻生态文明的绿色发展理念，有一系列实践探索的中国智慧。

针对流域生态环境问题和生态安全形势，需要综合协调流域资源和生态环境承载力、各类产业布局和城镇化格局与生态保护等的关系，推进流域综合管理。自党的十八大以来，习近平总书记亲自谋划、亲自部署、亲自推动，多次深入长江流域省份和长江沿线考察，多次对长江经济带发展作出重要指示、批示，多次主持召开会议并发表重要讲话，站在历史和全局的高度，为长江发展与保护把脉。习近平总书记在主持召开推动长江经济带发展座谈会上的重要讲话中提出“生态优先、绿色发展”的战略构想。“共抓大保护、不搞大开发”

① 王维，王文杰，张文国等. 长江流域生态系统评估. 北京：科学出版社，2017.
② 王文杰，蒋卫国，房志等. 黄河流域生态环境十年变化评估. 北京：科学出版社，2017.
③ 杨大勇，林奎. 珠江流域生态环境十年变化评估. 北京：科学出版社，2017.
④ 李叙勇，张汪寿，刘云. 淮河流域生态系统评估. 北京：科学出版社，2017.
⑤ 郑华，徐华山，李云开. 海河流域生态系统评估. 北京：科学出版社，2017.

源于现实的发展需求，是摒弃牺牲生态环境换取经济增长的做法，放眼长远，谋划战略新棋局；它进一步丰富了中国生态文明建设的具体实践，尤其为未来以长江经济带为代表的流域经济可持续发展和流域环境综合治理确立了战略性指导思想，是实现长江经济带可持续发展和流域生态保护、系统性环境综合治理的根本遵循，也将深化全球流域治理的中国特色。

近年来，中共中央办公厅、国务院及各部委和沿江省市，通过顶层、中层规划设计，生态环境保护修复，绿色发展转型升级，体制机制改革创新等方式，扎实推进长江大保护战略。“生态优先、绿色发展”的理念不断深入人心，显现出长江大保护初步成效，共抓大保护格局已经形成。无论是坚持经济-社会-自然协调发展，或者是在流域科学管理的体制机制突破，多部委、沿江省市行动和多学科研究协同创新在流域的水资源配置、水生态健康、水环境安全、水灾害防治和水科学管理上都取得重要进展。长江流域将成为全国乃至全球关注的大河流域科学治理与生态文明建设重要范例，为大河流域的科学治理与可持续发展提供了智慧和方案。

1.3 研究内容概述

1.3.1 区域——长江、长江流域、长江经济带

对长江大保护地理范围的认识，大致分为长江、长江经济带和长江流域 3 种。

(1) 长江范围。长江发源于青藏高原的唐古拉山脉各拉丹冬峰，干流流经青海、西藏、四川、云南、重庆、湖北、湖南、江西、安徽、江苏、上海 11 个省、市、自治区，注入东海，全长约 6 300 公里，居世界第 3 位。长江数百条支流辐辏南北，延伸至贵州、甘肃、陕西、河南、广西、广东、浙江、福建 8 个省、自治区的部分地区，淮河大部分水量也通过大运河汇入长江。长江是自然地理中的河流和水系单元。

(2) 长江流域范围。长江流域是指长江干流和支流流经的广大区域，共计 19 个省、市、自治区，流域总面积为 180 万平方公里，占中国国土面积的 18.8%，流域内有丰富的自然资源。因此，长江流域是自然地理中的一级流域单元。

(3) 长江经济带范围。如彩图 1 所示，长江经济带覆盖上海、江苏、浙江、安徽、江西、湖北、湖南、重庆、四川、云南、贵州 11 个省市，面积约 205 万平方公里，占全国的 21%。人口和经济总量均超过全国的 40%，长江经济带是我国的经济重心所在。根据国家统计局和各省发布的数据，在 2014—2018 年，该 11 个省市 GDP 总量分别占全国的 44.8%、45.2%、44.7%、45.2%和 44.8%。长江经济带的边界是按照省、市、自治区行政区边界划定；其经济社会格局为“一轴、两翼、三极、多点”：“一轴”指长江黄金水道，“两翼”指长江主轴线辐射带动的南北两翼，“三极”指长江三角洲、长江中游和成渝 3 个城市群，“多点”指三大城市群以外地级城市。因此，长江经济带是经济地理单元。

1.3.2 研究背景和目标

长江流域丰富的自然资源及其生态要素的时空配置在全球大河流域中独一无二，长江

流域不仅是中华文明的起源地之一，也是中华民族未来发展和繁荣的基石。党中央、国务院和长江流域沿江省份对长江大保护给予高度重视。

2014 年 9 月，国务院发布《关于依托黄金水道推动长江经济带发展的指导意见》。长江经济带发展必须从中华民族长远利益考虑，走“生态优先、绿色发展”之路，使绿水青山产生巨大生态效益、经济效益、社会效益，使母亲河永葆生机活力。同时强调，长江、黄河都是中华民族的发源地，都是中华民族的摇篮，当前和今后相当长一个时期，要把修复长江生态环境摆在压倒性位置，共抓大保护，不搞大开发。

2018 年 4 月 26 日，习近平总书记在武汉主持召开深入推动长江经济带发展座谈会上再次强调，必须从中华民族长远利益考虑，把修复长江生态环境摆在压倒性位置，共抓大保护、不搞大开发，努力把长江经济带建设成为生态更优美、交通更顺畅、经济更协调、市场更统一、机制更科学的黄金经济带，探索出一条生态优先、绿色发展新路子。

以“生态优先、绿色发展”为核心理念的长江经济带发展战略，是党中央治国理政新理念、新思想、新战略的重要组成部分，为使母亲河永葆生机活力、为在长江经济带形成绿色发展方式和生活方式提供了科学的思想指引和行动指南。

近年来，有关部委和沿江省市做了大量工作，在强化顶层设计、改善生态环境、促进转型发展、探索体制机制改革等方面取得了积极进展。2013 年，《关于中央全面深化改革决定的说明》提出：“山水林田湖是一个生命共同体，人的命脉在田，田的命脉在水，水的命脉在山，山的命脉在土，土的命脉在树”。并强调“对山水林田湖进行统一保护、统一修复是十分必要的”。“山水林田湖草”是对长江流域特征和人与自然关系最好的诠释。它为长江大保护和流域科学管理指明了方向。但目前尚缺乏对全流域尺度政策文件、科学研究支撑和举措实施推进的全面梳理，在大保护的科学依据和有效保护途径等一系列重大问题上存在理论空场，公众对长江大保护的认识还不够。

本研究通过大量重要文献的分析，梳理党的十八大以来以习近平总书记为核心的党中央提出关于“长江大保护”重要论述的时空脉络，深化认识长江经济带高质量发展和长江共抓大保护重要论述的背景和战略意义；分析中央布局以及各部委、各省市关于长江大保护的政策和文件汇集，梳理概述各省市的决策和实施举措，进行长江大保护的对象、目标和路径的探讨；对长江保护与发展方面研究的代表性论文进行文献计量学分析，概述相关科研论著，对科学研究的特征和进展进行综述，提出科学研究对接国家战略需求的科技支撑建议；促进社会各界和公众对长江大保护的途径的深度认识、协同合作和一体化推进。

1.3.3 战略引领——长江大保护战略形成的脉络

党的十八大以来，以习近平总书记为核心的党中央推动长江经济带发展的重大决策，是关系国家发展全局的重大战略。习近平总书记心系长江经济带发展，亲自谋划、亲自部署、亲自推动，多次深入长江沿线考察，多次对长江经济带发展和保护作出重要指示和批示，多次主持召开会议并发表重要讲话，站在历史和全局的高度，为推动长江经济带发展掌舵领航、把脉定向。

习近平生态文明思想是长江大保护战略的重要理论基础。党的十八大以来，党中央把生态文明建设作为统筹推进“五位一体”总体布局和协调推进“四个全面”战略布局的重要内容，在全国开展一系列根本性、开创性、长远性的工作，提出了保护与发展的新理念、新思想、新战略。生态文明理念在全社会形成共识，推动我国生态环境保护发生历史性、转折性和全局性变化。统筹“山水林田湖草”系统治理，坚持“山水林田湖草”是生命共同体的理念，从理解流域特征和人与自然关系的角度，为长江流域的科学管理和解决其面临的种种生态环境问题指明方向。习近平总书记关于“保护与发展的关系”的论述表明，“绿水青山就是金山银山”是发展理念和方式的深刻变革。以保护和修复长江流域生态系统健康为主要目标的大保护战略是推动长江经济带发展最紧迫而重大的任务，更是一项宏大而系统的工程。长江流域是中国生态文明建设最重要的区域之一，长江大保护战略也是落实习近平生态文明思想和绿色发展新理念最重要的实践与示范之一。

本研究从习近平总书记在长江流域省份考察调研的重要讲话以及关于“生态优先、绿色发展”的讲话、报告、指示和贺信等重要文献中摘录了80余段论述，力图梳理习近平总书记提出长江大保护战略的时空脉络。本研究简要回顾了改革开放以来我国在长江流域的生产力布局演变和发展阶段，分析了以习近平总书记为核心的党中央关于长江共抓大保护的系列论述对于长江流域保护与发展的理念引领。

我们认为，长江共抓大保护有三大战略意义：①“共抓大保护、不搞大开发”为长江流域经济社会未来发展模式明确了方向，促进保护长江生态环境，引领全国流域生态文明建设；②共抓大保护制定了将来长江流域发展的基本原则；③打好长江保护修复攻坚战、改善长江生态环境成为新时期推动长江经济带发展的首要任务。长江大保护战略将为我国流域尺度发展和保护、区域高质量发展提供示范。

围绕长江经济带如何发展、长江如何进行保护，习近平总书记有一系列重要讲话，特别是2016年1月在重庆、2018年4月在武汉和2020年11月在南京时的重要讲话，深刻阐述了长江经济带发展的战略地位、新发展理念和发展方向：①坚持新发展理念，坚持稳中求进工作总基调，坚持共抓大保护、不搞大开发；②对长江经济带发展战略仍存在一些片面认识，生态环境形势依然严峻；③增强各项措施的关联性和耦合性，防止畸重畸轻、单兵突进、顾此失彼；④推动长江经济带绿色发展，关键是要处理好绿水青山和金山银山的关系；⑤推动长江经济带发展是一个系统工程，不可能毕其功于一役；⑥彻底摒弃以投资和要素投入为主导的老路，为新动能发展创造条件、留出空间，实现腾笼换鸟、凤凰涅槃，要运用系统论的方法，正确把握自身发展和协同发展的关系；⑦要设立生态这个禁区，开发建设必须是绿色的、可持续的，一定要给子孙后代留下一条清洁美丽的万里长江。

1.3.4 政策举措——中央与部委政策和省市举措

2013—2020年在以习近平同志为核心的党中央坚强领导下，中共中央、国务院、推动长江经济带发展领导小组办公室、国务院有关部门、最高人民法院、最高人民检察院、长江流域沿江11省(市)，按照领导小组工作部署，推进长江经济带发展与共抓大保护的各项工作。通过顶层、中层设计的规划政策体系引领以及体制机制改革创新，长江经济带产业转型绿色发展和流域生态保护修复攻坚行动取得积极进展，共抓大保护格局已经形成。

本研究梳理了中央与部委政策和省市举措。研究分析发现，中共中央和国务院对长江大保护战略的认识和表述不断深化。近 6 年来,党中央和国务院出台了一系列与长江保护相关的政策文件,涉及生态文明建设、国土空间管控、污染防治、湿地保护和修复、河长制与湖长制、长江水生生物保护等领域,但仍然表现出明显的部门痕迹特征;间接涉及长江(经济带、流域)的较多,直接针对性的政策较少。推动长江经济带发展领导小组办公室、国务院有关部门、最高人民法院和最高人民检察院依照自己的职责分工,围绕长江大保护开展了大量工作,在推进长江岸线整治、促进水污染防治、加强林业建设和岸线湿地保护修复、加强水生生物保护、促进沿江产业转型、开展生态补偿试点等方面取得了积极进展。总体来说,过去近 5 年长江大保护战略行动的统领性的顶层设计和政策还比较缺乏,各部门协同推进还不够紧密;行动措施多以专项整治行动为主,强有力的制度建设和长效机制还有待于完善;以被动性的管制和防治措施为主,积极主动的系统性生态保护和自然恢复措施还不够。长江流域的各个省市除了按照中央精神和部委下达的任务开展各项突出问题专项整治行动、实施环保督察整改、划定生态红线、建立河湖长制、强化水生生物保护等资源环境保护管理制度外,还根据自己在长江流域中的功能定位以及区域生态文明建设特色,积极开展长江保护和修复行动,促进经济绿色高质量发展,出台了不少政策性文件,形成了系列典型案例和经验亮点。

通过对 145 份政策文件的出台时间、政策出台机构、政策类型、政策关键词等方面数据分析,2016—2018 年是长江大保护政策出台的密集期;政策出台机构多样,部门合作不断加强;政策类型多样,以意见、通知、规划和方案为主;从词频分析看政策热点主要集中在长江经济带、水生生物保护、长江流域、生态环境保护、污染防治攻坚战、河长制等领域。总体而言,近年来特别是 2016 年 1 月 5 日习近平总书记在重庆发表有关长江大保护的讲话后,推动长江经济带发展领导小组办公室、国务院有关部门、最高人民法院、最高人民检察院依照自己的职责分工,围绕长江大保护出台了诸多相关政策,但政策多为指导性的意见,具体的实施方案内容还有待加强。

在梳理和评述了 2013—2020 年国家和省市层面出台的与长江大保护相关的政策后,本研究发现这些政策的综合性和协同性仍有待加强。这主要是由于长江流域管理在法制建设、管理体制、协作机制上仍存在不少问题,具体表现如下:①《长江保护法》和已有法律制度无法“有机衔接”。这几年围绕长江大保护出台了不少政策,但在各层面的法制建设上仍缺少进展。长江流域涉水管理的法律有 30 多部,管理权在中央分属 15 个部委、76 项职能,在地方分属 19 个省(市、自治区)、百余项职能。现行的分散立法模式造成环境与资源立法分离、部门主导立法。部门间只分工不协作,不能形成整体效益,目前尚未形成针对流域尺度有效的法制体系。现有的《水法》、《水污染防治法》、《水土保持法》等都不是直接针对长江的问题提出来的。长江的资源保护、开发利用等基本法律制度是缺失的。分散立法客观上造成不同部门在保护目标和保护理念上存在较大偏差。因此,《长江保护法》的落地需尽快建立跨区域、跨行业、跨部门的环境保护机制,为长江流域自然生态系统和社会经济的可持续发展保驾护航。②长江保护的管理体制尚未理顺,存在职能分割和交叉。在长江管理上存在明显的“多头管理、职能交叉”现象。例如,水利部门负责水量和水能管理,环保部门负责水质和水污染防治管理,市政部门负责城市给排水管理。再如,隶属于水利部的长江水利委员会侧重长江水资源管理,隶属于农业农村部的长江流域渔政监督管理办公室侧重于内陆渔政管理，隶属于交通运输部的长江航务管理局侧重于航务管理。此外，在水资源保护规划与水污染防治规划以及水资源与水环境管理的监测体系与标准、数据共享等方面，也缺少有效协调。长江复杂的管理体系，给开展系统性的保护工作带来不少障碍。③长江保护在区域协调机制上还有待加强。长江流经众多省区，而地方政府长期以来“分割管理”，不重视沿江整体的生态环境保护，如毗邻边界的水环境功能不匹配、各地在水环境治理措施和监管要求上存在较大差异等。长江保护必须上下“一盘棋”，加强统一领导，进行整体规划。因此，沿岸各地区必须要“一盘棋”统筹推进，在“共”字上下功夫，才能走生态优先、绿色发展之路，把长江经济带建设成为绿色生态走廊。从目前出台的政策来看，促进长江大保护的全流域协调机制尚未建立，仅在长三角环境一体化治理上有实质进展。《长江保护法》的实施，将着重改善长江保护中所面临的部门分割、地区分割等体制机制问题，从长江保护的流域性、整体性和全局性，切实加强不同地区和部门间协作。

1.3.5 科技支撑——长江保护与发展的科学研究

为了让科学界能更有效地开展长江大保护研究，本研究从两个方面介绍科学界关于长江保护的科学研究成果，梳理目前科学研究的热点以及寻找未来仍需努力的方向。首先，第 4 章的 4.2 节将利用文献计量学方法，分析过去 25 年间（1994—2018 年）包括中英文文献在内的长江保护相关研究的内在规律，力图从宏观上把握过往研究的主要脉络，揭示研究主题的变化趋势和中英文文献中相关研究的差异性。其次，第 4 章 4.3 至 4.7 节对近年来特别是习近平总书记提出长江大保护战略以来，学界发表的相关研究成果进行总结，重点阐述科学家对于长江大保护战略的解读、创新实践和对策建议。由于篇幅和作者水平有限，本研究分析并不能做到面面俱到。因此，研究主要围绕 5 个重点领域展开，即长江大保护的战略解读，长江流域水生态环境的研究、评估与管理，长江流域生物资源保护，长江经济带绿色发展，长江流域综合管理的体制机制。即使如此，本研究也只能对长江保护与发展的研究进行概括性介绍，无法将它们全面、详细地呈现给读者。

依据本研究分析方法和思路的研究结果显示，1994—2018 年间中外科学家持续高度关注长江流域的保护工作，在中外科技期刊上发表了 9 566 篇与长江大保护相关的学术论文，而且论文数量持续快速增加。其中，来自中国科学院、中国水产科学研究院、长江水利委员会、南京大学、华东师范大学等 400 余个科研机构的科研人员，在《人民长江》、《长江资源与环境》、《长江科学院院报》、《环境保护》、《中国水土保持》等中国重要期刊上发表了 4 988 篇与长江大保护相关的中文论文。中文研究论文的关键词大致可归为 6 类，即长江经济带高质量发展类、长江上游生态建设类、生物资源保护类、水资源保护类、长江中下游湿地生态环境类、长江流域湿地水文过程与径流类。此外，来自中国科学院、华东师范大学、中国科学院大学、南京大学、中国地质大学、中国水产科学院、复旦大学、中国海洋大学、北京师范大学和河海大学等 265 个科研机构的科研人员，在 *Science of the Total Environment*、*Journal of Applied Ichthyology*、*Environmental Science and Pollution Research*、*Journal of Hydrology*、*Estuarine Coastal and Shelf Science*、*Marine Pollution Bulletin* 和 *Ecological Engineering* 等期刊上发表了 4 578 篇与长江大保护相关的英文论文。英文研究论文的关键词大致可归为 5 类，即长江流域水文过程类、长江流域水生生物保护类、长江流域环境风险类、长江地质与古气候类、河口生态过程类。这些研究为天然林保护工程、“长治”工程、三峡工程等重大生态和水利工程的实施提供了科技支撑，为长江水资源、生物资源的保护提供了对策建议，为长江三角洲地区的发展提供了宝贵数据，为长江经济带的高质量发展提供了创新思路。

对科学研究成果的文献计量学分析结果表明，科学界在过去25年对长江保护做了大量卓有成效的科研工作，但过去的长江保护相关研究还存在一些空缺。首先，社会科学与自然科学之间的合作还不充分。研究机构合作网络分析图表明，传统的长江保护研究机构之间具有密切合作，与经济社会管理类的研究机构也有一定的合作关系，但是自然科学类的研究机构与社会科学类的研究机构之间的学科交叉研究还较少。其次，对长江流域的陆域生态系统与水域生态系统之间的联系认识还不够。关键词分析表明，长江流域陆域生态系统的研究以长江上游的生态建设研究为主，河流生态系统则是以研究鱼类和浮游植物为主。这些研究还很少被关联起来，无法系统地研究长江流域“山水林田湖草”体系。最后，科学界对长江大保护本身的深度认识还比较匮乏。目前，专门从事长江大保护战略的哲学社会科学和流域尺度的科学技术研究的创新团队很少，以至于“长江大保护”本身还未成为研究的热门关键词。

根据文献计量学分析的结果，以及中央对长江保护与发展的战略需求，本研究提出科学界还需从以下4个方面进一步开展保护长江流域的研究。第一，在“山水林田湖草”流域生态系统研究中，突出水资源、水生态、水环境、水灾害和水管理主线，核心是水生态，特别是水生生物中的鱼类生物多样性保护，是流域生态系统健康状况的指示。第二，加强长江大保护战略的哲学社会科学的研究，与自然科学和技术研究协同发展。从习近平新时代中国特色社会主义思想的高度去阐释长江大保护理论，因为缺乏理论探索的结果就是对长江大保护战略理解的表面化和片面化。不少科学研究和保护行动效果并不明显或者事倍功半，部分原因就在于对长江大保护理论理解得不够全面、不够深刻。第三，加强长江流域“山水林田湖草”的综合研究，在关注流域大江大河和大中型湖泊的同时，应对流域陆域的森林和草地生态系统过程，以及陆域人类活动（如农业、工业和城镇化等）对长江流域水资源、水生态、水环境、水灾害和水管理影响等问题给予足够重视。第四，加强对长江流域社会-经济-自然复合生态系统的综合研究，而非只强调其中的某些组分。长江流域作为一个复合生态系统，它的问题往往是跨自然科学和社会科学的复杂科学问题。只有社会科学家和自然科学家通力合作，进行跨学科交流，才能为长江大保护提出对自然和人类社会都有益的综合建议。①

① 作者补记：本章是作者与研究团队基于多年研究成果系统梳理而成。其中，部分内容已刊发于《生态文明：人类历史发展的必然选择》(2014)、《长江技术经济》(2018)、《生物多样性》(2018)、《中国周刊》(2017)，以及《人类与自然耦合下的鄱阳湖流域生物多样性保护研究》(2019)等。

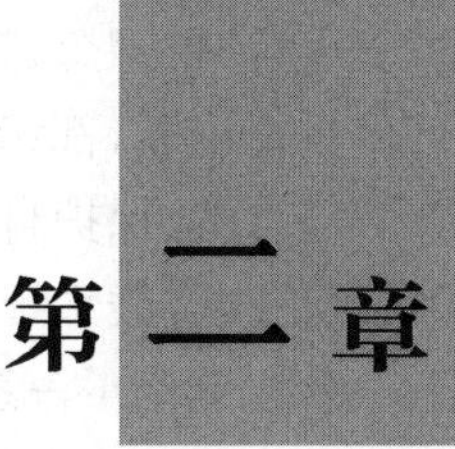

第二章

长江大保护的理论基础、形成脉络和战略意义

2.1 习近平生态文明思想与长江大保护战略

1. 习近平生态文明思想是习近平新时代中国特色社会主义思想的重要组成部分，是长江大保护战略的重要理论基础

党的十八大以来，以习近平同志为总书记的党中央高瞻远瞩、战略谋划，围绕生态文明建设发表了一系列重要讲话，作出了诸多重要论述，形成了科学系统的生态文明思想。纵观人类文明发展史，审视当代中国，习近平总书记对于人与自然关系的思考深邃而迫切——中华文明已延续了5 000多年，能不能再延续5 000年直至实现永续发展？总结古代的“天人合一”理念，到现在大力推进生态文明建设，做出“生态兴则文明兴，生态衰则文明衰”的重要论断，都彰显了习近平总书记对人类文明发展经验教训的历史总结。“尊重自然、顺应自然、保护自然”，是对东方文化中和谐平衡思想的深刻理解。习近平生态文明思想从理论与实践系统回答了为什么建设生态文明、建设什么样的生态文明，以及怎样建设生态文明，提出了一系列新理念、新思想、新战略，引领着生态环境保护取得历史性成就、发生历史性变革，也引领中华民族在伟大复兴的征途上奋勇前行。

习近平生态文明思想经历了长期的、历史的、自然的探索和形成过程。本研究经过系统挖掘和梳理生态文明提出脉络的重要文献，进行追本溯源，认为要探求习近平生态文明思想的形成和发展，必须着重论述两个重要节点。第一个重要节点，习近平同志在浙江提出“绿水青山就是金山银山”（“两山理念”）的重要科学论断，这是习近平生态文明思想最重要也最为著名的核心理念。2005年8月15日，习近平同志在浙江省安吉县余村考察时首次提出“绿水青山就是金山银山”的科学论断，随后在《浙江日报》发表文章《绿水青山也是金山银山》中强调：“如果能够把这些生态优势转化为生态农业、生态工业、生态旅游等生态经济的优势，那么绿水青山也就变成了金山银山。绿水青山可带来金山银山，但金山银山却买不到绿水青山。绿水青山与金山银山既会产生矛盾，又可辩证统一。”[①②]此后，习近平同志在浙江省丽水市、衢州市和杭州市等多地调研时均阐述过绿水青山与金山银山的辩证关系。从浙江省到上海市，再到中央，关于生态环境保护和生态文明建设的重要理念、论断和思想逐步完善。“绿水青山就是金山银山”科学论断，开创了农村人居环境整治和美丽乡村建设、新时代乡村振兴战略的中国先河，也为新时代中国生态文明建设提供了发展范式。[③] 第二个重要节点，党的十八大以来习近平生态文明思想不断完善和成熟。在党的十八大报告中，把“美丽中国”作为生态文明建设的宏伟目标，把生态文明建设摆上中国特色社会主义“五位一体”总体布局的战略位置。在此阶段从实现中华民族伟大复兴和永续发展的全局出发，审视国内外局势，在“两山理念”重要思想基础上，习近平总书记从理论内涵、思路、实践举措等方面不断地丰富、发展和形成生态文明思想，就生态文明建设作出了一系列重要论述，在各类场合与生态文明直接相关的讲话和批示超过100多次。[③]本研究梳

① 习近平：绿水青山也是金山银山.浙江日报，2005年8月24日.

② 胡坚：绿水青山怎样才能变成金山银山——对浙江十年探索与实践的样本分析.浙江日报，2015年8月10日.

③ 黄承梁.论习近平生态文明思想历史自然的形成和发展.中国人口·资源与环境，2019，29(12)：1-8.

理了以下3个部分具有标志性意义的内容。

(1) 党的十八大报告中的相关论述:“大力推进生态文明建设。建设生态文明,是关系人民福祉、关乎民族未来的长远大计。面对资源约束趋紧、环境污染严重、生态系统退化的严峻形势,必须树立尊重自然、顺应自然、保护自然的生态文明理念,把生态文明建设放在突出地位,融入经济建设、政治建设、文化建设、社会建设各方面和全过程,努力建设美丽中国,实现中华民族永续发展。

坚持节约资源和保护环境的基本国策,坚持节约优先、保护优先、自然恢复为主的方针,着力推进绿色发展、循环发展、低碳发展,形成节约资源和保护环境的空间格局、产业结构、生产方式、生活方式,从源头上扭转生态环境恶化趋势,为人民创造良好生产生活环境,为全球生态安全作出贡献。”

党的十八大报告提出了生态文明建设的四大任务:①优化国土空间开发格局;②全面促进资源节约;③加大自然生态系统和环境保护力度;④加强生态文明制度建设。

2013年5月24日,习近平总书记在主持中共中央政治局第六次集体学习时提出,“生态兴则文明兴,生态衰则文明衰”,“生态环境保护是功在当代、利在千秋的事业”。[①] 这是对生态与文明关系的鲜明阐释,也是对人类文明发展规律、自然规律和经济社会发展规律的深刻认识。

(2) 党的十九大报告中的相关论述:“加快生态文明体制改革,建设美丽中国。人与自然是生命共同体,人类必须尊重自然、顺应自然、保护自然。人类只有遵循自然规律才能有效防止在开发利用自然上走弯路,人类对大自然的伤害最终会伤及人类自身,这是无法抗拒的规律。

我们要建设的现代化是人与自然和谐共生的现代化,既要创造更多物质财富和精神财富以满足人民日益增长的美好生活需要,也要提供更多优质生态产品以满足人民日益增长的优美生态环境需要。必须坚持节约优先、保护优先、自然恢复为主的方针,形成节约资源和保护环境的空间格局、产业结构、生产方式、生活方式,还自然以宁静、和谐、美丽。”

2017年11月召开的党的十九大,将“建设美丽中国”提升到人类命运共同体理念的高度,把“坚持人与自然和谐共生”作为新时代坚持和发展中国特色社会主义的基本方略,从基本理念、重大地位、战略纵深和体制保障4个方面进一步夯实,奠定我国新时代生态文明建设的新格局。

党的十九大报告提出了生态文明体制改革的四大任务:①推进绿色发展;②着力解决突出环境问题;③加大生态系统保护力度;④改革生态环境监管体制。

(3) 全国生态环境保护大会正式确立了习近平生态文明思想。2018年5月,在全国生态环境保护大会上,提出加快构建“生态文明体系”,涉及生态文化体系、生态经济体系、生态环境质量目标责任体系、生态文明制度体系和生态安全体系五大方面。习近平总书记系统阐述了生态文明思想内涵,集中体现为“生态兴则文明兴”的深邃历史观、“人与自然和谐共生”的科学自然观、“绿水青山就是金山银山”的绿色发展观、“良好生态环境是最普惠的民生福祉”的基本民生观、“山水林田湖草是生命共同体”的整体系统观、“实行最严格生态环境保护制度”的严密法治观、“共同建设美丽中国”的全民行动观、“共谋全球生态文明建

① 中共中央文献研究室.习近平关于社会主义生态文明建设论述摘编.北京:中央文献出版社,2017,6-7.

设之路”的共赢全球观。①

对流域保护与科学管理的启示在于统筹“山水林田湖草”系统治理，坚持“山水林田湖草”是一个生命共同体。2013 年 11 月，《中共中央关于全面深化改革若干重大问题的决定》指出：“我们要认识到，山水林田湖是一个生命共同体，人的命脉在田，田的命脉在水，水的命脉在山，山的命脉在土，土的命脉在树。用途管制和生态修复必须遵循自然规律，如果种树的只管种树、治水的只管治水、护田的单纯护田，很容易顾此失彼，最终造成生态的系统性破坏。由一个部门负责领土范围内所有国土空间用途管制职责，对山水林田湖进行统一保护、统一修复是十分必要的。”2014 年 3 月 14 日习近平总书记进一步提出：“如果破坏了山、砍光了林，也就破坏了水，山就变成了秃山，水就变成了洪水，泥沙俱下，地就变成了没有养分的不毛之地，水土流失、沟壑纵横。”②

这是对流域特征和人与自然关系最好的诠释，为长江流域的科学管理和解决我们面临的种种生态环境问题指明了方向。“山水林田湖草”系统诠释了流域的自然地理特征。长江经济带是国家未来发展最重要的战略区域，习近平总书记提出的“长江经济带要共抓大保护、不搞大开发”的重要论述，站在中华民族根本利益和长远发展的战略高度，抓住了长江经济带发展的关键，是维持长江流域生态系统健康、指导长江经济带健康发展的千年大计。长江大保护战略要从长江全流域尺度出发，长江大保护理念有助于确立我国江河保护的思想和制度，长江流域也将成为我国江河保护的示范引领区域。“共抓大保护”，使长江流域良好的生态环境得以保护和提升，是美丽中国的极为重要的组成部分。

2. 习近平总书记对“保护与发展的关系”的相关论述

生态文明建设，归根结底，在于正确处理经济发展与环境保护的关系，实现人与自然和谐共生。“绿水青山就是金山银山”的科学论断和发展理念，诠释了经济发展和生态环境保护的关系，揭示了保护生态环境就是保护生产力、改善生态环境就是发展生产力的道理，指明了实现发展和保护协同共生的新路径，是执政理念和方式的深刻变革。党的十八大以来，习近平总书记对生态文明建设中关于保护与发展的关系有一系列重要论述。在这种执政理念和方式的深刻变革下，绿色发展彰显了历史担当，也蕴含着治理智慧。本研究梳理并列出习近平总书记关于“保护与发展”的部分论述。

要正确处理好经济发展同生态环境保护的关系，牢固树立保护生态环境就是保护生产力、改善生态环境就是发展生产力的理念，更加自觉地推动绿色发展、循环发展、低碳发展，决不以牺牲环境为代价去换取一时的经济增长，决不走“先污染后治理”的路子。③

——习近平总书记在中共中央政治局第六次集体学习上的重要讲话（2013 年 5 月 24 日），《习近平关于社会主义生态文明建设论述摘编》，中央文献出版社，2017

① 中共生态环境部党组. 以习近平生态文明思想为指导，坚决打好打胜污染防治攻坚战. 求是，2018 年第 12 期.
② 中共中央文献研究室. 习近平关于社会主义生态文明建设论述摘编. 北京：中央文献出版社，2017，55.
③ 同②，P20.

建设生态文明是关系人民福祉、关系民族未来的大计。中国要实现工业化、城镇化、信息化、农业现代化，必须要走出一条新的发展道路。中国明确把生态环境保护摆在更加突出的位置。我们既要绿水青山，也要金山银山。宁要绿水青山，不要金山银山，而且绿水青山就是金山银山。我们绝不能以牺牲生态环境为代价换取经济的一时发展。①

——习近平总书记在哈萨克斯坦纳扎尔巴耶夫大学演讲时的答问(2013 年 9 月 7 日)，人民日报，2013 年 9 月 8 日

单纯依靠财政刺激政策和非常规货币政策的增长不可持续，建立在过度资源消耗和环境污染基础上的增长得不偿失。我们既要创新发展思路，也要创新发展手段。要打破旧的思维定式和条条框框，坚持绿色发展、循环发展、低碳发展。②

——《深化改革开放，共创美好亚太》(2013 年 10 月 7 日)，《十八大以来重要文献选编》(上册)，中央文献出版社，2014

生态文明建设就是突出短板。在 30 多年持续快速发展中，我国农产品、工业品、服务产品的生产能力迅速扩大，但提供优质生态产品的能力却在减弱，一些地方生态环境还在恶化。这就要求我们尽力补上生态文明建设这块短板，切实把生态文明的理念、原则、目标融入经济社会发展各方面，贯彻落实到各级各类规划和各项工作中。主体功能区是国土空间开发保护的基础制度，也是从源头上保护生态环境的根本举措，虽然提出了多年，但落实不力。我国 960 多万平方公里的国土，自然条件各不相同，定位错了，之后的一切都不可能正确。要加快完善基于主体功能区的政策和差异化绩效考核，推动各地区依据主体功能定位发展。要坚持保护优先、自然恢复为主，实施山水林田湖生态保护和修复工程，加大环境治理力度，改革环境治理基础制度，全面提升自然生态系统稳定性和生态服务功能，筑牢生态安全屏障。③

——习近平总书记在党的十八届五中全会第二次全体会议上的讲话(2015 年 10 月 29 日)，《求是》，2016 年第 1 期

绿色发展注重的是解决人与自然和谐问题。绿色循环低碳发展，是当今时代科技革命和产业变革的方向，是最有前途的发展领域，我国在这方面的潜力相当大，可以形成很多新的经济增长点。我国资源约束趋紧、环境污染严重、生态系统退化的问题十分严峻，人民群众对清新空气、干净饮水、安全食品、优美环境的要求越来越强烈。为此，我们必须坚持节约资源和保护环境的基本国策，坚定走生产发展、生活富裕、生态良好的文明发展道路，加快建设资源节约型、环境友好型社会，推进美丽中国建设，为全球生态安全作出新贡献。③

——习近平总书记在党的十八届五中全会第二次全体会议上的讲话(2015 年 10 月 29 日)，《求是》，2016 年第 1 期

① 习近平在哈萨克斯坦纳扎尔巴耶夫大学发表重要演讲. 人民日报，2013 年 9 月 8 日.
② 十八大以来重要文献选编(上册). 北京：中央文献出版社，2014，440-441.
③ 习近平总书记在党的十八届五中全会第二次全体会议上的讲话. 求是，2016 年第 1 期.

推动形成绿色发展方式和生活方式，是发展观的一场深刻革命。这就要坚持和贯彻新发展理念，正确处理经济发展和生态环境保护的关系，像保护眼睛一样保护生态环境，像对待生命一样对待生态环境，坚决摒弃损害甚至破坏生态环境的发展模式，坚决摒弃以牺牲生态环境换取一时一地经济增长的做法，让良好生态环境成为人民生活的增长点、成为经济社会持续健康发展的支撑点、成为展现我国良好形象的发力点，让中华大地天更蓝、山更绿、水更清、环境更优美。①

——习近平总书记在十八届中央政治局第四十一次集体学习时的重要讲话(2017 年 5 月 26 日)，人民日报，2017 年 5 月 28 日

我们要充分认识形成绿色发展方式和生活方式的重要性、紧迫性、艰巨性，加快构建科学适度有序的国土空间布局体系、绿色循环低碳发展的产业体系、约束和激励并举的生态文明制度体系、政府企业公众共治的绿色行动体系，加快构建生态功能保障基线、环境质量安全底线、自然资源利用上线三大红线，全方位、全地域、全过程开展生态环境保护建设。①

——习近平总书记在十八届中央政治局第四十一次集体学习时的重要讲话(2017 年 5 月 26 日)，人民日报，2017 年 5 月 28 日

坚持绿色发展是发展观的一场深刻革命。要从转变经济发展方式、环境污染综合治理、自然生态保护修复、资源节约集约利用、完善生态文明制度体系等方面采取超常举措，全方位、全地域、全过程开展生态环境保护。②

——习近平总书记在山西考察工作时的重要讲话(2017 年 6 月 21—23 日)，人民日报，2017 年 6 月 24 日

正确把握生态环境保护和经济发展的关系，探索协同推进生态优先和绿色发展新路子。推动长江经济带绿色发展，关键是要处理好绿水青山和金山银山的关系。这不仅是实现可持续发展的内在要求，而且是推进现代化建设的重大原则。生态环境保护和经济发展不是矛盾对立的关系，而是辩证统一的关系。生态环境保护的成败归根到底取决于经济结构和经济发展方式。③

——习近平总书记主持召开深入推动长江经济带发展座谈会的重要讲话(2018 年 4 月 26 日)，新华社，2018 年 6 月 13 日

我曾经提出，治理黄河，重在保护，要在治理。要坚持山水林田湖草综合治理、系统治理、源头治理，统筹推进各项工作，加强协同配合，推动黄河流域高质量发展。要坚持绿水青山就是金山银山的理念，坚持生态优先、绿色发展，以水而定、量水而行，因地制宜、分类

---

① 习近平在中共中央政治局第四十一次集体学习时强调：推动形成绿色发展方式和生活方式　为人民群众创造良好生产生活环境. 人民日报，2017 年 5 月 28 日.

② 习近平在山西考察工作时强调　扎扎实实做好改革发展稳定各项工作　为党的十九大胜利召开营造良好环境. 人民日报，2017 年 6 月 24 日.

③ 习近平. 在深入推动长江经济带发展座谈会上的讲话. 新华社，2018 年 6 月 13 日.

施策，上下游、干支流、左右岸统筹谋划，共同抓好大保护，协同推进大治理，着力加强生态保护治理、保障黄河长治久安、促进全流域高质量发展、改善人民群众生活、保护传承弘扬黄河文化，让黄河成为造福人民的幸福河。

黄河流域生态保护和高质量发展，要尊重规律，摒弃征服水、征服自然的冲动思想。[①]

——习近平总书记在黄河流域生态保护和高质量发展座谈会上的讲话，《求是》，2019年第18期

综上所述，党的十九大把“坚持人与自然和谐共生”作为新时代坚持和发展中国特色社会主义的基本方略，为我们科学把握和正确处理人与自然关系提供了根本遵循。习近平总书记关于“保护与发展的关系”的论述表明，以保护和修复长江流域生态系统健康为主要目标的大保护战略是推动长江经济带发展最紧迫而重大的任务，更是一项宏大而系统的工程。特别是关于长江经济带建设和长江大保护、黄河流域生态保护和高质量发展的论述，是在研究国内外发展环境变化中，坚持和调整现有区域发展政策的战略性考虑，关系中华民族未来和人类福祉。

3. 长江大保护战略是落实习近平生态文明思想和绿色发展新理念最重要的实践与示范之一

坚持“生态优先、绿色发展”，共抓大保护体现了生态文明思想的核心要义，以共抓大保护为导向推动长江经济带发展是习近平生态文明思想的生动实践。长江是我国国土空间开发最重要的东西轴线，在区域发展总体格局中具有举足轻重的地位。长江经济带11个省(市)，是经济共同体，长江流域更是休戚相关的“山水林田湖草”生命共同体。改革开放40年以来，长江经济带已经跻身我国综合实力最强、战略支撑作用最大区域的行列，但也面临资源环境超载的困境。推动长江经济带发展是一个系统工程，从经济社会发展全局出发，将“生态优先、绿色发展”作为核心理念和战略定位，明确保护和修复长江生态环境在长江经济带发展中的首要位置，坚守“共抓大保护，不搞大开发”的实践基准，使长江经济带成为我国经济高质量发展的生力军。这赋予生态文明建设前所未有的实践意义，必将标注中华民族永续发展的新高度。

绿色发展理念是马克思主义生态文明理论同我国经济社会发展实际相结合的创新理念，是深刻体现新阶段我国经济社会发展规律的重大理念。绿色发展和可持续发展是当今世界的潮流。实施长江经济带发展和共抓大保护战略，是以习近平总书记为核心的党中央尊重自然规律、经济规律和社会规律，顺应世界发展潮流的体现。因此，长江大保护是践行生态文明思想和绿色发展新理念的最重要举措之一。

4. 长江流域是中国生态文明建设最重要区域之一，生物多样性保护和生态系统健康的维持是长江大保护重要指标

长江流域形态与自然地理特征是由流域的地形地貌、地理位置和人类活动共同决定

① 习近平. 在黄河流域生态保护和高质量发展座谈会上的讲话. 求是，2019年第18期.

的。各区的地质发展历史差异很大，经历过重大的地质事件，如第三、第四纪冰川期，塑造了多样的地形地貌，包括高原、峡谷、山地、丘陵、河流和湖泊。全流域的经纬度、海拔高差跨度大，造成光照、气温、降雨量和土壤类型等在流域内差异极大，且受到人类活动的强烈影响。长江流域的物理条件、地质历史孕育和人类活动影响了该流域丰富的生物多样性。长江流域面积大，有世界上同纬度地区最大的通江、浅水和草型、受东南亚季风深度影响而变化剧烈的湖泊群，其干流江面宽展曲折、支流密布、淡水流量巨大；流域内的河滩、湖滨和海滨沼泽发育良好，构成的湿地具有独特的河流、湖泊复合生态系统，在地球同纬度地区具唯一性；流域内具国际意义的生物多样性关键地区数量非常多，包括青藏高原高寒湿地、秦岭太白山地区、川西高山峡谷地区、两湖平原湿地区域、长江河口湿地等；全流域内存在各种生物类群中的关键类群；生态系统、物种和遗传多样性 3 个层次的生物多样性程度极高；全流域内主要栽培植物、家养动物和淡水鱼类种质资源丰富，也是世界八大农作物起源中心之一。随着社会经济的发展，流域内生物多样性受到各种形式人类活动的影响。长江流域有丰富的自然资源，而湿地系统是其健康的核心。因为湿地是调控长江流域水资源、水生态和水环境的主要场所，湿地生态系统是长江流域生态系统的核心部分，湿地系统在维持生物多样性中起到重要作用，湿地保护、修复和调控是维持长江流域生态系统健康的根本途径。

习近平总书记多次视察长江经济带，要求保持长江生态原真性和完整性。作为流域生态系统结构与功能是否健康的主要指标，水生生物特别是鱼类的多样性，在实施长江大保护战略中受到高度关注。2018 年 4 月，习近平总书记在推动长江经济带发展座谈会上提出："流域生态功能退化依然严重，长江'双肾'洞庭湖、鄱阳湖频频干旱见底，接近 30%的重要湖库仍处于富营养化状态，长江生物完整性指数到了最差的'无鱼'等级。"党的十九届五中全会提出推动绿色发展，促进人与自然和谐共生，坚持尊重自然、顺应自然、保护自然，坚持节约优先、保护优先、自然恢复为主，守住自然生态安全边界，要求加强大江大河和重要湖泊湿地生态保护治理，实施好长江"十年禁渔"。

长江流域生物多样性保护和生态系统健康的维持是长江大保护最重要的指标之一。长江流域既是我国经济社会发展的重点区域，又是全国生态文明建设的重要区域。加强长江大保护，建设绿色生态廊道，保护生物多样性，特别是长江流域水生生物，维持流域生态系统健康和生态系统服务功能，对于引领全国流域生态文明建设，具有十分重要的意义。在具体实践中，实施长江流域重点水域禁捕是以习近平总书记为核心的党中央国务院为全局计、为子孙谋的重要决策部署，是长江大保护的历史性、标志性工程，也是有效缓解长江生物资源衰退和生物多样性下降危机的关键之举，彰显了我们党对中华民族生态基础永续发展高度负责的执政理念。

英国历史学家阿诺德·约瑟夫·汤因比在其巨著《历史研究》中指出，在近 6 000 年的人类历史上，出现过 26 个文明形态，但全世界只有中国的文化体系是长期延续发展而从未中断过的文化。这种强大的生命力，是中国文化的一个重要特征。长江文明在中国历史上有着极其重要的地位，长江大保护事关中华文明的延续。生态兴则文明兴。我们应认识到：长江大保护的范围不是长江而是长江流域；长江流域面临极其严重的威胁，无序的水利工程建设项目改变着长江的水文特征和最重要的水生生物；流域内部分不合理的经济发展模式和城市群布局也是极其重要的影响因素；长江流域科学立法和依法保护是当务之急。理解长江文明和科学保护长江流域是振兴中华民族的要务！

2.2 提出长江大保护战略相关论述的时空脉络

党的十八大以来，以习近平总书记为核心的党中央，对推进长江经济带建设和长江大保护有一系列重要的相关论述。本节从习近平总书记在长江流域省市（上海、江苏、浙江、安徽、江西、湖北、湖南、重庆、四川、贵州、云南、青海）考察调研的重要讲话，关于"生态优先、绿色发展"的讲话、报告、指示和贺信等重要文献中摘录80余段论述，梳理研究习近平总书记提出长江大保护战略的时空脉络。重要文献均来自人民日报（人民网）、新华社（新华网）等权威媒体；以及《求是》、《习近平关于社会主义生态文明建设论述摘编》等已刊发的文章和已出版的著作。

生态文明是人类社会进步的重大成果。人类经历了原始文明、农业文明、工业文明，生态文明是工业文明发展到一定阶段的产物，是实现人与自然和谐发展的新要求。历史地看，生态兴则文明兴，生态衰则文明衰。古今中外，这方面的事例众多。①

——习近平总书记在十八届中央政治局第六次集体学习时的重要讲话（2013年5月24日），《习近平关于社会主义生态文明建设论述摘编》，中央文献出版社，2017

我们中文文明传承五千多年，积淀了丰富的生态智慧。"天人合一"、"道法自然"的哲理思想，"劝君莫打三春鸟，儿在巢中望母归"的经典诗句，"一粥一饭，当思来处不易；半丝半缕，恒念物力维艰"的治家格言，这些质朴睿智的自然观，至今仍给人以深刻警示和启迪。①

——习近平总书记在十八届中央政治局第六次集体学习时的重要讲话（2013年5月24日），《习近平关于社会主义生态文明建设论述摘编》，中央文献出版社，2017

走向生态文明新时代，建设美丽中国，是实现中华民族伟大复兴的中国梦的重要内容。中国将按照尊重自然、顺应自然、保护自然的理念，贯彻节约资源和保护环境的基本国策，更加自觉地推动绿色发展、循环发展、低碳发展，把生态文明建设融入经济建设、政治建设、文化建设、社会建设各方面和全过程，形成节约资源、保护环境的空间格局、产业结构、生产方式、生活方式，为子孙后代留下天蓝、地绿、水清的生产生活环境。②

——习近平总书记《致生态文明贵阳国际论坛二〇一三年年会的贺信》（2013年7月18日），人民日报，2013年7月21日

① 中共中央文献研究室．习近平关于社会主义生态文明建设论述摘编．北京：中央文献出版社，2017，6.
② 同①，P20.

节约资源和保护环境，是推动经济社会持续健康发展的重要内容。节约资源、保护环境是我国发展的必然要求，全社会都要提高认识，坚持走可持续发展道路。①

——习近平总书记在湖北视察时强调(2013年7月21—23日)，新华网，2013年7月23日

长江流域要加强合作，充分发挥内河航运作用，发展江海联运，把全流域打造成黄金水道。武汉要发挥华中航运中心的带头作用，实现对经济的支撑。②

——习近平总书记在湖北视察时强调(2013年7月21—23日)，湖北日报，2013年7月24日

扶贫开发要同做好农业农村农民工作结合起来，同发展基本公共服务结合起来，同保护生态环境结合起来，向增强农业综合生产能力和整体素质要效益。

希望湖南发挥作为东部沿海地区和中西部地区过渡带、长江开放经济带和沿海开放经济带结合部的区位优势，抓住产业梯度转移和国家支持中西部地区发展的重大机遇，提高经济整体素质和竞争力，加快形成结构合理、方式优化、区域协调、城乡一体的发展新格局。③

——习近平总书记在湖南考察时强调(2013年11月3—5日)，湖南日报，2013年11月6日

我们要认识到，山水林田湖是一个生命共同体，人的命脉在田，田的命脉在水，水的命脉在山，山的命脉在土，土的命脉在树。用途管制和生态修复必须遵循自然规律，如果种树的只管种树、治水的只管治水、护田的单纯护田，很容易顾此失彼，最终造成生态的系统性破坏。由一个部门负责领土范围内所有国土空间用途管制职责，对山水林田湖进行统一保护、统一修复是十分必要的。④

——习近平总书记关于《中共中央关于全面深化改革若干重大问题的决定》的说明(2013年11月9日)，《十八大以来重要文献选编》(上册)，中央文献出版社，2014

我说过，既要绿水青山，也要金山银山；绿水青山就是金山银山。绿水青山和金山银山决不是对立的，关键在人，关键在思路。为什么说绿水青山就是金山银山？“鱼逐水草而居，鸟择良木而栖。”如果其他各方面条件都具备，谁不愿意到绿水青山的地方来投资、来发展、来工作、来生活、来旅游？从这一意义上说，绿水青山既是自然财富，又是社会财富、经济财富。

有人说，贵州生态环境基础脆弱，发展不可避免会破坏生态环境，因此发展要宁慢勿快，否则得不偿失；也有人说，贵州为了摆脱贫困必须加快发展，付出一些生态环境代价也

① 习近平：坚定不移全面深化改革开放，脚踏实地推动经济社会发展. 新华网，2013年7月23日.

② 行走在荆楚民众中间——习近平总书记在鄂考察纪实. 湖北日报，2013年7月24日.

③ 习近平考察湖南：深化改革开放推进创新驱动. 湖南日报，2013年11月6日.

④ 中共中央文献研究室. 习近平关于社会主义生态文明建设论述摘编. 北京：中央文献出版社，2017，47.

是难免的、必须的。这两种观点都把生态环境和发展对立起来了，都是不全面的。强调发展不能破坏生态环境是对的，但为了保护生态环境而不敢迈出发展步伐就有点绝对化了。实际上，只要指导思想对了，只要把两者关系把握好、处理好了，既可以加快发展，又能够守护好生态。贵州这几年的发展也说明了这一点。①

——习近平总书记在参加十二届全国人大二次会议贵州代表团审议时的讲话(2014年3月7日)，《习近平关于社会主义生态文明建设论述摘编》，中央文献出版社，2017

小康全面不全面，生态环境质量很关键。②

——习近平总书记在参加十二届全国人大二次会议贵州代表团审议时的讲话(2014年3月7日)，《习近平关于社会主义生态文明建设论述摘编》，中央文献出版社，2017

坚持山水林田湖是一个生命共同体的系统思想。这是党的十八届三中全会确定的一个重要观点。生态是统一的自然系统，是各种自然要素相互依存而实现循环的自然链条，水只是其中的一个要素。自然界的淡水总量是大体稳定的，但一个国家或区域可用水资源有多少，既取决于降水多寡，也取决于盛水的“盆”大小。山水林田湖是一个生命共同体，形象地讲，人的命脉在田，田的命脉在水，水的命脉在山，山的命脉在土，土的命脉在树。金木水火土，太极生两仪，两仪生四象，四象生八卦，循环不已。全国绝大部分水资源涵养在山区丘陵和高原，如果破坏了山、砍光了林，也就破坏了水，山就变成了秃山，水就变成了洪水，泥沙俱下，地就变成了没有养分的不毛之地，水土流失、沟壑纵横。③

——习近平总书记在中央财经领导小组第五次会议上的讲话(2014年3月14日)，《习近平关于社会主义生态文明建设论述摘编》，中央文献出版社，2017

实施湖泊湿地保护修复工程。湖泊湿地是“地球之肾”，针对我国湖泊湿地大量减少的状况，我们是不是到了必须“补肾”的阶段呢？再不“补肾”，我们还能撑多少年呢？要采取硬措施，制止继续围垦占用湖泊湿地的行为，对有条件恢复的湖泊湿地要退耕还湖还湿。④

——习近平总书记在中央财经领导小组第五次会议上的讲话(2014年3月14日)，《习近平关于社会主义生态文明建设论述摘编》，中央文献出版社，2017

要继续支持西部大开发、东北地区等老工业基地全面振兴，推动京津冀协同发展和长江经济带发展，抓紧落实国家新型城镇化规划。⑤

——习近平总书记主持中共中央政治局会议研究当前经济形势和经济工作的讲话(2014年4月25日)，人民日报，2014年4月26日

① 中共中央文献研究室.习近平关于社会主义生态文明建设论述摘编.北京：中央文献出版社，2017，22-23.
② 同①，P8.
③ 同①，P55.
④ 同①，P57.
⑤ 中共中央政治局召开会议研究当前经济形势和经济工作.人民日报，2014年4月26日.

发挥上海在长三角地区合作和交流中的龙头带动作用,既是上海自身发展的需要,也是中央赋予上海的一项重要使命。要按照国家统一规划、统一部署,围绕落实全国城镇化工作会议精神、参与丝绸之路经济带和海上丝绸之路建设、推动长江经济带建设等国家战略,继续完善长三角地区合作协调机制,加强专题合作,拓展合作内容,加强区域规划衔接和前瞻性研究,努力促进长三角地区率先发展、一体化发展。①

——习近平总书记在上海考察调研时强调(2014年5月23—24日),新华网,2014年5月24日

实现经济发展目标,要着力做好以下重点工作。一是要推进新型工业化、信息化、城镇化、农业现代化同步发展,逐步增强战略性新兴产业和服务业的支撑作用,着力推动传统产业向中高端迈进,通过发挥市场机制作用,更多依靠产业化创新来培育和形成新增长点。二是要优化经济发展空间格局,继续实施区域发展总体战略,推进"一带一路"、京津冀协同发展、长江经济带建设,积极稳妥推进城镇化,坚持不懈推进节能减排和生态环境保护,努力实现经济发展和环境保护共赢。②

——习近平总书记主持中共中央召开党外人士座谈会的讲话(2014年12月1日),新华网,2014年12月5日

要优化经济发展空间格局,继续实施区域总体发展战略,推进"一带一路"、京津冀协同发展、长江经济带建设,积极稳妥推进城镇化,坚持不懈推进节能减排和生态环境保护。③

——习近平总书记主持中共中央政治局会议分析研究2015年经济工作的讲话(2014年12月5日),新华网,2014年12月5日

优化经济发展空间格局。要完善区域政策,促进各地区协调发展、协同发展、共同发展。西部开发、东北振兴、中部崛起、东部率先的区域发展总体战略,要继续实施。各地区要找准主体功能区定位和自身优势,确定工作着力点。要重点实施"一带一路"、京津冀协同发展、长江经济带三大战略,争取明年有个良好开局。要通过改革创新打破地区封锁和利益藩篱,全面提高资源配置效率。推进城镇化健康发展是优化经济发展空间格局的重要内容,要有历史耐心,不要急于求成。要加快规划体制改革,健全空间规划体系,积极推进市县"多规合一"。要坚持不懈推进节能减排和保护生态环境,既要有立竿见影的措施,更要有可持续的制度安排,坚持源头严防、过程严管、后果严惩,治标治本多管齐下,朝着蓝天净水的目标不断前进。④

——习近平总书记在中央经济工作会议上重要讲话(2014年12月11日),新华网,2014年12月11日

---

① 习近平在上海考察.新华网,2014年5月24日.

② 中共中央召开党外人士座谈会,习近平主持会议并发表重要讲话.新华网,2014年12月5日.

③ 习近平主持中共中央政治局会议,分析研究2015年经济工作.新华网,2014年12月5日.

④ 中央经济工作会议在京举行.新华网,2014年12月11日.

南水北调工程功在当代，利在千秋。希望继续坚持先节水后调水、先治污后通水、先环保后用水的原则，加强运行管理，深化水质保护，强抓节约用水，保障移民发展，做好后续工程筹划，使之不断造福民族、造福人民。①

——习近平总书记就南水北调中线一期工程正式通水作出的指示（2014 年 12 月），新华社，2014 年 12 月 12 日

保护生态环境、提高生态文明水平，是转方式、调结构、上台阶的重要内容。经济要上台阶，生态文明也要上台阶。我们要下定决心，实现我们对人民的承诺。②

——习近平总书记在江苏调研时强调（2014 年 12 月 13—14 日），人民日报，2014 年 12 月 15 日

经济要发展，但不能以破坏生态环境为代价。生态环境保护是一个长期任务，要久久为功。

要把生态环境保护放在更加突出位置，像保护眼睛一样保护生态环境，像对待生命一样对待生态环境，在生态环境保护上一定要算大账、算长远账、算整体账、算综合账，不能因小失大、顾此失彼、寅吃卯粮、急功近利。③

——习近平总书记在云南考察工作时的讲话（2015 年 1 月 19—21 日），人民日报，2015 年 1 月 22 日

努力成为民族团结进步示范区、生态文明建设排头兵、面向南亚东南亚辐射中心，谱写好中国梦的云南篇章。

新农村建设一定要走符合农村实际的路子，遵循乡村自身发展规律，充分体现农村特点，注意乡土味道，保留乡村风貌，留得住青山绿水，记得住乡愁。③

——习近平总书记在云南考察工作时的讲话（2015 年 1 月 19—21 日），人民日报，2015 年 1 月 22 日

环境就是民生，青山就是美丽，蓝天也是幸福。要像保护眼睛一样保护生态环境，像对待生命一样对待生态环境，把不损害生态环境作为发展的底线。

对于那些破坏生态环境的行为，绝不能手软，不能搞下不为例，要防止形成破窗效应。④

——习近平总书记同人大代表、政协委员共商国是纪实，在江西代表团的讲话（2015 年 3 月 6 日），新华网，2015 年 3 月 14 日

继续以制度创新为核心，贯彻“一带一路”建设、京津冀协同发展、长江经济带发展等国

① 习近平、李克强就南水北调中线一期正式通水作出重要指示要求和批示. 新华社，2014 年 12 月 12 日.

② 主动把握和积极适应经济发展新常态　推动改革开放和现代化建设迈上新台阶. 人民日报，2014 年 12 月 15 日.

③ 习近平在云南考察工作时强调：坚决打好扶贫开发攻坚战　加快民族地区经济社会发展. 人民日报，2015 年 1 月 22 日.

④ 习近平同人大代表、政协委员共商国是纪实. 新华网，2015 年 3 月 14 日.

家战略，在构建开放型经济新体制、探索区域经济合作新模式、建设法治化营商环境等方面，率先挖掘改革潜力，破解改革难题。[①]

——习近平总书记主持召开中共中央政治局会议的讲话(2015 年 3 月 24 日)，新华社，2015 年 3 月 24 日

协调发展、绿色发展既是理念又是举措，务必政策到位、落实到位。要采取有力措施促进区域协调发展、城乡协调发展，加快欠发达地区发展，积极推进城乡发展一体化和城乡基本公共服务均等化。要科学布局生产空间、生活空间、生态空间，扎实推进生态环境保护，让良好生态环境成为人民生活质量的增长点，成为展现我国良好形象的发力点。[②]

——习近平召开华东七省市党委主要负责同志座谈会(2015 年 5 月 27 日)，央视网，2015 年 5 月 28 日

新区规划要确保法定效力，土地资源、岸线资源、港口资源、生态环境资源要集约利用、珍惜利用，各项决策和执行都要协调有序、廉洁高效。[③]

——习近平总书记在浙江考察调研的讲话(2015 年 5 月 25—27 日)，人民日报，2015 年 5 月 28 日

浙江生态环境保护，我有切身体会，在这里工作那几年投入了不少精力。这条路要坚定不移走下去，使绿水青山发挥出持续的生态效益和经济社会效益。[④]

——习近平总书记在浙江考察纪实(2015 年 5 月 25—27 日)，浙江日报，2015 年 5 月 30 日

希望贵州协调推进“四个全面”战略布局，守住发展和生态两条底线，培植后发优势，奋力后发赶超，走出一条有别于东部、不同于西部其他省份的发展新路。

要正确处理发展和生态环境保护的关系，在生态文明建设体制机制改革方面先行先试，把提出的行动计划扎扎实实落实到行动上，实现发展和生态环境保护协同推进。[⑤]

——习近平总书记在贵州调研时强调(2015 年 6 月 16—18 日)，新华网，2015 年 6 月 18 日

青藏高原是“世界屋脊”、“中华水塔”、“地球第三极”，保护好青藏高原生态就是对中华民族生存和发展的最大贡献。如果把青藏高原生态破坏了，生产总值再多也没什么意义。青藏高原生态十分脆弱，开发和保护、建设和吃饭的两难问题始终存在。在这个问题上，一定要算大账、算长远账，坚持生态保护第一，绝不能以牺牲生态环境为代价发展经济。[⑥]

——习近平总书记在中央第六次西藏工作座谈会上的讲话(2015 年 8 月 24 日)，《习近平关于社会主义生态文明建设论述摘编》，中央文献出版社，2017

---

① 习近平主持召开中共中央政治局会议. 新华社，2015 年 3 月 24 日.

② 习近平召开华东七省市党委主要负责同志座谈会. 央视网，2015 年 5 月 28 日.

③ 习近平在浙江调研时强调：干在实处永无止境　走在前列要谋新篇. 人民日报，2015 年 5 月 28 日.

④ 一步一履总关情——习近平总书记在浙江考察纪实. 浙江日报，2015 年 5 月 30 日.

⑤ 习近平：善于运用辩证思维谋划经济社会发展. 新华网，2015 年 6 月 18 日.

⑥ 中共中央文献研究室. 习近平关于社会主义生态文明建设论述摘编. 北京：中央文献出版社，2017，61.

“一带一路”建设、京津冀协同发展、长江经济带建设三大战略，是今后一个时期要重点拓展的发展新空间，要有力有序推进。在前30多年的发展中，我国逐步形成了京津冀、长三角、珠三角三大城市群，成为带动全国发展的主要空间载体。东北地区、中原地区、长江中游、成渝地区等各有1亿多人口，完全有条件形成相对完整的产业体系和大市场，成为带动发展的新空间。当然，要做好空间规划顶层设计，有序推进，避免盲目性。

……青海和西藏的主要区域是重点生态功能区，是世界第三极，生态产品和服务的价值极大。如果盲目开发造成破坏，今后花多少钱也补不回来。①

——习近平总书记在党的十八届五中全会第二次全体会议上的讲话(节选)(2015年10月29日),《求是》,2016年第1期

促进区域发展，要更加注重人口经济和资源环境空间均衡。既要促进地区间经济和人口均衡，缩小地区间人均国内生产总值差距，也要促进地区间人口经济和资源环境承载能力相适应，缩小人口经济和资源环境间的差距。要根据主体功能区定位，着力塑造要素有序自由流动、主体功能约束有效、基本公共服务均等、资源环境可承载的区域协调发展新格局。②

——《围绕贯彻党的十八届五中全会精神做好当前经济工作》(2015年12月18日),《习近平关于社会主义生态文明建设论述摘编》,中央文献出版社,2017

同时，要坚持集约发展，框定总量、限定容量、盘活存量、做优增量、提高质量，立足国情，尊重自然、顺应自然、保护自然，改善城市生态环境，在统筹上下功夫，在重点上求突破，着力提高城市发展持续性、宜居性。

第二，统筹空间、规模、产业三大结构，提高城市工作全局性。要在《全国主体功能区规划》、《国家新型城镇化规划(2014—2020年)》的基础上，结合实施“一带一路”建设、京津冀协同发展、长江经济带建设等战略，明确我国城市发展空间布局、功能定位。要以城市群为主体形态，科学规划城市空间布局，实现紧凑集约、高效绿色发展。

要强化尊重自然、传承历史、绿色低碳等理念，将环境容量和城市综合承载能力作为确定城市定位和规模的基本依据。城市建设要以自然为美，把好山好水好风光融入城市。要大力开展生态修复，让城市再现绿水青山。要控制城市开发强度，划定水体保护线、绿地系统线、基础设施建设控制线、历史文化保护线、永久基本农田和生态保护红线，防止“摊大饼”式扩张，推动形成绿色低碳的生产生活方式和城市建设运营模式。③

——习近平总书记在中央城市工作会议上的重要讲话(节选)(2015年12月20—21日),人民日报,2015年12月23日

长江、黄河都是中华民族的发源地，都是中华民族的摇篮。通观中华文明发展史，从巴山蜀水到江南水乡，长江流域人杰地灵，陶冶历代思想精英，涌现无数风流人物。千百年来，长江流域以水为纽带，连接上下游、左右岸、干支流，形成经济社会大系统，今天仍然是连接丝绸之路经济带和21世纪海上丝绸之路的重要纽带。新中国成立以来特别是

① 在党的十八届五中全会第二次全体会议上的讲话(节选).求是,2016年第1期.

② 中共中央文献研究室.习近平关于社会主义生态文明建设论述摘编.北京:中央文献出版社,2017,31.

③ 中央城市工作会议在北京举行.人民日报,2015年12月23日.

改革开放以来，长江流域经济社会迅猛发展，综合实力快速提升，是我国经济重心所在、活力所在。长江和长江经济带的地位和作用，说明推动长江经济带发展必须坚持生态优先、绿色发展的战略定位，这不仅是对自然规律的尊重，也是对经济规律、社会规律的尊重。①

——习近平总书记主持召开推动长江经济带发展座谈会上的重要讲话(2016 年 1 月 5 日)，新华社，2016 年 1 月 7 日

长江拥有独特的生态系统，是我国重要的生态宝库。当前和今后相当长一个时期，要把修复长江生态环境摆在压倒性位置，共抓大保护，不搞大开发。要把实施重大生态修复工程作为推动长江经济带发展项目的优先选项，实施好长江防护林体系建设、水土流失及岩溶地区石漠化治理、退耕还林还草、水土保持、河湖和湿地生态保护修复等工程，增强水源涵养、水土保持等生态功能。要用改革创新的办法抓长江生态保护。要在生态环境容量上过紧日子的前提下，依托长江水道，统筹岸上水上，正确处理防洪、通航、发电的矛盾，自觉推动绿色循环低碳发展，有条件的地区率先形成节约能源资源和保护生态环境的产业结构、增长方式、消费模式，真正使黄金水道产生黄金效益。①

——习近平总书记主持召开推动长江经济带发展座谈会上的重要讲话(2016 年 1 月 5 日)，新华社，2016 年 1 月 7 日

长江经济带作为流域经济，涉及水、路、港、岸、产、城和生物、湿地、环境等多个方面，是一个整体，必须全面把握、统筹谋划。要增强系统思维，统筹各地改革发展、各项区际政策、各领域建设、各种资源要素，使沿江各省市协同作用更明显，促进长江经济带实现上中下游协同发展、东中西部互动合作，把长江经济带建设成为我国生态文明建设的先行示范带、创新驱动带、协调发展带。①

——习近平总书记主持召开推动长江经济带发展座谈会上的重要讲话(2016 年 1 月 5 日)，新华社，2016 年 1 月 7 日

推动长江经济带发展必须从中华民族长远利益考虑，走生态优先、绿色发展之路，使绿水青山产生巨大生态效益、经济效益、社会效益，使母亲河永葆生机活力。

沿江省市和国家相关部门要在思想认识上形成一条心，在实际行动中形成一盘棋，共同努力把长江经济带建成生态更优美、交通更顺畅、经济更协调、市场更统一、机制更科学的黄金经济带。①

——习近平总书记主持召开推动长江经济带发展座谈会上的重要讲话(2016 年 1 月 5 日)，新华社，2016 年 1 月 7 日

推动长江经济带发展领导小组要更好发挥统领作用。发展规划要着眼战略全局、切合

① 习近平在推动长江经济带发展座谈会上强调：走生态优先绿色发展之路，让中华民族母亲河永葆生机活力. 新华社，2016 年 1 月 7 日.

实际，发挥引领约束功能。保护生态环境、建立统一市场、加快转方式调结构，这是已经明确的方向和重点，要用“快思维”、做加法。而科学利用水资源、优化产业布局、统筹港口岸线资源和安排一些重大投资项目，如果一时看不透，或者认识不统一，则要用“慢思维”，有时就要做减法。对一些二选一甚至多选一的“两难”、“多难”问题，要科学论证，比较选优。对那些不能做的事情，要列出负面清单。①

——习近平总书记主持召开推动长江经济带发展座谈会上的重要讲话(2016 年 1 月 5 日)，新华社，2016 年 1 月 7 日

“一带一路”建设为重庆提供了“走出去”的更大平台，推动长江经济带发展为重庆提供了更好融入中部和东部的重要载体，重庆发展潜力巨大、前景光明。

重庆集大城市、大农村、大山区、大库区于一体，协调发展任务繁重。要促进城乡区域协调发展，促进新型工业化、信息化、城镇化、农业现代化同步发展，在加强薄弱领域中增强发展后劲，着力形成平衡发展结构，不断增强发展整体性。保护好三峡库区和长江母亲河，事关重庆长远发展，事关国家发展全局。要深入实施“蓝天、碧水、宁静、绿地、田园”环保行动，建设长江上游重要生态屏障，推动城乡自然资本加快增值，使重庆成为山清水秀美丽之地。②

——习近平总书记在重庆调研时强调(2016 年 1 月 4—6 日)，新华社，2016 年 1 月 6 日

生态环境没有替代品，用之不觉，失之难存。我讲过，环境就是民生，青山就是美丽，蓝天也是幸福，绿水青山就是金山银山；保护环境就是保护生产力，改善环境就是发展生产力。在生态环境保护上，一定要树立大局观、长远观、整体观，不能因小失大、顾此失彼、寅吃卯粮、急功近利。我们要坚持节约资源和保护环境的基本国策，像保护眼睛一样保护生态环境，像对待生命一样对待生态环境，推动形成绿色发展方式和生活方式，协同推进人民富裕、国家强盛、中国美丽。前不久，在重庆召开的推动长江经济带发展座谈会上，我强调长江经济带发展必须坚持生态优先、绿色发展，把修复长江生态环境摆在压倒性位置，共抓大保护，不搞大开发，就是这个考虑。

各级领导干部对保护生态环境务必坚定信念，坚决摒弃损害甚至破坏生态环境的发展模式和做法，决不能再以牺牲生态环境为代价换取一时一地的经济增长。要坚定推进绿色发展，推动自然资本大量增值，让良好生态环境成为人民生活的增长点、成为展现我国良好形象的发力点，让老百姓呼吸上新鲜的空气、喝上干净的水、吃上放心的食物、生活在宜居的环境中、切实感受到经济发展带来的实实在在的环境效益，让中华大地天更蓝、山更绿、水更清、环境更优美，走向生态文明新时代。③

——习近平总书记在省部级主要领导干部学习贯彻党的十八届五中全会精神专题研讨班上的讲话(2016 年 1 月 18 日)，人民日报，2016 年 5 月 10 日

---

① 习近平在推动长江经济带发展座谈会上强调：走生态优先绿色发展之路，让中华民族母亲河永葆生机活力. 新华社，2016 年 1 月 7 日.

② 习近平在重庆调研时强调确保如期实现全面建成小康社会目标. 新华社，2016 年 1 月 6 日.

③ 习近平在省部级主要领导干部学习贯彻党的十八届五中全会精神专题研讨班上的讲话. 人民日报，2016 年 5 月 10 日.

推动长江经济带发展，理念要先进，坚持生态优先、绿色发展，把生态环境保护摆上优先地位，涉及长江的一切经济活动都要以不破坏生态环境为前提，共抓大保护，不搞大开发。思路要明确，建立硬约束，长江生态环境只能优化、不能恶化。要促进要素在区域之间流动，增强发展统筹度和整体性、协调性、可持续性，提高要素配置效率。要发挥长江黄金水道作用，产业发展要体现绿色循环低碳发展要求。推进要有力，必须加强领导、统筹规划、整体推动，提升发展质量和效益。①

——习近平总书记在中央财经领导小组第十二次会议上的讲话(2016 年 1 月 26 日)，新华社，2016 年 1 月 26 日

森林关系国家生态安全。要着力推进国土绿化，坚持全民义务植树活动，加强重点林业工程建设，实施新一轮退耕还林。要着力提高森林质量，坚持保护优先、自然修复为主，坚持数量和质量并重、质量优先，坚持封山育林、人工造林并举。要完善天然林制度，宜封则封、宜造则造，宜林则林、宜灌则灌、宜草则草，实施森林质量精准提升工程。要着力开展森林城市建设，搞好城市内绿化，使城市适宜绿化的地方都绿起来。搞好城市群绿化，扩大城市之间的生态空间。要着力建设国家公园，保护自然生态系统的原真性和完整性，给子孙后代留下一些自然遗产。要整合设立国家公园，更好保护珍稀濒危动物。①

——习近平总书记在中央财经领导小组第十二次会议上的讲话(2016 年 1 月 26 日)，新华社，2016 年 1 月 26 日

发展理念是发展行动的先导。发展理念不是固定不变的，发展环境和条件变了，发展理念就自然要随之而变。如果刻舟求剑、守株待兔，发展理念就会失去引领性，甚至会对发展行动产生不利影响。各级领导干部务必把思想认识统一到创新、协调、绿色、开放、共享的新发展理念上来，自觉把新发展理念作为指挥棒用好。

江西生态秀美、名胜甚多，绿色生态是最大财富、最大优势、最大品牌，一定要保护好，做好治山理水、显山露水的文章，走出一条经济发展和生态文明水平提高相辅相成、相得益彰的路子。②

——习近平总书记在江西考察期间的重要讲话(2016 年 2 月 1—3 日)，新华社，2016 年 2 月 3 日

“十三五”时期，我国经济发展的显著特征就是进入新常态。新常态既是挑战，也是机遇，关键看怎样认识和把握，认识到位、把握得好、工作得力，就能把挑战变成机遇。民营企业应该发挥主观能动性和创新创造精神，正确认识、积极适应新常态，争取新常态下的新作为、新提升、新发展。比如，实施“一带一路”建设、京津冀协同发展、长江经济带发展三大战略，带来了许多难得的重大机遇，民营企业完全可以深度参与其中，推动装备、技术、标准、服务的联合重组，实现产业优化升级。③

——习近平总书记参加全国政协十二届四次会议民建、工商联界委员联组会时的讲话(2016 年 3 月 4 日)，新华网，2016 年 3 月 9 日

---

① 习近平主持召开中央财经领导小组第十二次会议. 新华社，2016 年 1 月 26 日.

② 习近平春节前夕赴江西看望慰问广大干部群众. 新华社，2016 年 2 月 3 日.

③ 习近平参加政协民建、工商联界联组会讲话全文. 新华网，2016 年 3 月 9 日.

要研究和完善粮食安全政策，把产能建设作为根本，实现藏粮于地、藏粮于技。要保护好耕地特别是基本农田，加大对农田水利、农机作业配套等建设支持力度，提高农业物质技术装备水平，切实夯实农业基础。①

——习近平总书记参加全国人大会议湖南代表团审议的讲话(2016年3月8日)，湖南日报，2016年3月9日

生态环境没有替代品，用之不觉，失之难存。在生态环境保护建设上，一定要树立大局观、长远观、整体观，坚持保护优先，坚持节约资源和保护环境的基本国策，像保护眼睛一样保护生态环境，像对待生命一样对待生态环境，推动形成绿色发展方式和生活方式。要搞好中国三江源国家公园体制试点，统筹推进生态工程、节能减排、环境整治、美丽城乡建设，筑牢国家生态安全屏障，使青海成为美丽中国的亮丽名片。②

——习近平总书记参加十二届全国人大四次会议青海代表团审议的讲话(2016年3月10日)，人民日报，2016年3月11日

长江是中华民族的生命河，也是中华民族发展的重要支撑。长江经济带发展的战略定位必须坚持生态优先、绿色发展，共抓大保护，不搞大开发。要按照全国主体功能区规划要求，建立生态环境硬约束机制，列出负面清单，设定禁止开发的岸线、河段、区域、产业，强化日常监测和问责。要抓紧研究制定和修订相关法律，把全面依法治国的要求覆盖到长江流域。要有明确的激励机制，激发沿江各省市保护生态环境的内在动力。要贯彻落实供给侧结构性改革决策部署，在改革创新和发展新动能上做“加法”，在淘汰落后过剩产能上做“减法”，走出一条绿色低碳循环发展的道路。

要在保护生态的条件下推进发展，增强发展的统筹度和整体性、协调性、可持续性，提高要素配置效率。要充分发挥长江黄金水道作用，促进产业分工协作和有序转移，充分发挥市场作用。要加强领导、统筹规划、整体推进，把长江经济带建成环境更优美、交通更顺畅、经济更协调、市场更统一、机制更科学的黄金经济带。③

——习近平总书记主持中共中央政治局会议，审议《关于经济建设和国防建设融合发展的意见》和《长江经济带发展规划纲要》的重要讲话(2016年3月25日)，新华社，2016年3月25日

归结到一点，就是要进一步解放和发展社会生产力，用新供给引领需求发展，为经济持续增长培育新动力、打造新引擎。良好生态环境是供给侧结构性改革的题中应有之义，也是评价供给侧结构性改革成效的重要标准。④

——习近平总书记在安徽调研时强调全面落实“十三五”规划纲要加强改革创新开创发展新局面的重要讲话(2016年4月24—27日)，新华社，2016年4月27日

---

① 习近平参加湖南代表团审议.湖南日报，2016年3月9日.
② 习近平李克强张德江王岐山张高丽分别参加全国人大会议一些代表团审议.人民日报，2016年3月11日.
③ 习近平主持中共中央政治局会议.新华社，2016年3月25日.
④ 习近平：加强改革创新开创发展新局面.新华社，2016年4月27日.

绿色发展是生态文明建设的必然要求，代表了当今科技和产业变革方向，是最有前途的发展领域。人类发展活动必须尊重自然、顺应自然、保护自然，否则就会受到大自然的报复。这个规律谁也无法抗拒。要加深对自然规律的认识，自觉以对规律的认识指导行动。不仅要研究生态恢复治理防护的措施，而且要加深对生物多样性等科学规律的认识；不仅要从政策上加强管理和保护，而且要从全球变化、碳循环机理等方面加深认识，依靠科技创新破解绿色发展难题，形成人与自然和谐发展新格局。

发挥各地在创新发展中的积极性和主动性，对形成国家科技创新合力十分重要。要围绕"一带一路"建设、长江经济带发展、京津冀协同发展等重大规划，尊重科技创新的区域集聚规律，因地制宜探索差异化的创新发展路径，加快打造具有全球影响力的科技创新中心，建设若干具有强大带动力的创新型城市和区域创新中心。①

——习近平总书记在全国科技创新大会、两院院士大会、中国科协第九次全国代表大会上的讲话(2016年5月31日)，新华社，2016年5月31日

推进"一带一路"建设提出8项要求。……三是要切实推进统筹协调，坚持陆海统筹，坚持内外统筹，加强政企统筹，鼓励国内企业到沿线国家投资经营，也欢迎沿线国家企业到我国投资兴业，加强"一带一路"建设同京津冀协同发展、长江经济带发展等国家战略的对接，同西部开发、东北振兴、中部崛起、东部率先发展、沿边开发开放的结合，带动形成全方位开放、东中西部联动发展的局面。②

——习近平总书记在推进"一带一路"建设工作座谈会上的重要讲话(2016年8月17日)，新华社，2016年8月18日

青海的生态地位重要而特殊。青海是长江、黄河、澜沧江的发源地，三江源地区被誉为"中华水塔"。青海湖是阻止西部荒漠向东蔓延的天然屏障，是维系青藏高原东北部生态安全的重要结点。祁连山作为"青海北大门"，其冰川雪山融化形成的河流不但滋润灌溉着青海祁连山地区，而且滋润灌溉着甘肃、内蒙古部分地区，被誉为河西走廊的"天然水库"。青海独特的生态环境造就了世界上高海拔地区独一无二的大面积湿地生态系统，是世界上高海拔地区生物多样性、物种多样性、基因多样性、遗传多样性最集中的地区，是高寒生物自然物种资源库。所以，青海的生态地位十分重要，无法替代。③

——习近平总书记在青海考察工作结束时的讲话(节选)(2016年8月24日)，《习近平关于社会主义生态文明建设论述摘编》，中央文献出版社，2017

生态环境保护和生态文明建设，是我国持续发展最为重要的基础。青海最大的价值在生态、最大的责任在生态、最大的潜力也在生态，必须把生态文明建设放在突出位置来抓，尊重自然、顺应自然、保护自然，筑牢国家生态安全屏障，实现经济效益、社会效益、生态效益相统一。

---

① 为建设世界科技强国而奋斗——在全国科技创新大会、两院院士大会、中国科协第九次全国代表大会上的讲话. 新华社，2016年5月31日.

② 习近平就推进一带一路提出8项要求，将切实推进金融创新. 新华社，2016年8月18日.

③ 中共中央文献研究室. 习近平关于社会主义生态文明建设论述摘编. 北京：中央文献出版社，2017，73.

青海生态地位重要而特殊，必须担负起保护三江源、保护“中华水塔”的重大责任。推进生态环境保护，要坚持保护优先，坚持自然恢复和人工恢复相结合，从实际出发，全面落实主体功能区规划要求，使保障国家生态安全的主体功能全面得到加强。要统筹推进生态工程、节能减排、环境整治、美丽城乡建设，加强自然保护区建设，搞好三江源国家公园体制试点，加强环青海湖地区生态保护，加强沙漠化防治、高寒草原建设，加强退牧还草、退耕还林还草、三北防护林建设，加强节能减排和环境综合治理，牢筑国家生态安全屏障，坚决守住生态底线，确保“一江清水向东流”。①

——习近平总书记在青海省考察时的讲话(节选)(2016 年 8 月 22—24 日)，人民日报，2016 年 8 月 25 日

加大环境污染综合治理。要以解决人民群众反映强烈的大气、水、土壤污染等突出问题为重点，全面加强环境污染防治。要持续实施大气污染防治行动计划，全面深化京津冀及周边地区、长三角、珠三角等重点区域大气污染联防联控，逐步减少并消除重污染天气，坚决打赢蓝天保卫战。要加强水污染防治，严格控制七大重点流域干流沿岸的重化工等项目，大力整治城市黑臭水体，全面推行河长制，实施从水源到水龙头全过程监管。长江经济带发展要坚持共抓大保护、不搞大开发，突出生态优先、绿色发展。②

——习近平总书记在十八届中央政治局第四十一次集体学习时的讲话(2017 年 5 月 26 日)，《习近平关于社会主义生态文明建设论述摘编》，中央文献出版社，2017

区域协同联动效应初步显现，“一带一路”建设、京津冀协同发展、长江经济带发展三大战略深入实施，脱贫攻坚战成效明显，生态保护、环境治理取得新进展。③

——习近平总书记主持政治局会议的讲话(2017 年 7 月 24 日)，新华社，2017 年 7 月 24 日

青藏高原是世界屋脊、亚洲水塔，是地球第三极，是我国重要的生态安全屏障、战略资源储备基地，是中华民族特色文化的重要保护地。开展这次科学考察研究，揭示青藏高原环境变化机理，优化生态安全屏障体系，对推动青藏高原可持续发展、推进国家生态文明建设、促进全球生态环境保护将产生十分重要的影响。④

——习近平总书记致中国科学院青藏高原综合科学考察研究队的贺信，人民日报，2017 年 8 月 19 日

实施区域协调发展战略。加大力度支持革命老区、民族地区、边疆地区、贫困地区加快发展，强化举措推进西部大开发形成新格局，深化改革加快东北等老工业基地振兴，发挥优

① 习近平在青海考察时强调：尊重自然顺应自然保护自然 坚决筑牢国家生态安全屏障. 人民日报，2016 年 8 月 25 日.

② 中共中央文献研究室. 习近平关于社会主义生态文明建设论述摘编. 北京：中央文献出版社，2017，76.

③ 习近平主持政治局会议，分析研究当前经济形势和经济工作. 新华社，2017 年 7 月 24 日.

④ 习近平致中国科学院青藏高原综合科学考察研究队的贺信. 人民日报，2017 年 8 月 19 日.

势推动中部地区崛起，创新引领率先实现东部地区优化发展，建立更加有效的区域协调发展新机制。以城市群为主体构建大中小城市和小城镇协调发展的城镇格局，加快农业转移人口市民化。以疏解北京非首都功能为“牛鼻子”推动京津冀协同发展，高起点规划、高标准建设雄安新区。以共抓大保护、不搞大开发为导向推动长江经济带发展。支持资源型地区经济转型发展。加快边疆发展，确保边疆巩固、边境安全。坚持陆海统筹，加快建设海洋强国。①

——习近平总书记在中国共产党第十九次全国代表大会上的报告(2017 年 10 月 18 日)，新华网，2017 年 10 月 27 日

四是实施区域协调发展战略。要实现基本公共服务均等化，基础设施通达程度比较均衡，人民生活水平大体相当。京津冀协同发展要以疏解北京非首都功能为重点，保持合理的职业结构，高起点、高质量编制好雄安新区规划。推进长江经济带发展要以生态优先、绿色发展为引领。要围绕“一带一路”建设，创新对外投资方式，以投资带动贸易发展、产业发展。支持革命老区、民族地区、边疆地区、贫困地区改善生产生活条件。推进西部大开发，加快东北等老工业基地振兴，推动中部地区崛起，支持东部地区率先推动高质量发展。科学规划粤港澳大湾区建设。提高城市群质量，推进大中小城市网络化建设，增强对农业转移人口的吸引力和承载力，加快户籍制度改革落地步伐。引导特色小镇健康发展。②

——习近平总书记在中央经济工作会议的重要讲话(2017 年 12 月 18—20 日)，新华社，2017 年 12 月 20 日

三是要积极推动城乡区域协调发展，优化现代化经济体系的空间布局，实施好区域协调发展战略，推动京津冀协同发展和长江经济带发展，同时协调推进粤港澳大湾区发展。乡村振兴是一盘大棋，要把这盘大棋走好。③

——习近平总书记在中共中央政治局第三次集体学习时强调(2018 年 1 月 30 日)，新华社，2018 年 1 月 31 日

天府新区是“一带一路”建设和长江经济带发展的重要节点，一定要规划好建设好，特别是要突出公园城市特点，把生态价值考虑进去，努力打造新的增长极，建设内陆开放经济高地。

我国经济已由高速增长阶段转向高质量发展阶段，建设现代化经济体系是我国发展的战略目标。要夯实实体经济，深化供给侧结构性改革，强化创新驱动，推动城乡区域协调发展，优化现代化经济体系的空间布局。要抓好生态文明建设，让天更蓝、地更绿、水更清，美丽城镇和美丽乡村交相辉映、美丽山川和美丽人居有机融合。要增强改革动力，形成产业结构优化、创新活力旺盛、区域布局协调、城乡发展融合、生态环境优美、人民生活幸福的发

① 习近平：决胜全面建成小康社会　夺取新时代中国特色社会主义伟大胜利——在中国共产党第十九次全国代表大会上的报告. 新华网，2017 年 10 月 27 日.

② 中央经济工作会议举行，习近平李克强作重要讲话. 新华社，2017 年 12 月 20 日.

③ 习近平：深刻认识建设现代化经济体系重要性，推动我国经济发展焕发新活力. 新华社，2018 年 1 月 31 日.

展新格局。①

——习近平总书记在四川考察时强调(2018 年 2 月 10—13 日),新华网,2018 年 2 月 13 日

如果长江经济带搞大开发,下面的积极性会很高,投资驱动会非常强烈,一哄而上,最后损害的是生态环境。过去已经有一些地方抢跑,甚至出现无序开发,违法挖河砂、搞捕捞、搞运输,岸线被随意占用等情况,如果这样下去,所谓的长江经济带建设就变成了一个“建设性”的大破坏。所以,我强调长江经济带不搞大开发、要共抓大保护,来刹住无序开发的情况,实现科学、绿色、可持续的开发。②

——习近平总书记在全国两会参加重庆代表团审议时的重要讲话(2018 年 3 月 10 日),新华网,2018 年 3 月 10 日

打好污染防治攻坚战,要明确目标任务,到 2020 年使主要污染物排放总量大幅减少,生态环境质量总体改善。要打几场标志性的重大战役,打赢蓝天保卫战,打好柴油货车污染治理、城市黑臭水体治理、渤海综合治理、长江保护修复、水源地保护、农业农村污染治理攻坚战,确保 3 年时间明显见效。要细化打好污染防治攻坚战的重大举措,尊重规律,坚持底线思维。③

——习近平总书记主持召开中央财经委员会第一次会议的讲话(2018 年 4 月 2 日),新华社,2018 年 4 月 2 日

我强调长江经济带建设要共抓大保护、不搞大开发,不是说不要大的发展,而是首先立个规矩,把长江生态修复放在首位,保护好中华民族的母亲河,不能搞破坏性开发。通过立规矩,倒逼产业转型升级,在坚持生态保护的前提下,发展适合的产业,实现科学发展、有序发展、高质量发展。④

——习近平总书记在宜昌长江岸边的兴发集团新材料产业园考察时强调(2018 年 4 月 24 日),新华网,2018 年 4 月 25 日

推动高质量发展是做好经济工作的根本要求。高质量发展就是体现新发展理念的发展,是经济发展从“有没有”转向“好不好”。要推动供给侧结构性改革,在“破”和“立”上同时发力,加快传统产业改造升级,加快发展新兴产业,增强经济发展新动能。要提高供给体系质量,增强供给体系对需求的适应性,使中国质量同中国速度一样享誉世界。要注重创新驱动发展,紧紧扭住创新这个牛鼻子,强化创新体系和创新能力建设,推动科技创新和经济社会发展深度融合,塑造更多依靠创新驱动、更多发挥先发优势的引领型发展。要强化生态环境保护,牢固树立绿水青山就是金山银山的理念,统筹山水林田湖草系统治理,强化

---

① 习近平春节前夕赴四川看望慰问各族干部群众. 新华网,2018 年 2 月 13 日.

② 习近平:长江经济带开发要科学、绿色、可持续. 新华网,2018 年 3 月 10 日.

③ 习近平主持召开中央财经委员会第一次会议. 新华社,2018 年 4 月 2 日.

④ 习近平总书记湖北之行第一天. 新华网,2018 年 4 月 25 日.

大气、水、土壤污染防治,让湖北天更蓝、地更绿、水更清。①

——习近平总书记在湖北考察长江经济带发展和经济运行情况的重要讲话(2018年4月24—26日),新华网,2018年4月28日

现在,我国经济已由高速增长阶段转向高质量发展阶段。新形势下,推动长江经济带发展,关键是要正确把握整体推进和重点突破、生态环境保护和经济发展、总体谋划和久久为功、破除旧动能和培育新动能、自我发展和协同发展的关系,坚持新发展理念,坚持稳中求进工作总基调,坚持共抓大保护、不搞大开发,加强改革创新、战略统筹、规划引导,使长江经济带成为引领我国经济高质量发展的生力军。②

——习近平总书记主持召开深入推动长江经济带发展座谈会上的重要讲话(2018年4月26日),新华社,2018年6月13日

我们也要清醒看到面临的困难挑战和突出问题。一是对长江经济带发展战略仍存在一些片面认识。两年多来,各级领导干部思想认识不断深化,但也有些人的认识不全面、不深入。有的认为共抓大保护、不搞大开发就是不发展了,没有辩证看待经济发展和生态环境保护的关系。有的仍然受先污染后治理、先破坏后修复的旧观念影响,认为在追赶发展阶段"环境代价还是得付",对共抓大保护重要性认识不足。有的环境治理和修复项目推进进度偏慢、办法不多,甚至以缺少资金、治理难度大等理由拖延搪塞。这反映出一些同志在抓生态环境保护上主动性不足、创造性不够,思想上的结还没有真正解开。②

——习近平总书记主持召开深入推动长江经济带发展座谈会上的重要讲话(2018年4月26日),新华社,2018年6月13日

正确把握整体推进和重点突破的关系,全面做好长江生态环境保护修复工作。推动长江经济带发展,前提是坚持生态优先,把修复长江生态环境摆在压倒性位置,逐步解决长江生态环境透支问题。这就要从生态系统整体性和长江流域系统性着眼,统筹山水林田湖草等生态要素,实施好生态修复和环境保护工程。要坚持整体推进,增强各项措施的关联性和耦合性,防止畸重畸轻、单兵突进、顾此失彼。②

——习近平总书记主持召开深入推动长江经济带发展座谈会上的重要讲话(2018年4月26日),新华社,2018年6月13日

正确把握生态环境保护和经济发展的关系,探索协同推进生态优先和绿色发展新路子。推动长江经济带探索生态优先、绿色发展的新路子,关键是要处理好绿水青山和金山银山的关系。这不仅是实现可持续发展的内在要求,而且是推进现代化建设的重大原则。②

——习近平总书记主持召开深入推动长江经济带发展座谈会上的重要讲话(2018年4月26日),新华社,2018年6月13日

---

① 习近平:坚持新发展理念打好"三大攻坚战",奋力谱写新时代湖北发展新篇.新华网,2018年4月28日.

② 习近平:在深入推动长江经济带发展座谈会上的讲话.新华社,2018年6月13日.

正确把握总体谋划和久久为功的关系，坚定不移将一张蓝图干到底。推动长江经济带发展涉及经济社会发展各领域，是一个系统工程，不可能毕其功于一役。要做好顶层设计，要有"功成不必在我"的境界和"功成必定有我"的担当，一张蓝图干到底，以钉钉子精神，脚踏实地抓成效，积小胜为大胜。①

——习近平总书记主持召开深入推动长江经济带发展座谈会上的重要讲话（2018 年 4 月 26 日），新华社，2018 年 6 月 13 日

正确把握破除旧动能和培育新动能的关系，推动长江经济带建设现代化经济体系。要以壮士断腕、刮骨疗伤的决心，积极稳妥腾退化解旧动能，破除无效供给，彻底摒弃以投资和要素投入为主导的老路，为新动能发展创造条件、留出空间，实现腾笼换鸟、凤凰涅槃。①

——习近平总书记主持召开深入推动长江经济带发展座谈会上的重要讲话（2018 年 4 月 26 日），新华社，2018 年 6 月 13 日

正确把握自身发展和协同发展的关系，努力将长江经济带打造成为有机融合的高效经济体。长江经济带作为流域经济，涉及水、路、港、岸、产、城等多个方面，要运用系统论的方法，正确把握自身发展和协同发展的关系。①

——习近平总书记主持召开深入推动长江经济带发展座谈会上的重要讲话（2018 年 4 月 26 日），新华社，2018 年 6 月 13 日

我讲过"长江病了"，而且病得还不轻。治好"长江病"，要科学运用中医整体观，追根溯源、诊断病因、找准病根、分类施策、系统治疗。这要作为长江经济带共抓大保护、不搞大开发的先手棋。要从生态系统整体性和长江流域系统性出发，开展长江生态环境大普查，系统梳理和掌握各类生态隐患和环境风险，做好资源环境承载能力评价，对母亲河做一次大体检。要针对查找到的各类生态隐患和环境风险，按照山水林田湖草是一个生命共同体的理念，研究提出从源头上系统开展生态环境修复和保护的整体预案和行动方案，然后分类施策、重点突破，通过祛风驱寒、舒筋活血和调理脏腑、通络经脉，力求药到病除。要按照主体功能区定位，明确优化开发、重点开发、限制开发、禁止开发的空间管控单元，建立健全资源环境承载能力监测预警长效机制，做到"治未病"，让母亲河永葆生机活力。①

——习近平总书记主持召开深入推动长江经济带发展座谈会上的重要讲话（2018 年 4 月 26 日），新华社，2018 年 6 月 13 日

流域生态功能退化依然严重，长江"双肾"洞庭湖、鄱阳湖频频干旱见底，接近 30％的重要湖库仍处于富营养化状态，长江生物完整性指数到了最差的"无鱼"等级。①

——习近平总书记主持召开深入推动长江经济带发展座谈会上的重要讲话（2018 年 4 月 26 日），新华社，2018 年 6 月 13 日

① 习近平. 在深入推动长江经济带发展座谈会上的讲话. 新华社，2018 年 6 月 13 日.

修复长江生态环境,是新时代赋予我们的艰巨任务,也是人民群众的热切期盼。当务之急是刹住无序开发,限制排污总量,依法从严从快打击非法排污、非法采砂等破坏沿岸生态行为。绝不容许长江生态环境在我们这一代人手上继续恶化下去,一定要给子孙后代留下一条清洁美丽的万里长江![①]

——习近平总书记考察东洞庭湖国家级自然保护区巡护监测站时指出(2018 年 4 月 25 日),新华网,2018 年 4 月 26 日

我提出长江经济带发展共抓大保护、不搞大开发,首先是要下个禁令,作为前提立在那里。否则,一说大开发,便一哄而上,抢码头、采砂石、开工厂、排污水,又陷入了破坏生态再去治理的恶性循环。所以,要设立生态这个禁区,我们搞的开发建设必须是绿色的、可持续的。长江经济带发展事关重大,每一步都要稳扎稳打。[②]

——习近平总书记乘船沿长江进行考察时的讲话(2018 年 4 月 25 日),新华网,2018 年 4 月 25 日

长江经济带不是独立单元,涉及 11 个省份,要树立一盘棋思想,全面协调协作。兵马未动粮草先行,这个粮草就是思想认识。这次考察,就是要进一步统一思想。同时,进行分类指导。[②]

——习近平总书记乘船沿长江进行考察时的讲话(2018 年 4 月 25 日),新华网,2018 年 4 月 25 日

我之所以反复强调要高度重视和正确处理生态文明建设问题,就是因为我国环境容量有限,生态系统脆弱,污染重、损失大、风险高的生态环境状况还没有根本扭转,并且独特的地理环境加剧了地区间的不平衡。

要从系统工程和全局角度寻求新的治理之道,不能再是头痛医头、脚痛医脚,各管一摊、相互掣肘,而必须统筹兼顾、整体施策、多措并举,全方位、全地域、全过程开展生态文明建设。比如,治理好水污染、保护好水环境,就需要全面统筹左右岸、上下游、陆上水上、地表地下、河流海洋、水生态水资源、污染防治与生态保护,达到系统治理的最佳效果。要深入实施山水林田湖草一体化生态保护和修复,开展大规模国土绿化行动,加快水土流失和荒漠化石漠化综合治理。推动长江经济带发展,要共抓大保护,不搞大开发,坚持生态优先、绿色发展,涉及长江的一切经济活动都要以不破坏生态环境为前提。[③]

——习近平出席全国生态环境保护大会并发表重要讲话(2018 年 5 月 18—19 日),《求是》,2019 年第 3 期

一是更好为全国改革发展大局服务。要把增设上海自由贸易试验区新片区、在上海证

① 习近平主持召开深入推动长江经济带发展座谈会并发表重要讲话. 新华网,2018 年 4 月 26 日.

② 习近平乘船考察长江. 新华网,2018 年 4 月 25 日.

③ 习近平. 推动我国生态文明建设迈上新台阶——2018 年 5 月 18 日在全国生态环境保护大会上的讲话. 求是,2019 年第 3 期.

券交易所设立科创板并试点注册制、实施长江三角洲区域一体化发展国家战略这 3 项新的重大任务完成好，坚持推动高质量发展的要求，构筑新时代上海发展的战略优势。要按照国家统一规划、统一部署，全力服务"一带一路"建设、长江经济带发展等国家战略。要在推动长三角更高质量一体化发展中进一步发挥龙头带动作用，把长三角一体化发展的文章做好，使之成为我国发展强劲活跃的增长极。①

——习近平在上海考察时强调(2018 年 11 月 6—7 日)，新华社，2018 年 11 月 7 日

要推动长江经济带发展，实施长江生态环境系统性保护修复，努力推动高质量发展。②

——习近平在中央经济工作会议上发表重要讲话(2018 年 12 月 19—21 日)，央视网，2018 年 12 月 21 日

党中央通过了《关于新时代推进西部大开发形成新格局的指导意见》。这是党中央从全局出发作出的重大决策部署，对决胜全面建成小康社会、开启全面建设社会主义现代化国家新征程具有重大而深远的意义。

重庆要抓好贯彻落实，在推进西部大开发形成新格局中展现新作为、实现新突破。要坚定不移推动高质量发展，扭住深化供给侧结构性改革这条主线，把制造业高质量发展放到更加突出的位置，加快构建市场竞争力强、可持续的现代产业体系。要加大创新支持力度，坚定不移推进改革开放，努力在西部地区带头开放、带动开放。要加快推动城乡融合发展，建立健全城乡一体融合发展的体制机制和政策体系，推动区域协调发展。要深入抓好生态文明建设，坚持上中下游协同，加强生态保护与修复，筑牢长江上游重要生态屏障。③

——习近平在重庆考察并主持召开解决"两不愁三保障"突出问题座谈会(2019 年 4 月 15 日)，新华网，2019 年 4 月 17 日

六是坚持绿色发展，开展生态保护和修复，强化环境建设和治理，推动资源节约集约利用，建设绿色发展的美丽中部。

要推动经济高质量发展，牢牢把握供给侧结构性改革这条主线，不断改善供给结构，提高经济发展质量和效益。

要加快构建生态文明体系，做好治山理水、显山露水的文章，打造美丽中国"江西样板"。

要结合自身实际，突出改革重点，在生态文明体制改革、科技体制改革、农业农村改革、社会民生领域改革上抓创新、抓落实。要充分利用毗邻长珠闽的区位优势，主动融入共建"一带一路"，积极参与长江经济带发展，对接长三角、粤港澳大湾区，以大开放促进大发展。④

——习近平在江西考察并主持召开推动中部地区崛起工作座谈会时强调贯彻新发展理念推动高质量发展，奋力开创中部地区崛起新局面(2019 年 5 月 20—22 日)，新华社，2019 年 5 月 22 日

---

① 习近平在上海考察. 新华社，2018 年 11 月 7 日.

② 中央经济工作会议在北京举行　习近平李克强作重要讲话. 央视网，2018 年 12 月 21 日.

③ 习近平在重庆考察并主持召开解决"两不愁三保障"突出问题座谈会. 新华网，2019 年 4 月 17 日.

④ 习近平在江西考察并主持召开推动中部地区崛起工作座谈会. 新华社，2019 年 5 月 22 日.

新中国成立后,我国生产力布局经历过几次重大调整。

党的十八大以来,党中央提出了京津冀协同发展、长江经济带发展、共建“一带一路”、粤港澳大湾区建设、长三角一体化发展等新的区域发展战略。下一步,我们还要研究黄河流域生态保护和高质量发展问题。

总的来看,我国经济发展的空间结构正在发生深刻变化,中心城市和城市群正在成为承载发展要素的主要空间形式。我们必须适应新形势,谋划区域协调发展新思路。

新形势下促进区域协调发展,总的思路是:按照客观经济规律调整完善区域政策体系,发挥各地区比较优势,促进各类要素合理流动和高效集聚,增强创新发展动力,加快构建高质量发展的动力系统,增强中心城市和城市群等经济发展优势区域的经济和人口承载能力,增强其他地区在保障粮食安全、生态安全、边疆安全等方面的功能,形成优势互补、高质量发展的区域经济布局。

第五,全面建立生态补偿制度。要健全区际利益补偿机制,形成受益者付费、保护者得到合理补偿的良性局面。要健全纵向生态补偿机制,加大对森林、草原、湿地和重点生态功能区的转移支付力度。要推广新安江水环境补偿试点经验,鼓励流域上下游之间开展资金、产业、人才等多种补偿。要建立健全市场化、多元化生态补偿机制,在长江流域开展生态产品价值实现机制试点。①

——习近平总书记主持召开中央财经委员会第五次会议强调推动形成优势互补高质量发展的区域经济布局(2019年8月26日),《求是》,2019年第24期

“绿水青山就是金山银山”理念已经成为全党全社会的共识和行动,成为新发展理念的重要组成部分。实践证明,经济发展不能以破坏生态为代价,生态本身就是经济,保护生态就是发展生产力。希望乡亲们坚定走可持续发展之路,在保护好生态前提下,积极发展多种经营,把生态效益更好转化为经济效益、社会效益。

要践行“绿水青山就是金山银山”发展理念,推进浙江生态文明建设迈上新台阶,把绿水青山建得更美,把金山银山做得更大,让绿色成为浙江发展最动人的色彩。②

——习近平在浙江考察时强调(2020年3月29日—4月1日),新华社,2020年4月1日

生态环境保护和经济发展不是矛盾对立的关系,而是辩证统一的关系。把生态保护好,把生态优势发挥出来,才能实现高质量发展。实施长江十年禁渔计划,要把相关工作做到位,让广大渔民愿意上岸、上得了岸,上岸后能够稳得住、能致富。长江经济带建设,要共抓大保护、不搞大开发。要增强爱护长江、保护长江的意识,实现“人民保护长江、长江造福人民”的良性循环,早日重现“一江碧水向东流”的胜景。③

——习近平总书记在安徽考察时强调(2020年8月21日),新华社,2020年8月21日

① 推动形成优势互补高质量发展的区域经济布局.求是,2019年第24期.

② 习近平在浙江考察时强调 统筹推进疫情防控和经济社会发展工作 奋力实现今年经济社会发展目标任务.新华社,2020年4月1日.

③ 习近平在安徽考察.新华社,2020年8月21日.

长江禁渔是为全局计、为子孙谋的重要决策。沿江各省市和有关部门要加强统筹协调，细化政策措施，压实主体责任，保障退捕渔民就业和生活。要强化执法监管，严厉打击非法捕捞行为，务求禁渔工作取得扎实成效。[①]

——习近平总书记主持召开扎实推进长三角一体化发展座谈会并发表重要讲话(2020年8月22日)，新华网，2020年8月24日

2.3 提出长江经济带和共抓大保护的时代背景和战略意义

改革开放以来，我国在长江流域的生产力布局的演变和发展大致可分为以下4个阶段。

第一阶段，20世纪80年代的长江岸线资源开发阶段。1984年，国家提出了"一线一轴"的构架战略，出于对长江战略地位的考虑，"一轴"即长江发展轴。80年代中后期，经济地理学家陆大道提出作为未来15年我国国土开发和经济布局基本框架的"T"字型发展战略，被国家计划委员会(2003年更名为"国家发展和改革委员会")1987年编制的《全国国土总体规划纲要》(草案)、1990年编制的《全国国土总体规划纲要》采纳。1985年9月"七五"计划提出东中西部的概念，要求加快长江中游沿岸地区的开发，大力发展同东部、西部地带的横向经济联系。"长江一轴"强调长江岸线的合理利用，立足水运优势，后来成为我国国土空间开发最重要的东西轴线。80年代，由于国家已率先启动沿海开放战略，且长江东中西部经济发展高度不均衡，长江上中下游除水运经济互补外，并未形成实质经济体。但是，"T"字型构架科学地反映了中国经济发展潜力的空间分布格局，并且仍然是中国今后经济增长潜力最大的两大地带。[②]

第二阶段，20世纪90年代开始的沿江产业布局与开发阶段。随着改革开放的深入推进，1992年6月中央召开的"长三角及长江沿江地区经济规划会议"提出发展"长三角及长江沿江地区经济"战略构想，作出"以上海浦东为龙头，进一步开放沿江城市"的重大抉择。在此阶段，主要为各地区港口与产业、城市的发展，尤其是上海浦东新区开发建设、三峡工程建设等给长江流域经济社会带来了发展机遇。2005年长江沿线七省二市签订《长江经济带合作协议》，但因各省市行政壁垒等因素，使得长江流域的航运和经济一直被割裂，该协议仍未产生很好的实际效果。2009年以来，长江沿线的七省二市不断呼吁"将长江经济带的发展上升为国家战略"[③]，然而区域经济发展极不平衡，无法形成一条横贯东西、连接南北的协调经济带。1992年之后的20余年，长江流域各地区经历了全面的大规模开发，实现了长时期的高速经济增长。进入21世纪，长江经济带成为除沿海开放地区以外经济密度最大的区域，对区域经济和全国经济发展贡献巨大。总体而言，这20余年的大开发中，生态环境的保护和科学发展的重要性被忽视，沿江地区大耗能、大污染的能源重化工产业得到大规模发展，干流和重要支流的局域污染严重，加之水资源过度开发利用，流域生态系统失衡。

---

① 习近平主持召开扎实推进长三角一体化发展座谈会并发表重要讲话. 新华网，2020年8月24日.

② 陆大道. 长江大保护与长江经济带的可持续发展——关于落实习总书记重要指示，实现长江经济带可持续发展的认识与建议. 地理学报，2018，73(10)：1829-1836.

③ 吴传清，黄磊，万庆. 黄金水道——长江经济带. 重庆：重庆出版社，2019，第一章.

第三阶段，党的十八大后，长江经济带建设上升为国家战略，并开始进入共抓大保护的高质量发展阶段。2014 年 9 月国务院正式印发《关于依托黄金水道推动长江经济带发展的指导意见》，标志着长江经济带进入加速推进的全新阶段。中央对长江发展与保护的政策脉络是黄金水道—长江经济带—长江“生态优先、绿色发展”。与以往不同的是，强调在长江经济带建设的同时，必须共抓大保护。沿江产业带已拓展至长江经济带，地域范围由沿江地级市拓展至沿江九省二市(上海、江苏、浙江、安徽、江西、湖北、湖南、四川、重庆、贵州、云南)。2013 年以来，国家对长江经济带交通网络、产业布局、生态环境保护与修复、城镇化和城市群发展、流域管理与保护的体制机制创新等进行了一系列部署。

在此阶段，长江经济带上升为国家战略经历了以下历程。2013 年 7 月，习近平总书记在湖北调研时强调，“长江流域要加强合作，充分发挥内河航运作用，发展江海联运，把全流域打造成黄金水道”。长江流域的开发被国家层面正式提上议事日程。2013 年 9 月，国家发展和改革委员会会同交通运输部在北京召开关于《依托长江建设中国经济新支撑带指导意见》研究起草工作动员会议，当时包括上海、重庆、湖北、四川、云南、湖南、江西、安徽、江苏 9 个省市，12 月浙江和贵州也被纳入长江经济带版图。2014 年 3 月在第十二届全国人大二次会议上，李克强总理在政府工作报告中首次提出，要依托黄金水道，建设长江经济带。这意味着长江经济带建设开始明确为国家战略，给长江黄金水道建设带来新的发展机遇。2014 年 4 月 25 日，中共中央政治局会议提出“推动京津冀协同发展和长江经济带发展”。2014 年 4 月 28 日，李克强总理在重庆召开座谈会，研究依托黄金水道建设长江经济带，为中国经济持续发展提供重要支撑，国家发展和改革委员会负责人汇报了长江经济带建设总体考虑和相关规划。上海、江苏、浙江、安徽、江西、湖北、湖南、四川、重庆、云南、贵州等 11 个长江经济带覆盖省市政府主要负责人汇报了对建设长江经济带的思考和建议。会上还强调长江生态安全关系全局，要按照科学发展的要求，处理好发展和保护的关系。2014 年 9 月，国务院印发《关于依托黄金水道推动长江经济带发展的指导意见》及《长江经济带综合立体交通走廊规划(2014—2020)》。2016 年 1 月 5 日，习近平总书记在重庆召开推动长江经济带发展座谈会时强调走生态优先、绿色发展之路，让中华民族母亲河永葆生机活力。总书记强调，长江、黄河都是中华民族的发源地，都是中华民族的摇篮。当前和今后相当长一个时期，要把修复长江生态环境摆在压倒性位置，共抓大保护，不搞大开发。这次会议是长江经济带建设的新的里程碑。2016 年 3 月 25 日，中共中央政治局召开会议，审议通过《长江经济带发展规划纲要》。依托长江经济带“一轴、两翼、三极、多点”的空间布局，长江经济带建设有四大战略定位，即生态文明建设的先行示范带、引领全国转型发展的创新驱动带、具有全球影响力的内河经济带、东中西互动合作的协调发展带。

综观中共中央关于长江经济带发展的政策脉络，以习近平总书记为核心的党中央关于长江共抓大保护的一系列论述，标志着长江流域的发展经历了从“大开发”到“开发与保护并重”，再到“大保护”的重大战略演变，这是历史发展的必然。据此长江流域才能走向共同繁荣和代际公平的生态文明时代。因此，长江“共抓大保护、不搞大开发”有如下战略意义：①“共抓大保护、不搞大开发”成为长江流域经济社会可持续发展的思想根基，以生态环境保护为首要任务，以绿色发展为基础，以有序发展为重点，引领全国流域生态文明建设；②共抓大保护成为长江流域高质量发展的基本原则，以“共”促进流域区域协商合作机制，注重流域左右岸、上中下游和流域各要素的统筹协调；③打好长江保护修复攻坚战、改善长江生态环境成为新时期推动长江经济带发展的首要任务，长江大保护战略将为我国流域尺度发展和保护提供示范。

2.4 共抓大保护与长江经济带高质量发展的新格局已形成

从上海的崇明岛，到青藏高原的三江源，习近平总书记的足迹遍及大江上下。他多次发表重要讲话，强调推动长江经济带发展必须走“生态优先、绿色发展”之路，涉及长江的一切经济活动都要以不破坏生态环境为前提，要共抓大保护、不搞大开发。

1. 战略理念和顶层设计层面

如前所述，2014 年国务院政府工作报告明确提出：“依托黄金水道，建设长江经济带。”这一战略被正式确定为国家战略。2016 年 1 月 5 日，习近平总书记在重庆主持召开推动长江经济带发展座谈会，就推动长江经济带发展听取上海、江苏、浙江、安徽、江西、湖北、湖南、重庆、四川、贵州、云南党委主要负责同志和国务院有关部门负责同志的意见和建议并发表重要讲话，提出推动长江经济带发展必须从中华民族长远利益考虑，全面深刻阐述了长江经济带发展战略的重大意义、推进思路和重点任务。

“必须从中华民族长远利益考虑，把修复长江生态环境摆在压倒性位置，共抓大保护、不搞大开发，努力把长江经济带建设成为生态更优美、交通更顺畅、经济更协调、市场更统一、机制更科学的黄金经济带，探索出一条生态优先、绿色发展新路子。”习近平总书记一句“把修复长江生态环境摆在压倒性位置”，为深入推动长江经济带发展定下了基调。“生态优先、绿色发展”理念已深入人心。

围绕长江经济带如何发展、长江流域如何进行保护，习近平总书记一系列重要讲话，特别是 2016 年 1 月在重庆、2018 年 4 月在武汉时的讲话，深刻阐述了长江经济带发展的思想认识、发展理念和发展方向：①坚持新发展理念，坚持稳中求进工作总基调，坚持共抓大保护、不搞大开发；②对长江经济带发展战略仍存在一些片面认识，生态环境形势依然严峻；③增强各项措施的关联性和耦合性，防止畸重畸轻、单兵突进、顾此失彼；④推动长江经济带绿色发展，关键是要处理好绿水青山和金山银山的关系；⑤推动长江经济带发展是一个系统工程，不可能毕其功于一役；⑥彻底摒弃以投资和要素投入为主导的老路，为新动能发展创造条件、留出空间，实现腾笼换鸟、凤凰涅槃；⑦要运用系统论的方法，正确把握自身发展和协同发展的关系；⑧要设立生态这个禁区，开发建设必须是绿色的、可持续的，一定要给子孙后代留下一条清洁美丽的万里长江。

2. 政策体系和行动举措层面

长江经济带不是独立单元，涉及 11 个省市，要树立“一盘棋”思想，全面协调协作。兵马未动粮草先行，这个粮草就是思想认识。2018 年 4 月，在考察湖北和湖南等地实地了解长江经济带发展战略和长江大保护实施情况，考察化工企业搬迁、非法码头整治、江水污染治理、河势控制和护岸工程、航道治理、湿地修复、水文站水文监测工作等之后，习近平总书记发表的重要讲话进一步统一了思想。习近平总书记提出树立“一盘棋”思想，明确了长江经济带实现错位发展、协调发展、有机融合的战略思维。“长江经济带不是一个个独立单元，要树立一盘棋思想。”①“加强改革创新、战略统筹、规划引导，以长江经济带发展推动经济高质量发展。”②依据提出长江大保护战略相关论述的时空脉络，可以看到习近平总书记在长江沿江各省考察调研的讲话，为长江经济带发展和长江大保护提供了方法论、树立了政绩观，促进各省确定了新目标。

2016 年 5 月印发的《长江经济带发展规划纲要》(以下简称“规划纲要”)强调，长江经济带发展的战略定位必须坚持生态优先、绿色发展，共抓大保护，不搞大开发。围绕《规划纲要》的落实，制定了《长江经济带生态环境保护规划》等 10 个专项规划；在长江大保护战略和长江经济带高质量发展的顶层设计下，中共中央、国务院、各部委出台一系列政策支持长江大保护相关工作，制定或联合制定了各领域的政策体系(参见第三章)；沿江 11 省市分别出台了《规划纲要》相应的实施方案；围绕水生态环境开展了饮用水水源地安全专项检查行动、岸线保护和利用专项检查行动等六大类专项行动；确立了以产业创新转型发展、新型城镇化模式为代表的高质量发展方式；共抓大保护的体制机制逐渐完善，“共抓大保护”格局逐步形成。

综上所述，在中央与地方政府、企业、科学界和社会公众的共同努力下，长江大保护的格局已基本形成，长江生态环境恶化的势头得到了遏制，并在总体上呈现逐步改善、持续好转的阶段性成效。

---

① 习近平乘船考察长江. 新华网，2018 年 4 月 25 日.

② 习近平. 在深入推动长江经济带发展座谈会上的讲话. 新华社，2018 年 6 月 13 日.

第三章

长江大保护——中央布局、部委和省市政策与行动

3.1 长江大保护的政策与行动

1. 中共中央、国务院对长江大保护战略论述在不断深化

2014 年 9 月 12 日，国务院发布《关于依托黄金水道推动长江经济带发展的指导意见》，提出了“江湖和谐、生态文明”的基本原则以及建设绿色生态廊道的重要举措。2016 年 1 月 5 日，习近平总书记在重庆召开的推动长江经济带发展座谈会上提出：长江是中华民族的母亲河，也是中华民族发展的重要支撑；推动长江经济带发展必须从中华民族长远利益考虑，把修复长江生态环境摆在压倒性位置，共抓大保护、不搞大开发，努力把长江经济带建设成为生态更优美、交通更顺畅、经济更协调、市场更统一、机制更科学的黄金经济带，探索出一条生态优先、绿色发展新路子。2016 年 9 月印发的《长江经济带发展规划纲要》，围绕“生态优先、绿色发展”的基本思路，明确了保护和修复长江生态环境是长江经济带发展的重要任务。2018 年 4 月 26 日，习近平总书记在武汉主持召开深入推动长江经济带发展座谈会并发表重要讲话，提出推动长江经济带发展，关键是要正确把握整体推进和重点突破、生态环境保护和经济发展、总体谋划和久久为功、破除旧动能和培育新动能、自身发展和协同发展等关系。

2. 中共中央、国务院已出台一系列涉及长江大保护的重要文件

近年来，党中央和国务院出台了一系列与长江大保护相关的重要文件，如《水污染防治行动计划》、《关于全面推行河长制的意见》、《湿地保护修复制度方案》、《“十三五”生态环境保护规划》、《关于在湖泊实施湖长制的指导意见》、《全国国土规划纲要（2016—2030 年）》、《关于全面加强生态环境保护　坚决打好污染防治攻坚战的意见》和《关于加强长江水生生物保护工作的意见》等，涉及生态文明建设、国土空间管控、污染防治、湿地保护和修复、河长制与湖长制、长江水生生物保护等领域。但是，现有政策文件仍然表现出较明显的部门痕迹特征，宏观性、综合性的政策文件较少；间接涉及长江经济带和长江流域的较多，直接针对性的政策相对较少。

3. 国家各部门依照职责分工，协同推进长江大保护工作

近年来，推动长江经济带发展领导小组办公室、国务院有关部门、最高人民法院和最高人民检察院依照自己的职责分工，围绕长江大保护开展了大量工作，在推进长江岸线整治、促进水污染防治、加强林业建设和湿地保护修复、加强水生生物保护、促进沿江产业转型、开展生态补偿试点等方面取得了积极进展（表 3-1）。但是，总体上缺乏长江大保护战略行动的统领性的顶层设计，各部门协同推进还不够紧密；行动措施多以专项整治行动为主，缺少制度建设和长效机制；以被动性的管制和防治措施为主，积极主动的生态保护和自然恢复措施还需加强。

表 3-1　围绕长江大保护各部门已开展的主要工作

部门名称	主要工作
推动长江经济带发展领导小组办公室	总体谋划布局，引导开展长江经济带生态环境保护专项检查、整治行动
国家发展和改革委员会	设立长江经济带国家级转型升级示范开发区，推进长江经济带的绿色发展和生态经济区建设，协调推进水环境污染防治和水土保持、造林绿化、城市群发展、耕地草原河湖休养生息、农业面源污染防治工作，以及重要生态系统保护和修复重大工程
教育部	开展长江经济带发展重大战略研究
科学技术部	加强跨领域、跨学科的长江大保护科技创新支撑
工业和信息化部	促进长江经济带工业绿色发展，推动落后产能退出
公安部	对长江流域污染环境违法犯罪、非法捕捞等开展集中打击整治
司法部	推动长江经济带司法鉴定协同发展
财政部	加大生态保护修复投入，建立健全生态补偿与保护长效机制以及生态保护修复奖励政策，推动“山水林田湖草”生态保护修复
自然资源部	开展国土空间规划，加强矿山地质环境、森林、(滨海)湿地保护和生态修复，重要生态系统保护和修复规划与重大工程
生态环境部	编制生态环境保护规划，加强水污染防治、水生生物多样性保护，划定生态红线，开展区域战略环评，加强环保监督管理，推进区域环保协同联合
住房和城乡建设部	强化黑臭水体整治和监管，推进“海绵城市”建设和“城市双修”工作
交通运输部	加强长江岸线管理、危化船舶地布局和船舶污染防治，推进长江经济带绿色航运和高质量发展
水利部	全面推进河湖长制，开展河湖专项整治，协调长江岸线保护和开发利用，谋划水生态环境保护与修复，强化水资源使用的总量控制和用途管控，指导农村水电河流生态修复
农业农村部	推进长江十年禁捕，加强长江水生生物保护和渔业资源修复、珍稀濒危动物保护，加大渔政执法力度，整治农业面源污染，促进农业农村绿色发展
审计署	对长江经济带生态环境保护政策落实和资金管理使用情况进行审计
最高人民法院	加强长江流域生态文明建设与绿色发展司法保障，强化长江流域生态环境司法保护
最高人民检察院	探索开展长江流域生态保护跨区划公益诉讼，研究制定长江经济带检察协作机制

4. 长江流域各省市积极行动，形成不少亮点

长江流域的各个省市，除了按照中央精神和部委下达的任务开展各项突出问题专项整治行动、实施环保督察整改、划定生态红线、建立河湖长制、强化水生生物保护等资源环境保护管理制度外，还根据自己在长江流域中的功能定位以及区域生态文明建设特色，积极开展长江保护和修复行动，促进经济绿色高质量发展，出台了不少政策性文件，形成了不少典型案例和经验亮点（表 3-2）。

表 3-2　长江各省区开展长江大保护的主要行动举措和亮点

省/市	主要行动举措和亮点
青海省	①深入开展三江源国家公园试点；②建立健全生态保护补偿和生态环境损害赔偿制度；③强化领导干部的生态环境保护责任意识
贵州省	①积极推进国家生态文明试验区建设；②强力推进“大生态”战略行动；③加强乌江流域等环境治理、赤水河流域跨省横向生态补偿，全力筑牢长江上游屏障；④探索生态环境保护管理的制度创新；⑤推进生态环保区域互动合作的制度创新
云南省	①加强规划导向，形成共识共为；②加强“绿色生态廊道”建设和长江岸线（云南段）保护；③推进经济绿色高质量发展；④“一湖一策”治理九大高原湖泊
四川省	①加强生态环境保护的制度建设；②加强生态环境保护与修复；③发起污染防治“八大战役”；④开展长江鲟等珍稀濒危鱼类拯救行动等
重庆市	①实施“五大行动”推动环保工作；②启动长江经济带化工企业污染整治；③探索长江系统性立体性司法保护机制；④强化三峡库区水环境保护；⑤推进上下游环境治理合作
湖南省	①统一思想，深化对长江大保护的认识；②开展“一湖四水”生态环境综合整治；③全面细致落实河长制；④制定长江岸线生态保护和绿色发展规划；⑤开展长江保护修复攻坚战八大专项行动
湖北省	①总体规划和专项规划推进生态保护和绿色发展的协调；②开展长江大保护九大行动和十大标志性战役；③全面推进沿江化工污染整治；④加强长江流域环境资源审判工作；⑤积极开拓生态保护和绿色发展的资金渠道；⑥完善生态环境保护建设相关的规章制度；⑦推进水生态水环境修复，加强湖泊环境保护和治理
江西省	①与国家生态文明试验区建设有机结合；②打造九江长江最美岸线，推进鄱阳湖生态环境综合治理；③启动“共抓大保护”3 年攻坚行动，推进“三水共治”和长江保护修复攻坚战行动；④优化产业结构，谋求绿色发展；⑤着眼长远制度设计，巩固护江成果
安徽省	①打造水清岸绿产业优美丽长江（安徽）经济带；②积极探索新安江跨省流域生态补偿试点；③谨慎处理长江岸线资源开发利用，明确沿江岸线分级管控；④加强绿色发展中的检察监督工作
浙江省	①积极谋划长江经济带生态环境保护；②实施严格的生态环境保护制度；③通过专项行动推进长江大保护工作；④强化污染治理，推进河湖生态修复和流域控制单元精细化管理；⑤探索生态产品价值实现
江苏省	①加强顶层设计，统筹规划引领；②全面开展生态河湖行动计划；③推进生态文明体制制度改革；④推动绿色发展，对沿江地区开发进行严格限制；⑤建立长江生态环境资源保护检察协作平台
上海市	①统筹安排对长江大保护的布局；②积极推进崇明世界级生态岛建设；③深入开展长江河口生态修复；④积极倡导和推进长三角环境治理一体化；⑤加强长江口生态环境保护检察工作

3.2 推进长江大保护战略的关键节点

1.《国务院关于依托黄金水道推动长江经济带发展的指导意见》(2014)

2014 年,国务院发布《国务院关于依托黄金水道推动长江经济带发展的指导意见》。在该意见的基本原则中提到"江湖和谐、生态文明",即要建立健全最严格的生态环境保护和水资源管理制度,加强长江全流域生态环境监管和综合治理,尊重自然规律及河流演变规律,协调好江河湖泊、上中下游、干流支流关系,保护和改善流域生态服务功能,推动流域绿色循环低碳发展。

其中重要举措之一就是建设绿色生态廊道,包括切实保护和利用好长江水资源、严格控制和治理长江水污染、妥善处理江河湖泊关系、加强流域环境综合治理、强化沿江生态保护和修复、促进长江岸线有序开发等内容。

随该意见还一并印发了《长江经济带综合立体交通走廊规划(2014—2020 年)》,提出强化资源节约和环境保护:加强长江干线岸线管理和保护,严格水域岸线用途管制和河道管理范围内建设项目审批,探索以公开招标方式确定岸线使用人和港口岸线有偿使用办法;进一步优化运输组织,改进船舶技术条件,推进节能减排;鼓励内河船舶使用液化天然气等清洁燃料;完善船舶污染防治标准,加强水上危险品运输监管、船舶溢油防治和污染物处理,严格控制船舶污染排放。

2. 要把修复长江生态环境摆在压倒性位置

2016 年 1 月 5 日,习近平总书记在重庆召开的推动长江经济带发展座谈会上,全面深刻阐述了推动长江经济带发展的重大战略思想,提出当前和今后相当长一个时期,要把修复长江生态环境摆在压倒性位置,共抓大保护、不搞大开发。

3.《长江经济带发展规划纲要》(2016)

2016 年 9 月印发的《长江经济带发展规划纲要》(以下简称《规划纲要》)提出了多项任务,包括保护和修复长江生态环境,建设综合立体交通走廊,创新驱动产业转型、新型城镇化,构建东西双向、海陆统筹的对外开放新格局等。

其中,提出要建立健全最严格的生态环境保护和水资源管理制度,强化长江全流域生态修复,尊重自然规律及河流演变规律,协调处理好江河湖泊、上中下游、干流支流等关系,保护和改善流域生态服务功能,走出一条绿色低碳循环发展的道路。推动长江经济带发展的生态环境目标是:到 2020 年,生态环境明显改善,水资源得到有效保护和合理利用,河湖、湿地生态功能基本恢复,水质优良(达到或优于Ⅲ类)比例达到 75%以上,森林覆盖率达到 43%,生态环境保护体制机制进一步完善。到 2030 年,水环境和水生态质量全面改善,生态系统功能显著增强,生态环境更加美好。

《规划纲要》明确提出,把保护和修复长江生态环境摆在首要位置,共抓大保护、不搞大开发。重点做好以下 4 个方面工作:保护和改善水环境,保护和修复水生态,有效保护和合理利用水资源，有序利用长江岸线资源。《规划纲要》强调，长江生态环境保护是一项系统工程，涉及面广，必须打破行政区划界限和壁垒，有效利用市场机制，更好发挥政府作用，加强环境污染联防联控，推动建立地区间、上下游生态补偿机制，加快形成生态环境联防联治、流域管理统筹协调的区域协调发展新机制：建立负面清单管理制度；加强环境污染联防联控；建立长江生态保护补偿机制，按照“谁受益谁补偿”的原则，探索上中下游开发地区、受益地区与生态保护地区进行横向生态补偿；开展生态文明先行示范区建设。

以“共抓大保护、不搞大开发”为导向推动长江经济带高质量发展已成为党和国家的共识，对长江大保护的认识也在不断深化。2016 年 1 月 26 日，习近平总书记在中央财经领导小组会议上指出，要发挥长江黄金水道作用，产业发展要体现绿色循环低碳发展要求。2016 年 3 月 25 日，中共中央政治局会议要求，把长江经济带建成环境更优美、交通更顺畅、经济更协调、市场更统一、机制更科学的黄金经济带。2017 年 10 月 27 日，习近平总书记在党的十九大报告中指出：以共抓大保护、不搞大开发为导向推动长江经济带发展。2017 年 12 月，中央经济工作会议强调，推进长江经济带发展要以生态优先、绿色发展为引领。2018 年 3 月 10 日，习近平总书记指出：“我强调长江经济带不搞大开发、要共抓大保护，来刹住无序开发的情况，实现科学、绿色、可持续的开发。”4 月 24 日，习近平总书记在湖北宜昌考察时强调：“不搞大开发不是不要开发，而是不搞破坏性开发，要走生态优先、绿色发展之路。”4 月 26 日，习近平总书记在武汉主持召开深入推动长江经济带发展座谈会并发表重要讲话，提出推动长江经济带发展，关键是要正确把握整体推进和重点突破、生态环境保护和经济发展、总体谋划和久久为功、破除旧动能和培育新动能、自身发展和协同发展的关系。

这一系列重要指示一脉相承、不断深化，将美丽中国建设具化到长江流域和长江经济带这个关键点，全面擘画了长江经济带生产发展、生活富裕、生态良好的美丽蓝图与科学路径。

3.3 中共中央和国务院出台与长江保护相关的重要文件解析

党的十八大以来，党中央和国务院出台了一系列生态文明建设规范性政策文件，其中一部分直接或间接与长江大保护相关。

2013 年 9 月，国务院发布《大气污染防治行动计划》，提出要加强长三角区域大气污染联防联控。

2015 年 4 月，中共中央、国务院发布《关于加快推进生态文明建设的意见》，提出坚持把节约优先、保护优先、自然恢复为主作为基本方针。其中第五条“加大自然生态系统和环境保护力度，切实改善生态环境质量”，具体包括保护和修复自然生态系统、全面推进污染防治、积极应对气候变化等方面。

2015 年 9 月，中共中央、国务院印发《生态文明体制改革总体方案》，在“六、健全资源有偿使用和生态补偿制度”中，提出在长江流域水环境敏感地区探索开展流域生态补偿试点。

2016 年 4 月，国务院办公厅发布《关于健全生态保护补偿机制的意见》，在“推进体制机制创新”中，提出在长江、黄河等重要河流探索开展横向生态保护补偿试点。

2016年5月，国务院印发《土壤污染防治行动计划》，提出自2017年起在长三角等地区的部分城市开展污水与污泥、废气与废渣协同治理试点。长三角地区要以影响农产品质量和人居环境安全的突出土壤污染问题为重点，尽快制定土壤污染治理与修复规划。长三角地区可因地制宜开展土壤污染综合防治先行区建设。

2017年的中央1号文件《中共中央　国务院关于深入推进农业供给侧结构性改革　加快培育农业农村发展新动能的若干意见》提出，率先在长江流域水生生物保护区实现全面禁捕。

2018年的中央1号文件《中共中央　国务院关于实施乡村振兴战略的意见》提出，建立长江流域重点水域禁捕补偿制度。

2018年10月，国务院办公厅发布《关于加强长江水生生物保护工作的意见》，指出到2020年，长江流域重点水域实现常年禁捕。要求开展生态修复，实施生态修复工程，优化完善生态调度，科学开展增殖放流，推进水产健康养殖；拯救濒危物种，实施珍稀濒危物种拯救行动，全面加强水生生物多样性保护；加强生境保护、完善生态补偿和加强执法监督等。

2019年10月，国务院发布《国务院关于长三角生态绿色一体化发展示范区总体方案的批复》，要求长三角生态绿色一体化发展，实现绿色经济、高品质生活、可持续发展有机统一，走出一条跨行政区域共建共享、生态文明与经济社会发展相得益彰的新路径。

2020年7月，国务院办公厅发明电《关于切实做好长江流域禁捕有关工作的通知》，指出长江流域禁捕是贯彻落实习近平总书记关于“共抓大保护、不搞大开发”的重要指示精神，保护长江母亲河和加强生态文明建设的重要举措，是为全局计、为子孙谋，功在当代、利在千秋的重要决策。通知要求提高政治站位，压实各方责任；强化转产安置，保障退捕渔民生计；加大投入力度，落实相关补助资金；开展专项整治行动，严厉打击非法捕捞行为；加大市场清查力度，斩断非法地下产业链；加强考核检查，确保各项任务按时完成。

在长江大保护领域，党中央和国务院出台了以下相关的重要规划、计划和政策性文件，都明确了长江流域保护的具体要求。

3.3.1 《水污染防治行动计划》(2015)

2015年4月，国务院发布了《关于印发水污染防治行动计划的通知》(简称“水十条”)。主要任务是建立健全水环境保护工作机制，采取系统治理、科学治污的方法和措施，全面推进水污染防治、水生态保护和水资源管理，促进水环境质量的持续改善，逐步补齐“水环境”的短板。

在目标中提到，到2020年，长江流域水质优良(达到或优于Ⅲ类)比例总体达到70%以上。在行动计划内容中提出，要深化重点流域污染防治，编制实施重点流域水污染防治规划，研究建立流域水生态环境功能分区管理体系，对化学需氧量、氨氮、总磷、重金属及其他影响人体健康的污染物采取针对性措施，加大整治力度，汇入富营养化湖库的河流应实施总氮排放控制。到2030年，长江总体水质达到优良。加强近岸海域环境保护，实施近岸海域污染防治方案，重点整治包括长江口在内的河口海湾污染。

主要措施包括：

(1) 全面控制污染物排放。包括狠抓工业污染防治，强化城镇生活污染治理，推进农业农村污染防治,加强船舶港口污染控制等措施。

(2) 推动经济结构转型升级。包括调整产业结构、优化空间布局、推进循环发展等措施。

(3) 着力节约保护水资源。包括控制用水总量、提高用水效率、科学保护水资源等措施。

(4) 强化科技支撑。包括推广示范适用技术、攻关研发前瞻技术、大力发展环保产业等措施。

(5) 充分发挥市场机制作用。包括理顺价格税费、促进多元融资、建立激励机制等措施。

(6) 严格环境执法监管。包括完善法规标准、加大执法力度、提升监管水平等措施。

(7) 切实加强水环境管理。包括强化环境质量目标管理、深化污染物排放总量控制、严格环境风险控制、全面推行排污许可等措施。

(8) 全力保障水生态环境安全。包括保障饮用水水源安全、深化重点流域污染防治、加强近岸海域环境保护、整治城市黑臭水体、保护水和湿地生态系统等措施。

(9) 明确和落实各方责任。包括强化地方政府水环境保护责任、加强部门协调联动、落实排污单位主体责任、严格目标任务考核等措施。

(10) 强化公众参与和社会监督。包括依法公开环境信息、加强社会监督、构建全民行动格局等措施。

3.3.2 《关于推进海绵城市建设的指导意见》(2015)

2015 年 10 月,国务院办公厅印发了《关于推进海绵城市建设的指导意见》,以加快推进海绵城市建设,修复城市水生态,涵养水资源,增强城市防涝能力,扩大公共产品有效投资,提高新型城镇化质量,促进人与自然和谐发展。

该指导意见提出,通过海绵城市建设,综合采取“渗、滞、蓄、净、用、排”等措施,最大限度地减少城市开发建设对生态环境的影响,将 70%的降雨就地消纳和利用。到 2020 年,城市建成区 20%以上的面积达到目标要求;到 2030 年,城市建成区 80%以上的面积达到目标要求。

该指导意见要求,充分发挥“山水林田湖”等原始地形地貌对降雨的积存作用,充分发挥植被、土壤等自然下垫面对雨水的渗透作用,充分发挥湿地、水体等对水质的自然净化作用,努力实现城市水体的自然循环。统筹发挥自然生态功能和人工干预功能,实施源头减排、过程控制、系统治理,切实提高城市排水、防涝、防洪和防灾减灾能力。

3.2.3 《国民经济和社会发展第十三个五年规划纲要》(2016)

2016 年 3 月,第十二届全国人民代表大会第四次会议批准《中华人民共和国国民经济和社会发展第十三个五年规划纲要》,其中第三十九章“推进长江经济带发展”中提出:坚持生态优先、绿色发展的战略定位,把修复长江生态环境放在首要位置,推动长江上中下游协同发展、东中西部互动合作,建设成为我国生态文明建设的先行示范带、创新驱动带、协调发展带。这一章的第一节“建设沿江绿色生态廊道”中提出:推进全流域水资源保护和水污染治理，长江干流水质达到或好于Ⅲ类水平。基本实现干支流沿线城镇污水垃圾全收集、全处理。妥善处理好江河湖泊关系，提升调蓄能力，加强生态保护。统筹规划沿江工业与港口岸线、过江通道岸线、取排水口岸线。推进长江上中游水库群联合调度。加强流域磷矿及磷化工污染治理。实施长江防护林体系建设等重大生态修复工程，增强水源涵养、水土保持等生态功能。加强长江流域地质灾害预防和治理。加强流域重点生态功能区保护和修复。设立长江湿地保护基金。创新跨区域生态保护与环境治理联动机制，建立生态保护和补偿机制。建设三峡生态经济合作区。

3.3.4 《关于全面推行河长制的意见》(2016)

2016 年 11 月，中共中央办公厅、国务院办公厅印发了《关于全面推行河长制的意见》，提出全面推行河长制是落实绿色发展理念、推进生态文明建设的内在要求，是解决我国复杂水问题、维护河湖健康生命的有效举措，是完善水治理体系、保障国家水安全的制度创新。

主要任务包括以下内容：

(1) 加强水资源保护。落实最严格水资源管理制度，严守水资源开发利用控制、用水效率控制、水功能区限制纳污 3 条红线，强化地方各级政府责任，严格考核评估和监督。实行水资源消耗总量和强度双控行动，防止不合理新增取水，切实做到以水定需、量水而行、因水制宜。坚持节水优先，全面提高用水效率，水资源短缺地区、生态脆弱地区要严格限制发展高耗水项目，加快实施农业、工业和城乡节水技术改造，坚决遏制用水浪费。严格水功能区管理监督，根据水功能区划确定的河流水域纳污容量和限制排污总量，落实污染物达标排放要求，切实监管入河湖排污口，严格控制入河湖排污总量。

(2) 加强河湖水域岸线管理保护。严格水域岸线等水生态空间管控，依法划定河湖管理范围。落实规划岸线分区管理要求，强化岸线保护和节约集约利用。严禁以各种名义侵占河道、围垦湖泊、非法采砂，对岸线乱占滥用、多占少用、占而不用等突出问题开展清理整治，恢复河湖水域岸线生态功能。

(3) 加强水污染防治。落实《水污染防治行动计划》，明确河湖水污染防治目标和任务，统筹水上、岸上污染治理，完善入河湖排污管控机制和考核体系。排查入河湖污染源，加强综合防治，严格治理工矿企业污染、城镇生活污染、畜禽养殖污染、水产养殖污染、农业面源污染、船舶港口污染，改善水环境质量。优化入河湖排污口布局，实施入河湖排污口整治。

(4) 加强水环境治理。强化水环境质量目标管理，按照水功能区确定各类水体的水质保护目标。切实保障饮用水水源安全，开展饮用水水源规范化建设，依法清理饮用水水源保护区内违法建筑和排污口。加强河湖水环境综合整治，推进水环境治理网格化和信息化建设，建立健全水环境风险评估排查、预警预报与响应机制。结合城市总体规划，因地制宜建设亲水生态岸线，加大黑臭水体治理力度，实现河湖环境整洁优美、水清岸绿。以生活污水处理、生活垃圾处理为重点，综合整治农村水环境，推进美丽乡村建设。

(5) 加强水生态修复。推进河湖生态修复和保护，禁止侵占自然河湖、湿地等水源涵养空间。在规划的基础上稳步实施退田还湖还湿、退渔还湖，恢复河湖水系的自然连通，加强水生生物资源养护，提高水生生物多样性。开展河湖健康评估。强化“山水林田湖”系统治理，加大江河源头区、水源涵养区、生态敏感区保护力度，对三江源区、南水北调水源区等重要生态保护区实行更严格的保护。积极推进建立生态保护补偿机制，加强水土流失预防监督和综合整治，建设生态清洁型小流域，维护河湖生态环境。

(6) 加强执法监管。建立健全法规制度，加大河湖管理保护监管力度，建立健全部门联合执法机制，完善行政执法与刑事司法衔接机制。建立河湖日常监管巡查制度，实行河湖动态监管。落实河湖管理保护执法监管责任主体、人员、设备和经费。严厉打击涉河湖违法行为，坚决清理整治非法排污、设障、捕捞、养殖、采砂、采矿、围垦、侵占水域岸线等活动。

3.3.5 《湿地保护修复制度方案》(2016)

2016 年 11 月，国务院办公厅印发《湿地保护修复制度方案》。该方案指出，湿地保护是生态文明建设的重要内容，事关国家生态安全，事关经济社会可持续发展，事关中华民族子孙后代的生存福祉。要实行湿地面积总量管控，到 2020 年，全国湿地面积不低于 8 亿亩，其中，自然湿地面积不低于 7 亿亩，新增湿地面积 300 万亩，湿地保护率提高到 50%以上。严格湿地用途监管，确保湿地面积不减少，增强湿地生态功能，维护湿地生物多样性，全面提升湿地保护与修复水平。

该方案在完善湿地分级管理体系、实行湿地保护目标责任制、健全湿地用途监管机制、建立退化湿地修复制度、健全湿地监测评价体系、完善湿地保护修复保障机制等方面进行了全面部署。

3.3.6 《“十三五”生态环境保护规划》(2016)

2016 年 11 月，国务院印发《“十三五”生态环境保护规划》，提出“推进长江经济带共抓大保护”：把保护和修复长江生态环境摆在首要位置，推进长江经济带生态文明建设，建设水清地绿天蓝的绿色生态廊道。统筹水资源、水环境、水生态，推动上中下游协同发展、东中西部互动合作，加强跨部门、跨区域监管与应急协调联动，把实施重大生态修复工程作为推动长江经济带发展项目的优先选项，共抓大保护，不搞大开发。统筹江河湖泊丰富多样的生态要素，构建以长江干支流为经络，以“山水林田湖”为有机整体，江湖关系和谐、流域水质优良、生态流量充足、水土保持有效、生物种类多样的生态安全格局。上游区重点加强水源涵养、水土保持功能和生物多样性保护，合理开发利用水资源，严控水电开发生态影响；中游区重点协调江湖关系，确保丹江口水库水质安全；下游区加快产业转型升级，重点加强退化水生态系统恢复，强化饮用水水源保护，严格控制城镇周边生态空间占用，开展河网地区水污染治理。妥善处理江河湖泊关系，实施长江干流及洞庭湖上游“四水”、鄱阳湖上游“五河”的水库群联合调度，保障长江干支流生态流量与两湖生态水位。统筹规划、集约利用长江岸线资源，控制岸线开发强度。强化跨界水质断面考核，推动协同治理。

3.3.7 《关于进一步加强城市规划建设管理工作的若干意见》(2016)

2016 年 2 月，中共中央和国务院发布《关于进一步加强城市规划建设管理工作的若干意见》，提出城市规划建设管理工作的新路径和发力点。其中在“营造城市宜居环境”部分，提出以下 4 方面内容。

(1) 推进海绵城市建设。充分利用自然山体、河湖湿地、耕地、林地、草地等生态空间,建设海绵城市,提升水源涵养能力,缓解雨洪内涝压力,促进水资源循环利用。

(2) 恢复城市自然生态。制定并实施生态修复工作方案,有计划、有步骤地修复被破坏的山体、河流、湿地、植被,积极推进采矿废弃地修复和再利用,治理污染土地,恢复城市自然生态。

(3) 推进污水大气治理。强化城市污水治理,加快城市污水处理设施建设与改造,全面加强配套管网建设,提高城市污水收集处理能力。整治城市黑臭水体,强化城中村、老旧城区和城乡结合部污水截流、收集,抓紧治理城区污水横流、河湖水系污染严重的现象。全面推进大气污染防治工作。加大城市工业源、面源、移动源污染综合治理力度,着力减少多污染物排放。深化京津冀、长三角、珠三角等区域大气污染联防联控,健全重污染天气监测预警体系。

(4) 加强垃圾综合治理。建立政府、社区、企业和居民协调机制,通过分类投放收集、综合循环利用,促进垃圾减量化、资源化、无害化。

3.3.8 《关于划定并严守生态保护红线的若干意见的通知》(2017)

2017 年 2 月,中共中央办公厅、国务院办公厅印发《关于划定并严守生态保护红线的若干意见》。该意见指出,2017 年底前,长江经济带沿线各省(直辖市)划定生态保护红线;2020 年底前,全面完成全国生态保护红线划定、勘界定标,基本建立生态保护红线制度,国土生态空间得到优化和有效保护,生态功能保持稳定,国家生态安全格局更加完善;到 2030 年,生态保护红线布局进一步优化,生态保护红线制度有效实施,生态功能显著提升,国家生态安全得到全面保障。

3.3.9 《关于在湖泊实施湖长制的指导意见》(2017)

2017 年 12 月,中共中央办公厅、国务院办公厅印发《关于在湖泊实施湖长制的指导意见》,提出在全面推行河长制的基础上,在湖泊实施湖长制,要坚持人与自然和谐共生的基本方略,遵循湖泊的生态功能和特性,严格湖泊水域空间管控,强化湖泊岸线管理保护,加强湖泊水资源保护和水污染防治,开展湖泊生态治理与修复,健全湖泊执法监管机制。主要任务包括以下 6 点。

(1) 严格湖泊水域空间管控。各地区各有关部门要依法划定湖泊管理范围,严格控制开发利用行为,将湖泊及其生态缓冲带划为优先保护区,依法落实相关管控措施。严禁以任何形式围垦湖泊、违法占用湖泊水域。严格控制跨湖、穿湖、临湖建筑物和设施建设,确需建设的重大项目和民生工程,要优化工程建设方案,采取科学合理的恢复和补救措施,最大限度减少对湖泊的不利影响。严格管控湖区围网养殖、采砂等活动。流域、区域涉及湖泊开发利用的相关规划应依法开展规划环评,湖泊管理范围内的建设项目和活动,必须符合相关规划并科学论证,严格执行工程建设方案审查、环境影响评价等制度。

(2) 强化湖泊岸线管理保护。实行湖泊岸线分区管理,依据土地利用总体规划等,合理划分保护区、保留区、控制利用区、可开发利用区,明确分区管理保护要求,强化岸线用途管制和节约集约利用,严格控制开发利用强度,最大程度保持湖泊岸线自然形态。沿湖土地开发利用和产业布局，应与岸线分区要求相衔接，并为经济社会可持续发展预留空间。

（3）加强湖泊水资源保护和水污染防治。落实最严格水资源管理制度，强化湖泊水资源保护。坚持节水优先，建立健全集约节约用水机制。严格湖泊取水、用水和排水全过程管理，控制取水总量，维持湖泊生态用水和合理水位。落实污染物达标排放要求，严格按照限制排污总量控制入湖污染物总量、设置并监管入湖排污口。入湖污染物总量超过水功能区限制排污总量的湖泊，应排查入湖污染源，制定实施限期整治方案，明确年度入湖污染物削减量，逐步改善湖泊水质；水质达标的湖泊，应采取措施确保水质不退化。严格落实排污许可证制度，将治理任务落实到湖泊汇水范围内各排污单位，加强对湖区周边及入湖河流工矿企业污染、城镇生活污染、畜禽养殖污染、农业面源污染、内源污染等综合防治。加大湖泊汇水范围内城市管网建设和初期雨水收集处理设施建设，提高污水收集处理能力。依法取缔非法设置的入湖排污口，严厉打击废污水直接入湖和垃圾倾倒等违法行为。

（4）加大湖泊水环境综合整治力度。按照水功能区区划确定各类水体水质保护目标，强化湖泊水环境整治，限期完成存在黑臭水体的湖泊和入湖河流整治。在作为饮用水水源地的湖泊，开展饮用水水源地安全保障达标和规范化建设，确保饮用水安全。加强湖区周边污染治理，开展清洁小流域建设。加大湖区综合整治力度，有条件的地区，在采取生物净化、生态清淤等措施的同时，可结合防洪、供用水保障等需要，因地制宜加大湖泊引水排水能力，增强湖泊水体的流动性，改善湖泊水环境。

（5）开展湖泊生态治理与修复。实施湖泊健康评估。加大对生态环境良好湖泊的严格保护，加强湖泊水资源调控，进一步提升湖泊生态功能和健康水平。积极有序推进生态恶化湖泊的治理与修复，加快实施退田还湖还湿、退渔还湖，逐步恢复河湖水系的自然连通。加强湖泊水生生物保护，科学开展增殖放流，提高水生生物多样性。因地制宜推进湖泊生态岸线建设、滨湖绿化带建设、沿湖湿地公园和水生生物保护区建设。

（6）健全湖泊执法监管机制。建立健全湖泊、入湖河流所在行政区域的多部门联合执法机制，完善行政执法与刑事司法衔接机制，严厉打击涉湖违法违规行为。坚决清理整治围垦湖泊、侵占水域以及非法排污、养殖、采砂、设障、捕捞、取用水等活动。集中整治湖泊岸线乱占滥用、多占少用、占而不用等突出问题。建立日常监管巡查制度，实行湖泊动态监管。

3.3.10 《全国国土规划纲要（2016—2030年）》（2017）

国务院于2017年2月发布《全国国土规划纲要（2016—2030年）》，这是我国首个全国性国土开发与保护的战略性、综合性、基础性规划。规划坚持保护优先、自然修复为主，在保护中开发，在开发中保护。提出了保护要因地制宜、分类施策，也就是分类、分级保护的概念。

按照保护、维护和修复3个级别，把全国划分成16个保护区域实行全域保护，具体划分成5类保护主题。①环境质量保护，重点针对开发强度比较高、环境问题比较突出的，就是目前重要的集聚区，比如京津冀、长江三角洲和珠江三角洲这一带区域的保护，开展以大气、水和土壤环境质量为主题的保护。同时，通过调整产业结构，严格限制高污染的项目，严格用水总量的控制。②人居生态保护，对重点开发的城市群地区，加强对城市绿地和人工湿地的保护，同时推进河湖水系的连通，加大地质灾害的防治。对农村人居生态环境的保护，重点要严防城市污染和工业污染向农村转移。③自然生态保护，重点是划定并严守生态保护红线，严格禁止不符合主体功能的产业和项目落地。④水资源保护，主要集中在4个方面：对水源涵养区、江河源头和湿地的保护，特别是推进生态脆弱河流和地区的水生态修复；科学制定陆域污染物的减排计划，防止陆域排放对水质造成的影响和破坏；按照以水定城、以水定地的要求，合理确定开发的规模，调整产业结构；加强水资源的节约利用，明确到2030年全国用水量大概控制在7 000亿方之内。⑤耕地资源保护，重点是两条：严守耕地红线，通过划定基本农田，保证国家的粮食安全；严控非农业建设占用耕地，通过盘活存量，减少对新增耕地的占用等。

在《全国国土规划纲要(2016—2030年)》的第二节“推进人居生态环境保护”部分，提出以大气、水和土壤环境综合治理为重点，修复京津冀地区、长江三角洲地区、珠江三角洲地区的人居生态环境，优化人居生态格局。一是严格限制高污染项目建设，减少长江口等地区的陆源污染物排放。二是以恢复和保障城市生态用地为重点，强化城市园林绿地系统建设。以长江、钱塘江、太湖、京杭大运河、宜溧山区、天目山-四明山以及沿海生态廊道为主体，构建长江三角洲地区生态格局。三是维护重点开发区域人居生态环境：长江中游和皖江地区，强化鄱阳湖、洞庭湖、汉江、湘江、巢湖等河湖生态建设和保护，扩大湖泊湿地空间，增强湖泊自净功能，防治土壤重金属污染和面源污染；成渝地区，加强长江、嘉陵江、岷江、沱江、涪江等流域水土流失防治，强化水污染治理、水生生物资源恢复和地质灾害防治；黔中地区，强化石漠化治理、地质灾害防治和大江大河防护林建设，构建长江和珠江上游地区生态屏障；滇中地区，推进以滇池为重点的高原湖泊水体污染综合防治，强化酸雨污染防治。四是改善农村人居生态环境。

在《全国国土规划纲要(2016—2030年)》的第三节“强化自然生态保护”部分，提出划定并严守生态保护红线，加强重点生态功能区保护，提高重点生态功能区生态产品供给能力，促进其他自然生态地区保护(稳定南岭地区、长江中游、青藏高原南部等天然林地和草地数量，降低人为扰动强度，限制高强度开发建设，恢复植被)，建立生物资源保护地体系。其中将“长江中下游沿岸湖泊湿地和局部存留的古老珍贵植物资源，主要淡水经济鱼类和珍稀濒危水生生物资源”作为重点区域生物资源保护内容。

3.3.11　《国家生态文明试验区(江西)实施方案》(2017)

2017年，中共中央办公厅、国务院办公厅印发《国家生态文明试验区(江西)实施方案》和《国家生态文明试验区(贵州)实施方案》。对于长江流域的生态文明建设具有重要的试验示范作用。

《国家生态文明试验区(江西)实施方案》提出在江西建设国家生态文明试验区，有利于发挥江西生态优势，使绿水青山产生巨大生态效益、经济效益、社会效益，探索中部地区绿色崛起新路径；有利于保护鄱阳湖流域作为独立自然生态系统的完整性，构建“山水林田湖草”生命共同体，探索大湖流域保护与开发新模式；有利于把生态价值实现与脱贫攻坚有机结合起来，实现生态保护与生态扶贫双赢，推动生态文明共建共享，探索形成人与自然和谐发展新格局。提出围绕建设富裕美丽幸福江西，要以机制创新、制度供给、模式探索为重点，积极探索大湖流域生态文明建设新模式，培育绿色发展新动能，开辟绿色富省、绿色惠民新路径，构建生态文明领域治理体系和治理能力现代化新格局，努力打造美丽中国“江西样板”。安排了构建“山水林田湖草”系统保护与综合治理制度体系，构建严格的生态环境保护与监管体系，构建促进绿色产业发展的制度体系，构建环境治理、生态保护市场体系，构建绿色共治共享制度体系，以及构建全过程的生态文明绩效考核和责任追究制度体系六大任务。

3.3.12 《国家生态文明试验区(贵州)实施方案》(2017)

《国家生态文明试验区(贵州)实施方案》提出在贵州建设国家生态文明试验区，有利于发挥贵州的生态环境优势和生态文明体制机制创新成果优势，探索一批可复制、可推广的生态文明重大制度成果；有利于推进供给侧结构性改革，培育发展绿色经济，形成体现生态环境价值、增加生态产品绿色产品供给的制度体系；有利于解决关系人民群众切身利益的突出资源环境问题，让人民群众共建绿色家园、共享绿色福祉，对于守住发展和生态两条底线，走生态优先、绿色发展之路，实现“绿水青山和金山银山”有机统一具有重大意义。提出要以建设“多彩贵州公园省”为总体目标，以完善绿色制度、筑牢绿色屏障、发展绿色经济、建造绿色家园、培育绿色文化为基本路径，以促进大生态与大扶贫、大数据、大旅游、大开放融合发展为重要支撑，大力构建产权清晰、多元参与、激励约束并重、系统完整的生态文明制度体系，加快形成绿色生态廊道和绿色产业体系，实现百姓富与生态美有机统一，为其他地区生态文明建设提供可借鉴、可推广的经验，为建设美丽中国、迈向生态文明新时代做出应有贡献。安排了开展绿色屏障建设制度创新试验、开展促进绿色发展制度创新试验、开展生态脱贫制度创新试验、开展生态文明大数据建设制度创新试验、开展生态旅游发展制度创新试验、开展生态文明法治建设创新试验、开展生态文明对外交流合作示范试验、开展绿色绩效评价考核创新试验八大任务。

3.3.13 《关于全面加强生态环境保护　坚决打好污染防治攻坚战的意见》(2018)

2018 年 6 月，中共中央、国务院发布《关于全面加强生态环境保护　坚决打好污染防治攻坚战的意见》，其中涉及长江经济带生态环境保护的内容包括如下 8 点：一是落实长三角水域船舶排放控制区管理政策，到 2020 年，长江干线水上服务区和待闸锚地基本具备船舶岸电供应能力。二是全面排查和整治县级及以上城市水源保护区内的违法违规问题，长江经济带于 2018 年年底前完成。三是打好长江保护修复攻坚战。开展长江流域生态隐患和环境风险调查评估，划定高风险区域，从严实施生态环境风险防控措施。优化长江经济带产业布局和规模，严禁污染型产业、企业向上中游地区转移。排查整治入河入湖排污口及不达标水体，市、县级政府制定实施不达标水体限期达标规划。到 2020 年，长江流域基本消除劣Ⅴ类水体。强化船舶和港口污染防治，现有船舶到 2020 年全部完成达标改造，港口、船舶修造厂环卫设施、污水处理设施纳入城市设施建设规划。加强沿河环湖生态保护，修复湿地等水生态系统，因地制宜建设人工湿地水质净化工程。实施长江流域上中游水库群联合调度，保障干流、主要支流和湖泊基本生态用水。四是深入推进长江经济带固体废物大排查活动。五是加强休渔禁渔管理，推进长江等重点水域禁捕限捕。六是在长江经济带率先实施入河污染源排放、排污口排放和水体水质联动管理。七是加快制定长江生态环境保护等方面的法律法规。八是到2020年，实现长江经济带入河排污口监测全覆盖，并将监测数据纳入长江经济带综合信息平台。

3.3.14 《关于加强滨海湿地保护严格管控围填海的通知》(2018)

2018年7月，国务院发布《关于加强滨海湿地保护严格管控围填海的通知》。一方面要严控新增项目，完善围填海总量管控，取消围填海地方年度计划指标，除国家重大战略项目外，全面停止新增围填海项目审批。新增围填海项目要同步强化生态保护修复，边施工边修复，最大程度避免降低生态系统服务功能。此外还要加强海洋生态保护修复，对已经划定的海洋生态保护红线实施最严格的保护和监管，全面清理非法占用红线区域的围填海项目，确保海洋生态保护红线面积不减少、大陆自然岸线保有率标准不降低、海岛现有砂质岸线长度不缩短。加强滨海湿地保护，全面强化现有沿海各类自然保护地的管理。强化整治修复，支持通过退围还海、退养还滩、退耕还湿等方式，逐步修复已经破坏的滨海湿地。

该通知的出台将对长江河口地区滨海湿地和江海生态敏感区的保护和修复产生积极正面影响。

3.3.15 《关于加强长江水生生物保护工作的意见》(2018)

2018年9月，国务院办公厅印发《关于加强长江水生生物保护工作的意见》，指出要坚持保护优先和自然恢复为主，强化完善保护修复措施，全面加强长江水生生物保护工作，把"共抓大保护、不搞大开发"的有关要求落到实处，推动形成人与自然和谐共生的绿色发展新格局。要树立红线思维，留足生态空间；落实保护优先，实施生态修复；坚持全面布局、系统保护修复为基本原则。提出推进重点水域禁捕，科学划定禁捕、限捕区域，加快建立长江流域重点水域禁捕补偿制度，引导长江流域捕捞渔民加快退捕转产，率先在水生生物保护区实现全面禁捕，健全河流湖泊休养生息制度，在长江干流和重要支流等重点水域逐步实行合理期限内禁捕的禁渔期制度，到2020年长江流域重点水域实现常年禁捕。到2035年，长江流域生态环境明显改善，水生生物栖息生境得到全面保护，水生生物资源显著增长，水域生态功能有效恢复。

该意见围绕开展生态修复、拯救濒危物种、加强生境保护、完善生态补偿、加强执法监督、强化支撑保障、加强组织领导等方面提出18条政策措施。这些政策措施基本涵盖了有关长江水生生物保护工作的全过程和各环节，从国家政策顶层设计的高度确立了相关制度框架和措施体系，是当前和今后一段时间指导长江生物资源保护和水域生态修复工作的纲领性文件。

3.3.16 《国务院关于落实〈政府工作报告〉重点工作部门分工的意见》(2020)

2020年6月，国务院发布《国务院关于落实〈政府工作报告〉重点工作部门分工的意见》，要求加快落实区域发展战略。继续推动西部大开发、东北全面振兴、中部地区崛起、东部率先发展。深入推进京津冀协同发展、粤港澳大湾区建设、长三角一体化发展。推进长江经济带共抓大保护。

3.4 国家各部委推进长江大保护的政策演进和特征

本研究从"北大法宝"数据库和各政府机构的官方网站，查找与长江大保护相关的政策并进行人工筛选，最终获取145份政策文件（文件清单见本章附录），通过梳理分析政策出台时间、政策出台机构、政策类型、政策关键词等方面对这些政策进行相关分析，得到以下研究结论。

1. 2016—2018年是长江大保护政策出台的密集期

从图3-1可以看出，2016—2018年是长江大保护相关政策出台的密集期。这和习近平总书记2016年1月5日在重庆、2018年4月26日在武汉先后两次发表关于长江大保护的讲话有重要关系。此后，各部门积极学习贯彻习近平总书记关于长江大保护系列重要讲话精神，把共抓大保护作为重要的政治责任，不断推动长江大保护取得进展。

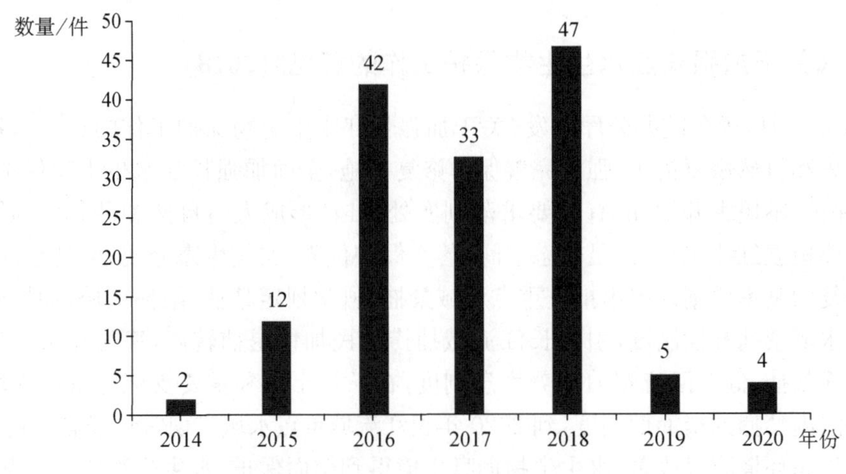

图3-1 长江大保护政策统计(按出台时间)

2. 政策出台机构多样，部门合作不断加强

除了党中央和国务院外，水利部、农业农村部、生态环境部、自然资源部、发展改革委出台了较多的长江大保护相关政策（图3-2）。其中单一部门发布的政策占到了68.6%，说明部门合作还不够紧密。但越来越多的政策文件是由多部门联发，体现了跨部门合作变得更为密切。例如，2016年出台的《"十三五"实行最严格水资源管理制度考核工作实施方案》，是由水利部等9部门联合印发；2018年，生态环境部和国家发展改革委联合印发的《长江保护修复攻坚战行动计划》，提出了明确的任务分工，涉及生态环境部、自然资源部、发展改革委、住房城乡建设部、交通运输部、水利部、林草局、农业农村部、工业和信息化部、科技部、商务部、公安部、卫生健康委、海关总署、应急部、财政部、市场监管总局、能源局、教育部、人力资源社会保障部、司法部、中央组织部、中央宣传部等党和政府部门。

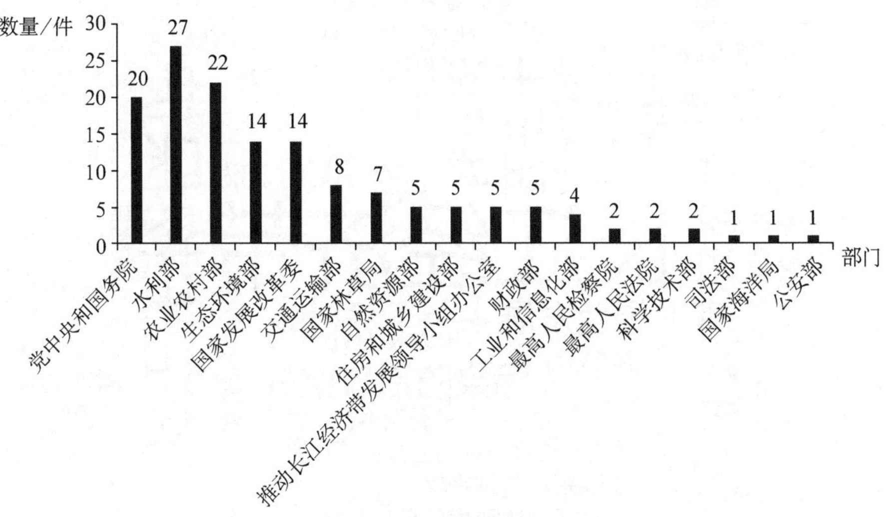

图 3-2　长江大保护政策统计(按出台机构)

3. 政策类型多样,以意见、通知、规划和方案为主

从图 3-3 可以看出,这一阶段长江大保护政策类型有意见、通知、规划、方案、行动计划、办法、通告、规定等,具有一定的多样性。其中数量最多的是意见(44 件,占 30.3%)、通知(40 件,占 27.6%)、规划(21 件,占 14.5%)和方案(21 件,占 14.5%)。一般而言,以规划、方案、行动计划等形式发布的政策文件内容更为具体,而以意见、通知等形式发布的政策文件以指导性功能为主。

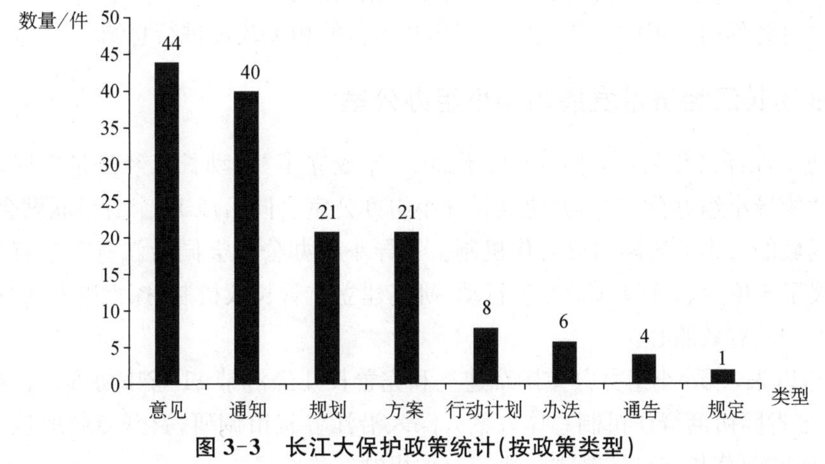

图 3-3　长江大保护政策统计(按政策类型)

4. 政策出现不少热点

本研究对 145 份政策文件中的每一份都设置了 1～4 个关键词,并进行词频分析,绘制了政策热点词云(图 3-4)。从中可以看到政策热点主要集中在长江经济带、水生生物保护、长江流域、生态环境保护、污染防治攻坚战、河长制等领域。

图 3-4 长江大保护政策统计(按关键词词云)

综上分析,近年来,特别是 2016 年 1 月 5 日习近平总书记在重庆主持召开推动长江经济带发展座谈会上发表有关长江共抓大保护的讲话以来,推动长江经济带发展领导小组办公室、国务院有关部门、最高人民法院、最高人民检察院依照自己的职责分工,围绕长江大保护开展了大量工作,出台了诸多相关政策,在强化长江岸线整治、促进水污染防治、加强林业建设和湿地保护修复、推进水生生物保护、促进沿江产业转型、开展生态补偿试点等方面取得了积极进展。但政策多为指导性的意见,具体且能落地的内容仍有待于增加。政策的系统性和完整性还不够,部门间的协作还需要紧密加强。

本研究对各部门开展的长江大保护工作及出台的相关政策进行总结。

3.4.1 推动长江经济带发展领导小组办公室

为推动长江经济带发展,中共中央于 2014 年成立了“推动长江经济带发展领导小组”(以下简称“领导小组办公室”),并建立领导小组办公室会同沿江 11 个省市联席会议和上中下游 3 个区域的“1+3”省际协商合作机制。领导小组办公室会同沿江省市和有关部门,先后组织开展了 6 项生态环境保护专项行动,研究建立监管长效机制,探索以专项行动促长江生态环境保护的有效路径。

2016 年以来,领导小组办公室围绕建立和完善长江经济带 11 省市协商合作机制,印发《长江经济带省际协商合作机制总体方案》,深入沿江各省市调研,召开专题座谈会,听取意见和建议,研究起草长江经济带省际协商合作机制实施意见。

1. 专项行动一:对“共抓大保护”中突出问题进行专项检查

2016 年 6 月,领导小组办公室印发工作方案,在沿江 11 省市开展“共抓大保护”中突出问题专项检查工作。2016 年 12 月，领导小组办公室印发通知，要求沿江省市制定整改措施，切实抓好整改。2017 年 2 月，领导小组办公室会同有关部门对沿江省市开展督查调研。由此各项工作取得积极成效。思想认识进一步提高，沿江沿湖重化工产业污染得到初步整治，取水口、排污口布局进一步优化，航运船舶污染治理得到加强，长江干流、重要支流和湖库水域生态环境治理进一步推进，流域污染和水土流失得到有效缓解，非法采砂和非法码头整治更加有力，重要支流与湖泊生态环境治理和湿地保护得到加强，生态环境保护政策措施得到强化，生态环境保护考核机制得到进一步完善。

2. 专项行动二：沿江非法码头、非法采砂专项整治

专项行动开展了沿江非法码头和非法采砂专项整治、回头看、深入推进 3 个阶段的工作。截至 2017 年 9 月底，沿江应取缔的 959 座非法码头已全部拆除，其中 809 座完成了生态复绿，恢复生态岸线 100 多公里；应规范提升码头绝大部分已经完成整改，实现了合法运营。非法采砂得到了初步遏制，监督管理长效机制逐步建立，专项整治工作取得了阶段性成果。

3. 专项行动三：长江经济带化工污染整治专项行动

2016 年 12 月，领导小组办公室部署开展沿江化工污染专项整治行动。2017 年 11 月，领导小组办公室印发专项整治工作方案，对化工污染整改提出了严要求和时间表。一是对在环境敏感区域内尚存的化工园区、化工企业，要在 2018 年 6 月底前依法撤销；尚存的排污口，要在 2018 年 6 月底前依法取缔。二是对存在污水不达标或者超标排放等问题的化工企业，依法责令整改，2018 年 6 月底前完成整顿改造。三是对岸线 1 公里范围内、合法运行的化工企业，要对其风险防控、污染排放达标等情况进行重新评估，确保符合安全和环保标准，鼓励搬离 1 公里范围或者搬离、进入合规园区。

4. 专项行动四：长江入河排污口专项检查行动

2017 年 4 月，领导小组办公室部署开展规模以上入河排污口专项检查行动。2017 年 11 月，领导小组办公室印发长江入河排污口整改提升工作方案，推动入河排污口整改。一是全面取缔各类保护区内的入河排污口，二是开展水功能区达标建设，三是集中整改违规设置入河排污口，四是建立监管长效机制。

5. 专项行动五：长江沿江饮用水水源地安全专项检查行动

2017 年 6 月，领导小组办公室部署开展长江沿线饮用水水源地安全专项检查行动。针对存在的安全风险隐患，采取的整改措施包括：依法划定饮用水水源保护区并定标立界，开展保护区工业、生活、农业、流动等各类污染整治，加强水源地监测和风险防范。要求 2018 年底前完成长江经济带县级饮用水水源地突出问题清理整治工作。

6. 专项行动六：长江干流岸线保护和利用专项检查行动

2017 年 12 月，领导小组办公室印发通知，由水利部牵头组织开展长江干流岸线保护和利用专项检查行动，全面查清长江溪洛渡以下干流岸线利用现状，建立长江岸线利用项目台账及动态管理机制，清理整顿违法违规占用岸线行为。在开展岸线专项检查行动的同时，推动有关部门和沿江省市研究建立岸线监管长效机制，抓紧搭建长江岸线利用项目台账和管理平台；制定长江流域涉河建设项目监督管理办法，明晰管理职责；加强执法队伍建设，创新监管方式，强化实时监测，及时发现和处置违法违规行为。

2019 年 11 月和 2020 年 3 月，领导小组办公室分别召开会议，要求持续推进长江禁捕、岸线清理整治、两岸造林绿化等专项行动，打造综合交通运输体系，推进新型城镇化和全方位对外开放，加快推动绿色高质量发展。

3.4.2 国家发展和改革委员会

1. 加强长江流域的水环境污染防控和水土保持工作

2016 年 2 月，国家发展和改革委员会（以下简称“国家发展改革委”）、环境保护部印发《关于加强长江黄金水道环境污染防控治理的指导意见的通知》，提出将修复长江生态环境摆在压倒性位置，以改善水环境质量为核心，强化空间管控，优化产业结构，加强源头治理，注重风险防范，全面推进长江水污染防治和生态保护与修复。坚持质量改善要求，改革完善总量控制制度，更加注重断面水环境质量管理和考核；坚持责任导向，严格落实目标责任追究；坚持突出干流，兼顾重要湖库、主要支流和重点区域；坚持改革创新，探索建立流域联防联控、协同治理新机制，加快形成“目标明确、责任清晰、监管到位、全民参与”的长江水污染防控格局，确保“一江清水”永续利用，促进长江经济带可持续发展。

2017 年 5 月，国家发展改革委、南水北调办、水利部、环境保护部、住房城乡建设部联合印发《丹江口库区及上游水污染防治和水土保持“十三五”规划》，提出要深入推进水源区污染防治和水土保持工作，要从确保南水北调中线工程长期稳定供水、维护国家水安全的大局出发，紧扣水源区生态优先、绿色发展的功能定位，着力综合治理、切实保障水质稳定达标，着力推进“山水林田湖”整体保护、切实增强水源涵养能力，着力提高风险防控能力、切实保障供水稳定运行，进一步深化与受水区的对口协作，协调推进水源区经济社会发展与水源保护，确保“一泓清水永续北送”。

2018 年 12 月，国家发展改革委、财政部、自然资源部等联合印发《洞庭湖水环境综合治理规划》。提出保护好洞庭湖水质，持续改善洞庭湖流域生态环境，对调节长江径流、维护洞庭湖生态功能、促进地区经济社会可持续发展，乃至保障长江流域生态安全和水安全、推动长江经济带绿色发展，具有十分重要的意义。要求深入推进洞庭湖水环境综合治理工作，要坚持共抓大保护、不搞大开发，坚持生态优美、绿色发展，坚决打好污染防治攻坚战，着力提升供水安全保障能力，着力加大水污染防治力度，着力加强水生态保护与修复，努力提升洞庭湖流域可持续发展能力，实现人与自然和谐共生。

2. 推进长江经济带造林绿化

2016 年 2 月，国家发展改革委和林业局发布《关于加强长江经济带造林绿化的指导意见》，旨在进一步加强长江经济带造林绿化工作，推进长江经济带绿色生态廊道建设。

该意见指出，到 2020 年，造林绿化工作取得实质性突破，基本建成以各类防护林为主体、农田林网及绿色通道为网络、城镇乡村绿屏为节点的生态防护体系，森林生态系统的水源涵养、水土保持、生物多样性保护等服务功能明显增强，森林生态系统与生物多样性价值得到提升，用材林面积明显增加、结构优化合理，有效促进长江经济带绿色生态廊道建设。森林面积增加 290 万公顷，森林蓄积增加 5 亿立方米，森林覆盖率达到 43%。

2018 年 9 月，国家发展改革委、水利部、自然资源部和林草局联合发布《关于加快推进长江两岸造林绿化的指导意见》，指出到 2020 年，全面实现长江两岸宜林地植树造林，整体提升绿化质量，基本建成沿江绿化带。到 2025 年，长江两岸造林绿化全面完成，实现应绿尽绿，森林质量明显提升，沿江生态防护体系基本完善，连续完整、结构稳定的森林生态系统初步形成，岸绿景美、绵延万里的沿江美丽生态带基本建成。

3. 设立长江经济带国家级转型升级示范开发区

2016 年 6 月，国家发展改革委公布《关于建设长江经济带国家级转型升级示范开发区的通知》，上海市、江苏省、浙江省、安徽省、江西省、湖北省、湖南省、重庆市、四川省、云南省、贵州省 11 个省市管辖下的 33 个开发区，成为长江经济带国家级转型升级示范开发区。

根据该通知，相关省市需加强对转型升级示范开发区建设的指导，以坚持生态优先、转变发展方式、创新体制机制为导向，推进转型升级示范开发区在绿色发展、创新驱动发展、产业升级、开放合作、深化改革等方面探索已有经验、取得实际成效。对于转型升级示范开发区建设过程中出现的新情况、新问题，要及时报告国家发展改革委。同时，国家发展改革委将按照长江经济带发展战略部署，统筹协调转型升级示范开发区建设，对转型升级示范开发区实行动态管理，总结、复制、推广转型升级示范开发区典型经验和做法，并从规划引导、改革试点、专项安排等方面予以支持，全面推进转型升级示范开发区建设和发展。

4. 制定长江三角洲城市群发展规划

2016 年 6 月，国家发展改革委和住房城乡建设部印发《长江三角洲城市群发展规划》，提出将绿色城镇化理念全面融入城市群建设，尊重自然格局，依托现有山水脉络等优化城市空间布局形态，构建形成绿色化的生产生活方式和城市建设运营模式，推进生态共保、环境共治，加快走出一条经济发展和生态文明建设相辅相成、相得益彰的新路子。提出建设“美丽中国建设示范区”，即牢固树立并率先践行生态文明理念，依托江河湖海丰富多彩的生态本底，发挥历史文化遗产众多、风景资源独特、水乡聚落点多面广等优势，优化国土空间开发格局，共同建设美丽城镇和乡村，共同打造充满人文魅力和水乡特色的国际休闲消费中心，形成青山常在、绿水常流、空气常新的生态型城市群。

该规划提出要“推动生态共建、环境共治”，包括共守生态安全格局、推动环境联防联治、全面推进绿色城市建设、加强环境影响评价。要坚持在保护中发展、在发展中保护，把生态环境建设放在突出重要位置，紧紧抓住治理水污染、大气污染、土壤污染等关键领域，溯源倒逼、系统治理，带动区域生态环境质量全面改善，在治理污染、修复生态、建设宜居环境方面走在全国前列，为长三角率先发展提供新支撑。

5. 制定耕地草原河湖休养生息规划

2016年11月,国家发展改革委、财政部、国土资源部、环境保护部、水利部、农业部、国家林业局、国家粮食局八部门联合印发《耕地草原河湖休养生息规划(2016—2030年)》,提出了耕地草原河湖休养生息的阶段性目标和政策措施,以维护国家资源和生态安全。

该规划要求,在河湖生态系统保护与修复方面,要通过"治"、"保"、"还"、"减"、"护"等综合措施,加快推进过载和污染河湖治理与修复,加大水源涵养保护力度,确保河湖水源安全;合理控制河流开发利用强度,切实保障河湖生态用水,保护和逐步恢复河湖合理生态空间,加强地下水超采区治理,保护和合理利用河湖水生生物资源;不断完善体制机制,建立健全河湖休养生息的长效机制。

目标是到2020年,全国用水总量控制在6 700亿立方米以内,农田灌溉水有效利用系数提高到0.55以上,大型灌区和重点中型灌区农业灌溉用水计量率达到70%以上;河湖生态环境水量有所增加,生态基流基本得以保障;排污口排污总量减少,全国地表水质量达到或好于Ⅲ类水体比例超过70%,全国江河湖泊水功能区的水质有明显改善,重要江河湖泊水功能区水质达标率达到80%以上;河湖水域岸线空间用途管制制度基本建立,河湖生态空间得到有效保护,河湖水域面积不减少;地下水超采得到严格控制,严重超采区超采量得到有效退减;水生生物资源逐步恢复;初步建立河湖休养生息保障制度。到2030年,全国用水总量控制在7 000亿立方米以内,河湖生态环境用水需求基本保障,河湖生态空间得到有效恢复;水环境质量全面改善,全国地表水质量达到或好于Ⅲ类水体比例超过75%,重要江河湖泊水功能区水质达标率提高到95%以上;地下水基本实现采补平衡;水生生物多样性逐步稳定;河湖休养生息制度体系全面建立,河湖资源实现可持续利用。

6. 推进汉江生态经济带建设

汉江是长江最大支流,全长为1 577公里,流域面积有15.9万平方公里。汉江生态经济带是长江经济带的重要组成部分,是中国重要的生态保护区和水源涵养地。2018年11月,国家发展改革委印发《汉江生态经济带发展规划》。提出要围绕改善提升汉江流域生态环境,共抓大保护、不搞大开发,加快生态文明体制改革,推进绿色发展,着力解决突出环境问题,加大生态系统保护力度;围绕推动质量变革、效率变革、动力变革,推进创新驱动发展,加快产业结构优化升级,进一步提升新型城镇化水平,打造美丽、畅通、创新、幸福、开放、活力的生态经济带。

7. 设立长江经济带绿色发展专项

2018年2月,国家发展改革委发布《长江经济带绿色发展专项中央预算内投资管理暂行办法》,重点支持对保护和修复长江生态环境、促进区域经济社会协调发展、改善交通条件、增进人民福祉、强化保障能力具有重要意义的长江经济带绿色发展项目。该办法要求遵循统筹兼顾、突出重点、公开公正、有效监管的原则,规范长江经济带绿色发展专项中央预算内投资安排和使用管理。办法列出的支持方向,包括长江经济带港口集疏运通道项目、长江经济带综合交通枢纽建设项目、长江生态环境监测能力建设项目、长江岸线整治修复项目等。

8. 推进长江经济带农业面源污染治理

2018 年 10 月，发展改革委联合生态环境部、农业农村部、住房城乡建设部和水利部制定《关于加快推进长江经济带农业面源污染治理的指导意见》，提出要加快推进长江经济带农业农村面源污染治理，推行绿色生产生活方式，持续改善长江水质，实现农业农村发展与资源环境相协调，助力长江经济带高质量发展。总体目标是，到 2020 年，农业农村面源污染得到有效治理，种养业布局进一步优化，农业农村废弃物资源化利用水平明显提高，绿色发展取得积极成效，对流域水质的污染显著降低。其中，重要河流湖泊、水环境敏感区和长三角等经济发达地区，要进一步强化治理措施、提高治理要求。

9. 实施重要生态系统保护和修复重大工程

2020 年 6 月，国家发展改革委联合自然资源部印发《全国重要生态系统保护和修复重大工程总体规划（2021—2035 年）》，将重大工程重点布局在青藏高原生态屏障区、长江重点生态区（含川滇生态屏障）等重点区域。该规划在长江重点生态区布局了横断山区水源涵养与生物多样性保护，长江上中游岩溶地区石漠化综合治理，大巴山区生物多样性保护与生态修复，三峡库区生态综合治理，洞庭湖、鄱阳湖等河湖、湿地保护和恢复，大别山区水土保持与生态修复，武陵山区生物多样性保护，长江重点生态区矿山生态修复 8 个重点工程。

3.4.3　教育部

教育部在 2017 年度教育部哲学社会科学研究重大课题攻关项目招标课题指南中设立《推动长江经济带发展重大战略研究》，提出以十九大报告提出的“以共抓大保护、不搞大开发为导向推动长江经济带发展”精神为指引，以协调性均衡发展理论为支撑，对长江经济带沿线 11 省市经济社会之间以及人与自然之间存在的不平衡、不充分发展问题开展联合攻关，着重对长江全流域生态环境保护与修复、沿江三大城市群联动发展、沿江世界级产业集群培育、沿江重大基础设施互联互通、流域综合治理和协调性均衡发展体制机制创新等研究领域的重点、难点问题和关键性瓶颈制约开展精准对标、重点突破、举措落地的对策研究，努力为把长江经济带打造成生态更优美、交通更顺畅、经济更协调、市场更统一、机制更科学的黄金经济带贡献智慧。

3.4.4　科学技术部

1. 围绕长江经济带区域发展需求，推动国家重点实验室联盟建设

2018 年 7 月，科技部和财政部发布《关于加强国家重点实验室建设发展的若干意见》，提出围绕长江经济带等区域发展需求，推动实验室联盟建设。

2. 推动科技创新，支撑长江经济带生态环境保护和污染防治工作

为深入实施长江经济带发展战略纲要，为长江经济带生态环境保护提供科技支撑，科技部社会发展科技司于 2018 年 3 月 15 日在北京召开长江经济带生态环境保护科技创新研讨会。与会专家围绕长江经济带整体系统保护及上中下游地区分别面临的重大科技需求，针对生物多样性保护、流域污染治理、城市群建设、长江岸线利用及沿岸湿地保护等存在的问题和科技需求展开研讨。

2018 年 9 月，中共科学技术部党组印发《关于科技创新支撑生态环境保护和打好污染防治攻坚战的实施意见》，提出聚焦重大区域环境问题开展科技集成与示范，聚焦长江经济带等重点区域及面临的关键生态环境问题，实施长江经济带生态环境保护与修复科技创新行动，继续组织实施长三角等重点区域大气污染联防联控科技攻关。

3. 设立国家重点研发计划项目，关注长江流域的环境保护和生态修复

近几年，科学技术部在国家重点研发计划项目中设立了“长江下游农业面源和重金属污染防控技术示范”、“长江流域冬小麦化肥农药减施技术集成研究与示范”、“长三角城市群生态安全保障关键技术研究与集成示范”等项目，关注长江流域的环境保护和生态修复等问题。

3.4.5 工业和信息化部

1. 加强长江经济带工业绿色发展

2016 年 6 月，工业和信息化部发布《工业绿色发展规划（2016—2020 年）》。该规划提出：在长江等流域组织实施重点行业清洁生产水平提升工程，降低造纸、化工、印染、化学原料药、电镀等行业废水排放总量及化学需氧量、氨氮等污染物排放强度；开展区域资源综合利用行动，在长江经济带等老工业基地，建立冶炼渣与矿业废弃物、煤电废弃物、报废机电设备等协同利用示范基地，建设共伴生钒钛、稀土、盐湖等资源深度利用示范项目；大力推动长江经济带生态保护，推进沿江工业节水治污、清洁生产改造，加快发展节能环保、新能源装备等绿色产业，支持一批节能环保产业示范基地建设和发展。

2017 年，工业和信息化部会同发展改革委、科技部、财政部、环境保护部发布《关于加强长江经济带工业绿色发展的指导意见》，提出紧紧围绕改善区域生态环境质量要求，以企业为主体，落实地方政府责任，加强工业布局优化和结构调整，执行最严格环保、水耗、能耗、安全、质量等标准，强化技术创新和政策支持，加快传统制造业绿色化改造升级，不断提高资源能源利用效率和清洁生产水平，引领长江经济带工业绿色发展。主要任务包括优化工业布局、调整产业结构、推进传统制造业绿色化改造、加强工业节水和污染防治。目标是到 2020 年，长江经济带绿色制造水平明显提升，产业结构和布局更加合理，传统制造业能耗、水耗、污染物排放强度显著下降，清洁生产水平进一步提高，绿色制造体系初步建立。与 2015 年相比，规模以上企业单位工业增加值能耗下降 18%，重点行业主要污染物排放强度下降 20%，单位工业增加值用水量下降 25%，重点行业水循环利用率明显提升。全面完成长江经济带危险化学品重点搬迁改造项目。一批关键共性绿色制造技术实现产业化应用，打造和培育 500 家绿色示范工厂、50 家绿色示范园区，推广 5 000 种以上绿色产品，绿色制造产业产值达到 5 万亿元。

2. 利用综合标准依法依规推动落后产能退出

2017 年 2 月，工业和信息化部联合发展改革委等 15 个淘汰落后产能工作部际协调小组成员单位，出台了《关于利用综合标准依法依规推动落后产能退出的指导意见》，以钢铁、煤炭、水泥、电解铝、平板玻璃等行业为重点，完善以能耗、环保、质量、安全、技术为主的综合标准体系，严格常态化执法和强制性标准实施，形成多标准、多部门、多渠道协同推进工作格局，建立市场化、法治化淘汰落后产能长效机制。

3.4.6　公安部

2018 年 2 月，公安部会同推动长江经济带发展领导小组办公室、环境保护部、交通运输部等部门在北京召开会议，部署长江流域污染环境违法犯罪集中打击整治工作。公安部决定对安徽、浙江等地立案侦办的 45 起案件全部挂牌督办。公安部明确，对重点案件特别是团伙性、系列性、跨地域处置废物（垃圾）的案件，要开展专案经营，串并深挖、全环节侦办，坚决摧毁犯罪网络、斩断利益链条；对涉及多方利益、阻力干扰大的非法排污案件，要综合运用提级侦办、异地用警等措施，确保打击到位；对污染后果严重、引起社会广泛关注的重大案件，统筹优势力量全力侦破。

2020 年 7 月，在国务院办公厅发布《国务院办公厅关于切实做好长江流域禁捕有关工作的通知》背景下，公安部联合农业农村部发布《打击长江流域非法捕捞专项整治行动方案》，落实“共抓大保护、不搞大开发”的要求，切实加强长江流域水生生物资源保护，依法严厉打击、整治非法捕捞等各类危害水生生物资源行为，确保长江流域禁捕取得扎实成效。

3.4.7　司法部

2018 年 6 月，司法部下发《关于全面推动长江经济带司法鉴定协同发展的实施意见》，就全面推动长江经济带 11 省市司法鉴定协同发展、充分发挥司法鉴定职能作用、更好地服务长江经济带经济社会发展作出部署。提出鉴定机构合理布局、推动适用统一鉴定标准、加强鉴定援助异地协作等七大举措。要求制定长江经济带环境损害司法鉴定机构发展规划，实现机构数量均衡、分布科学、发展有序，同时严格落实司法鉴定准入登记规定，在准入具体要求和条件上实现精准统一，避免差别化对待，实现一个门槛准入。要加强对鉴定标准和规范适用工作的指导，组织开展联合执业检查和文书质量评查，建立教育培训协调联动和资源共享机制。此外，还对跨省协作提出具体要求，规定必要时可组织对复杂疑难案件的跨省专家会商，在化解矛盾纠纷和维护鉴定人合法权益上开展省际协作，加强司法鉴定管理信息交换和鉴定援助异地协作，实现司法鉴定信息化管理系统互联互通、资源共享，建立跨省援助绿色通道。

为加强省际协同、共同推进落实工作，司法部决定由部司法鉴定管理局牵头，上海、江苏、浙江、安徽、江西、湖北、湖南、重庆、四川、云南、贵州等省市司法厅（局）参加，成立长江经济带司法鉴定协同发展工作组，秘书组设在湖北省司法厅。

3.4.8　财政部

1. 推进“山水林田湖草”生态保护修复

2016 年 9 月，财政部联合国土资源部、环境保护部发布《关于推进山水林田湖生态保护修复工作的通知》。将通过完善政策规划、提供资金支持、加强地方指导等，推动我国“山水林田湖草”生态保护修复工程。

该通知提出坚持尊重自然、顺应自然、保护自然，以“山水林田湖是一个生命共同体”的重要理念指导开展工作，充分集成整合资金政策，对山上山下、地上地下、陆地海洋以及流域上下游进行整体保护、系统修复、综合治理，真正改变治山、治水、护田各自为战的工作格局。该通知指出“山水林田湖”生态保护修复一般应统筹包括以下 5 个重点内容。

(1) 实施矿山环境治理恢复。积极推进矿山环境治理恢复，突出重要生态区以及居民生活区废弃矿山治理的重点，抓紧修复交通沿线敏感矿山山体，对植被破坏严重、岩坑裸露的矿山加大复绿力度。

(2) 推进土地整治与污染修复。应围绕优化格局、提升功能，在重要生态区域内开展沟坡丘壑综合整治，平整破损土地，实施土地沙化和盐碱化治理、耕地坡改梯、历史遗留工矿废弃地复垦利用等工程。对于污染土地，要综合运用源头控制、隔离缓冲、土壤改良等措施，防控土壤污染风险。

(3) 开展生物多样性保护。要加快对珍稀濒危动植物栖息地区域的生态保护和修复，并对已经破坏的跨区域生态廊道进行恢复，确保连通性和完整性，构建生物多样性保护网络，带动生态空间整体修复，促进生态系统功能提升。

(4) 推动流域水环境保护治理。要选择重要的江河源头及水源涵养区开展生态保护和修复，以重点流域为单元开展系统整治，采取工程与生物措施相结合、人工治理与自然修复相结合的方式进行流域水环境综合治理，推进生态功能重要的江河湖泊水体休养生息。

(5) 全方位系统综合治理修复。在生态系统类型比较丰富的地区，将湿地、草场、林地等统筹纳入重大工程，对集中连片、破碎化严重、功能退化的生态系统进行修复和综合整治，通过土地整治、植被恢复、河湖水系连通、岸线环境整治、野生动物栖息地恢复等手段，逐步恢复生态系统功能。

2016 年 12 月，财政部、国土资源部和环境保护部印发《重点生态保护修复治理专项资金管理办法》。该办法指出重点生态保护修复治理专项资金由中央财政安排，主要用于实施“山水林田湖”生态保护修复工程，促进实施生态保护和修复。该专项资金以保障我国长远生态安全和生态系统服务功能整体提升为目标，推动地方贯彻落实“山水林田湖”是一个生命共同体理念，按照整体性、系统性原则及其生态系统内在规律，统筹考虑自然生态各要素，实施生态保护、修复和治理，逐步建立区域协调联动、资金统筹整合、部门协同推进、综合治理修复的工作格局，促进生态环境恢复和改善。

2. 建立健全生态补偿机制

2016 年 12 月，财政部、环境保护部、发展改革委和水利部发布《关于加快建立流域上下游横向生态保护补偿机制的指导意见》，以加快建立流域上下游横向生态保护补偿机制，推进生态文明体制建设。该意见提出到 2020 年，各省(区、市)行政区域内流域上下游横向生态保护补偿机制基本建立；在具备重要饮用水功能及生态服务价值、受益主体明确、上下游补偿意愿强烈的跨省流域初步建立横向生态保护补偿机制，探索开展跨多个省份流域上下游横向生态保护补偿试点。到 2025 年，跨多个省份的流域上下游横向生态保护补偿试点范围进一步扩大；流域上下游横向生态保护补偿内容更加丰富、方式更加多样、评价方法更加科学合理、机制基本成熟定型，对流域保护和治理的支撑保障作用明显增强。

2018 年 2 月，财政部、环境保护部、国家发展改革委、水利部在重庆市联合召开"长江经济带生态保护修复暨推动建立流域横向生态补偿机制工作会议"，启动实施长江经济带生态修复奖励政策，促进形成共抓大保护格局。财政部介绍了奖励政策出台背景和主要内容，新安江上下游市县做了经验交流，云南省、贵州省、四川省签署了赤水河流域横向生态补偿协议，重庆、江苏、浙江等部分省份有关市县签署了横向生态补偿协议。

2018 年 2 月，财政部发布《关于建立健全长江经济带生态补偿与保护长效机制的指导意见》，提出通过统筹一般性转移支付和相关专项转移支付资金，建立激励引导机制，明显加大对长江经济带生态补偿和保护的财政资金投入力度。到 2020 年，长江流域保护和治理多元化投入机制更加完善，上下联动协同治理的工作格局更加健全，中央对地方、流域上下游间生态补偿效益更加凸显，为长江经济带生态文明建设和区域协调发展提供重要的财力支撑和制度保障。

3. 出台长江经济带生态保护修复奖励政策

2018 年，财政部会同环境保护部、发展改革委、水利部印发《中央财政促进长江经济带生态保护修复奖励政策实施方案的通知》，提出以共抓大保护、不搞大开发为导向推动长江经济带发展。将重点对长江经济带 11 省市实行奖励政策，具体奖励 3 个方面的工作：一是流域内上下游邻近省级政府间协商签订协议，建立起流域横向生态补偿机制；二是省级行政区域内建立流域横向生态补偿机制；三是流域保护和治理任务完成成效。奖励资金实施先预拨、后清算，政策导向上体现早建早奖、早建多奖。在奖励资金安排上，从 2017 年至 2020 年，中央财政通过水污染防治专项资金安排 180 亿元，其中 2017 年预拨 30 亿元，计划从 2018 年至 2020 年的 3 年内共安排 150 亿元。

3.4.9 自然资源部

自然资源部是根据党的十九届三中全会审议通过的《中共中央关于深化党和国家机构改革的决定》、《深化党和国家机构改革方案》和第十三届全国人民代表大会第一次会议批准的《国务院机构改革方案》设立的部门。本节梳理的工作涵盖了原国土资源部、国家海洋局、国家林业局等部门的职责工作。

1. 开展长江经济带国土空间规划

2017 年 3 月，国土资源部发布《自然生态空间用途管制办法（试行）》，以加强自然生态空间保护，推进自然资源管理体制改革，健全国土空间用途管制制度，促进生态文明建设。同时发布了《自然生态空间用途管制试点方案》，在江西、贵州、青海等 6 省开展试点工作。

为研究长江经济带国土空间治理问题与对策，推动长江经济带高质量发展，自然资源部启动了《长江经济带国土空间规划》编制工作，密集开展实地调研。

2018 年 5 月，自然资源部组织召开"长江经济带国土空间规划研讨会"，围绕长江经济带国土空间规划面临的问题与挑战进行交流研讨。

2018 年 7 月，由自然资源部国土空间规划工作小组、国家发展和改革委员会城市和小城镇改革发展中心、中国土地学会土地规划分会共同组织“长江经济带国土空间规划综合交通研讨会”，长江经济带沿线11省市有关同志和相关技术单位人员参加了会议。会议聚焦长江经济带产业布局、空间规划和交通规划协同发展，就长江经济带国土空间规划综合交通重大问题、关键思路展开研讨。

2. 推进矿山地质环境修复和综合治理

2016年初，国土资源部修订了《矿山地质环境保护规定》。2016年7月，国土资源部、工业和信息化部、财政部等发布《关于加强矿山地质环境恢复和综合治理的指导意见》，提出必须充分认识进一步加强矿山地质环境恢复和综合治理的重要性和紧迫性，切实增强责任感和使命感，牢固树立尊重自然、顺应自然、保护自然的理念，坚持绿水青山就是金山银山，强化资源管理对自然生态的源头保护作用，组织动员各方面力量，加强矿山地质环境保护，加快矿山地质环境恢复和综合治理，尽快形成开发与保护相互协调的矿产开发新格局。目标是到2025年，建立动态监测体系，全面掌握和监控全国矿山地质环境动态变化情况。建立矿业权人履行保护和治理恢复矿山地质环境法定义务的约束机制。矿山地质环境恢复和综合治理的责任全面落实，新建和生产矿山地质环境得到有效保护和及时治理，历史遗留问题综合治理取得显著成效。基本建成制度完善、责任明确、措施得当、管理到位的矿山地质环境恢复和综合治理工作体系，形成“不再欠新账，加快还旧账”的矿山地质环境恢复和综合治理的新局面。

3. 推进长江经济带生态保护和修复

2016年5月，国家林业局印发《林业发展“十三五”规划》，确定了“一圈三区五带”的林业发展格局。其中“三区”包括青藏生态屏障区，“五带”包括长江（经济带）生态涵养带。该规划提出长江（经济带）生态涵养带是长江经济带战略的生态空间。在长江经济带林业建设主攻方向是加快保护与修复沿江生态系统，建设沿江绿色生态廊道，实施长江防护林体系建设、沿江重要湿地保护等重大生态修复工程，增强水源涵养、水土保持功能，全面保护和恢复湿地资源，提升天然林整体功能，保护野生动植物及生物多样性，加强流域重点生态功能区保护和修复；建立重要水库、湖泊、河流闸坝生态水量联合调度机制，大力实施退耕退垸还湖还湿，改善河湖连通性，修复长江沿线湖泊湿地生态功能；建设一批国家自然保护区、森林公园、湿地公园；加强源头区和湖泊、河流周边防护林建设，对陡坡耕地和山洪地质灾害易发区耕地实行退耕还林，提高林草植被质量；对石漠化严重地区实行综合治理；加强退化林和人工纯林修复，增加复层异龄混交林比重，构建绿色生态走廊；大力发展森林旅游、林下经济和木竹产品加工园区。

2016年12月，由国家林业局、重庆市政府主办的长江经济带“共抓大保护”林业工作会议在重庆市万州区召开。会议要求：坚持生态优先、绿色发展，坚持上中下游协同发展、东中西部互动合作，全面实施长江流域林业生态保护修复工程，把长江经济带建设成为我国林业生态文明建设的先行示范带和创新驱动带。在“十三五”期间，加快实施森林、湿地、生物多样性保护修复三大行动，力争到“十三五”末，森林覆盖率达到43%，森林蓄积量达到58亿立方米，湿地保有量不低于1.73亿亩，90%以上的国家重点保护野生动植物种群数量得到恢复和增加。此次工作会议提出要抓好9项重点工作:①全面保护森林资源。划定长江森林生态保护红线。②加快建设沿江绿色屏障,深入推进长江流域防护林体系建设工程,抓好三峡水库和丹江口水库周边绿化。③积极推进退化林修复。完成森林抚育2亿亩,退化林修复6 000万亩。④以长江中下游地区、西南适宜地区为重点区域,大力建设以大径级用材林为重点的国家储备林。⑤加强湿地保护与恢复。落实湿地保护修复制度,建立健全湿地生态效益补偿制度。修复退化湿地3 000万亩,退耕还湿100万亩。⑥加快建设重点物种国家公园。在沿江地区建设一批野生动植物救护繁育中心和基因库。⑦着力推进森林城市建设。以长三角、长株潭、成渝等区域为重点,加快推进森林城市和森林城市群建设。⑧全面深化林业改革。⑨推进林业精准扶贫、精准脱贫。

多年来,国家林业局从湿地保护工程、中央财政湿地补贴政策等方面,加大支持湿地保护力度,实施整体保护,开展系统修复。2017年发布了《国家湿地公园管理办法》,印发了《贯彻落实〈湿地保护修复制度方案〉的实施意见》。至2019年,长江经济带布局有国际重要湿地18处、湿地自然保护区167处、国家湿地公园291处,形成了较为完善的湿地保护体系。2007年,国家林业局湿地保护管理中心、世界自然基金会(WWF)和湖北、湖南、江西、安徽、江苏、上海五省一市湿地主管机构构建了"长江中下游湿地保护网络"。2010年,覆盖整个长江流域的长江湿地保护网络体系正式形成。国家林业局还制定了《长江经济带森林和湿地生态系统保护与修复规划(2016—2020年)》和《长江沿江重点湿地保护修复工程规划(2016—2020年)》,推进长江流域的湿地生态系统保护和修复工作。

2017年3月,国家林业局联合国家发展改革委和财政部印发了《全国湿地保护"十三五"实施规划》,提出以湿地全面保护为根本,以扩大湿地面积、增强湿地生态功能、保护生物多样性为目标,以自然湿地保护与生态修复为抓手,加大湿地保护力度,提高我国湿地保护管理能力,维护湿地生态系统健康和安全,促进我国经济社会可持续发展,为实施国家三大战略("一带一路"、长江经济带、京津冀协同发展)提供生态保障,为建设美丽中国和实现中华民族伟大复兴的中国梦提供更好生态条件。该规划在长江流域布局了一大批国家级自然保护区和国家湿地公园的保护和修复项目。

2018年,按照自然资源部关于启动《长江经济带国土空间规划(2018—2035年)》编制工作要求,国家林业和草原局编制了《长江经济带生态保护修复规划(2018—2035年)》。提出要牢固树立绿色发展理念,大力践行绿水青山就是金山银山理念,认真落实《长江经济带发展规划纲要》,把修复长江生态环境摆在压倒性位置。坚持生态优先、绿色发展,坚持"山水林田湖草"综合治理,坚持上中下游协同发展、东中西部互动合作、政府金融社会共同发力。加快实施森林(草原)、湿地、生物多样性保护修复三大行动,全面实施长江流域生态保护修复工程,努力提升自然生态系统的稳定性和承载力,把长江经济带建设成为林草业现代化的先行示范带、为深入推进长江经济带绿色高质量发展作出更大贡献。

4. 加强滨海湿地保护,对于长江口江海生态敏感区至关重要

2016年12月,国家海洋局发布《关于加强滨海湿地管理与保护工作的指导意见》,提出要以坚持生态优先、自然恢复为主,分类管理、合理利用、协调发展为基本原则,科学、规范、有序地开展滨海湿地保护与开发管理工作。要求加强重要自然滨海湿地保护、开展受损滨海湿地生态系统恢复修复、严格滨海湿地开发利用管理和加强滨海湿地调查监测。2018 年 12 月，自然资源部、发展改革委发布《关于贯彻落实〈国务院关于加强滨海湿地保护严格管控围填海的通知〉的实施意见》，要求坚决落实党中央、国务院重要决策部署，切实加强围填海管控，强化生态保护修复，最大程度保护海洋生态环境。

长江口因其自然属性和管理属性的复杂性，是我国生态系统最重要、管理最难的区域之一，也是目前推进长江共抓大保护易被忽视的一个区域。长江口地区滨海湿地的保护，对于长江整体生态健康至关重要。长江口是长江和东海交接的通道入口区，长江径流和东海潮流此消彼长，咸淡水交汇，有许多重要生态学过程在此发生，生物多样性非常丰富。该区域营造了适合洄游性鱼类和河口定居型鱼类栖息的盐度、泥沙、水深等生态环境。河口定居型和江海洄游型鱼类对此高度依赖。长江口是长江流域洄游性鱼类和河口定居型鱼类的关键栖息地。

5. 推进长江经济带生态保护科技创新

2018 年国家林业局印发《长江经济带生态保护科技创新行动方案》，提出以生态保护科技需求为导向，以协同创新平台为载体，以森林保护、湿地修复和生物多样性保育为重点，强化科技创新和技术集成示范，促进长江经济带建设成为我国生态文明建设的先行示范带、创新驱动带和协调发展带。

该方案提出：科技创新行动将重点构建协同创新中心、生态监测网络体系、成果转移转化服务平台等科技创新平台；突破生物多样性保护、生态恢复与重建、森林质量精准提升、沿江城市群生态功能提升、生态产业、生态监测评估等方面的关键核心技术；推进长江上游脆弱区生态修复、长江中上游生物多样性保护、长江中下游水源地生态保护、长江流域防护林功能提升、长江流域生态产业提升等领域的技术集成示范；健全满足长江经济带生态建设的标准体系，强化各相关标准实施。

3.4.10 生态环境部

1. 提升共抓大保护的思想自觉

2016 年 1 月，环境保护部(在国务院机构改革前，下同)在北京召开“长江经济带生态环境保护座谈会”。陈吉宁部长出席会议强调，要坚决贯彻习近平总书记“共抓大保护、不搞大开发”的重要指示，始终坚持生态优先、绿色发展，以改善环境质量为核心，聚焦目标任务，解决突出问题，在保护生态的前提下推进长江经济带绿色低碳循环发展，为保护中华民族的母亲河贡献力量。

2018 年 4 月，生态环境部(在国务院机构改革后，下同)党组书记、部长李干杰主持召开部党组(扩大)会议，传达学习习近平总书记在深入推动长江经济带发展座谈会上的重要讲话和沿江考察调研时的重要指示精神。会议强调，深入贯彻习近平总书记在深入推动长江经济带发展座谈会上的重要讲话精神，关键是要坚决打好长江保护修复攻坚战。要加快制定长江保护修复攻坚战方案，统筹“山水林田湖草”，以改善长江水环境质量为核心，坚持“减排、扩容”两手发力，突出长江干流、三峡库区、洞庭湖、鄱阳湖、巢湖、太湖等重点区域，扎实推进水资源合理利用、水生态修复保护、水环境治理改善“三水并重”，强化环境风险防范，协同推进经济社会高质量发展，确保 3 年时间明显见效。会议审议并原则通过推动组建长江生态环境保护修复联合研究中心方案。

2. 组织编制《长江经济带生态环境保护规划》

2017 年，环境保护部会同发展改革委、水利部编制了《长江经济带生态环境保护规划》，以保护一江清水为主线，水资源、水生态、水环境三位一体统筹推进，兼顾城乡环境治理、大气污染防治和土壤污染防治等内容，严控环境风险，强化共抓大保护的联防联控机制建设。具体可以概括为以下 6 个方面。

（1）确立水资源利用上线，妥善处理江河湖库关系。严格落实水资源利用上线，从水资源总量和强度双控、实施以水定城、以水定产、严格水资源保护 3 个方面，加强流域水资源统一管理和科学调度，强化江河湖库水量调度管理，实现江湖和谐、人水和谐。

（2）划定生态保护红线，实施生态保护与修复。贯彻“山水林田湖是一个生命共同体”理念，坚持保护优先、自然恢复为主的原则，统筹水陆，统筹上中下游，划定并严守生态保护红线，系统开展重点区域生态保护和修复，加强水生生物及特有鱼类的保护，防范外来有害生物入侵，增强水源涵养、水土保持等生态系统服务功能。

（3）坚守环境质量底线，推进流域水污染统防统治。建立水环境质量底线管理制度，坚持点源、面源和流动源综合防治策略，突出抓好良好水体保护和严重污染水体治理，强化总磷污染控制，切实维护和改善长江水质。特别是要切实加大长江经济带沿线饮用水水源保护力度，加强水源地及周边区域环境综合整治，做好城市饮用水水源规范化建设，确保集中式饮用水水源环境安全。

（4）全面推进环境污染治理，建设宜居城乡环境。以区域、城市群地区为重点，推进大气污染联防联控和综合治理，改善城市空气质量。以农产品用地和城镇建成区为重点，加强土壤污染防治。以加快完善农村环境基础设施为重点，持续改善农村人居和农业生产环境。

（5）强化突发环境事件预防应对，严格管控环境风险。坚持预防为主，构建以企业为主体的环境风险防控体系，优化产业布局，加强协调联动，提升应急救援能力，实施全过程管控，有效应对饮用水、交通运输、有毒有害物质、长江上游梯级水库等重点领域重大环境风险。

（6）创新大保护的生态环保机制政策，推动区域协同联动。牢固树立生态共同体理念，强化整体性、专业性、协调性区域合作，加快机制改革创新步伐，营造有利于生态优先、绿色发展的政策环境，全面提升长江经济带生态环境协同保护水平。

此外，环境保护部还印发了《长江经济带生态环境保护 2016—2017 年行动计划》，对污染物的减排提出了明确要求，布置安排了推进流域水污染统防统治、推进工业污染源全面达标排放、强化农村农业面源治理、实施生态保护与修复、严密管控环境风险等 11 项重点工作。

3. 组织编写重点流域水污染防治规划

2017 年，环境保护部联合发展改革委和水利部编制《重点流域水污染防治规划（2016—

2020年)》。明确各流域污染防治重点方向和京津冀区域、长江经济带水环境保护重点。依据主体功能区规划和行政区划，划定陆域控制单元，实施流域、水生态控制区、水环境控制单元三级分区管理。提出工业污染防治、城镇生活污染防治、农业农村污染防治、流域水生态保护、饮用水水源环境安全保障5项重点任务。确定饮用水水源地污染防治、工业污染防治、城镇污水处理及配套设施建设、农业农村污染防治、水环境综合治理五大类项目，建设中央和省级重点流域水污染防治规划项目储备库，实施动态管理。

(1) 长江流域污染防治重点方向。

长江流域共划分628个控制单元，筛选200个优先控制单元，其中水质改善型98个，防止退化型102个。水质改善型单元主要分布在长三角水网区、太湖、巢湖、滇池、洞庭湖、涢水、竹皮河、府河、岷江、沱江、乌江、清水江、螳螂川等水系，涉及上海、苏州、无锡、常州、武汉、荆门、长沙、成都、重庆、贵阳、昆明等城市；防止退化型单元主要涉及长江、汉江、沅江、资江、赣江、三峡库区、丹江口水库、太平湖、柘林湖、斧头湖、洪湖等现状水质较好的水体，以及太湖、滇池、沮漳河等需要巩固已有治污成果、保持现状水质的区域。

长江流域需重点控制贵州乌江、清水江，四川岷江、沱江，湖南洞庭湖等水体的总磷污染，加强涉磷企业综合治理；继续推进湘江、沅江等重金属污染治理；深化太湖、巢湖、滇池入湖河流污染防治，实施氮磷总量控制，减少蓝藻水华发生频次及面积；加强长江干流城市群城市水体治理，强化江西、湖北、湖南、四川、重庆等地污水管网建设，推进重庆、湖北、江西、上海等地城镇污水处理厂提标改造；严厉打击超标污水直排入江。到2020年，长三角区域力争消除劣Ⅴ类水体。提高用水效率，鼓励钢铁、纺织印染、造纸、石油石化、化工、制革等高耗水企业废水深度处理回用，推进上海、湖南、湖北等地区再生水处理利用设施建设；大力推广农田退水循环利用和净化处理措施，严格落实畜禽规模养殖污染防治条例，推进畜禽粪污资源化利用和污染治理；推进饮用水水源规范化建设；实施三江源、三峡库区、南水北调中线水源区、鄱阳湖等生态保护，修复生态功能；增强船舶和港口污染防治能力，加强污染物接收、转运及处置设施间的衔接，控制船舶和港口码头污染，有效防范船舶流动源和沿江工业企业环境风险。

(2) 长江经济带水环境保护。

长江经济带11省市涉及长江、珠江、淮河、浙闽片河流、西南诸河等流域，要坚持生态优先、绿色发展，以改善生态环境质量为核心，严守资源利用上线、生态保护红线、环境质量底线，建立健全长江生态环境协同保护机制，共抓大保护，不搞大开发，按照流域统筹的理念，在上游重点加强水源涵养、水土保持和高原湖泊湿地、生物多样性保护，强化自然保护区建设和管护，合理开发利用水资源，严控水电开发带来的生态影响，禁止煤炭、有色金属、磷矿等资源的无序开发，加大湖泊、湿地等敏感区的保护力度，加强云贵川喀斯特地区、四川盆地周边水土流失治理与生态恢复，推进成渝城市群环境质量持续改善；在中游重点协调江湖关系，保护水生生态系统和生物多样性，恢复沿江沿岸湿地，确保丹江口水库水质安全，优化和规范沿江产业发展，管控土壤环境风险，引导湖北磷矿、湖南有色金属、江西稀土等资源合理开发；在下游重点修复太湖等退化水生态系统，强化饮用水水源保护，严格控制城镇周边生态空间占用，深化河网地区水污染治理。

推进水生态保护和修复。统筹陆域和水域生态保护，划定并严守生态保护红线，构建区域生态安全格局。加强鄱阳湖、洞庭湖、洪泽湖、若尔盖湿地、皖江湿地、新安江、浦阳江、永安溪以及长江口滨海滩涂等河湖湿地保护与修复。加强自然保护区保护与监管，推进白鳍豚等15种国家重点保护水生生物和圆口铜鱼等9种特有鱼类就地保护以及中华鲟和江豚等濒危物种迁地保护。加强三峡库区水土保持、水污染防治和生态修复，强化消落区分类管理和综合治理，推进库区生态屏障区建设，有效遏制支流回水区富营养化和水华发生，确保三峡水库水质和水生态安全。

加强重点湖库和支流治理。以城市黑臭水体整治和现状水质劣于Ⅴ类的优先控制单元为重点，推进漕桥河、南淝河、船房河等支流污染治理，减轻太湖、巢湖、滇池等湖库水质污染和富营养化程度。强化总磷污染重点地区城乡污水处理设施脱氮除磷要求，加强涉磷企业监督管理，严格控制新建涉磷项目，到2020年，重点地区总磷排放量降低10%。加强长江经济带69个重金属污染重点防控区域治理，继续推进湘江流域重金属污染治理，制定实施锰三角重金属污染综合整治方案。加强农业面源污染防治。到2020年，国控断面（点位）达到或优于Ⅲ类水质比例达到75.0%以上，劣Ⅴ类断面（点位）比例控制在2.5%以下，重要江河湖泊水功能区水质达标率达到84%。

有效防范沿江环境风险。在2018年底前，完成沿江石化、化工、医药、纺织印染、危化品和石油类仓储、涉重金属和危险废物等重点企业环境风险评估，对环境隐患实施综合整治。优化沿江企业和码头布局，加快布局分散的企业向工业园区集中，并完善园区风险防护设施。加强环境应急预案编制与备案管理，推进跨部门、跨区域、跨流域监管与应急协调联动机制建设，建立流域突发环境事件监控预警与应急平台，强化环境应急队伍建设和物资储备，提升环境应急协调联动能力。建立健全船舶环保标准，提升港口和船舶污染物的接收、转运及处置能力，并加强设施间的衔接；加强危化品道路运输风险管控及运输过程安全监管，严防交通运输次生突发环境事件风险。

4. 开展长江保护修复攻坚战行动计划

2018年12月，生态环境部、国家发展和改革委员会联合印发《长江保护修复攻坚战行动计划》，提出要以改善长江生态环境质量为核心，以长江干流、主要支流及重点湖库为突破口，统筹“山水林田湖草”系统治理，坚持污染防治和生态保护“两手发力”，推进水污染治理、水生态修复、水资源保护“三水共治”，突出工业、农业、生活、航运污染“四源齐控”，深化和谐长江、健康长江、清洁长江、安全长江、优美长江“五江共建”，创新体制机制，强化监督执法，落实各方责任，着力解决突出生态环境问题，确保长江生态功能逐步恢复、环境质量持续改善，为中华民族的母亲河永葆生机活力奠定坚实基础。将稳步开展8个专项行动，包括开展长江流域劣Ⅴ类国控断面整治专项行动，推进“绿盾”、“清废”专项行动，持续开展长江经济带饮用水水源地专项行动、持续实施城市黑臭水体整治专项行动、组织工业园区污水处理设施整治专项行动等。希望通过攻坚，长江干流、主要支流及重点湖库的湿地生态功能得到有效保护，生态用水需求得到基本保障，生态环境风险得到有效遏制，生态环境质量持续改善。

为落实《长江保护修复攻坚战行动计划》，创新科研组织实施机制，促进科学研究与行政管理深度融合，生态环境部还开展了长江生态环境保护修复驻点跟踪研究工作，组建了各城市驻点跟踪研究工作组，组织优势单位和优秀专家团队深入沿江城市一线进行驻点研究和技术指导。

5. 加强水生生物多样性保护工作

为贯彻落实《水污染防治行动计划》，切实做好水生生物多样性保护工作，2018 年 4 月，生态环境部会同农业农村部、水利部印发《重点流域水生生物多样性保护方案》。该方案立足于创新、协调、绿色、开放、共享的发展理念，以水陆统筹、部门协同、区域联动为手段，优化水生生物多样性保护体系，完善管理制度，强化保护措施，加强科技支撑，加快水生生物资源环境修复，维护重点流域水生生态系统的完整性和自然性，改善水生生物生存环境，保护水生生物多样性。

该方案中提出的长江流域水生生物多样性保护重点如下：长江源头区重点保护各支流源头及山溪湿地，高原高寒草甸、湿地原始生境，以及长丝裂腹鱼、黄石爬鮡等高原冷水鱼类及其栖息地；金沙江及长江上游重点保护金沙江水系特有鱼类资源、附属高原湖泊鱼类等狭域物种及其栖息地，白鲟、达氏鲟、胭脂鱼等重点保护鱼类和长薄鳅等 67 种特有鱼类及其栖息地；三峡库区水系重点保护喜流水鱼类及圆口铜鱼、圆筒吻鮈等长江上游特有鱼类，以及“四大家鱼”、铜鱼等重要经济鱼类种质资源及其栖息地；长江中下游水系重点保护长江江豚、中华鲟栖息地和洄游通道，“四大家鱼”、川陕哲罗鲑、黄颡鱼、铜鱼、鳊、鳜等重要经济鱼类种质资源及其栖息地；长江河口重点保护中华绒螯蟹、鳗鲡、暗纹东方鲀等的产卵场和栖息地。

该方案中提出的长江流域水生生物多样性保护任务，包括：开展长江流域水生生物多样性调查与观测网络建设，定期发布长江水生生物多样性观测公报；推进长江流域水生生物自然保护区和水产种质资源保护区全面禁捕，新建一批水生生物自然保护区和水产种质资源保护区，提升一批原有保护区等级，建成覆盖上中下游的保护网络；加强长江流域水生生物多样性迁地保护建设，推动建立渔业资源保护与修复和水产种质资源库；开展水生生物关键洄游通道研究，建立洄游通道评估与建设技术体系；实施增殖放流、生态调度、灌江纳苗、江湖连通等修复措施，推进水生生物洄游通道修复工程、产卵场修复工程和水生生态系统修复工程；强化外来物种入侵防治，定期评估入侵状况，建立外来物种入侵防控预警体系。

6. 开展长江经济带战略环境影响评价

2017 年 9 月，环境保护部启动长江经济带战略环评工作。以改善区域环境质量、提升流域生态功能为目标，提出长江经济带“共抓大保护，不搞大开发”的新生态安全框架，按照“守底线、拓空间、优格局、提质量、保功能”的总体思路，基于制定“三线一单”（资源利用上线、生态保护红线、环境质量底线，生态环境准入清单），提出“共抓大保护”的生态环境战略性保护总体方案，为推动形成绿色发展带、人居环境安全带和生态保障带的战略格局提供决策支持。

7. 推动、指导沿江省市划定生态红线

《全国生态保护“十三五”规划纲要》提出，2017 年底前，长江经济带沿线各省(市)划定生态保护红线。环境保护部积极推动、指导沿江 11 省(市)将长江经济带内重点生态功能区、生态环境敏感区和脆弱区等区域全部划入生态保护红线。

8. 开展长江流域环境保护执法专项行动

2016 年 5 月 27 日,环境保护部印发《关于开展长江经济带饮用水水源地环境保护执法专项行动(2016—2017 年)的通知》,启动长江经济带饮用水水源地环境保护执法专项行动,主要开展 3 个方面的工作:一是检查集中式饮用水水源地保护制度落实情况,包括饮用水水源保护区是否依法划定,在保护区边界是否依法设立地理界标和警示标志;二是清理饮用水水源一级保护区内的违法问题;三是清理饮用水水源二级保护区内的违法问题。计划在 2017 年底前,基本完成长江经济带所有地级及以上城市集中式饮用水水源地的排查整治任务,进一步提高长江经济带饮用水水质安全保障水平。2017 年,环境保护部两次发布《环境保护部办公厅关于长江经济带饮用水水源地环境保护执法专项行动进展情况的通报》(环办环监函〔2017〕1077 号和环办环监函〔2017〕1412 号),指出当前存在的主要问题,总结典型经验和做法,并对下一步工作进行安排。

2018 年 5 月,生态环境部启动“打击固体废物环境违法行为专项行动”(即“清废行动 2018”),组成 150 个督查组进驻长江经济带 11 省(市),对固体废物倾倒情况进行全面摸排核实。截至 2018 年 5 月,共核实 2 796 个固体废物堆存点,发现 1 308 个存在问题,对其中问题严重的 111 个由生态环境部挂牌督办,其余问题交有关省级环保部门挂牌督办。

9. 加强长江流域的环保监督管理

为打击非法转移、倾倒危险废物及固体废物等违法行为,切实保护长江经济带生态环境安全,2018 年 5 月,生态环境部办公厅发布《关于对安徽省、湖南省、重庆市的 7 起长江生态环境违法案件挂牌督办的通知》,要求安徽省、湖南省、重庆市环境保护厅(局)要督促相关地方人民政府和有关单位迅速查明违法事实,依法处罚到位、整治到位,彻底消除环境安全隐患,切实维护长江生态环境安全,保障沿线群众身体健康,确保中央关于长江经济带“共抓大保护、不搞大开发”决策部署落到实处、见到实效。

2018 年 4 月,生态环境部办公厅、公安部办公厅、最高人民检察院办公厅给安徽省有关部门发出通知,决定对长江安徽池州段堆存大量工业固体废物问题联合挂牌督办,要求安徽省环境保护厅督促协调有关地方政府和相关部门对堆存的工业固体废物妥善处置,防止发生次生环境污染,对相关企业存在的环境违法行为依法查处。

2018 年 5 月,生态环境部办公厅发布《关于全面排查处理长江沿线自然保护地违法违规开发活动的通知》,要求各地重点排查在长江干流和主要支流自然保护地的违法违规侵占自然保护地、建设码头、挖沙采砂、工业开发、矿山开采、捕捞水生野生动物、侵占和损毁湿地、自然保护区核心区和缓冲区内旅游开发及水电开发等破坏生态问题,建立详细的问题台账,实行拉条挂账和整改销号制度,全面彻底整改。

2018 年 9 月,《生态环境部职能配置、内设机构和人员编制规定》正式出台。其中提到长江、黄河、淮河、海河、珠江、松辽、太湖流域生态环境监督管理局,作为生态环境部设在七大流域的派出机构,主要负责流域生态环境监管和行政执法相关工作,实行生态环境部和水利部双重领导、以生态环境部为主的管理体制。

2018 年 11 月，生态环境部召开常务会议，审议并原则通过《长江流域水环境质量监测预警办法(试行)》，提出要以全面实现水环境自动监测预警为目标，加快长江流域水环境质量自动监测站建设进度，不断完善自动监测管理和技术体系，切实提高长江流域水环境质量监测预警的时效性和准确性。要科学确定长江流域水环境质量预警分级标准，突出针对性、可行性和有效性，推动长江流域地市级政府及时采取措施，持续改善水环境质量。

10. 推进区域环保协同联动

生态环境部在长江经济带积极推动区域协同联动，通过研究建立规划环评会商机制、建设统一的生态环境监测网络、推进生态保护补偿等，不断创新上中下游共抓大保护路径，完善生态环境协同保护机制。按照机构改革和生态环境保护综合执法改革有关要求，深入推进长江流域生态环境监管体制改革，建立和完善流域统筹、河(湖)长落实的制度体系，组建流域生态环境监管执法机构，实现流域生态环境统一规划、统一标准、统一环评、统一监测、统一执法。

3.4.11 住房和城乡建设部

1. 强化黑臭水体整治和监管

2015 年 8 月，为加快城市黑臭水体整治，住房和城乡建设部会同环境保护部、水利部、农业部组织制定了《城市黑臭水体整治工作指南》，提出要抓紧部署实施城市黑臭水体整治工作，强化城市黑臭水体整治考核与监管。

2017 年 3 月，住房和城乡建设部与环境保护部又联合发出通知，对社会影响较大的 205 个黑臭水体重点挂牌督办。该通知明确要求这些河段所在地的主管部门，要高度重视 3 个方面工作：一是主动公开黑臭水体信息，将列入挂牌督办的黑臭水体位置、河长、预期效果等信息主动向社会公开，接受公众监督；二是定期报告整治情况，在每月 5 日前，将重点挂牌督办的黑臭水体整治进展情况报送至“全国城市黑臭水体整治监管平台”；三是强化监督检查，加大对列入重点挂牌督办的黑臭水体现场检查力度，通过不定期组织明察暗访、受理公众举报等方式加强监督。住房和城乡建设部与环境保护部将定期通报挂牌督办的黑臭水体整治情况，并通过卫星遥感监督整治情况。

2. 推进“海绵城市”的规划和建设

2013 年中央城镇化工作会议提出“建设自然积存、自然渗透、自然净化的海绵城市”。2014 年 10 月，住房和城乡建设部发布《海绵城市建设指南——低影响开发系统》。2015 年 7 月，住房和城乡建设部发布了《海绵城市建设绩效评价与考核办法(试行)》，提出了 6 个大类 18 项指标，包括水生态、水环境、水资源、水安全等方面。2016 年 3 月，住房和城乡建设部印发了《海绵城市专项规划编制暂行规定的通知》，要求各地依据海绵城市建设目标，针对现状问题，因地制宜确定海绵城市建设的实施路径。要识别山、水、林、田、湖等生态本底条件，提出海绵城市的自然生态空间格局，明确保护与修复要求；针对现状问题，划定海绵城市建设分区，提出建设指引。针对内涝积水、水体黑臭、河湖水系生态功能受损等问题，按照源头减排、过程控制、系统治理的原则，制定积水点治理、截污纳管、合流制污水溢流污染控制和河湖水系生态修复等措施，并提出与城市道路、排水防涝、绿地、水系统等相关规划相衔接的建议。

3. 开展“城市双修”工作

2016 年 2 月发布的《中共中央　国务院关于进一步加强城市规划建设管理工作的若干意见》提出，要有序实施城市修补和有机更新；制订并实施生态修复工作方案，有计划、有步骤地修复被破坏的山体、河流、湿地、植被。按照中央决策部署和有关要求，住房和城乡建设部将“城市双修”作为治理城市病、转变城市发展方式的重要抓手，相继印发《关于加强生态修复城市修补工作的指导意见》、《关于将福州等 19 个城市列为生态修复城市修补试点城市的通知》、《关于将保定等 38 个城市列为第三批生态修复城市修补试点城市的通知》等文件，选择不同性质、规模和类型的城市作为试点，探索总结更多可复制、可推广的“城市双修”经验，引导各地学习借鉴，因地制宜地推进“城市双修”工作。

3.4.12　交通运输部

1. 提升共抓大保护的思想自觉

2018 年 5 月，交通运输部研究本部门关于贯彻落实深入推动长江经济带发展座谈会精神的工作方案。强调要深入学习领会和贯彻落实习近平总书记在长江考察和深入推动长江经济带发展座谈会上的重要讲话精神，提高思想认识和政治站位，强化共抓大保护的思想自觉和行动自觉，把握好“五个关系”，坚持新发展理念，生态优先、绿色发展，深化生态环境保护和专项治理，全面做好工程建设生态保护、岸线资源节约集约利用、清洁能源推广、港口船舶污染治理等交通运输长江大保护工作，重点做好干支线航道整治、港口资源整合、集疏运通道建设等工作，统筹铁路、公路、水运、民航、邮政发展，完善综合立体交通走廊，为建设生态更优美、交通更顺畅、经济更协调、市场更统一、机制更科学的黄金经济带当好先行。

2018 年 5 月，交通运输部召开推动长江经济带交通运输发展部省联席第五次会议。强调要深刻认识新形势下推动长江经济带发展的重大战略意义，深刻认识交通运输在推动长江经济带发展中的新使命、新任务，坚持共抓大保护、不搞大开发，走生态优先、绿色发展之路，正确把握整体推进和重点突破、生态环境保护和经济发展、总体谋划和久久为功、破除旧功能和培育新动能、自身发展和协同发展的关系，切实把长江经济带建设成为生态更优美、交通更顺畅、经济更协调、市场更统一、机制更科学的黄金经济带。

交通运输部制定了《贯彻落实习近平总书记推动长江经济带发展重要战略思想的工作方案》，提出按照共抓大保护要求，把修复长江生态环境摆在压倒性位置，深化生态环境保护和专项治理。全面做好工程建设生态保护、岸线资源集约节约利用、运输结构调整、船型标准化、清洁能源应用、港口船舶污染防治等交通运输长江大保护工作，强化安全监管和应急能力建设，推进绿色交通发展。

2. 加强长江港口岸线管理

2016 年 8 月，交通运输部印发《关于进一步加强长江港口岸线管理的意见》，明确严禁未批先建、杜绝占而不建等一系列举措，进一步促进长江港口持续健康有序发展。该意见提出，长江港口岸线要严格合规性和合理性审查。使用港口岸线必须符合经批准的港口总体规划，严格控制码头能力过度超前的岸线审批，严格审查港口岸线利用方案，杜绝多占少用港口岸线。

3. 妥善规划长江干线危险化学品船舶地布局

2017 年 1 月，交通运输部发布《长江干线危险化学品船舶锚地布局方案（2016—2030 年）》。根据该方案，长江干线共布局危险化学品锚地 64 处，鼓励有条件的地方探索建立省级港口锚地调度中心，实现区域内锚地统一调度和资源共享，进一步完善相关标准规范，指导长江干线危险化学品锚地的建设、运行和维护。

4. 推进长江经济带绿色航运和高质量发展

2017 年 8 月，交通运输部印发《关于推进长江经济带绿色航运发展的指导意见》，以促进航运绿色循环低碳发展，充分发挥长江黄金水道在长江经济带综合立体交通走廊中的主骨架和主通道作用，在长江经济带生态文明建设中先行示范，引领全国绿色航运发展。该指导意见部署了 6 项主要任务，包括：完善长江经济带绿色航运发展规划，建设生态友好的绿色航运基础设施，推广清洁低碳的绿色航运技术装备，创新节能高效的绿色航运组织体系，提升绿色航运治理能力，深入开展绿色航运发展专项行动。提出以绿色航道、绿色港口、绿色船舶、绿色运输组织方式为抓手统筹推进，开展危险化学品运输安全治理等 5 个专项行动，实现重点突破。目标是到 2020 年，初步建成航道网络有效衔接、港口布局科学合理、船舶装备节能环保、航运资源节约利用、运输组织先进高效的长江经济带绿色航运体系，航运科学发展、生态发展、集约发展的良好态势基本形成。

2019 年 7 月，交通运输部印发《关于推进长江航运高质量发展的意见》要求，强化系统治理，促进航运绿色发展；强化设施装备升级，促进航运顺畅发展；强化动能转换，促进航运创新发展；强化体系建设，促进航运安全发展；强化现代治理，促进航运健康发展。长江航运高质量发展目标如下：到 2025 年，基本建立发展绿色化、设施网络化、船舶标准化、服务品质化、治理现代化的长江航运高质量发展体系；到 2035 年，建成长江航运高质量发展体系，长江航运发展水平进入世界内河先进行列，在综合运输体系中的优势和作用充分发挥，为长江经济带提供坚实支撑。

5. 开展长江经济带船舶污染防治

2017 年 12 月，交通运输部印发《长江经济带船舶污染防治专项行动方案（2018—2020 年）》，提出要认真落实习近平总书记“共抓大保护、不搞大开发”指示精神，坚持以问题为导向，标本兼治，协同推进，开展为期 3 年的长江经济带船舶污染防治专项行动，推进长江经济带绿色交通建设和航运可持续发展。长江经济带相关省级交通运输、航务管理及海事部门，将通过此次专项行动，着力降低长江经济带船舶污染风险，减少船舶污染物排放，提升船舶突发污染事件应急能力，促进长江经济带绿色航运发展，并重点落实强化船舶污染源头管理等 7 项重点任务。

6. 加强长三角等重点区域的污染防治工作

2018 年 7 月，交通运输部印发《关于全面加强生态环境保护　坚决打好污染防治攻坚战的实施意见》，提出 11 个领域 27 条具体措施，进一步推进交通运输生态文明建设，加强生态环境保护，打好污染防治攻坚战。该意见提出，要打好柴油货车等污染防治攻坚战，重点加强柴油货车、船舶、港口和交通路域等污染防治，推广应用节能环保的车船，推进交通运输节能减排和绿色循环低碳发展。其中，要全面推进长三角等地区水域船舶排放控制区建设，研究制定拓宽船舶排放控制区实施方案；推广船舶污染物接收、转运和处置联单制度；加快淘汰高耗能、高排放的老旧运输船舶，鼓励淘汰 20 年以上的内河航运船舶；长三角等重点区域内河应采取禁限行等措施，限制高排放船舶使用。

3.4.13　水利部

1. 全面落实河长制和湖长制

为贯彻落实中共中央办公厅、国务院办公厅《关于全面推行河长制的意见》，2016 年，水利部联合环境保护部印发《关于贯彻落实〈关于全面推行河长制的意见〉实施方案的函》，以全面、及时掌握各地推行河长制工作进展情况，指导、督促各地加强组织领导，健全工作机制，落实工作责任，按照时间节点和目标任务要求积极推行河长制，确保 2018 年年底前全面建立河长制。省级工作方案全部印发实施，各级河长陆续就位，河长制办公室相继成立，制度建设积极推进。2018 年 10 月，水利部印发《关于推动河长制从“有名”到“有实”的实施意见》，提出践行“节水优先、空间均衡、系统治理、两手发力”的治水方针，按照“山水林田湖草”系统治理的总体思路，坚持问题导向，细化实行河长制六大任务，聚焦管好“盆”和“水”，将“清四乱”专项行动作为今后一段时期全面推行河长制的重点工作，集中解决河湖乱占、乱采、乱堆、乱建等突出问题，管好河道湖泊空间及其水域岸线；加强系统治理，着力解决“水多”、“水少”、“水脏”、“水浑”等新老水问题，管好河道湖泊中的水体，向河湖管理顽疾宣战，推动河湖面貌明显改善。

2018 年 1 月，为贯彻落实中共中央办公厅、国务院办公厅《关于在湖泊实施湖长制的指导意见》，水利部发布《贯彻落实〈关于在湖泊实施湖长制的指导意见〉的通知》，确保在湖泊实施湖长制目标任务如期实现、取得实效。目前湖长制在我国已全面建立，在 1.4 万个湖泊设立湖长 2.4 万名。各地积极推进湖泊网格化管理，加强联防联控，探索建立不同区域、入湖河流间的沟通协商机制，形成上下游、河湖间、多部门紧密协作、责任共担、问题协商、联防联治的格局。

2. 加强沿江取水口、排污口和应急水源的布局和管理

水利部组织编制《长江经济带沿江取水口、排污口和应急水源布局规划》，针对长江经济带沿江取水口、排污口布局不合理，应急供水安全保障能力不足等问题，提出取水口、排污口优化调整和布局意见，提出突发水污染事件时保障重要城市供水安全的应急水源布局规划意见，以及加强管理能力建设的规划意见。同时，与长江水资源开发利用红线、用水效率红线相协调，切实保护和利用好长江水资源。

2017 年 5—6 月，水利部长江水利委员会联合太湖流域管理局，对长江流域 15 个省（自治区、直辖市）150 个地市 887 个区县的 8 800 余处入河排污口进行现场核查，并对其中 460 处入河排污口开展监督性监测，确定长江经济带共有规模以上入河排污口 8 052 个并建立名录，同时理清部分省市在入河排污口管理方面存在的现状情况不明、监管权责不清、布局设置不合理、监测能力和监管手段不足等方面的问题。

3. 开展长江干流岸线保护和开发利用，规划和加强采砂、固废管理

为保障防洪安全、通航安全和生态安全，统筹规划利用和保护长江岸线资源，促进长江岸线有序开发，水利部会同国土资源部等部门和有关地方，编制印发《长江岸线保护和开发利用总体规划》。将岸线划分为岸线保护区、保留区、控制利用区和开发利用区 4 类，其中岸线保护区、保留区占岸线总长度的 2/3，充分体现“保护优先、绿色发展”理念。在管理措施上，严格分区管理和用途管制，开展岸线负面清单制定工作，严控新增开发利用项目，优化整合已有岸线利用设施，严格河道管理范围内建设项目方案审查。

长江水利委员会从 2017 年 8 月起开展长江干流岸线保护和利用专项检查。组织沿江 9 个省（市）开展省市自查工作，并组建 42 个现场核查工作小组和 11 个精确测量工作小组，历时 1 个月，对长江干流岸线利用项目逐一进行现场重点核查，为下一步清理整改工作和今后涉河建设项目监督管理打下坚实基础。

为加强长江河道采砂管理，规范长江河道采砂秩序，2019 年 2 月 22 日，水利部、交通运输部决定在长江河道采砂管理中实行“砂石采运管理单制度”。长江干流宜宾以下河道内的采运砂船舶及从其他支流（湖泊）进入长江干流的运砂船舶实行砂石采运管理单制度。长江流域其他河流（湖泊、水库）采运砂管理参照此规定执行。

为严厉打击固体废物倾倒长江等违法行为，水利部启动了长江经济带固体废物点位排查，目的是查清长江干流、主要支流和重要湖泊范围内的固体废物位置、体量、规模等情况，并形成点位排查清单，为后续固体废物的全面整治奠定基础。

为使长江河道采砂管理沟通联系更加紧密，采运砂船舶监管力度进一步提升，确保长江河势稳定和航道稳定，保障防洪安全、通航安全和生态安全，2020 年 3 月 12 日，水利部联合公安部、交通运输部联合出台《关于建立长江河道采砂管理合作机制的通知》，在打击非法采砂行为、加强涉砂船舶管理、推进航道疏浚砂综合利用三大领域，建立长江河道采砂管理合作机制。

4. 谋划长江流域水生态环境保护与修复工作

2016 年，水利部办公厅印发《关于开展江河湖库水系连通实施方案（2017—2020 年）编制工作的通知》，继续开展江河湖库水系连通工作。要求科学规划、系统治理、统筹城乡，体现综合效益，重点解决中小河流水生态问题。

2017 年，水利部印发《关于深入贯彻落实中央加强生态文明建设的决策部署 进一步严格落实生态环境保护要求的通知》，提出要积极践行新发展理念，突出抓好水生态文明建设；严把水利规划审批关，科学合理开发利用保护水资源；严格落实生态环保措施，把水利工程建成生态文明工程；强化水资源管理和生态用水保障，维护河湖生态健康；加强农村水电建设运行管理，着力推进绿色水电发展；按照“放管服”改革要求，强化事中事后监管；抓紧划定生态保护红线，全面落实红线管控措施；修订完善技术规程规范，夯实水生态文明建设基础工作。

2018 年 1 月，水利部长江水利委员会专门组织召开长江流域水生态环境保护与修复工作座谈会，谋划加强长江流域水生态环境保护与修复工作的思路与举措。3 月底，长江委出台《长江流域水生态环境保护与修复行动方案》和《长江流域水生态环境保护与修复三年行动计划(2018—2020 年)》，全面开展长江流域水生态环境保护与修复行动。该方案明确长江流域水生态环境保护与修复近、中、远三期目标：到 2020 年流域水生态环境明显改善，到 2035 年“美丽长江”目标基本实现，到 2050 年“美丽长江”全面实现。为保障建设“美丽长江”的近、中、远三期目标如期实现，将采取夯实基础工作、完善规划体系、健全法规政策、创新体制机制、加强行政管理、强化执法监督、提升管理能力、强化科技支撑、推进生态修复、开展专项行动等十大举措，推动长江流域水生态环境保护与修复工作。

5. 开展河湖整治专项行动

“清四乱”专项行动。自 2018 年 7 月起用 1 年时间，水利部在全国范围内对乱占、乱采、乱堆、乱建等河湖管理保护突出问题开展专项清理整治行动。目标是全面摸清和清理整治河湖管理范围内乱占、乱采、乱堆、乱建“四乱”突出问题，发现一处、清理一处、销号一处。确保 2018 年年底前“清四乱”专项行动见到明显成效，2019 年 7 月前全面完成专项行动任务，河湖面貌明显改善。在专项行动基础上，不断建立健全河湖管理保护长效机制。

河湖采砂专项整治行动。自 2018 年 6 月起，水利部在全国范围内组织开展为期 6 个月的河湖采砂专项整治行动。包括调查摸底、执法打击和集中整治、建立长效机制等阶段，各省(自治区、直辖市)和新疆生产建设兵团水行政主管部门要在地方人民政府领导下，在河长、湖长的具体组织下，负责本行政区域内的河湖采砂专项整治，中央直管河道由流域管理机构联合有关省份实施。集中整治后，各地持续建立完善河湖采砂管理长效机制。各级水行政主管部门和河长制办公室要按照本地人民政府和河长、湖长的统一部署，协调组织各有关部门明确目标，落实责任，有力有序开展专项整治行动，确保专项整治达到预期效果，促进河湖采砂管理秩序依法有序可控。

水库垃圾围坝专项整治行动。作为农村人居环境整治三年行动的一项重要内容，对水库进行拉网式排查，彻底治理垃圾围坝问题，促进农村人居环境改善。

长江干流岸线利用专项整治行动。清理整治河道管理范围内的餐饮趸船、长期“占而不用”的岸线利用项目、违反水法和防洪法等法律法规、严重影响防洪安全、生态安全和河势稳定的岸线利用项目。

长江经济带固体废物专项整治行动。针对大排查行动中发现的河湖管理范围内固体废物，对照点位清单，清理一处、销号一处，2018 年年底前完成集中清理整治。

6. 小水电生态流量监管和农村水电河流生态修复

2016 年 2 月，水利部印发《农村水电增效扩容改造河流生态修复指导意见》的通知，用于科学合理确定农村水电增效扩容改造河流生态修复目标，指导生态修复项目的设计和实施。

该意见指出，河流生态修复应遵循“尊重自然，保护优先”和“以自然修复为主，人工修复为辅”的原则。河流生态修复项目应充分调查因农村水电开发导致的减脱水河段生态变化状况，科学确定河道生态流量及下泄措施，为河流生态功能自然修复创造条件。对于农村水电站在保障河道生态流量下泄后，河流生态功能自然修复仍存在困难的河段，在符合河流综合规划、防洪规划和水能资源开发规划等前提下，可采取河流连通性恢复及生境修复等措施。

在水生态与水环境保护方面，也提出明确目标。该意见要求位于农村或人烟稀少地区的河段，在满足生态流量的前提下，应尽最大可能保持河道和植被原生态。坝下河段存在灌溉取水或对水温变化敏感的重要生态保护目标时，可采取分层取水或其他减缓措施恢复水温。存在重要湿地或河谷林、珍稀濒危保护鱼类栖息地等生态敏感区的河流，应结合河道具备的生境条件，满足珍稀动、植物生态敏感期和敏感生态需水过程要求。此外，应选择净化能力强的水生、陆生植物对农村水电站管理范围内河滩地进行绿化，构建植被缓冲带，以消除和缓解面源污染、保护河流水质。

2019 年 8 月，水利部和生态环境部印发《关于加强长江经济带小水电站生态流量监管的通知》，要求加强长江经济带小水电站（单站装机 5 万千瓦及以下）生态流量监督管理，尽快健全保障生态流量长效机制，力争在 2020 年底前全面落实小水电站生态流量。安排六大任务如下：①科学确定小水电站生态流量；②完善小水电站生态流量泄放设施；③做好小水电站生态流量监测监控；④推动小水电站开展生态调度运行；⑤建立小水电站生态用水保障机制；⑥强化小水电站生态流量监督管理。

7. 强化水资源使用的总量控制和用途管控

2016 年，水利部等 9 部门印发《“十三五”实行最严格水资源管理制度考核工作实施方案》。根据该方案，“十三五”期间国务院将对全国 31 个省级行政区落实最严格水资源管理制度情况进行考核，考核对象为各省级行政区人民政府。水利部会同发展改革委等 9 部门组成实行最严格水资源管理制度考核工作组，负责具体组织实施对各省、自治区、直辖市落实最严格水资源管理制度情况的考核，形成年度或期末考核报告。

2016 年，水利部印发《关于加强水资源用途管制的指导意见》，提出要加强水资源用途管制工作，统筹协调好生活、生产、生态用水，充分发挥水资源的多重功能，使水资源按用途得到合理开发、高效利用和有效保护。其中提出要切实保障江河湖泊生态流量（水位）。通过调水引流、生态调度等措施，保障重要河湖湿地及河口生态需水。加强江河湖库水量统一调度管理，采取闸坝联合调度、生态补水等措施，合理安排重要断面下泄水量，维持河湖基本生态用水需求，重点保障枯水期生态基流。这对落实长江大保护战略将起到积极作用。

2016 年 10 月，水利部和国家发展改革委印发《“十三五”水资源消耗总量和强度双控行动方案》。突出以水定需、量水而行、因水制宜，强调约束性指标与“十三五”规划纲要、最严格水资源管理制度、水污染防治行动计划等保持统一及目标措施的针对性和可操作性。根据方案，到 2020 年全国水资源消耗总量和强度双控管理制度基本完善，双控措施有效落实，双控目标全面完成，初步实现城镇发展规模、人口规模、产业结构和布局等经济社会发展要素与水资源协调发展。各流域、各区域用水总量得到有效控制，地下水开发利用得到有效管控，严重超采区超采量得到有效退减，全国年用水总量控制在6 700亿立方米以内。万元国内生产总值用水量、万元工业增加值用水量分别比2015年降低23%和20%；农业亩均灌溉用水量显著下降，农田灌溉水有效利用系数提高到0.55以上。

8. 与其他部门密切协作，携手共抓长江大保护

长江水利委员会探索建立跨部门、跨区域的高效合作机制，在水利部领导下，加强与流域各地的协作，建立较为完善的流域共商、共建、共管、共享机制；积极与国家多个部委沟通，探索协同工作机制，及时提供技术支撑和服务，确保各方面工作协同推进。此外，长江委初步建立长江流域河湖综合管理信息系统，积极参与长江经济带资源环境监督管理省际应用平台建设，并首次开展溪洛渡、向家坝、三峡水库联合生态调度和丹江口水库配合汉江中下游生态调度试验，效果显著。

长江水利委员会还与交通运输部长江航务管理局签署《"共抓长江保护　力推绿色发展"行动方案(2018—2020年)》，合力发挥长江水利委员会和长江航务管理局优势，共护长江防洪安全、生态安全、供水安全、通航安全，共同推进长江大保护工作。双方进一步深化在水生态环境保护、采砂管理、岸线利用管理、河道与航道治理、联合调度、监督执法、信息共享、技术融合8个方面的协商合作，实现长江水环境得到有效保护、河道采砂秩序稳定向好、长江干流岸线有序利用、长江河道与航道治理有序推进、联合调度协作逐步强化、长江干流涉水事务监管执法高效有力、信息共享机制稳步建立、技术协同与融合日益深化等目标。

3.4.14　农业农村部

1. 提升共抓大保护的思想自觉

2017年3月，全国渔业工作会议提出，要打好长江流域大保护的硬仗。一方面，要保护珍稀濒危水生野生动物，实行抢救性保护，实现物种延续；另一方面，要恢复水生生态环境，实行"三减一增"，坚决压减高投入、高污染的水产养殖模式，压缩捕捞产能，开展水生生物增殖放流，实现渔业资源可持续。

2018年6月，农业农村部会同江西省人民政府在鄱阳湖联合举办"水生生物增殖放流活动"。时任农业农村部部长韩长赋强调，开展水生生物增殖放流活动，是贯彻落实全国生态环境保护大会精神和习近平总书记"把修复长江生态环境摆在压倒性位置，共抓大保护、不搞大开发"重要指示的具体行动，是修复长江水生生物资源、维护长江生物多样性的重要举措，是助推长江经济带绿色发展、建设美丽中国的有益探索。

2018年8月，农业农村部部长韩长赋主持召开部常务会议，研究部署推动长江经济带农业农村绿色发展。会议审议并原则通过《关于支持长江经济带农业农村绿色发展的实施意见》。会议强调，推动长江经济带农业农村绿色发展，是农业农村部不容推卸的光荣责任。各有关司局和单位要拿出切实举措，重点做好长江经济带水生生物多样性保护、化肥农药减量增效、农业废弃物资源化利用、农村人居环境整治、乡村产业振兴等方面工作，加大倾斜支持力度，为长江经济带实现生态优先、绿色发展作出贡献。要加强与沿江省市的沟通对接，从整体出发，树立“一盘棋”思想，协同推进长江大保护，及时研究解决跨区域重大问题，推动各部门各地方协调发展。要建立长江经济带农业农村绿色发展调度工作机制，每半年调度一次重点工作进展情况，分析研究存在的主要困难问题，提出下一步推进工作的对策建议，合力推动长江经济带农业农村绿色发展。

2. 加强水生生物保护

(1) 深化保护工作的顶层设计。

农业农村部在会同生态环境部、水利部等有关部门印发《重点流域水生生物多样性保护方案》的同时，组织编制长江珍稀水生生物保护工程建设规划，并研究起草关于加强长江水生生物保护工作的意见，努力为保护长江水生生物提供更有利的政策支撑。

(2) 加强珍稀濒危物种保护。

2014 年 10 月，农业部(在国务院机构改革前，下同)发布《关于进一步加强长江江豚保护管理工作的通知》，提出提升保护级别，实施严格的保护措施；增强保护意识，落实政府保护的主体责任；加强保护监管，强化执行保护工作的力度。组织实施“长江江豚保护行动计划”，开展包括迁地保护在内的一系列保护措施。2016 年 4 月，发布《关于加强长江江豚保护工作的紧急通知》，提出加强执法监管力度、开展江豚生存现状普查、提高保护区监管能力、强化江豚人工栖息地建设、强化保护责任机制等工作要求。提出要在江豚的敏感水域、重点栖息地和适合开展江豚迁地保护的水域迅速建立一批江豚迁地保护区，制定保护方案，加快迁地保护进程，切实加强江豚种群保护和开展关键生境建设。2016 年 12 月，农业部印发《长江江豚拯救行动计划(2016—2025)》，提出在各级地方政府和渔业主管部门的共同努力下，动员全社会力量，推进长江流域的生态修复。以长江干流及两湖就地保护为核心，加快推进迁地保护，加大人工繁育保护力度，着力做好遗传资源保存。坚持立足全流域，干流、湖泊、水库并举，上游、中游、下游联动，水域及近岸陆域同步。坚持就地保护和迁地保护并重。以创新性的科学保护措施为先导，以专业性的水生生物资源保护机构为主体，以相关社会性保护为补充。农业部已连续 3 年实施长江江豚迁地保护行动，积极推动长江江豚提升等级。这些年为遏制长江江豚种群急剧下降的态势，农业部分别从就地保护、迁地保护和人工繁育等方面开展相关工作，先后在干流及两湖建立 8 处长江江豚就地自然保护区，在长江故道建立 4 处迁地保护区，在人工环境中建立 3 个繁育保护群体，以及在实验室条件下开展离体细胞培养和保存等研究工作。

2015 年 9 月，农业部印发《中华鲟拯救行动计划(2015—2030 年)》，提出以中华鲟为主体，开展长江水生生物资源养护及生物多样性保护专项行动。通过完善管理制度，强化保护措施，改善水域生态环境，提高公众参与等措施，实现中华鲟物种延续和恢复，进而维护长江水生生物多样性，促进人与自然和谐。

为保护和拯救长江鲟(又称达氏鲟)物种，恢复长江鲟自然种群，农业农村部组织编制《长江鲟(达氏鲟)拯救行动计划(2018—2035)》，以自然种群重建为核心，确定人工增殖放流、栖息地保护和修复及原种保存等行动方案。2018 年 5 月，农业农村部会同四川省人民政府和中国长江三峡集团有限公司在宜宾市举办长江鲟(达氏鲟)拯救行动计划启动仪式暨增殖放流活动。

2018年8月，农业农村部长江流域渔政监督管理办公室（以下简称“长江办”）发布《关于进一步加强长江豚类保护工作的通知》，要求安徽、湖北、上海等6省（市）进一步加强长江豚类保护工作，高度关注白鱀豚、长江江豚历史栖息地和集中分布区域，实行最严格的监测和保护，发现白鱀豚及长江江豚种群新动态第一时间上报。

2018年9月，农业农村部发布《关于支持长江经济带农业农村绿色发展的实施意见》，提出加快实施中华鲟、长江鲟、长江江豚等长江珍稀水生生物拯救行动计划，建立完善的自然种群监测、评估与预警体系。在三峡水库、长江故道、河口、近海等水域建设一批中华鲟接力保种基地。制定中华鲟规模化增殖放流规划。在长江中下游夹江、故道、水库、湖泊等水域，建设一批长江江豚迁地保护水域。支持有条件的科研单位和水族馆建设长江珍稀濒危物种人工繁育和科普教育基地。

（3）逐步在长江流域重点水域实施全面禁捕。

从2016年起，农业部延长了长江禁渔时间，由此前的3个月延长到4个月，并将禁渔范围扩大至覆盖长江干流和重要湖泊，即长江流域青海省曲麻莱县以下至长江河口（东经122°）的长江干流江段，岷江、沱江、赤水河、嘉陵江、乌江、汉江等重要通江河流在甘肃省、陕西省、贵州省、四川省、重庆市、湖北省境内的干流江段，大渡河在青海省和四川省境内的干流河段，鄱阳湖、洞庭湖，淮河干流河段，于3月1日0时至6月30日24时实施禁渔。

2016年12月，发布《农业部关于赤水河流域全面禁渔的通告》，决定从2017年1月1日0时起至2026年12月31日24时止，在赤水河流域实施为期10年的全面禁渔。

根据2017年中央1号文件“率先在长江流域水生生物保护区实现全面禁捕”的决策部署，2017年2月，农业部发布《农业部关于推动落实长江流域水生生物保护区全面禁捕工作的意见》。在长江流域水生生物保护区将实施全面禁捕，争取在2年的时间内使长江流域水生生物保护区捕捞渔民全部退出捕捞，实现长江流域水生生物保护区范围内永久全年禁止生产性捕捞作业。该意见对渔民转产转业做出政策和资金上的支持安排。例如，要求长江流域各级渔业行政主管部门，创新保护区全面禁捕工作的政策、制度设计，完善保护区全面禁捕的政策保障和支撑，有效解决保护区捕捞渔民上岸、安居、生活、教育、医疗等基本需求；中央财政利用现有资金渠道，对符合规定的保护区渔民退出捕捞和渔民转产工作予以支持，鼓励社会资本出资设立长江水生生物保护基金，用于保护区渔民退出捕捞和转产安置相关工作等。2017年11月，农业部发布《关于公布长江流域率先全面禁捕的水生生物保护区名录的通告》，公布列入率先禁捕范围的332处水生生物保护区，从2018年1月1日起逐步施行全面禁捕。

2018年9月，农业农村部发布《关于支持长江经济带农业农村绿色发展的实施意见》，提出在长江流域重点水域开展禁捕试点，2018年水生生物保护区实现禁捕，到2020年实现长江干流及重要支流全面禁捕。做好渔民退捕上岸后的转产转业及社会保障等工作。在鄱阳湖、洞庭湖等通江湖泊和有关水域实行禁捕和特殊资源专项管理相结合、组织化养护和合理利用相结合等符合水生生物保护和渔业资源可持续发展要求的资源管理制度。

为贯彻《国务院办公厅关于加强长江水生生物保护工作的意见》，落实长江流域重点水域禁捕工作部署，保护长江流域水生生物资源，农业农村部在2018年12月28日下发文件，对长江流域专项捕捞管理制度进行调整。从2019年2月1日起，停止发放刀鲚（长江刀鱼)、凤鲚(凤尾鱼)、中华绒螯蟹(河蟹)专项捕捞许可证,禁止上述 3 种天然资源的生产性捕捞。

2019 年 1 月,农业农村部、财政部、人力资源社会保障部印发《长江流域重点水域禁捕和建立补偿制度实施方案》。该方案要求,2019 年年底前,长江水生生物保护区完成渔民退捕,率先实行全面禁捕;到 2020 年底前,长江干流和重要支流除保护区以外水域要完成渔民退捕,暂定实行 10 年禁捕。根据该方案,中央财政采取一次性补助与过渡期补助相结合的方式对禁捕工作给予适当支持。

(4) 持续开展水生生物增殖放流活动。

开展水生生物增殖放流活动,是修复长江水生生物资源、维护长江生物多样性的重要举措,是助推长江经济带绿色发展、建设美丽中国的有益探索。早在 2009 年,农业部就出台《水生生物增殖放流管理规定》,指出各级渔业行政主管部门应当加大对水生生物增殖放流的投入,积极引导、鼓励社会资金支持水生生物资源养护和增殖放流事业。

2018 年"全国放鱼日"活动期间,全国同步举办增殖放流活动 300 多场,增殖各类水生生物苗种近 50 亿尾。其中农业农村部会同江西省人民政府在鄱阳湖联合举办水生生物增殖放流活动,共向鄱阳湖放流四大家鱼、河蟹和胭脂鱼等水生生物苗种 230 余万尾,还首次采用无线电遥测技术,对鄱阳湖长江江豚的昼夜活动规律开展研究,为更好地保护和拯救长江江豚提供科学支撑。

3. 强化渔业资源和生态环境保护

2016 年 5 月,农村农业部发布《农业部关于加快推进渔业转方式调结构的指导意见》,提出:①强化渔业水域生态环境保护。完善全国渔业生态环境监测网络体系,强化渔业水域生态环境监测,定期公布渔业生态环境状况。完善水域突发污染事故快速反应机制,健全渔业水域污染事故调查处理制度,科学评估渔业损失,依法进行调查处理。按照"谁开发谁保护、谁受益谁补偿、谁损害谁修复"的原则,建立健全渔业生态补偿机制。②保护和合理利用水生生物资源。健全渔业资源调查评估制度,全面定期开展调查、监测和评估,查清水生生物分布区域、种群数量及结构。加强水生生物自然保护区、水产种质资源保护区建设和管理,切实保护产卵场、索饵场、越冬场和洄游通道等重要渔业水域。进一步完善休渔禁渔制度,适当延长禁渔期。加大水生野生动物保护力度,规范经营利用行为,切实加强对中华鲟、江豚、中华白海豚、斑海豹、海龟等重点物种的保护。积极开展水生生物增殖放流,加快建设人工鱼礁和海洋牧场,加强监测和效果评估。③全面推进以渔净水。大力推广以鱼控草、以鱼控藻等净水模式,在湖泊水库、城市景观水系等公共水域,因地制宜开展以滤食性鱼类为主的"放鱼养水"活动,促进以渔净水,改善水域水质和环境。推广鱼、虾、蟹、贝、藻立体混养,增加渔业碳汇,修复海洋生态环境,建设蓝色海湾。

4. 加大渔政执法监管力度

农业农村部启动实施"中国渔政亮剑 2018"——春季禁渔同步执法行动,分别在长江上中下游和珠江、淮河以及鄱阳湖、洞庭湖等 7 个地方,同步开展渔政执法交叉检查和跨区域联合执法。组织开展渔业资源与环境常规监测,编制发布长江流域渔业生态公报,为有关部门和科研单位提供基础数据，严把水生生物保护区审查关口，从源头防控工程建设的不利影响。此后，又连续组织开展“中国渔政亮剑 2019”系列专项执法行动、2020 年系列专项执法行动。

2020 年 3 月，农业农村部出台《关于加强长江流域禁捕执法管理工作的意见》，要求各地全面适应长江流域重点水域常年禁捕新形势、新要求，围绕禁捕后长江流域水生生物保护和水域生态修复重点任务需要，进一步加强长江流域渔政执法能力建设，推动建立人防与技防并重、专管与群管结合的保护管理新机制，为坚决打赢长江水生生物保护攻坚战提供坚实保障。

5. 治理农业面源污染，促进农业可持续发展

2015 年 5 月，农业部联合国家发展改革委等 7 部委印发《全国农业可持续发展规划(2015—2030 年)》。该规划提出：在长江中下游区，以治理农业面源污染和耕地重金属污染为重点，建立水稻、生猪、水产健康安全生产模式，确保农产品质量，巩固农产品主产区供给地位，改善农业农村环境；科学施用化肥农药，通过建设拦截坝、种植绿肥等措施，减少化肥、农药对农田和水域的污染；推进畜禽养殖适度规模化，在人口密集区域适当减少生猪养殖规模，加快畜禽粪污资源化利用和无害化处理，推进农村垃圾和污水治理；加强渔业资源保护，大力发展滤食性、草食性净水鱼类和名优水产品生产，加大标准化池塘改造，推广水产健康养殖，积极开展增殖放流，发展稻田养鱼；严控工矿业污染排放，从源头上控制水体污染，确保农业用水水质。加强耕地重金属污染治理，增施有机肥，实施秸秆还田，施用钝化剂，建立缓冲带，优化种植结构，减轻重金属污染对农业生产的影响；到 2020 年，污染治理区食用农产品达标生产，农业面源污染扩大的趋势得到有效遏制；在“水土资源保护工程”中，提出在长江中下游区及华南区开展绿肥种植、增施有机肥、秸秆还田、冬耕翻土晒田、施用石灰深耕改土等。

2016 年 12 月，农业部印发《农业资源与生态环境保护工程规划(2016—2020 年)》，提出以“一控两减三基本”为目标，选择受农业面源污染影响突出的重要水源区和环境敏感流域，推动各地从流域尺度进行农业面源污染综合防控。

2017 年 3 月，农业部办公厅印发《重点流域农业面源污染综合治理示范工程建设规划(2016—2020 年)》，在洞庭湖、鄱阳湖、太湖、三峡库区、丹江口库区、巢湖、洱海等重点水源保护区和环境敏感流域，选择一批重点典型农业小流域，开展农业面源污染综合治理，促进重点流域生态环境逐步改善，推动资源节约型、环境友好型、生态保育型可持续农业发展。

6. 支持长江经济带农业农村绿色发展

2018 年 9 月，农业农村部发布《关于支持长江经济带农业农村绿色发展的实施意见》，提出推动长江经济带农业农村绿色发展是深入贯彻习近平总书记重要讲话精神的重要举措，是促进长江经济带高质量发展的内在要求，是解决长江经济带农业农村生态环境问题的迫切需要。

该意见提出突出抓好长江经济带农业农村绿色发展的重点任务：强化水生生物多样性保护；深入推进化肥农药减量增效；促进农业废弃物资源化利用。该意见提出成立农业农村部支持长江经济带农业农村绿色发展工作领导小组，协调落实中央推动长江经济带发展决策中涉农工作，研究解决重大问题，提出支持举措；要拿出超常举措，凝聚各方资源，从资金扶持、项目安排、主体培育、科技支撑、人才培养等方面，进一步加大对长江经济带水生生物多样性保护、化肥农药减量增效、农业废弃物资源化利用、农业面源污染防治、农村人居环境整治、乡村产业振兴等方面倾斜支持力度。

7. 探索长江保护的合作新机制

农业农村部与交通运输部签署共同开展长江大保护的合作框架协议，与三峡集团公司签署修复向家坝库区渔业资源及珍稀特有物种合作框架协议。整合资源，发挥社会公益组织力量，动员社会力量，在湖北何王庙、江西湖口和安徽安庆试点将捕捞渔民转为护鱼员，共同加强长江大保护。

3.4.15 审计署

2017 年 12 月至 2018 年 3 月，审计署对长江经济带 11 省(市)2016 年至 2017 年生态环境保护相关政策措施落实和资金管理使用情况进行审计，重点抽查了 59 个地级市(区)。2018 年 6 月 19 日公告的主要审计结果如下。

11 省(市)认真学习贯彻党中央、国务院关于长江经济带发展的方针政策和决策部署，积极采取各种措施保护生态环境，取得一些成效，生态环境保护有序推进，污染防治能力有所增强，生态环境质量有所改善。

但是，在生态环境保护相关资金管理使用、资源开发和生态保护、污染治理方面存在不少问题。例如，10 省有 197 个污染治理和生态修复项目未按期开(完)工，5 省有 19 个项目建成后效果不佳；截至 2017 年底，10 省已建成小水电 2.41 万座，最小间距仅 100 米，开发强度较大；过度开发致使 333 条河流出现不同程度断流，断流河段总长 1 017 公里；有 62 个开发区位于重点生态功能区，或与禁止开发区域重叠，其中 18 个是在全国主体功能区规划实施之后设立或扩建的；7 个省有 667 个违规占用岸线项目尚未整改到位；网络非法销售电鱼机等问题缺乏监管，助长了非法电鱼行为；长期持续整治的洞庭湖、鄱阳湖等 5 个国家重要湖泊，由于统筹治理不到位等原因，2017 年的水质仍为Ⅳ类及以下；9 省的 56 个饮用水水源地一级保护区内存在排污口、养殖场等建设项目等。

对以上审计查出的问题，审计署已出具审计报告，提出处理意见，并要求有关地方政府在整改期限截止后依法向社会公告整改结果。审计署将继续跟踪检查后续整改情况，进一步督促审计发现问题整改到位。

3.4.16 最高人民法院

2016 年 2 月，最高人民法院发布《关于为长江经济带发展提供司法服务和保障的意见》，提出保障长江经济带的生态安全和绿色发展，依法审理环境资源保护民事案件；充分利用海事法院跨行政区划管辖的优势，妥善审理长江流域环境污染、生态破坏案件；加强对陆源及船舶排放、泄漏、倾倒油类、污水或者其他有害物质造成水域污染的损害责任纠纷案件的审理；大力推进水资源环境公益诉讼，探索建立长江流域水资源环境公益诉讼集中管辖制度;依法保障法定机关和有关组织的水资源环境公益诉权。

2017 年 12 月,最高人民法院发布《关于全面加强长江流域生态文明建设与绿色发展司法保障的意见》,明确提出长江流域生态文明建设与绿色发展司法保障应遵循 4 个基本理念,即遵循自然规律、坚持保护优先、促进绿色发展和注重区域协同,并强调水环境与水资源的司法保护,要求审理水污染防治、水资源开发利用、涉河道和河湖岸线保护以及涉水环境和水生态保护等 4 类 10 个方面的案件,强调要根据长江上中下游生态环境特点,突出重点,因地施策。

2017 年 12 月,最高人民法院发布长江流域环境资源审判十大典型案例。2018 年 11 月,又发布 10 起人民法院环境资源审判保障长江经济带高质量发展典型案例,对于加强长江经济带乃至全国其他区域环境资源审判工作具有重要指导意义。最高人民法院期望通过典型案例的发布,能进一步深化该意见的落实,促进裁判尺度的统一,不断提升环境资源审判水平。

2020 年 9 月,最高人民法院发布《长江流域生态环境司法保护状况》白皮书。白皮书指出,最高人民法院自 2016 年以来,依法公正审理案件,促进长江流域生态环境改善和经济高质量发展,立足水生态核心,推动一体化,支持重点区域治理。2016 年 1 月至 2020 年 6 月,长江流域各级人民法院共依法审理各类环境资源刑事案件 80 356 件、民事案件 287 119 件、行政案件 122 215 件、公益诉讼案件 4 944 件以及生态环境损害赔偿案件 91 件,为长江流域生态文明建设与绿色发展提供了司法服务和保障。白皮书还发布了 2017 年 10 项长江流域环境资源审判典型案例、2018 年 10 项人民法院环境资源审判保障长江经济带高质量发展典型案例、2020 年 10 项长江经济带生态环境司法保护典型案例,以及 2020 年 10 项水生态司法保护典型案例。

3.4.17　最高人民检察院

2018 年 4 月,在"检察机关探索开展长江流域生态保护跨区划公益诉讼工作座谈会"上,来自长江经济带 11 个省(市)检察院、铁检院的相关负责人在会上作交流发言。时任最高人民检察院副检察长张雪樵强调,要深刻认识开展长江流域生态保护公益诉讼对于保护长江生态环境、推动长江经济带发展的战略意义,积极探索和开展长江流域跨行政区划生态环境公益诉讼工作,通过指定管辖,以办理跨省区重大公益诉讼案件为抓手,加强对长江流域生态环境和自然资源的公益司法保护。2018 年 6 月,最高人民检察院召开党组会进一步学习贯彻习近平总书记在推动长江经济带发展座谈会上的重要讲话精神。时任最高人民检察院党组书记、检察长张军强调,检察机关要增强落实总书记事关全局重大工作部署的思想自觉和行动自觉,为长江经济带发展提供有力检察保障,守护好长江母亲河。

2018 年 7 月,在武汉举行的"长江经济带检察工作座谈会"上,最高人民检察院党组副书记、副检察长邱学强强调,要坚持围绕大局、立足职能,着力强化服务长江经济带发展的"十项检察举措":依法严惩危害长江生态环境犯罪,形成强有力法律震慑;强化刑事、民事、行政诉讼监督,维护生态环境法律制度的刚性和权威;充分履行公益诉讼职能,加强长江生态环境公益保护;开展生态环保专项检察,着力解决破坏长江生态环境的突出问题;探索生态修复法治方式,增强司法保护效果;善用政治智慧、法律智慧,确保生态环境案件办理效果；完善生态检察工作机制，提高办案专业化水平；树立"一盘棋"思想，探索建立长江流域检察协作机制；积极推动社会化治理，促进形成齐抓共管的生态环境治理格局；增强系统思维，依法保障和促进长江经济带经济社会全面协调发展。

2018年，最高人民检察院开始牵头建立长江经济带检察协作机制，进一步推动形成服务长江经济带发展的检察合力。2018年5月，上海、江苏、浙江、安徽4省(市)检察长签署《关于建立长三角区域生态环境保护司法协作机制的意见》，建立起日常工作联络、信息资源共享、案件办理、研讨交流以及新闻宣传5项司法协作机制，进一步筑牢长三角区域生态环境保护法治屏障。

2019年2月，最高人民检察院印发《检察机关服务保障长江经济带发展典型案例》，将"吴湘等十二人非法捕捞水产品刑事附带民事公益诉讼案"等4件案例作为检察机关服务保障长江经济带发展典型案例发布。要求各级检察机关特别是长江沿线省市各级检察机关深入学习贯彻习近平总书记在深入推动长江经济带发展座谈会上的重要讲话精神，认真落实服务长江经济带发展"十项检察举措"，加强跨区域司法协作，为长江经济带发展提供有力检察保障。

2020年1月，最高人民检察院发布《绿色发展·协作保障　服务保障长江经济带发展检察白皮书(2019)》，强化协同联动，加大生态环境司法保护力度，跨省域检察保护"形成一盘棋"。重庆、四川、云南、贵州4省(市)检察机关建立赤水河、乌江流域跨区域生态环境保护检察协作机制，并与西藏、青海6地检察机关会签《关于建立长江上游生态环境保护跨区域检察协作机制的意见》，共担上游保护责任；云南省分别与贵州、四川两省联合开展3级检察院、河长办赤水河、泸沽湖联合巡河(湖)调研活动；江西、湖北、湖南3省检察机关签署《关于加强新时代区域检察协作服务和保障长江经济带高质量发展的意见》，将长江流域跨区域公益诉讼和刑事检察协作作为重要内容部署，同频共振保护"一江水"；上海、江苏、浙江、安徽4地检察机关围绕"联防联治协同发力，筑牢环太湖流域生态环境保护司法屏障"主题召开联席会议，出台加强环太湖流域生态环境保护检察协作3年行动方案，推进长三角生态环境保护检察协作深度融合。

3.5 长江流域各省市积极行动的政策举措与亮点

长江沿线各省(市)除了按照中央精神和各部委下达的任务开展各项专项整治行动、实施督察整改、划定生态红线、构建河湖长制、强化水生生物保护等资源环境管理制度外，还根据各省自身在长江流域以及长江经济带中的功能定位以及区域生态文明建设特色，积极开展长江保护和修复行动，促进经济绿色高质量发展，出台大量政策性文件，形成诸多典型案例和经验亮点。

有关共抓大保护的区域协调机制也在逐步建立与完善。中央已于2014年成立推动长江经济带发展领导小组，并建立领导小组办公室会同沿江11个省(市)联席会议和上中下游3个区域的"1+3"省际协商合作机制。皖浙两省建立全国首个跨省流域生态补偿机制试点。云贵川共同设立赤水河流域横向生态保护补偿基金，每年投入2亿元进行赤水河流域的生态环境治理。湘鄂赣合力抓好湖泊湿地管理保护、生态修复，共同将长江中游建成长江经济带生态文明先行区。其中，湖北恩施和湖南湘西协作立法共同保护酉水河，湖北黄冈与安徽安庆也开始在龙感湖流域开展水污染联防联控。

3.5.1　青海省

1. 举措与亮点

(1) 深入开展三江源国家公园试点。

2005 年，三江源国家级自然保护区正式成立。2015 年底，中央全面深化改革领导小组第十九次会议审议通过《中国三江源国家公园体制试点方案》。2016 年，我国首个国家公园试点——三江源国家公园率先迈出生态体制改革第一步。试点整合园区国土、环保、水利、农牧等部门编制、职能及执法力量，建立覆盖省、州、县、乡的 4 级统筹式“大部制”生态保护机构。2017 年底，青海全面完成三江源国家公园体制试点任务。2018 年初，《三江源国家公园总体规划》公布，三江源国家公园建设步入全面推进阶段。

按照《中国三江源国家公园体制试点方案》要求，青海省坚持依法、绿色、全民、智慧、和谐、科学、开放建园，建立统一管理体制，组建省州县乡村 5 级国家公园管理实体，基本解决“九龙治水”的局面；建立规范管控制度，起草第一个国家公园的《总体规划》、《试行条例》和《技术标准指南》，有效支撑了国家公园管理所需；建立牧民参与共享机制，为三江源牧民提供 14 万个公益管理岗位，户均年收入增加 21 600 元；建立广泛合作机制，开设国家公园管理方向专业学科，同时与科研、金融、非政府组织签订战略合作协议。2018 年，青海省与中科院组建成立三江源国家公园研究院；建立宣传推介机制，开展“三江源国家公园全国媒体行”大型采访活动，对三江源国家公园官方网站进行全面改版升级。

2012 年 10 月，为探索建立三江源保护和建设社会化募集资金的新渠道，经青海省委、省政府批准，“三江源生态保护基金会”正式成立，成为开拓三江源生态保护事业社会公益平台的开创性举措。近年来，基金会原始资本增加 1 千万元、募集资金突破 1 千万元、公益项目支出 1 千万元，组织实施 30 多项公益项目，捐赠新型环保热解垃圾处理焚烧炉、鱼类增殖放流活动、果洛藏族自治州甘德县岗龙乡野生动植物保护等生态环保公益项目，并与多部门牵头，邀请知名学者，召开“青海博士论坛——高原水环境保护与治理研讨会”活动，在国内引起很大反响。

(2) 建立健全生态保护补偿和生态环境损害赔偿制度。

2018 年 1 月，青海省人民政府办公厅发布《关于健全生态保护补偿机制的实施意见》，提出按照总结经验、稳步推进，统筹协调、突出重点，权责统一、合理补偿，政府主导、社会参与的原则，在草原、森林、湿地、荒漠、水流、耕地、基础教育、转移就业、生态移民等领域健全完善生态保护补偿机制。到 2020 年，在“一屏两带”等重点生态功能区，实现草原、森林、湿地、荒漠、水流、耕地等重点领域生态保护补偿全覆盖，补偿水平与经济社会发展状况相适应，跨地区、跨流域补偿试点示范取得一定成效，多元化补偿机制初步建立，生态保护成效与资金分配挂钩的激励约束机制基本形成，草原、森林、湿地、水流、耕地等生态系统得到有效休养，构建符合实际和具有青海特点的生态保护补偿制度体系，促进形成绿色生产，构建人与自然和谐发展的现代化建设新格局。

2018年8月，青海省委办公厅、省政府办公厅印发《青海省生态环境损害赔偿制度改革实施方案》。通过在全省范围内开展生态环境损害赔偿制度改革，明确生态环境损害赔偿适用范围、责任主体、索赔主体和损害赔偿解决途径等，形成相应的鉴定、评估管理和技术体系、资金保障和运行机制，逐步建立和完善生态环境损害的修复和赔偿制度，推进青海省生态文明体制改革工作。

(3) 强化领导干部的生态环境保护责任意识。

2016年制定《青海省党政领导干部生态环境损害责任追究实施细则(试行)》，对党政领导干部在贯彻落实党中央、国务院和省委、省政府关于生态文明建设的决策部署中，违背自然生态规律和科学发展要求，违反有关生态环境和资源保护政策、法律法规，不履行或不正确履行职责，造成环境污染、生态破坏等严重后果和恶劣影响的责任进行追究。

2017年，青海省委办公厅、省政府办公厅印发《青海省生态环境保护工作责任规定(试行)》和《青海省生态文明建设目标评价考核办法(试行)》，强化全省各地党委政府落实生态环境保护“党政同责、一岗双责”的主体责任，进一步增强抓好生态环境保护的责任意识。

2. 时任领导讲话

(1) 王国生：牢记习近平总书记视察青海时的嘱托，把三江源生态环境保护的重大责任扛在肩上、落到实处。

2016年9月，青海省委书记王国生深入玉树藏族自治州玉树市、杂多县，就生态保护、民生事业、城乡发展进行调研。他强调，玉树地处三江源头，生态战略地位重要。要认真贯彻习近平总书记视察青海时重要讲话精神，全面落实“四个扎扎实实”的重大要求，把三江源生态环境保护的重大责任扛在肩上、落到实处。

(2) 王建军：保护好三江源，是青海义不容辞的重大责任。

2018年3月7日，全国人大代表，青海省委副书记、省长王建军在青海代表团媒体开放日活动中，就青海建设三江源国家公园的情况回答记者提问。他指出“总书记强调保护好三江源、保护好中华水塔，是青海义不容辞又来不得半点闪失的重大责任，要求我们扎扎实实推进生态环境保护，确保一江清水向东流”。

(3) 王建军：守护好“三江源头”、保护好“中华水塔”，筑牢国家生态安全屏障。

2018年6月下午召开青海省生态环境保护大会。省委副书记、省长王建军出席会议并讲话，他提出要牢牢把握人与自然和谐共生的科学自然观，守护好“三江源头”、保护好“中华水塔”，筑牢国家生态安全屏障。

3. 重要文件

(1) 青海省人民政府关于印发《青海省水污染防治工作方案》的通知(青政〔2015〕100号)。

(2) 中共青海省委办公厅　青海省人民政府办公厅关于印发《青海省生态环境保护工作责任规定(试行)》的通知(青办发〔2016〕54号)。

(3) 中共青海省委　青海省人民政府关于实施《三江源国家公园体制试点方案》的部署意见(青办发〔2016〕9号)。
(4) 中共青海省委、青海省政府:《青海省生态文明建设目标评价考核办法(试行)》(青办发〔2017〕8号)。
(5)《三江源国家公园条例(试行)》(青海省人民代表大会常务委员会公告第47号,2017年6月2日青海省第十二届人民代表大会常务委员会第三十四次会议通过)。
(6) 青海省人民政府办公厅关于贯彻落实湿地保护修复制度方案的实施意见(青政办〔2017〕109号)。
(7) 青海省人民政府办公厅关于印发《青海省生态保护红线划定和管理工作方案》的通知(青政办〔2017〕157号)。
(8) 青海省人民政府办公厅关于健全生态保护补偿机制的实施意见(青政办〔2018〕1号)。
(9) 中共青海省委办公厅　青海省政府办公厅关于印发《青海省生态环境损害赔偿制度改革实施方案》的通知(青办发〔2018〕40号)。
(10) 青海省人民政府办公厅关于加强长江青海段水生生物保护工作的实施意见(青政办〔2018〕187号)。
(11)《青海省湿地保护条例》(2018修正)。
(12) 青海省人民政府办公厅关于印发青海省2018年度水污染防治工作方案的通知(青政办〔2018〕83号)。

3.5.2　贵州省

1. 举措与亮点

(1) 积极推进国家生态文明试验区建设。

2017年,中共中央办公厅、国务院办公厅印发《国家生态文明试验区(贵州)实施方案》,设定的战略定位之一是长江珠江上游绿色屏障建设示范区。提出要完善空间规划体系和自然生态空间用途管制制度,建立健全自然资源资产产权制度,全面推行河长制,划定并严守生态保护红线、水资源开发利用控制红线、用水效率控制红线和水功能区限制纳污红线,完善流域生态保护补偿机制,创新跨区域生态保护与环境治理联动机制,加快构建有利于守住生态底线的制度体系。

该方案实施以来,生态文明建设的"贵州实践"在生态文明制度改革方面、在推进国家生态文明试验区建设与高质量发展有机统一等方面,进行了成功的探索,形成了以"一大战略、五个绿色、五个结合"为主要支撑的试验区建设格局的"贵州经验"。"一大战略",即大生态战略行动;"五个绿色",一是因地制宜发展绿色经济,二是因势利导建造绿色家园,三是持续用力筑牢绿色屏障,四是与时俱进完善绿色制度,五是久久为功培育绿色文化;"五个结合",一是大生态与大扶贫相结合,二是大生态与大数据相结合,三是大生态与大旅游相结合,四是大生态与大健康相结合,五是大生态与大开放相结合。

(2) 强力推进"大生态"战略行动。

贵州省把改善长江流域生态环境作为最紧迫、最重大的任务,强力推进大生态战略行动，全面加强流域生态系统修复和环境综合治理，大力实施“青山、蓝天、碧水、净土”工程，省市县乡村5级干部上山植树造林和5级河长制全面推行，十大污染源、十大行业治污减排“双十工程”强力推进，草海湿地保护和修复等重点生态工程加快实施，设立“贵州生态日”，开展自然资源资产离任审计等改革试点，颁布生态文明建设促进条例，出台生态文明建设目标评价考核办法、生态保护红线管控办法等制度。“以绿色绩效检验绿色发展”是贵州在发展过程中始终坚持的原则。2017年2月发布的《贵州省生态文明建设目标评价考核办法（试行）》严明考核标尺，实行党政同责，开展对各地生态文明建设目标完成情况的年度评价考核，使贵州生态文明建设考核由“软约束”变成“硬杠杠”，充分发挥生态文明建设考核的绿色“指挥棒”作用，更加客观、全面地反映生态文明建设进程，更加有效地推动生态文明体制改革成果落地，极大地提升公众对生态文明建设的获得感，夯实绿色发展和生态文明建设的基础。

贵州省将大生态上升为全省三大战略行动之一，对长江经济带发展各项工作进行统筹安排，提出坚决不走“先污染后治理”的老路、“守着绿水青山苦熬”的穷路、“以牺牲生态环境为代价换取一时一地经济增长”的歪路，坚定不移地走“百姓富、生态美有机统一”的新路。《贵州省推动长江经济带发展实施规划》、《长江经济带岸线保护与开发利用专项规划（乌江渡—省界）》、《贵州省划定长江经济带战略环评“三线一单”工作实施方案》、《贵州省推动长江经济带发展“三水共治”工作方案》相继出台，《贵州省长江经济带环境保护规划》、《贵州省长江经济带环境保护规划实施方案》、《长江经济带战略环评贵州省“三线一单”》相继印发。此外，制定长江经济带区域协调发展体制机制创新重点突破、化工污染专项整治、入河排污口整改提升、固体废物大排查等工作方案。

（3）加强乌江流域环境治理。

为进一步加强乌江流域环境污染防治，不断改善流域环境质量，2016年贵州省政府办公厅印发《乌江流域污染联防联控工作方案》，明确到2020年，流域内各项环境指标稳定提升，环境质量大幅改善，主要污染物得到有效控制。该方案指出，2017年上半年，编制完成《乌江经济走廊发展规划（2016—2020年）》。2017年，编制完成乌江流域战略环评，制定落实“三线一单”以及负面清单。2017年上半年，编制完成《大乌江旅游发展规划》，大力培育以大健康、大旅游为主的支柱产业，打造绿色旅游带。2017年，流域内安顺市、毕节市、铜仁市、六盘水市及都匀市成功创建国家环境保护模范城市。2017年，开展乌江流域3条红线指标分配方案工作，编制完成《乌江流域用水总量红线控制指标实施方案》、《乌江流域用水效率红线控制指标实施方案》、《乌江流域水功能区限制纳污红线控制指标实施方案》，流域内息烽、红花岗、钟山、印江、七星关、贵定6个县（区）开展节水型社会创建工作。此外，大力推进运输船港和库区养殖污染治理。2017年全面取缔非法网箱养殖，加强水上餐饮及河湖钓鱼棚污染治理，积极推进码头岸边设施建设和废汽油回收工作。2020年，全部建成相关设施，并实现与市政环卫设施有机衔接。

（4）探索生态环境保护管理的制度创新。

围绕绿色屏障建设、绿色发展、生态脱贫、生态文明大数据、生态旅游发展、生态文明法治、生态文明对外交流合作、绿色绩效评价考核8个方面，贵州省积极开展制度创新，探索人与自然和谐共生的发展路径，建立“共抓大保护”的生态环境治理新机制。探索了一批可复制推广的典型经验。例如，与云南、四川按照 5∶1∶4 的比例共同出资 2 亿元，设立赤水河流域横向生态补偿基金，开创跨省横向生态补偿的先河，探索建立易地扶贫搬迁“贵州模式”，对迁出地进行土地复垦或生态修复，率先在全国出台生态扶贫专项政策，实施生态扶贫十大工程。再如，发布全国首份生态环境损害赔偿司法确认书，探索形成自然资源资产统一确权登记路径和方法，稳步扩大领导干部自然资源资产离任审计试点，构建立体化的资源环境司法保护体系等。

建立守住生态底线的制度。大力推动“多规合一”试点，在全国率先开展生态保护红线划定，将全省生态保护红线功能区划分为 5 类，共 14 个片区，生态保护红线面积占全省国土面积的 26.06%。建成省市县三级“三条红线”指标体系，实现所有河流、湖泊、水库河长制全覆盖。探索完善横向生态保护补偿制度、生态文明建设目标评价考核等工作。率先在全国实行全域取消网箱养鱼。探索建立培养绿色新动能的制度。建立培育发展环境治理和生态保护市场主体、加快节能环保产业发展等政策机制，改革矿业权出让收益由收缴制变为征收制，实现排污权有偿交易 1.53 亿元。生态文明大数据共享和应用平台基本建成。开展绿色经济统计试点。建立以生态文明为主题的国际交流合作机制。连续成功举办 10 届生态文明贵阳国际会议和生态文明贵阳国际论坛，建立中外前政要、国际组织负责人组成的国际咨询会，与联合国环境署等国际组织以及瑞士等发达国家建立了务实的国际交流合作机制。

(5) 推进生态环保区域互动合作。

以建设贵州国家内陆开放型经济试验区为抓手，推进建立长江上游四省区省际协商合作机制，2017 年上半年成功召开长江上游四省区首届联席会议，建立了长江上游四省区区域互动合作机制，在生态环境联防联控、基础设施互联互通、公共服务共建共享等方面达成共识，启动实施了系列务实合作举措，共抓大保护的机制和氛围基本形成。

2. 时任领导讲话

(1) 孙志刚：深刻认识推动长江经济带发展重大战略，推进绿色贵州建设。

2008 年 4 月，贵州省委常委会召开会议，传达学习习近平总书记在深入推动长江经济带发展座谈会上的重要讲话精神。省委书记孙志刚主持并讲话。孙志刚强调，要深入认识共抓大保护、不搞大开发的重大意义。要坚持整体推进和重点突破相统一，深入推进绿色贵州建设。奋力打造长江珠江上游绿色屏障建设示范区。要坚持生态环境保护和经济发展相统一，强力实施大生态战略行动，加快国家生态文明试验区建设，大力发展绿色经济“四型”产业，着力守好发展和生态两条底线。扎实推进《长江经济带发展规划纲要》和《贵州省长江经济带发展实施规划》落实。要坚决贯彻落实以习近平同志为核心的党中央决策部署，加强组织领导、工作对接、协同配合，努力为长江经济带发展作出贵州更大的贡献。

(2) 孙志刚：致力协同打好长江经济带水生态修复攻坚战。

2018 年 7 月，省委书记、省人大常委会主任孙志刚在贵州省生态环境保护大会暨国家生态文明试验区(贵州)建设推进会上讲话强调，要加快生态文化、生态经济、目标责任、生态文明制度、生态安全五大体系建设，推进发展方式、生活方式、思维方式、领导方式 4 个变革，集中力量打好蓝天保卫、碧水保卫、净土保卫、固废治理、乡村环境整治 5 场标志性战役，纵深推进污染防治攻坚的人民战争。要建好国家生态文明试验区,加快推进生态文明体制改革落地见效。要坚持共抓大保护、不搞大开发,协同打好长江经济带水生态修复攻坚战。

(3) 谌贻琴:坚决打好乌江保护修复攻坚战,让千里乌江更加清洁美丽。

2018 年 6 月,贵州省委副书记、省长、省总河长谌贻琴来到乌江干流瓮安县江界河段,开展生态日巡河活动。她强调,要以习近平生态文明思想为指引,深入学习贯彻习近平总书记在全国生态环境保护大会和深入推动长江经济带发展座谈会上的重要讲话精神,全面落实河长制,坚决打好乌江保护修复攻坚战,苦干实干、久久为功,让千里乌江更加清洁美丽,为万里长江注入清水碧波。

3. 重要文件

(1) 贵州省人民政府办公厅转发省发展改革委、省环境保护厅《关于加强长江黄金水道环境污染防控治理工作方案》的通知(黔府办发〔2016〕23 号)。
(2) 贵州省人民政府办公厅关于印发《乌江流域污染联防联控工作方案》的通知(黔府办发〔2016〕36 号)。
(3) 贵州省人民政府办公厅关于印发贵州省湿地保护修复制度实施方案的通知(黔府办发〔2017〕80 号)。
(4) 贵州省水利厅:贵州省长江经济带沿江取水口排污口和应急水源布局规划实施方案(2017)。
(5)《贵州省推动长江经济带发展实施规划》。
(6)《长江经济带岸线保护与开发利用专项规划(乌江渡—省界)》。
(7) 贵州省农业委员会关于推动落实长江流域(贵州境内水域)水生生物保护区全面禁渔工作的通知(黔农办发〔2017〕51 号)。
(8) 贵州省长江经济带战略环境影响评价项目协调领导小组办公室关于印发《贵州省划定长江经济带战略环评"三线一单"工作实施方案》的通知(黔环环评〔2018〕2 号)。
(9) 贵州省农业委员会贵州省推动长江经济带发展"三水共治"工作方案(2018)。
(10) 贵州省人民政府关于发布贵州省生态保护红线的通知(黔府发〔2018〕16 号)。
(11) 中共贵州省委员会办公厅 贵州省人民政府办公厅关于印发《贵州省全面推行河(湖)长制总体工作方案》的通知(黔委厅字〔2018〕50 号)。
(12)《贵州省长江经济带环境保护规划》(2018)。

3.5.3 云南省

1. 举措与亮点

(1) 加强规划导向,形成共识共为。

云南省对接《长江经济带发展规划纲要》,印发实施《长江经济带发展云南实施规划》,并研究制定云南省长江经济带森林和自然生态保护与恢复、长江岸线(云南段)开发利用与保护等专项规划以及推动落后产能退出实施方案等一系列文件。云南省坚持保护和改善金沙江流域生态服务功能，强化组织领导，坚持规划引领，突出问题导向，推动中央决策部署在云南具体化，全省形成生态优先、绿色发展的共识共为。深入践行“绿水青山就是金山银山”理念，切实保护好长江上游生态环境，着力打好绿色能源、绿色食品、健康生活目的地“三张牌”，破除旧动能，培育新动能，主动服务和融入长江经济带建设，推动全省经济高质量发展。

(2) 加强“绿色生态廊道”建设和长江岸线(云南段)保护。

以问题为导向，全力抓好长江流域水污染治理、水生态修复、水资源保护，聚焦蓝天、碧水、净土，全力打好污染防治攻坚战，大力实施乡村振兴战略和城乡人居环境提升行动，坚决把云南长江经济带建成水清地绿天蓝的绿色生态廊道。深入实施《云南省水污染防治工作方案》和《碧水青山专项行动计划》。研究制定《长江岸线(云南段)开发利用与保护》专项规划。坚持保护优先、自然恢复为主，大力实施生态环境保护工程，扎实推进金沙江沿江两岸天然林保护、退耕还林、森林抚育、防护林建设、石漠化治理、生物多样性保护、生态效益补偿等重点生态工程。流域7州(市)森林覆盖率为56.7%，拥有自然保护区52个、面积66.6万公顷，拥有国家公园6个、面积52.8万公顷，局部地区生态恶化的趋势得到有效遏制。加快生态文明体制改革，出台国土资源管理、生态保护补偿、生态环境损害赔偿等一批重要改革方案。2018年6月，发布《云南省生态保护红线》，划定的生态保护红线面积占全省国土面积的30.9%。境内六大水系上游区，特别是金沙江、怒江、澜沧江等约70%的面积被纳入生态保护红线。通过积极努力，云南省701个入河排污口已逐个落实河长，列入全国挂牌督办的12条黑臭水体，完成销号1条，达到不黑不臭6条，2017年全省主要河流国控、省控监测断面水质优良率为82.6%，长江等六大水系的主要出境、跨界河流断面水质达标率为100%。

(3) 推进经济绿色高质量发展。

为处理好发展与保护的关系，云南省要求严格落实生态功能保障基线、环境质量安全底线、自然资源利用上线和环境准入负面清单“三线一单”的硬约束，建立项目环评审批与规划环评、现有项目环境管理、区域环境质量“三挂钩”机制，更好地发挥环评制度从源头防范环境污染和生态破坏的作用。积极参与沿江产业承接转移和分工协作，优化长江沿岸产业布局，推动新旧动能转换和经济高质量发展。严格控制化工、冶金、建材等产业的规模产能，禁止不符合国家产业政策和规划要求的重污染类项目落地，全面落实“三去一降一补”重点任务，近年来全省累计压减生铁产能156万吨、粗钢产能426万吨，取缔“地条钢”产能600万吨，退出煤炭产能3 876万吨。

(4) “一湖一策”治理九大高原湖泊。

推行“一湖一策”措施治理九大高原湖泊，规划项目共374个，总投资588.52亿元，开展九湖保护工作。对水质优良的抚仙湖、洱海、泸沽湖，坚持以环境承载力为约束，突出流域管控与生态系统恢复，严格控制入湖污染物总量，维护好生态系统稳定健康；对纳入国家水质较好湖泊保护的阳宗海和程海，继续强化污染监控和风险防范，全面提升水环境质量；对污染较重的滇池、星云湖、杞麓湖和异龙湖，通过开展全面控源截污、入湖河道整治、农业农村面源治理、生态修复建设、污染底泥清淤、生态补水等措施进行综合治理，推进湖体水质明显改善。

2. 时任领导讲话

(1) 陈豪:提高思想认识,明确使命责任,全力筑牢长江上游生态安全屏障。

2018 年 5 月,云南省委理论学习中心组以学习贯彻习近平总书记关于推动长江经济带发展重要战略论述为主题举行集中学习。省委书记陈豪在总结讲话时指出,要提高思想认识,明确使命责任,自觉把“共抓大保护、不搞大开发”重要战略思想融入经济社会发展全过程,绝不能以牺牲生态环境换取一时一地经济增长。要突出问题导向,围绕长江生态环境保护治理修复,统筹保护和建设好“山水林田湖草”综合生态系统,把云南长江经济带建成水清地绿天蓝的绿色生态廊道。

(2) 陈豪:为推动长江经济带发展作出云南贡献。

2018 年 7 月,陈豪在经济日报撰文《为推动长江经济带发展作出云南贡献》,提出云南地处长江上游,是“一带一路”建设和长江经济带发展的重要交会点,在实施长江经济带发展战略中具有独特地位,承担着重要使命。保护生态是前提。坚持“把保护和修复长江生态环境摆在压倒性位置”,统筹“山水林田湖草”系统治理,筑牢长江上游重要的生态安全屏障。扎实推进金沙江沿江两岸天然林保护、退耕还林等重点生态工程,组织开展长江经济带“共抓大保护”专项检查、金沙江岸线保护利用专项检查、打击非法转移倾倒处置危险废物等专项行动,减排治污不讲条件,严格管控不让分毫,全力改善提高流域生态环境。

(3) 阮成发:坚决把长江“禁渔令”落到实处。

2020 年 6 月,阮成发在安排部署落实长江流域重点水域禁捕和退捕渔民安置保障工作时强调,要充分认识长江禁渔的重大意义,切实把思想和行动统一到党中央、国务院决策部署上来,提高政治站位,立即行动,攻坚克难,一抓到底,坚决把长江“禁渔令”落到实处,确保如期保质完成全面禁捕目标任务,为保护好长江生态体现云南担当、作出云南贡献。把长江禁渔工作摆在更加突出的位置来抓,坚决落实好长江大保护、推动长江经济带绿色发展的重大战略。

3. 重要文件

(1) 中共云南省委员会办公厅　云南省人民政府办公厅关于印发《云南省全面推行河长制的实施意见》的通知(云厅字〔2017〕6 号)。

(2) 云南省人民政府办公厅关于贯彻落实湿地保护修复制度方案的实施意见(云政办发〔2017〕131 号)。

(3)《长江经济带发展云南实施规划》(2017)。

(4) 云南省人民政府办公厅关于成立云南省长江经济带战略环境评价项目协调小组的通知(云政办函〔2018〕39 号)。

(5) 云南省人民政府关于发布云南省生态保护红线的通知(云政发〔2018〕32 号)。

(6) 云南省人民政府办公厅关于加强长江水生生物保护工作的实施意见(云政办发〔2019〕31 号)。

4. 重要文章

陈豪. 为推动长江经济带发展作出云南贡献. 经济日报,2018 年 7 月 23 日.

3.5.4 四川省

1. 举措与亮点

(1) 加强生态环境保护的制度建设。

出台《四川省环境保护工作职责分工方案》,对各级党委政府和职能部门等环境保护职责进行梳理细化。出台《四川省党政领导干部生态环境损害责任追究实施细则(试行)》,强化各级党委、政府的生态环境和资源保护职责。在上下游城市之间建立起严格的水环境生态补偿机制。按照 2016 年出台的《四川省"三江"流域水环境生态补偿办法》,水环境赔偿金的核算方式从单因子考核变为多因子扣缴,同时设定不同监测因子的赔偿金基数。当监测断面任何一个监测因子的结果劣于规定类别时,该断面上游市、县就给予下游市、县环境赔偿。

推进环保垂直管理改革,省级设立环境保护总监察,分片区设立监察专员办,环境监管由"督企"向"督政"和"督企"并举转变。连续 10 年开展川、滇联合环境执法检查,共同保护金沙江流域生态环境安全。设立 68 个资源环境审判庭、32 个生态检察机构,探索建立环保警察队伍,形成共抓生态环境保护合力。

四川省取消 58 个重点生态功能区和生态脆弱的国家扶贫开发重点县地区生产总值及有关考核,增加绿色发展相关指标。对市(州)和省直部门实行环境保护目标绩效管理,在干部选拔任用中体现和落实环境保护相关要求,引导各级干部树立正确的发展观、政绩观。严格党政领导干部生态环境损害责任追究,开展自然资源资产审计试点,倒逼责任落实。

(2) 开展长江鲟拯救行动。

长江鲟拯救行动首要的是增殖放流长江鲟,补充野外资源量。自 2018 年以来已放流长江鲟苗种 8.5 万余尾,其中长江鲟亲本 50 尾。计划 2019 至 2020 年每年还将放流数百尾长江鲟亲本及数万尾长江鲟苗种。其次,核查修复长江鲟产卵场和索饵场。组织专家团队核查现存长江鲟产卵场和索饵场,科学评估有效性现状,并对部分产卵场和索饵场进行修复,提高自然繁殖的效果和规模。另外,还将建立长江鲟监测网络,采取超声波遥测跟踪、误捕信息收集、自然繁殖监测等手段,建立完善自然江段长江鲟野外群体监测网络,科学评估长江鲟资源恢复和种群重建效果。

四川省以长江鲟拯救行动为契机,建立严格的管理制度,加强对挖砂采石、入河排污口、码头航运等水下作业工程项目的管理,以减少人类活动对水生环境的影响。坚持保护与增殖并举,严格落实天然水域禁渔期制度,强化执法监督,严厉整治各种非法捕捞行为,全力保护和改善渔业水域生态环境。积极引导社会各界共同参与长江大保护,实现以长江鲟为代表物种的水生态环境修复。

(3) 加强生态环境保护与修复。

四川省在全国率先编制长江经济带战略环评生态保护红线、环境质量底线、资源利用上线和环境准入清单“三线一单”，提高项目和规划环境准入门槛。将全省30.4%的国土面积划入生态保护红线，纳入管控。积极开展大熊猫国家公园体制试点，将全省95%的重点保护野生动植物和55%的自然湿地划入保护区。开展大规模绿化全川行动，年均完成营造林1 000万亩以上。加强脆弱地区生态修复，5年累计治理石漠化土地1 126平方公里，恢复退化湿地约1.1万公顷。加强地震灾区生态环境恢复重建，生态系统服务功能增强。加强水生生物资源保护工作。2017年，省政府出台《加快发展现代水产产业的意见》，开展省级环境保护督察、天然水域春季禁渔、渔民退捕转产试点等工作。认真组织实施“绿盾”自然保护区监督检查专项行动、“亮剑”系列渔政专项执法行动。加强7个水生生物自然保护区和37个水产种质资源保护区的管理，积极开展鱼类增殖放流，放流苗种超过1亿尾。

(4) 发起污染防治“八大战役”。

四川省发起污染防治“八大战役”，包括蓝天保卫战、城市黑臭水体治理、长江保护修复、水源地保护、农业农村污染治理、碧水保卫战、环保基础设施建设攻坚、“散乱污”企业整治攻坚等。到2020年实现如下目标：未达标城市PM2.5平均浓度比考核基准年(2015年)下降18%，优良天数比例达83.5%；全省重要江河湖泊水功能区水质达标率达83%，87个国家考核断面水质优良比例达81.6%，全面消除劣Ⅴ类断面；全省市(州)政府所在地建成区基本消除黑臭水体，基本形成较为完善的工业废水集中处理系统和管网配套系统，实现超标废水零排放；全省实现所有行政村环境整治全覆盖，畜禽粪污综合利用率达75%以上，卫生厕所普及率达85%以上。

2. 时任领导讲话

(1) 彭清华：进一步筑牢长江上游生态屏障。

四川省委书记彭清华2018年7月28日在《经济日报》发表署名文章《进一步筑牢长江上游生态屏障》。提出要进一步加强生态文明建设、筑牢长江上游生态屏障，像保护眼睛一样保护生态环境，像对待生命一样对待生态环境，奋力谱写美丽中国的四川篇章。坚持把修复长江生态环境摆在压倒性位置，围绕解决群众身边的突出环境问题，集中优势兵力，坚决打好蓝天保卫、碧水保卫、黑臭水体治理攻坚、长江保护修复攻坚、饮用水水源地问题整治攻坚、环保基础设施建设攻坚、农业农村污染治理攻坚、“散乱污”企业整治攻坚“八大战役”，加快补齐生态环境短板，为子孙后代守护好蓝天、碧水和净土。

(2) 尹力：建设长江上游生态绿色黄金经济带。

2018年5月，四川省省长尹力在成都主持召开省推动长江经济带发展领导小组会议，传达学习习近平总书记在深入推动长江经济带发展座谈会上的重要讲话精神，研究部署四川省贯彻落实意见和近期重点工作。提出要坚持和落实共抓大保护、不搞大开发，努力把长江上游四川段建设成为生态环境优美、经济高质量发展、群众生活美满、管理协调高效的黄金经济带。

3. 重要文件

(1) 四川省人民政府贯彻国务院关于依托黄金水道推动长江经济带发展指导意见的实施意见(川府发〔2014〕67号)。

(2) 四川省人民政府办公厅关于印发进一步加强长江四川段航道治理工作实施方案的通知(川办函〔2016〕137号)。
(3) 四川省人民政府办公厅关于印发四川省湿地保护修复制度实施方案的通知(川办发〔2017〕98号)。
(4)《四川省长江经济带发展实施规划》(2017)。
(5) 中共四川省委　四川省人民政府办公厅印发《四川省贯彻落实〈关于全面推行河长制的意见〉实施方案》的通知(川委发〔2017〕3号)。
(6) 四川省发展改革委员会　国土资源厅等八部门联合印发《四川省耕地草原河湖休养生息规划(2017—2030年)》(2017)。

4. 重要文章

彭清华.进一步筑牢长江上游生态屏障.经济日报,2018年7月28日.

3.5.5　重庆市

1. 举措与亮点

(1) 实施“五大行动”推动环保工作。

2013—2017年重庆市开展环保“五大行动”,即蓝天、碧水、宁静、绿地、田园行动,涉及6 000余项工程项目和工作措施。“蓝天行动”主要是“四控一增”,即控制燃煤及工业废气污染、控制城市扬尘污染、控制机动车排气污染、控制餐饮油烟及挥发性有机物污染、增强大气污染监管能力。“碧水行动”主要是“四治一保”,即治理城乡饮用水源地水污染、治理工业企业水污染、治理次级河流及湖库水污染、治理城镇污水垃圾污染、保护三峡库区水环境安全。“宁静行动”主要是“四减一防”,即减少社会生活噪声、减缓交通噪声、减少建筑施工噪声、减少工业噪声、开展噪声源头预防。“绿地行动”主要是实施“三项工程”,即实施生态红线划定与重点生态功能区建设工程、城乡土壤修复和城乡绿化工程。“田园行动”主要是开展“三项整治”,即开展农村生活污水整治、农村生活垃圾整治、畜禽养殖污染综合整治。

(2) 启动长江经济带化工企业污染整治。

2017年,重庆市启动长江经济带化工企业污染整治专项行动,进一步加强工业园区环境保护管理和长江沿线化工企业及园区污染整治,重点整治化工企业及园区存在的超标排放等7个方面突出问题。主要包括:在生态保护红线、自然保护区、水源保护区等环境敏感区域内设立化工园区;沿江化工企业污水不达标或超标排放,污水处理设施尚未建设、配套不完善、运行不正常,恶意偷排;落后、淘汰、污染的化工产能或生产工艺未依法依规关闭,并向沿江上游转移;沿江化工企业未进入园区,园区基础设施不配套;沿江化工企业和园区突发环境事件风险防范设施建设不到位;沿江化工企业及园区环境监管不到位、监管机制不健全、监管执法不严格;自动监控设施不完善、治污设施未按要求建设运行、集中式污水处理设施未按要求建设等。

(3) 探索长江系统性、立体性司法保护机制。

重庆市积极推进环境司法联动。重庆市最高法院、5 个中级法院和 5 个区法院设立环境资源审判庭 11 个,重庆市检察院明确环境污染案件审查起诉机构,重庆市公安局设立环境安全保卫总队,“刑责治污”格局基本形成。

重庆市检察院从 2018 年 4 月至 2020 年 4 月开展了“保护长江母亲河”公益诉讼专项行动,大力发挥公益诉讼职能作用,积极服务长江上游重要生态屏障建设,推动长江流域生态环境质量不断改善,助力长江经济带绿色发展,为把重庆建成山清水秀美丽之地提供有力司法保障。2018 年 8 月,重庆市检察院出台《关于充分发挥检察职能　服务保障长江经济带发展　加快建设山清水秀美丽之地的指导意见》,要求加大公益诉讼工作力度,扎实推进“保护长江母亲河”公益诉讼专项行动。要积极发挥民行检察监督职能,妥善处理社会影响较大、人数众多或者具有代表性的水、大气、土壤、噪声污染侵权事件,维护群众合法环境权益。要注重加强恢复性司法工作,探索建立“专业化法律监督+恢复性司法实践+社会化综合治理”的生态检察模式,建立具有生态修复、工作宣传、警示教育、社会公益等多功能为一体的生态环境司法保护示范基地,增强生态环境司法保护工作的针对性和实效性。

为保障和提高重庆市长江大保护的法律服务质量,共同促进重庆市长江大保护的健康发展,2018 年 8 月,重庆市律师协会决定组建重庆市长江大保护律师志愿服务团。主要职责如下:举办环保法律服务实务培训,推动律师服务生态文明建设;推动律师全面参与各级政府的环境保护工作,为能源、环境领域的立法、修法工作与政策制定建言献策;对企业进行环保法律宣讲和普法宣传;为广大群众提供环保方面的公益法律咨询,为环境公益诉讼案件提供免费的法律援助;研究城镇化建设的法律服务产品,推动重大环境信息公开制度的建立和完善;积极参与长江沿线省市的律师协会及其专门委员会活动,为保护长江沿线生态环境建言献策。

重庆市检察院二分院成立“长江生态检察官办公室”,正式确立保护长江上游三峡库区腹地生态环境的“长江生态检察官制度”,这是重庆探索运用司法手段系统性保护长江生态环境的最新举措。对于跨区域的重大环保案件,“长江生态检察官”将提前介入,统一受理、统一审查、统一量刑标准。此外,针对多部门责任交差问题,新制度将采用联席会议、检察建议、督促履职等手段,实现综合立体的系统性司法监督和保护。

(4) 强化三峡库区水环境保护。

重庆市大力实施《三峡库区及其上游水污染防治规划》和《重庆市碧水行动实施方案》,全面加强三峡库区水环境保护工作,确保库区水质稳中趋好。建立设施—企业—园区“三级”风险防范体系,构建政府、部门、风险源单位对突发环境事件事前预防、事后处置的监管预警体系、应急联动和应急处置体系。2017 年,重庆市人民政府办公厅印发《长江三峡库区重庆流域突发水环境污染事件应急预案的通知》,用以有效预防长江三峡库区重庆流域突发水环境污染事件的发生,规范突发水环境污染事件应急处置工作,最大程度地控制、减轻和消除对三峡库区重庆流域水环境的污染和危害,维护长江三峡库区重庆流域水体环境安全,保障人民群众生命财产安全。

(5) 推进上下游环境治理合作。

为落实“共抓大保护、不搞大开发”要求,重庆、贵州两地签署合作框架协议,决定协同推进长江上游流域生态保护与生态修复，推进乌江等跨境流域共建共保，加强沿江涉磷工矿企业污染治理，推动建立三峡库区跨省界流域横向生态补偿机制，促进长江经济带绿色发展。重庆各级环保部门分别与四川、贵州、湖北、湖南等地域相邻、流域相同的省市、区县签订《共同预防和处置突发环境事件框架协议》、《长江三峡库区及其上游流域跨省界水质预警及应急联动川渝合作协议》、《共同加强嘉陵江渠江流域水污染防治及应对突发环境事件框架协议》等。

2017年6月，首届长江上游地区省际协商联席会议在重庆召开。重庆、四川、云南、贵州四省市审议通过《长江上游地区省际协商合作机制实施细则》，明确联席会的具体运行机制和操作细则，完善联席会的体制构架和制度规范。四省市政府经过友好协商，商定生态环境联防联控、基础设施互联互通、公共服务共建共享3个年度重点工作方案，为推进长江上游地区一体化发展明确了具体目标任务。

2018年6月，重庆市人民政府和四川省人民政府联合印发《深化川渝合作深入推动长江经济带发展行动计划(2018—2022年)》。该行动计划的第一条就是“推动生态环境联防联控联治”，其中包括加强跨界河流联防联控联治、加强大气污染联防联控联治、加强生态建设合作和加强区域环境风险防范。

2. 时任领导讲话

(1) 陈敏尔：强化“上游意识”，担起“上游责任”。

2018年6月，重庆市委理论学习中心组举行专题学习会，深入学习贯彻习近平生态文明思想和全国生态环境保护大会精神。重庆市委书记陈敏尔强调，习近平总书记对重庆提出“两点”定位、“两地”和“两高”目标要求，走向生态文明新时代、建设山清水秀美丽之地是其中的重要内容。重庆地处长江上游，必须强化“上游意识”，担起“上游责任”。全市上下深学笃用习近平生态文明思想，认真落实中央深入推动长江经济带发展座谈会和全国生态环境保护大会精神，坚持“共抓大保护、不搞大开发”方针，深入践行“绿水青山就是金山银山”理念，大力推进生态产业化、产业生态化，坚决打好污染防治攻坚战，筑牢长江上游重要生态屏障，生态优先、绿色发展日益成为重庆大地的主旋律。

(2) 唐良智：从严整改生态环保问题，筑牢长江上游重要生态屏障。

2019年7月，重庆市委副书记、市长唐良智调研生态环境保护时强调，重庆是长江上游生态屏障的最后一道关口。保护好长江母亲河和三峡库区，事关重庆长远发展，事关国家发展全局。要深学笃用习近平生态文明思想和习近平总书记对重庆生态环保工作的重要指示精神，坚决贯彻“共抓大保护、不搞大开发”方针，从严整改生态环保问题，全力筑牢长江上游重要生态屏障，加快建设山清水秀美丽之地，努力在推进长江经济带绿色发展中发挥示范作用。

3. 重要文件

(1) 重庆市推动“一带一路”和长江经济带发展领导小组办公室　关于印发重庆市非法码头专项整治工作方案的通知(渝两带一路办发〔2016〕7号)。

(2) 中共重庆市委办公厅　重庆市人民政府办公厅关于印发《重庆市全面推行河长制工作方案》的通知(渝委办发〔2017〕11号)。

(3) 重庆市推动"一带一路"和长江经济带发展领导小组办公室关于加快推进非法码头专项整治工作的通知(渝两带一路办发〔2017〕38 号)。
(4) 重庆市人民政府办公厅关于印发重庆市湿地保护修复制度实施方案的通知(渝府办发〔2017〕68 号)。
(5) 重庆市人民政府办公厅关于印发长江三峡库区重庆流域突发水环境污染事件应急预案的通知(渝府办发〔2017〕9 号)。
(6) 重庆市人民政府关于发布重庆市生态保护红线的通知(渝府发〔2018〕25 号)。
(7) 重庆市人民政府　四川省人民政府关于印发深化川渝合作深入推动长江经济带发展行动计划(2018—2022 年)的通知(渝府发〔2018〕24 号)。
(8) 重庆市人民政府办公厅关于推进长江上游生态屏障(重庆段)山水林田湖草生态保护修复工程的实施意见(渝府办〔2019〕2 号)。

3.5.6 湖南省

1. 举措与亮点

(1) 统一思想,深化对长江大保护的认识。

2018 年 4 月,湖南省委常委会召开扩大会议强调,要深入学习贯彻习近平总书记关于推动长江经济带发展的重要战略论述,切实增强"共抓大保护、不搞大开发"的思想行动自觉。要坚持以"一湖四水"系统联治为重要抓手,切实把生态环境修复摆在压倒性位置,统筹处理整体推进和重点突破的关系,坚持"山水林田湖草"系统治理,继续抓好湘江保护和治理,扎实推进洞庭湖水环境综合整治,全面推行河长制、湖长制,系统推进"四水"流域水污染防治,努力以湖南"一湖四水"的清水长流、岁岁安澜,为建设清洁美丽的万里长江作出新的更大贡献。

2018 年 5 月,中共湖南省委十一届五次全体会议在长沙召开,审议通过《中共湖南省委关于坚持生态优先绿色发展　深入实施长江经济带发展战略　大力推动湖南高质量发展的决议》。会议提出要牢记习近平总书记对湖南的期望和重托,进一步增强政治自觉、思想自觉和行动自觉,坚持问题导向,以"一湖四水"系统联治为重点,全面推进生态优先、绿色发展,切实以环境治理留住绿水青山,用绿色发展赢得金山银山。要加强生态环境保护和治理修复,坚决打赢污染防治攻坚战。要坚持从生态系统整体性和长江流域系统性出发,突出水污染治理、水生态修复、水资源保护、水安全保障,实施污染防治攻坚战三年行动计划,统筹"山水林田湖草"系统治理,做到全局和局部相配套、治本和治标相结合、渐进和突破相衔接,持之以恒推进生态保护和污染防治,筑牢"一湖三山四水"生态屏障,让"一湖四水"的清流汇入长江,努力打造长江经济带"绿色长廊"。

(2) 开展"一湖四水"生态环境综合整治。

北纳长江,南接湘江、资水、沅水、澧水("四水")的洞庭湖是长江经济带的重要节点。2016 年,湖南省委、省政府编制《洞庭湖生态经济区水环境综合治理实施方案》,全面铺开沟渠塘坝清淤、畜禽养殖污染整治、河湖围网养殖清理、河湖沿岸垃圾清理、重点工业污染源五大环境整治专项行动。岳阳市在洞庭湖沿岸和长江沿线全面实施封洲禁牧，381 家养殖场全部关停，占用长江岸线的非法码头整治、洞庭湖区全面禁止采砂等组合拳同步使出；常德自然保护区内 32 个砂石场堆场全部关闭，珊泊湖清淤、补水、截污、禁投，整治污染顽疾不遗余力；益阳市公共水域的 20.76 万亩矮围网围全部完成功能性拆除。

在湖南，湘江保护和治理被列为全省“一号重点工程”。从 2013 年至 2021 年连续实施湘江保护和治理 3 个“三年行动计划”。2016 年，第二个“三年行动计划”启动，“一号重点工程”向洞庭湖和湘江、资水、沅水、澧水（“一湖四水”）延伸。

2018 年 2 月，湖南省政府办公厅印发《统筹推进“一湖四水”生态环境综合整治总体方案（2018—2020 年）》，将系统推进十二大工程（养殖污染整治工程、非法采砂整治工程、城镇与园区污水处理提升工程、黑臭水体整治工程、湖区清淤疏浚工程、湿地生态修复工程、生态涵养带建设工程、河道整治与保洁工程、人居环境综合整治工程、水源地及重点片区保护治理工程、湘江流域重金属污染治理工程、防洪减灾能力提升工程），切实抓好湘江、资水、沅水、澧水（“四水”）上游环境治理，为洞庭湖环境治理腾出容量、减轻负荷。2020 年河湖水质优良率达 93.3%，洞庭湖水质总磷小于等于 0.1 毫克每升，畜禽养殖场粪污处理设施配套率达 95%以上，县级以上城市污水处理设施（能力）实现全覆盖，设市城市生活垃圾焚烧处理率达到 50%以上，省级园区全部建成污水集中处理设施并投入运行。

（3）全面细致落实河长制。

2017 年，湖南省构建以省委书记为第一总河长的五级河长体系，出台《关于全面推行河长制的实施意见》，市、县、乡三级出台实施方案，省、市、县全面建立河长会议、信息共享等 6 项制度，明确 21 项年度工作任务，并建立严格的考核制度。2017 年 9 月，湖南省长江办印发《关于印发湖南省长江经济带“共抓大保护”突出问题整改工作方案的通知》，在全省范围内开展长江经济带“共抓大保护”突出问题整改行动，重点对 8 个方面进行整改：强化“共抓大保护”意识，加强农村、农业面源污染治理，优化沿江化工产业布局，加大生活污水、垃圾处理力度，强化饮用水水源保护，加强水上污染物监管治理，遏制洞庭湖水生态功能退化趋势，完善生态补偿机制，使长江经济带“共抓大保护、不搞大开发”成为全省的共同意志。湖南省还先后出台《湖南省入河排污口监督管理办法》、《长江经济带沿江取水口排污口和应急水源布局规划湖南省实施方案（2017—2020 年）》等文件，明确入河排污口分级管理原则，明确各部门权责边界，强化入河排污口监督管理和规范化建设的长效机制。

（4）制定长江岸线生态保护和绿色发展规划。

为贯彻落实习近平总书记“守护好一江碧水”的指示精神，改善长江岸线湖南段生态环境，推动高质量发展，湖南省组织编制《长江岸线湖南段生态保护和绿色发展规划》。该规划坚持“生态优先、绿色发展”理念，以长江岸线为主线，按照“点面结合、城乡联动、分区治理、统筹推进”的治理思路，提出“5＋1”总体规划方案，包括生态修复保护方案、水环境污染治理方案、港口布局优化方案、防洪能力提升方案、岸线环境建设方案和绿色发展工作方案。

（5）制定湖南长江保护修复攻坚战八大专项行动。

2019 年 5 月，湖南省生态环境厅、省发展改革委联合制定《湖南省贯彻落实〈长江保护修复攻坚战行动计划〉实施方案》。湖南长江保护修复攻坚战以长江干流、主要支流及重点湖库为重点，重点推进城镇污水垃圾处理、化工污染治理、农业面源污染治理、船舶污染治理及尾矿库污染治理“4+1”工程，开展重点断面整治、入河排污口整治、自然保护区监督管理、“三磷”排查整治、固体废物排查整治、饮用水水源保护、工业园区规范化整治、黑臭水体整治八大专项行动。

2. 时任领导讲话

(1) 杜家毫：打一场洞庭湖生态环境全民保卫战。

2017 年 9 月，湖南省委书记、省人大常委会主任杜家毫主持召开洞庭湖治理专题会议时强调，要深入学习贯彻习近平总书记关于生态文明建设的重要战略思想和中央领导同志关于洞庭湖生态环境问题的重要批示精神，树牢新发展理念，树立正确政绩观，直面问题、动真碰硬，严肃追责、狠抓落实，以更强决心、更大声势、更硬举措、更实作风，打一场洞庭湖生态环境全民保卫战，努力建设大美洞庭、生态潇湘。

(2) 杜家毫：牢牢把握高质量发展这个根本要求。

2018 年 7 月，省委书记、省人大常委会主任杜家毫在《学习时报》发表《牢牢把握高质量发展这个根本要求》一文，指出湖南是长江经济带重要省份，洞庭湖是长江中游最重要的通江湖泊和最主要的调蓄湖泊，“一湖四水”联通长江、辐射全省，全省 96%的区域都在长江经济带范围内。“共抓大保护、不搞大开发”，决不是说不要发展、不能发展，而是要通过共抓大保护，做到令行禁止，先把战场打扫好、清理好，在“立规矩”的前提下，贯彻新发展理念，在更高起点上推动绿色发展、实现高质量发展。牢固树立“绿水青山就是金山银山”理念，以“一湖四水”系统联治为重点，持续推进湘江和洞庭湖生态环境专项整治，全面落实大气、水、土壤污染防治行动计划，统筹推进“山水林田湖草”系统治理。坚定不移走生态优先绿色发展之路，积极探索绿水青山转化为金山银山的路径，着力改变粗放型发展模式，在生态环境容量上过“紧日子”，以强制性约束性标准倒逼产业结构调整和转型升级，促进产业高端化、循环化、绿色化，不断提升经济发展的“绿色含量”。

(3) 杜家毫：以壮士断腕的决心和超常规的举措推进长江岸线专项整治。

2018 年 5 月，省委书记、省人大常委会主任杜家毫主持召开长江岸线整治专题会议时强调，要认真学习领会、坚决贯彻落实习近平总书记在深入推动长江经济带发展座谈会和岳阳视察时的重要讲话精神，始终坚持问题导向，以壮士断腕的决心和超常规的举措，推进长江岸线湖南段专项整治，坚定不移走生态优先、绿色发展之路，推动经济高质量发展。

(4) 许达哲：建立完善部门协调联动机制，形成推进洞庭湖整治的强大合力。

在 2017 年 9 月召开的洞庭湖治理专题会议上，湖南省委副书记、省长许达哲强调，要进一步提高思想认识，提高政治站位，用习近平总书记关于生态文明建设和环境保护的战略思想武装头脑、指导实践、推动工作，正确处理新常态下经济建设与生态环境保护的关系。要狠抓责任落实，严格落实属地责任，针对当前面临的突出问题拉条挂账，建立完善部门协调联动机制，形成推进洞庭湖整治的强大合力。要坚持实事求是、科学应对，严格落实“河长制”，迅速分解整改责任清单、细化整改措施，以钉钉子精神抓好中央环保督察反馈问题的整改，推动洞庭湖生态经济区建设。

(5) 许达哲：以长江经济带发展推动高质量发展。

2018 年 6 月，省委副书记、省长许达哲主持召开湖南省推动长江经济带发展领导小组第二次会议。强调要学习贯彻习近平生态文明思想和关于长江经济带发展战略思想，坚持“共抓大保护、不搞大开发”，把生态优先、绿色发展的要求落实到产业升级、通道建设、开放合作、脱贫攻坚、乡村振兴等重点领域，以长江经济带发展推动高质量发展。

3. 重要文件

(1) 湖南省人民政府关于依托黄金水道推动长江经济带发展的实施意见(湘政办发〔2015〕15 号)。

(2)《开展联合打击我省长江流域“一条龙”式破坏生态环境犯罪专项行动分工方案》(2017)。

(3) 湖南省长江办关于印发湖南省长江经济带“共抓大保护”突出问题整改工作方案的通知(2017 年 9 月 11 日)。

(4) 湖南省水利厅：《长江经济带沿江取水口排污口和应急水源布局规划湖南省实施方案》(2017—2020 年)(2017)。

(5) 湖南省委办公厅　湖南省人民政府印发《湖南省关于全面推行河长制的实施意见》的通知(湘政办发〔2017〕13 号)。

(6) 湖南省人民政府关于印发《湖南省河道采砂管理办法》的通知(湘政发〔2017〕11 号)。

(7) 湖南省人民政府办公厅关于印发《湖南省湿地保护修复制度工作方案》的通知(湘政办发〔2017〕62 号)。

(8) 湖南省人民政府关于印发《湖南省污染防治攻坚战三年行动计划(2018—2020 年)》的通知(湘政办发〔2018〕17 号)。

(9) 湖南省人民政府关于印发《湖南省生态保护红线》的通知(湘政发〔2018〕20 号)。

(10) 湖南省人民政府办公厅关于印发《湖南省入河排污口监督管理办法》的通知(湘政办发〔2018〕44 号)。

(11) 中共湖南省委关于坚持生态优先绿色发展深入实施长江经济带发展战略　大力推动湖南高质量发展的决议(2018 年 5 月 11 日中国共产党湖南省第十一届委员会第五次全体会议通过)。

(12) 湖南省住房和城乡建设厅关于印发《长江经济带住建领域环境问题整改排查方案》的通知(湘建城函〔2019〕45 号)。

(13)《长江岸线湖南段生态保护和绿色发展规划》(2019)。

(14)《湖南省贯彻落实〈长江保护修复攻坚战行动计划〉实施方案》(2019)。

4. 重要文章

杜家毫. 牢牢把握高质量发展这个根本要求. 学习时报，2018 年 7 月 30 日.

3.5.7 湖北省

1. 举措与亮点

(1) 注重生态保护和绿色发展的协调。

2017 年 1 月,湖北省出台《关于大力推进长江经济带生态保护和绿色发展的决定》,提出六大任务:切实保护和科学利用长江水资源,严格预防和治理水污染,加强流域环境综合治理,强化生态保护和修复,促进岸线资源有效保护有序利用,促进绿色低碳生态环保产业发展。该决定的第三部分是关于强化长江经济带生态保护和绿色发展的保障措施。该决定要求强化生态法治保障、强化规划引领保障、发挥政府主导作用、发挥市场机制作用、构建生态保护共治格局。

湖北省编制实施《湖北长江经济带生态保护和绿色发展总体规划》,明确提出"生态优先,绿色发展"的战略定位,要求充分发挥地处长江之"腰"和国土"天元"的区位优势,打造长江经济带的生态安全新支点、文化创新新高地、绿色发展新引擎。配套编制实施生态环境保护、综合立体绿色交通走廊建设、产业绿色发展、绿色宜居城镇建设、文化建设 5 部专项规划,修改完善多部规划,构建"1＋5＋N"的规划体系,从源头上立起生态优先的"规矩"。以负面清单形式严守资源消耗上限、环境质量底线、生态保护红线,实行总量和强度"双控",实现"留白"发展,将各类开发活动限制在环境资源承载能力之内,为未来发展留足绿色空间。

2017 年,湖北省发展和改革委员会印发《湖北长江经济带产业绿色发展专项规划》。根据该规划,湖北将重点发展高效节能、先进环保、资源循环利用等领域。集中突破废水、雾霾、土壤农药残留、水体及土壤重金属污染等领域污染防治关键共性技术,实施土壤修复、大气污染治理、水污染专项治理等工程。强化先进环保成套装备制造能力,推广先进环保技术装备在冶金、化工、建筑材料、食品制造等重点领域的应用。加快建立和完善第三方治理模式,大力推进污染集中治理的专业化、市场化、社会化运营,提升先进环保服务水平。

(2) 制定规划,开展长江大保护九大行动和十大标志性战役。

2017 年,湖北省制定《湖北长江经济带生态环境保护规划(2016—2020)》。2017 年 8 月,湖北省印发《湖北长江大保护九大行动方案》,包括森林生态修复行动、湖泊湿地生态修复行动、生物多样性保护行动、工业污染防治和产业园区绿色改造行动、城镇污水垃圾处理设施建设行动、农业和农村污染治理行动、江河湖库水质提升行动、重金属及磷污染治理行动和水上污染综合治理行动。力争"增加修复,减少污染",在 3～5 年取得长江大保护的更大实效。

湖北省人民政府决定集中力量打好沿江化工企业"关改搬转"、城市黑臭水体整治、农业面源污染整治等湖北长江大保护十大标志性战役。先后制定 14 个工作方案,具体包括《湖北省沿江化工企业关改搬转工作方案》、《湖北省城市黑臭水体整治工作方案》、《湖北省农业面源污染整治工作方案》、《湖北省长江干线非法码头专项整治工作方案》、《湖北省河道非法采砂整治工作方案》、《湖北省船舶污染防治工作方案》、《湖北省尾矿库综合治理工作方案》、《湖北省长江段和汉江沿线港口岸线资源清理整顿工作方案》、《湖北省长江两岸造林绿化工作方案》、《湖北省饮用水水源地保护和专项治理工作方案》、《湖北省企业非法排污整治工作方案》、《湖北省长江入河排污口整改提升工作方案》、《湖北省固体废物污染治理工作方案》、《湖北省城乡生活污水治理工作方案》。

（3）全面推进沿江化工污染整治。

结合中央环保督察整改要求，全面推进长江经济带化工污染整治各项工作。一是开展长江经济带化工企业、化工园区及在建项目摸底调查工作。二是按照全面启动化工园区空间布局、化工企业搬迁入园、化工建设项目专项清理、化工园区规范提升建设、夯实化工园区管理等工作。三是依法依规淘汰落后产能，通过实施综合标准，在全省范围内推进一批能耗、环保、安全、技术达不到标准的石化产品和石化企业依法依规关停退出。四是宜昌化工产业转型升级强力推进。宜昌市政府研究制定《关于化工产业专项整治及转型升级的意见》、《宜昌市化工行业专项整治及转型升级三年行动方案》、《宜昌市磷产业发展总体规划》等政策文件，以实现化工产业安全环保全面达标为目的，以实现"高端化、精细化、绿色化、集聚化、循环化"为原则，强力推进沿江化工园区和化工企业"关停并搬转"，促进化工产业结构调整改造和优化升级。

（4）加强长江流域环境资源审判工作。

2018年6月，湖北省高级人民法院出台《关于全面加强环境资源审判工作为长江流域生态文明建设与绿色发展提供司法保障的实施办法》，对全省法院加强长江流域环境资源审判工作作出部署。该实施办法要求，要突出地域特点，切实提升长江流域环境资源审判工作的针对性、实效性。全省法院要研究谋划服务地方环境资源保护的有效路径，围绕做好生态修复、环境保护、绿色发展"三篇文章"：针对各地长江经济带发展战略实施重点，把环境资源审判工作置于当地生态环境建设发展的整体布局来谋划；积极配合专项整治行动的全面开展，充分发挥审判职能作用，配合全省长江大保护十大标志性战役，依法严惩非法码头、非法采砂、非法采矿、非法排污等环境违法行为；充分发挥武汉海事法院的管辖优势，着力打造长江流域七省市环境资源审判支点。

（5）积极开拓生态保护和绿色发展的资金渠道。

湖北省长江经济带生态保护和绿色发展涉及环保、交通、城镇化、农业、林业、水利设施等各方面，项目数量多、资金需求量大。为了强化项目的资金保障，湖北省充分发挥政策性、综合性金融机构的优势，争取国家开发银行加大对湖北长江大保护的信贷资金的投入。2018年湖北长江经济带生态保护和绿色发展融资项目首批32个项目已获得1 208亿元授信支持。与此同时，湖北省着力管好、用活长江产业基金。2017湖北环保世纪行活动组委会透露，长江产业基金成立以来运行良好，已核准设立的母基金总规模超过1 000亿元，储备了一批战略性新兴产业项目。湖北省积极推动在长江产业基金旗下成立一支子基金，专门用于支持湖北长江大保护工作。湖北省在全国率先出台《湖北长江经济带生态保护和绿色发展总体规划》和5个专项规划，初步建立总投资1.14万亿元的项目库，并与国家开发银行开展融资融智合作，共同编制《湖北长江经济带生态保护和绿色发展融资规划》，推动长江经济带战略湖北化、项目化、具体化。

（6）完善生态环境保护建设相关的规章制度。

湖北省围绕长江经济带生态环境保护，陆续出台《湖北省实施〈党政领导干部生态环境损害责任追究办法（试行）〉细则》、《湖北省水污染防治条例》、《湖北省土壤污染防治条例》、

《湖北省水污染防治行动计划工作方案》、《2016年湖北省水污染防治工作要点》、《湖北省生态保护红线划定方案》、《湖北省生态保护红线管理办法(试行)》、《沿江重化工及造纸行业企业专项集中整治行动方案》、《湖北省关于加强长江黄金水道环境污染防控治理的行动计划》、《湖北省关于进一步加强长江航道治理的行动计划》等一系列法规与文件,为推动湖北“共抓大保护”提供强有力的政策保障。

(7) 推进水生态水环境修复,加强湖泊环境保护和治理。

实施河湖水系连通工程。编制《湖北省江河湖库水系连通实施方案(2017—2020年)》,2017年投入资金1.9亿元,在武汉市、襄阳市、荆门市等地实施7个水系连通项目。

出台《湿地保护修复制度实施方案》,积极开展湿地保护修复。2017年安排洪湖国际重要湿地生态效益补偿资金600万元,安排5 000万元对25个国家湿地公园开展保护与恢复,投入4 000万元完成退耕还湿4万亩。

加大水土流失综合治理和生态修复力度。制定《湖北省水土保持规划(2016—2030年)》,2017年以三峡、丹江口、清江库区和洪湖等重点湖泊流域水土流失治理为重点,全省全年累计治理水土流失面积1 620平方公里。加强水土保持林、水源涵养林建设,2017年全省完成长江防护林工程人工造林0.87万公顷、封山育林0.73万公顷,“十三五”以来全省共完成长江防护林工程人工造林2.13万公顷、封山育林1.59万公顷。

加强湖泊环境保护和治理。一是全面建立湖长责任制。全省列入省政府保护名录的755个湖泊全部明确了湖长,其中洪湖、梁子湖、斧头湖、长湖、汈汊湖五大湖泊的湖长均由省委、省政府领导担任。二是加强重点湖泊水污染防治。对斧头湖、洪湖、网湖等10个湖泊共12个不达标水域制定达标方案,强化综合治理,确保水质持续改善。武汉市和咸宁市共同编制《斧头湖流域生态保护规划(2016—2025年)》,武汉市拆除斧头湖水域围栏围网6.3万亩,实施斧头湖江夏流域村湾污水全收集、全处理和农村环境综合整治,咸宁市拆除斧头湖水域围栏围网8.1万亩,新建截污管网20余公里,关闭41家规模化畜禽养殖场。三是着力解决湖泊非法养殖污染问题。组织开展湖泊水库养殖围栏围网拆除工作,同时做好渔民转产转业和安置,全省122.2万亩围栏围网和网箱养殖拆除任务已全面完成,27.45万亩投肥(粪)养殖和4.5万亩珍珠养殖全部取缔。四是坚决遏制填湖占湖行为。定期开展湖泊巡查,利用湖泊卫星遥感监测平台,开展全省湖泊形态监测和核查,及时发现、坚决制止、依法查处违法填湖占湖行为。武汉市针对中央环保督察指出的填湖占湖问题,对硃山湖、官莲湖周边分别退地还水188.2亩、162.8亩,启动牛山湖、杨桥湖等9处围垸的退垸(田、渔)还湖工作。

强力推进河湖长制工作,共有17名省委和省政府领导担任省级河湖长,省委书记任第一总河湖长,省长任总河湖长,以党政领导负责制为核心的4级河湖长制责任体系全面建立,12 000余名省、市、县、乡4级河湖长和25 000余名村级河湖长全部进岗到位、领责履职,4级河湖长累计开展巡河巡湖50 000余人次,解决了一大批影响河湖健康的突出问题,河道、湖面、沟渠、塘堰生态环境持续好转。

2. 时任领导讲话

(1) 李鸿忠:落实生态优先,推动绿色发展。

2016年4月,湖北省人大常委会在武汉召开“推进湖北长江经济带生态保护座谈会”。

省委书记、省人大常委会主任李鸿忠出席并讲话。李鸿忠指出，落实“坚持生态优先、绿色发展，共抓大保护、不搞大开发”的战略定位，要从价值观和发展理念入手，上好“绿色大学”，真正把五大发展理念作为指挥棒，牢固树立“绿色决定生死”的理念，用绿色理念来引领发展价值观，为走好经济发展与生态保护双赢之路打牢思想基础。要迅速调整发展思路和湖北长江经济带发展规划，根据中央决策部署，对产业发展规划、城镇发展规划、长江岸线资源开发利用规划等进行对表调校，全面充分体现以生态保护为前提、以绿色发展为底色。

(2) 蒋超良：做好长江大保护“辩证法”。

2018 年 3 月，湖北省委书记、省人大常委会主任蒋超良代表接受《人民日报》记者采访时提出，坚决贯彻落实习近平总书记关于长江经济带发展“共抓大保护、不搞大开发”的重要指示精神，正确处理好发展与保护、当前与长远、加法与减法、治标与治本的关系，做好长江大保护“辩证法”，让湖北天更蓝、水更清、山更绿。

(3) 蒋超良：坚持不懈做好生态修复、环境保护、绿色发展“三篇文章”。

2018 年 5 月，省委书记蒋超良主持召开“湖北省长江大保护工作专题会”。蒋超良强调，推动长江经济带发展要持续发力、久久为功，坚持不懈做好生态修复、环境保护、绿色发展“三篇文章”。要协同推进修复与治理，协同推进保护与发展，协同推进治标与治本，以更大力度推动湖北长江经济带高质量发展。

(4) 王晓东：集中力量打好十大标志性战役，在长江大保护中体现湖北担当。

2018 年 5 月，湖北省委副书记、省长、省总河湖长王晓东，率全省各市州总河湖长和长江沿线各县市区总河湖长，乘船巡查长江荆州段和洪湖，并在洪湖市召开全省推进长江大保护落实河湖长制工作会议。他强调要切实担负起保护母亲河的时代使命，集中力量打好十大标志性战役，在推进长江大保护中体现湖北担当、展现湖北作为、作出湖北贡献。

(5) 王晓东：守好发展和生态两条底线。

2018 年 7 月，湖北省省长王晓东在湖北省环境保护委员会全会上强调，要坚定不移推动长江大保护，坚持发展与保护相统一，全力打好长江大保护十大标志性战役，加快实施长江经济带绿色发展十大战略性举措，守好发展和生态两条底线。

3. 重要文件

(1) 湖北省人民政府关于国家长江经济带发展战略的实施意见(鄂政发〔2015〕36 号)。

(2) 湖北省人民政府办公厅关于印发湖北省治理长江干线非法码头工作方案及联席会议制度的通知(鄂政办发〔2016〕11 号)。

(3) 湖北省人民政府办公厅关于印发湖北省长江流域跨界断面水质考核办法的通知(鄂政办发〔2016〕48 号)。

(4) 中共湖北省委办公厅　湖北省政府办公厅关于迅速开展湖北长江经济带沿江重化工及造纸行业企业专项集中整治行动的通知(鄂办文〔2016〕34 号)。

(5) 湖北省发展改革委　环境保护厅：湖北省关于加强长江黄金水道环境污染防控治理的行动计划(2016)。

(6) 湖北省交通运输厅:湖北省关于进一步加强长江航道治理的行动计划(2016)。
(7) 中共湖北省委办公厅　湖北省人民政府办公厅关于迅速开展湖北长江经济带沿江重化工及造纸行业企业专项集中整治行动方案的通知(鄂办文〔2016〕34号)。
(8) 湖北省人民政府办公厅关于印发湖北省生态保护红线管理办法(试行)的通知(鄂政办发〔2016〕72号)。
(9) 湖北省发展和改革委员会关于印发湖北长江经济带生态保护和绿色发展总体规划的通知(鄂发改工业〔2017〕542号)。
(10) 湖北省环境保护厅关于印发湖北长江经济带生态环境保护规划(2016—2020)的通知(鄂环发〔2017〕23号)。
(11) 湖北省人民代表大会关于大力推进长江经济带生态保护和绿色发展的决定(2017年1月21日湖北省第十二届人民代表大会第五次会议通过)。
(12) 中共湖北省委　湖北省人民政府关于印发《湖北长江大保护九大行动方案》的通知(鄂发〔2017〕21号)。
(13) 中共湖北省委办公厅　湖北省人民政府办公厅印发《关于全面推行河湖长制的实施意见》的通知(鄂办文〔2017〕3号)。
(14) 湖北省人民政府办公厅关于印发湿地保护修复制度实施方案的通知(鄂政办发〔2017〕56号)。
(15) 湖北省人民政府办公厅关于切实加强江河湖库拆围后续管理工作的通知(鄂政办电〔2017〕102号)。
(16) 湖北省人民政府办公厅关于印发湖北省推进河湖长制工作联席会议制度的通知(鄂政办发〔2017〕19号)。
(17) 湖北省人民政府办公厅关于落实我省长江流域水生生物保护区全面禁捕工作的通知(鄂政办电〔2017〕116号)。
(18) 湖北省发展和改革委员会　湖北省财政厅　湖北省国土资源厅　湖北省环保厅　湖北省水利厅　湖北省农业厅　湖北省林业厅　湖北省粮食局关于印发湖北省耕地河湖草地休养生息总体方案(2016—2030年)的通知(鄂发改农经〔2018〕8号)。
(19) 湖北省人民政府关于印发沿江化工企业关改搬转等湖北长江大保护十大标志性战役相关工作方案的通知(鄂政发〔2018〕24号)。
(20) 湖北省人民政府办公厅关于成立湖北长江大保护十大标志性战役指挥部和十五个专项战役指挥部的通知(鄂政办函〔2018〕49号)。
(21) 湖北省人民政府关于发布湖北省生态保护红线的通知(鄂政发〔2018〕30号)。
(22) 中共湖北省委关于学习贯彻习近平总书记视察湖北重要讲话精神　奋力谱写新时代湖北高质量发展新篇章的决定(2018年5月15日中国共产党湖北省第十一届委员会第三次全体会议通过)。
(23) 湖北省贯彻落实中央第三环境保护督察组反馈意见整改情况的报告(2018)。

3.5.8 江西省

1. 举措与亮点

（1）与国家生态文明试验区建设有机结合。

2017 年，中共中央办公厅、国务院办公厅印发《国家生态文明试验区（江西）实施方案》，将打造“山水林田湖草”综合治理样板区作为江西省建设国家生态文明试验区的战略定位之一，明确提出要把鄱阳湖流域作为一个“山水林田湖草”生命共同体，统筹山江湖开发、保护与治理，建立覆盖全流域的国土空间开发保护制度，深入推进全流域综合治理改革试验，全面推行河长制，探索大湖流域生态、经济、社会协调发展新模式，为全国流域保护与科学开发发挥示范作用。

江西省将推动长江经济带发展与国家生态文明试验区建设有机结合，坚持“共抓大保护、不搞大开发”，着力打造美丽中国“江西样板”。第一，狠抓生态环保专项行动。扎实开展“共抓大保护”中突出问题、沿江非法码头非法采砂、化工污染整治、入河排污口监督检查、中办专题回访反馈问题整改等六大专项行动，出台文件 20 余部，调度推进 50 余次，落实整改问题 500 余个，整治了一系列生态环保突出问题。基本完成造纸、制革、电镀、有色金属等重点行业的清洁化改造。加强水上安全监管和船舶污染专项执法检查，推进船舶结构调整。持续推进农业面源污染治理，完成畜禽养殖“三区”划定工作，划定禁养区 5.1 万平方公里，关闭、搬迁禁养区内养殖场 2.5 万个。第二，实施生态修复与环境保护重大工程。实施清河提升行动，全面启动劣Ⅴ类水和城市黑臭水体整治，完成 25 个重点工业园区和 48 个县市污水配套管网建设任务。实施森林质量提升工程，2017 年新增造林 142.1 万亩，封山育林 100 万亩，退化林修复 160 万亩，森林抚育 560 万亩。实施耕地保护和修复工程，2017 年新建高标准农田 290 万亩。第三，加强生态文明制度创新。全面推行“河长制”，加快自然资源产权改革，完善国土空间管控体系，划定生态保护、水资源、土地资源 3 条红线，在全国率先实施全流域生态补偿，初步构建生态文明考核评价与追责体系。全省长江经济带生态保护工作成效明显，2017 年全省森林覆盖率稳定在 63.1%，全省国家考核断面水质优良率为 92%，空气质量优良率为 83.9%，生态环境质量稳居全国前列，绿色生态优势持续巩固。

2018 年，中共江西省委办公厅、江西省人民政府办公厅印发《江西省长江经济带“共抓大保护”攻坚行动工作方案》，提出要牢牢把握“共抓大保护、不搞大开发”战略导向，坚持“生态优先、绿色发展”战略定位，正确把握整体推进和重点突破、生态环境保护和经济发展、总体谋划和久久为功、破除旧动能和培育新动能、自我发展和协同发展 5 个关系，牢固树立和践行绿水青山就是金山银山的理念，统筹“山水林田湖草”系统治理，在水资源保护、水污染治理、生态修复与保护、城乡环境综合治理、岸线资源保护利用、绿色产业发展六大领域，从解决生态环境保护突出问题入手，抓重点、补短板、强弱项，系统谋划、综合施策、集中攻坚，筑牢长江中游生态安全屏障，打造美丽中国“江西样板”。

（2）推进鄱阳湖流域生态环境综合治理。

2018 年 5 月，江西省人民政府办公厅印发《鄱阳湖生态环境综合整治三年行动计划（2018—2020 年）》，提出以生态优先、绿色发展为引领，牢固树立和践行“绿水青山就是金山银山”的理念，统筹“山水林田湖草”系统治理，从生态环境突出问题入手，系统谋划、综合施策，着力推进鄱阳湖生态环境综合整治，推动依法治湖、科学治湖、社会治湖，形成科学合理湖泊治理和保护工作格局，筑牢长江中游生态安全屏障，打造美丽中国"江西样板"。

该行动计划提出加强湿地保护体系建设。实行湿地资源总量管理；鼓励各地创建湿地公园、湿地保护区和湿地保护小区，建设一批生态环境优美、生态功能优良的乡村小微湿地；探索建立鄱阳湖湿地监测评价预警机制。2020 年，全省省级以上湿地公园 104 个，湿地保护率达到 52%。建立湿地生态系统损害鉴定评估机制，以国际重要湿地和国家级湿地自然保护区为重点，完成一批湿地保护与恢复工程建设；在国家级自然保护区核心区、缓冲区及国际重要湿地部分关键区域稳妥有序推进居民搬迁。

该行动计划提出加强生物多样性保护。实施水生生物资源养护工程，加快水生生物保护区(自然保护区、水产种质资源保护区)规范化建设；坚持禁渔期制度，逐步在"五河"干流推行禁渔期制度；加大渔业资源增殖放流力度，开展小流域鱼类资源增殖放流；加强江豚等珍稀水生野生动物及其水生生态环境监测研究，提升长江江豚救护和保护能力；建立水生生物种群恢复机制，推进长江重要物种遗传基因库和档案库建设；加强渔政执法，严厉打击"电鱼"等非法捕捞行为。打击乱捕滥猎珍稀候鸟等野生动物现象，保护水域生态安全，进一步改善珍稀候鸟栖息地环境。推进建设省级鄱阳湖生物多样性司法保护基地。

江西省委办公厅、省政府办公厅还印发《鄱阳湖生态环境专项整治工作方案》，针对性地解决中央环保督察"回头看"反映的问题，采取现场巡河、签发"河长令"和约谈等不同方式，督促各地各责任单位整治工作责任到位、任务落实到位、问题整改到位。

(3) 启动"共抓大保护"三年攻坚行动，深入推进"三水共治"和长江保护修复攻坚战行动。

2018 年，江西省开始启动长江经济带"共抓大保护"三年攻坚行动，计划围绕六大领域实施十大具体攻坚行动。明确提出要全面整治影响环境的突出问题，围绕水资源保护、水污染治理、生态修复与保护、城乡环境综合治理、岸线资源保护利用、绿色产业发展六大领域，推进长江经济带生态保护。

深入推进"三水共治"。第一，深入推进生态环保"十大行动"。"十大行动"分别是非法码头非法采砂整治规范提升行动，化工污染专项整治深入推进行动，入河排污口整改提升行动，饮用水水源地安全整改提升行动，长江干流岸线保护和利用专项检查行动，重金属、磷污染治理行动，船舶污染综合整治行动，固体废物大排查行动，沿江绿化美化行动，消灭劣Ⅴ类水攻坚行动。第二，推进生态环保"六大工程"。"六大工程"分别是城市黑臭水体整治工程、森林质量提升工程、湿地保护与修复工程、城镇污水垃圾治理工程、固废及危化品运输安全防护工程、水生生物保护工程。第三，加强制度建设。落实长江经济带负面清单管理，推进环保监测执法垂管改革、赣江流域环境监管和行政执法机构改革。全面开展生态文明建设目标考核，推进自然资源资产离任审计、生态环境损害责任追究等制度。对照长江经济带生态环保审计反馈我省主要问题，坚持问题导向，逐项落实问题整改，深究问题根源，加强制度建设，着力构建环境保护长效机制。

2019 年，江西省启动长江保护修复攻坚战行动，开展Ⅴ类及劣Ⅴ类水体整治、长江入河排污口排查整治、饮用水水源地保护等 8 个专项行动，使长江干流江西段、赣江及鄱阳湖等生态环境风险得到有效遏制，生态环境质量持续改善。

（4）优化产业结构，谋求绿色发展。

2017 年 12 月，江西省工信委下发通知，明确要求对九江、景德镇两个沿江沿湖（鄱阳湖）设区市的主导产业和所辖四县市的首位产业进行调整，不得把重化工和高污染、高风险、高能耗产业作为首位产业。与此同时，江西省制定并严格落实沿江产业项目准入负面清单制度，实行环境影响评价“一票否决”，沿江 1 公里内不新布局化工企业。

（5）着眼长远制度设计，巩固护江成果。

江西省从生态治理体系上下功夫，创新生态监管、司法保障、生态红线管控等体制机制，构建出生态文明制度的“四梁八柱”。作为国家生态文明试验区，江西省紧抓目标评价考核这个“牛鼻子”，形成“共抓大保护”的鲜明导向。2017 年，江西省出台生态文明建设目标评价考核办法，在市县综合考核评价指标体系中生态文明被列为一级指标；每一年进行一次绿色发展指标评价，每两年进行一次生态文明建设考核。考核结果将作为地方党政领导班子和干部综合考核评价、干部奖惩任免的重要依据。江西省建立党政领导干部生态环境损害责任追究制度，明确各级党委政府及有关部门生态环境保护工作职责，实现精准追责、终身追责。此外，9 个市县编制完成自然资源资产负债表，初步构建绿色生态审计制度体系，把对领导干部的审计从“审钱”延伸到“审天”、“审地”、“审空气”。2018 年 6 月 1 日，《江西省湖泊保护条例》正式颁布实施，明确将湖泊保护情况纳入生态文明建设评价考核内容，针对存在的非法围垦、填湖造地、侵占湖泊水域、乱排乱放污染湖泊水质以及湖泊管理单位不清、责任不明，导致湖泊保护不力，出现湖泊面积减少、功能衰退等共性问题，作出普遍性规定。江西省计划到 2020 年实现全省河湖保护与治理措施项目化、清单化、长效化，鼓励设区市对辖区内重要湖泊实行“一湖一法”、单独立法。

2. 时任领导讲话

（1）刘奇：筑牢长江生态屏障，努力打造长江“最美岸线”。

2018 年 2 月，在江西省参与“一带一路”建设和推动长江经济带发展领导小组第四次会议，江西省委书记刘奇强调以“共抓大保护、不搞大开发”为导向推动长江经济带发展，首先是一项重要的政治任务。要牢固树立生态优先、绿色发展的理念，以建设国家生态文明试验区为契机，不断强化生态环境治理，着力以“三水共治”为重点，狠抓长江支流水质和沿江污染治理，推动长江岸线有序利用，加强生态文明制度建设，切实保护和治理好流域生态环境，不断筑牢长江生态屏障，努力打造长江“最美岸线”。

（2）刘奇：以最大决心、最硬举措坚决打好“共抓大保护”攻坚战。

2018 年 4 月，省委书记刘奇在“江西省长江经济带‘共抓大保护’攻坚行动动员大会”上表示：要坚决贯彻落实好习近平总书记关于长江经济带发展的重要指示精神，牢牢把握“共抓大保护、不搞大开发”战略导向，坚持“生态优先、绿色发展”战略定位，以最大决心、最硬举措坚决打好“共抓大保护”攻坚战。深入推进国家生态文明试验区建设，努力形成具有江西特色、系统完整的生态文明制度体系。

（3）易炼红：筑牢长江生态保护防线，致力打造长江“最美岸线”。

2018 年 8 月，江西省副省长易炼红在九江市调研共抓长江大保护工作时，强调筑牢长江生态保护防线，致力打造长江“最美岸线”，为全省高质量、跨越式发展夯实生态基础，共绘新时代江西物华天宝、人杰地灵的新画卷。他指出，共抓长江大保护，既是一场攻坚战，也是一场持久战，必须始终坚持保护在先，理念思路要坚定变，历史包袱要坚决卸，生态欠账要坚持补，以新理念、新技术、新业态、新模式、新机制，找到大保护与大发展的最佳结合点和路径，坚定走出自觉践行新发展理念、推动高质量发展的新路。

（4）易炼红：提出全流域、全体系、全过程、全方位。

2018 年 9 月，副省长易炼红在江西省参与“一带一路”建设和推动长江经济带发展领导小组第五次会议中指出，推进长江经济带发展，必须坚持“共抓大保护、不搞大开发”。集中治理修复要覆盖“全流域”，把长江九江段与“五河两岸一湖”作为一个整体，实施全范围保护、全流域治理，打造“河畅、水清、岸绿、景美”全流域生态环境。绿色产业发展要构建“全体系”，改造提升传统产业，培育壮大新兴产业，推进产业不断迈向高端化、智能化和绿色化。体制机制创新要贯穿“全过程”，按照源头严防、过程严管、后果严惩要求，加大改革创新力度，为长江经济带绿色发展提供制度保障。协同共赢合作要体现“全方位”，加强交通等基础设施互联互通、市场要素对接对流、公共服务共建共享，深度融入长江经济带一体化发展。

3. 重要文件

（1）江西省人民政府贯彻国务院关于依托黄金水道推动长江经济带发展的指导意见的实施意见（赣府发〔2015〕21 号）。

（2）中共江西省委　江西省人民政府关于深入落实《国家生态文明试验区（江西）实施方案》的意见（赣发〔2017〕26 号）。

（3）江西省人民政府办公厅关于印发湿地保护修复制度实施方案的通知（赣府厅发〔2017〕62 号）。

（4）中共江西省委办公厅　江西省人民政府办公厅印发《关于以推进流域生态综合治理为抓手打造河长制升级版的指导意见》的通知（赣办发〔2017〕7 号）。

（5）中共江西省委办公厅　江西省人民政府办公厅关于印发《江西省全面推行河长制工作方案（修订）》的通知（赣办字〔2017〕24 号）。

（6）《江西省长江经济带发展实施规划》（2017）。

（7）中共江西省委办公厅　江西省人民政府办公厅关于印发《江西省长江经济带“共抓大保护”攻坚行动工作方案》的通知（赣办发〔2018〕8 号）。

（8）江西省人民政府办公厅关于印发鄱阳湖生态环境综合整治三年行动计划（2018—2020 年）的通知（赣府厅字〔2018〕56 号）。

（9）中共江西省委办公厅　江西省人民政府办公厅印发《关于在湖泊实施湖长制的工作方案》的通知（赣办字〔2018〕17 号）。

（10）江西省人民政府办公厅关于印发江西省河长制湖长制省级会议制度等五项制度的通知（赣府厅发〔2018〕25 号）。

（11）江西省人民政府关于发布江西省生态保护红线的通知（赣府发〔2018〕21 号）。

（12）江西省发展和改革委　江西省财政厅　江西省国土厅　江西省环保厅　江西省水利厅　江西省农业厅　江西省林业厅　江西省粮食局关于印发《江西省耕地草地河湖休养生息规划（2016—2030 年）》的通知（赣发改农经〔2018〕319 号）。

(13)《江西省湖泊保护条例》(2018 年 4 月 2 日江西省第十三届人民代表大会常务委员会第二次会议通过)。
(14) 江西省参与“一带一路”建设和推动长江经济带发展领导小组办公室关于印发《江西省 2018 年推动长江经济带发展工作要点》的通知(2018)。
(15) 江西省农业厅关于印发《江西省推进长江经济带“共抓大保护”攻坚行动农业重点任务工作方案》的通知(赣农字〔2018〕48 号)。
(16) 江西省生态环境厅印发《江西省长江保护修复攻坚战工作方案》(赣环委字〔2019〕5 号)。

3.5.9 安徽省

1. 举措与亮点

(1) 打造水清岸绿产业优美丽长江(安徽)经济带。

为贯彻落实习近平新时代中国特色社会主义思想特别是推动长江经济带发展重要战略论述,安徽省委、省政府提出打造水清岸绿产业优美丽长江(安徽)经济带的目标。2018 年 6 月,安徽省委常委会会议审议通过《关于全面打造水清岸绿产业优美丽长江(安徽)经济带的实施意见》,提出到 2020 年美丽长江(安徽)经济带建设取得实质性进展,2020 年后全面巩固阶段性成果,到 2035 年成为美丽中国建设的安徽样板。

安徽省委、省政府坚持以“共抓大保护、不搞大开发”为导向,在加强系统设计、改善生态环境、促进转型发展、改革体制机制等方面取得积极进展,研究出台《安徽省推动长江经济带发展实施规划》、《安徽省长江岸线保护和开发利用规划》、《关于推进长江经济带生态优先绿色发展的实施意见》等重大政策举措,着力打造“三河一湖一园一区”生态文明样板工程,深入实施长江经济带“共抓大保护”建设工程。坚持把修复生态环境摆在压倒性位置,统筹推进“山水林田湖草”系统治理,统筹推进长江经济带“三水共治”、“五大专项攻坚”和农村环境整治“三大革命”,统筹推进红线管控、环境准入负面清单、监督问责等方面制度建设,织密扎牢长江生态防控网。坚持问题导向,扎实开展专项攻坚,向长江流域环境污染问题宣战。严厉打击沿江非法码头、非法采砂,沿江 234 座非法码头全部拆除,并完成生态复绿;始终保持打击非法采砂高压态势,非法采砂得到有效遏制。加快推进化工污染专项整治,对全省 689 家化工企业、30 个化工园区环境管理情况、环境污染状况进行排查整治,重点对沿江 1 公里范围内化工企业加强管控,采取关、停、并、转等多种措施破解环保难题。着力强化饮用水水源地保护,全面排查全省 120 处县级及以上饮用水水源地环境保护情况,对发现的 22 个环境问题及时整改。扎实推进入河排污口监督检查,强力推进长江岸线专项整治,深入推进农业农村污染治理专项攻坚。坚持立足当前与着眼长远相结合、问题整治与源头防控相结合,构筑长江流域生态安全屏障。加快制度建设,在全省江河湖泊全面推行河长制,在全国率先将“湖泊实行河长制管理”写入地方性法规,构建责任明确、协调有序、监管严格、保护有力的河湖管理保护机制。在全国率先建立省、市、县、乡、村 5 级林长制体系,为实现森林资源永续利用、建设绿色江淮美好家园提供制度保障。全省共设立河湖长 52 687 名、林长 36 014 名，促进河长治、湖长治、林长治。

(2) 积极探索新安江跨省流域生态补偿试点。

从 2012 年起，财政部、原环保部等有关部委在新安江流域启动全国首个跨省流域生态补偿机制试点。试点实施以来，上下游皖浙两省建立联席会议、联合监测、汛期联合打捞、应急联动、流域沿线污染企业联合执法等跨省污染防治区域联动机制，统筹推进全流域联防联控。上游黄山市以试点为契机，推进新安江流域综合治理，投入资金 120.6 亿元，实施农村面源污染、城镇污水和垃圾处理、工业点源污染整治、生态修复工程、能力建设等项目 225 个，并与国家开发银行、国开证券股份有限公司等共同发起新安江绿色发展基金，促进产业转型和生态经济发展。两期试点结束，已经取得明显成效，在生态补偿机制探索方面积累了宝贵经验。

(3) 谨慎处理长江岸线资源开发利用。

为了坚持生态优先、绿色发展的理念，把修复长江生态环境摆在压倒性位置，共抓大保护，不搞大开发，深入推动长江经济带发展，2010 年 3 月 15 日，安徽省人民政府发布第 226 号令，决定废止《安徽省长江岸线资源开发利用管理办法》。

(4) 加强绿色发展中的检察监督工作。

为了充分发挥检察职能作用，服务保障安徽省推进长江流域生态优先绿色发展，打造生态文明建设安徽样板，安徽省人民检察院在 2018 年 5 月 2 日印发《关于在安徽省推进长江经济带生态优先绿色发展中加强检察监督工作的意见》，提出：要提高政治站位，明晰工作使命；强化工作举措，全面履行职责；注重办案质效，提升服务水平；健全工作机制，强化责任落实。

2. 时任领导讲话

(1) 李锦斌：坚决打好长江安徽段污染防治攻坚战，确保生态优先绿色发展理念落到实处。

2018 年 4 月，安徽省委书记李锦斌在“长江安徽段环境污染突出问题专项整改推进会”上强调，要深入贯彻落实习近平总书记生态文明建设重要思想，以池州、铜陵环境污染问题整改为突破口，深入开展长江安徽段环境污染突出问题专项整改，坚决打好长江安徽段污染防治攻坚战，确保生态优先绿色发展理念落到实处。

(2) 李锦斌：生态必须优先，把实施重大生态修复工程作为优先选项。

2018 年 4 月，省委书记李锦斌深入长江池州段，现场督导环境污染突出问题专项整改情况。李锦斌指出，要坚定不移抓理念树立，切实增强贯彻习近平总书记生态文明建设重要战略思想的责任感和使命感。要注重生态必须优先，把实施重大生态修复工程作为优先选项，像对待生命一样对待生态环境。要注重发展必须绿色，积极践行新发展理念，坚定不移走绿色低碳循环发展之路。要注重治理必须综合，系统推进生态修复与环境治理，不断提升生态系统质量和稳定性。要注重制度必须完善，建立环境污染“黑名单”制度，健全环保信用评价、信息强制性披露、严惩重罚等制度，为生态文明建设提供坚强制度保障。

(3) 李锦斌：全面打造水清岸绿产业优美丽长江(安徽)经济带。

2018 年 6 月，省委书记李锦斌在“安徽省深入推动长江经济带生态优先绿色发展工作会议”上强调，要坚持生态优先、绿色发展，坚持共抓大保护、不搞大开发，正确把握整体推进和重点突破、生态环境保护和经济发展、总体谋划和久久为功、破除旧动能和培育新动能、自我发展和协同发展等关系，全面打造水清岸绿产业优美丽长江（安徽）经济带，构建生态系统健康、环境质量优良、资源利用高效的绿色发展体系，奋力在推动长江经济带高质量发展中走在前列。

（4）李国英：扛起推动长江经济带生态优先、绿色发展的政治责任。

2018 年 3 月，安徽省省长李国英在“安徽省推动长江经济带发展工作会议”上指出，安徽省推动长江经济带发展领导小组各成员单位牢牢把握“共抓大保护、不搞大开发”战略定位，认真履行职责、强化协调配合，扎实推进生态环境整治、长江岸线保护、黄金水道建设、创新驱动发展等重点任务，取得显著成效，值得充分肯定。2018 年，要坚持以习近平新时代中国特色社会主义思想为指导，进一步扛起推动长江经济带生态优先、绿色发展的政治责任，全面抓好水污染治理、水生态修复、水资源保护“三水共治”，守住生态红线，发展绿色产业，推动安徽省长江经济带高质量发展。

3. 重要文件

（1）安徽省人民政府关于贯彻国家依托黄金水道推动长江经济带发展战略的实施意见（皖政〔2015〕40 号）。

（2）安徽省人民政府关于长江经济带发展战略的实施意见（2017）。

（3）安徽省人民政府关于废止《安徽省长江岸线资源开发利用管理办法》的决定（2017）。

（4）《安徽省耕地草地河湖休养生息实施方案（2016—2030 年）》（2017）。

（5）安徽省人民政府办公厅关于印发《安徽省长江经济带化工污染整治专项行动工作方案》的通知（皖政办秘〔2017〕21 号）。

（6）安徽省人民政府办公厅关于印发安徽省湿地保护修复制度实施方案的通知（皖政办〔2017〕76 号）。

（7）《安徽省长江岸线资源保护和开发利用总体规划》（2017）。

（8）中共安徽省委办公厅　安徽省人民政府办公厅关于印发《安徽省全面推行河长制工作方案》的通知（厅〔2017〕15 号）。

（9）安徽省人民政府关于发布安徽省生态保护红线的通知（皖政秘〔2018〕120 号）。

（10）安徽省人民检察院关于印发《关于在安徽省推进长江经济带生态优先绿色发展中加强检察监督工作的意见》的通知（2018）。

（11）安徽省人民政府办公厅关于印发长江经济带固体废物大排查行动安徽省工作方案的通知（皖政办秘〔2018〕53 号）。

（12）中共安徽省委　安徽省人民政府关于全面打造水清岸绿产业优美丽长江（安徽）经济带的实施意见（皖发〔2018〕21 号）。

（13）安徽省人民政府办公厅关于加强长江（安徽）水生生物保护工作的实施意见（皖政办〔2018〕60 号）。

（14）安徽省农业委员会办公室关于开展以长江为重点的全省水生生物保护调研工作的通知（皖农办渔函〔2018〕214 号）。

（15）《安徽省湿地保护条例》（2018 修正）。

3.5.10 浙江省

1. 举措与亮点

(1) 积极谋划长江经济带生态环境保护。

浙江是“绿水青山就是金山银山”重要论述的诞生地，历届省委、省政府都十分重视生态环保工作。浙江省政府办公厅在2016年印发的《浙江省参与长江经济带建设实施方案(2016—2018年)》中明确提出，要坚持生态优先、绿色发展的原则，建立健全最严格的生态环境保护和水资源管理制度，注重生态屏障共建，共抓大保护，不搞大开发，协同打造绿色生态廊道。

2017年7月浙江省出台《浙江省参与长江经济带生态环境保护行动计划》，要求到2020年全省长江经济带新增污染源得到严格控制，主要污染物排放总量进一步削减，环境质量持续改善，环境风险得到有效管控，为全省主动对接、积极融入长江经济带生态保护和绿色发展作出全面规划。

为深入贯彻党中央、国务院关于长江经济带“共抓大保护、不搞大开发”的决策部署，落实《长江经济带生态环境保护规划》，加强浙江绿色生态廊道建设，共抓长江经济带生态环境保护，浙江省环境保护厅、浙江省发展和改革委员会、浙江省水利厅在2018年印发《长江经济带生态环境保护规划浙江省实施方案》。该方案提出6个方面的主要任务：确立水资源利用上线，妥善处理江河湖库关系；划定生态保护红线，实施生态保护与修复；坚守环境质量底线，推进流域水污染统防统治；全面推进环境污染治理，建设宜居城乡环境；强化突发环境事件预防应对，严格管控环境风险；创新大保护的生态环保机制政策，推动区域协同联动。到2020年，全省生态环境明显改善，生态系统稳定性全面提升，河湖、湿地生态功能基本恢复，生态环境保护体制机制进一步完善；到2030年，全省生态环境质量全面改善，生态系统服务功能显著增强。

(2) 实施严格的生态环境保护制度。

从“五水共治”到治土治气，浙江省在污染防治、生态修复等方面已先行一步。参与长江经济带建设，生态优先、绿色发展仍然是首要原则。浙江省政府办公厅2016年印发的《浙江省参与长江经济带建设实施方案(2016—2018年)》提出，要建立健全最严格的生态环境保护和水资源管理制度，注重生态屏障共建、共抓大保护，不搞大开发，协同打造绿色生态廊道。

浙江省在长江口海域环境保护和综合治理、长江支线航道水环境治理和水资源保护、长三角空气污染联防联控等方面发力。具体举措包括：海上“一打三整治”专项行动，大力实施蓝色海湾整治行动；“十百千万治水大行动”，提速建设“百项千亿防洪排涝工程”，全面实施水污染防治行动计划；推进大气重污染企业关停搬迁，加大清洁能源开发力度等。

统筹推进生态环境协同保护，推进浙西南、浙中省级重点生态功能区建设，提高自然保护区、生态公益林等各类禁止开发区域的管护能力。加大海洋自然保护区、海洋特别保护区建设与管理力度，打造蓝色生态屏障。

(3) 通过专项行动推进长江大保护工作。

浙江省一直对生态环保高度重视，从绿色浙江、生态浙江到美丽浙江的发展理念，与国家推动长江经济带发展“生态优先、绿色发展”的理念高度契合、一脉相承，特别是近年来深入推进“五水共治”、“三改一拆”等一系列重大举措，大力整治生态环境，倒逼产业转型升级，取得显著成效。浙江省长江办按照国家长江办的部署，重点推进长江经济带生态环境保护各专项行动。

抓好“共抓大保护”专项检查。开展长江经济带“共抓大保护”专项检查自查和交叉检查工作。通过检查，浙江省推进生态环境工作成效得到国家长江办的充分肯定，存在的极个别问题也已整改到位。

开展化工污染整治专项行动。认真组织开展化工生产企业和化工园区摸底排查工作，浙江省环保部门共梳理排查化工园区 28 个、化工企业 1 154 家，自 2016 年以来全省各级环保部门对化工企业现场检查 1 万多次，对 160 家化工企业实施环境行政处罚。

开展长江入河排污口专项检查行动。浙江省专门制定了做好入河排污口审核登记工作的指导意见，全省各级水利部门对省内规模以上入河排污口逐一进行现场确认和信息复核，已形成自查报告，并上报水利部。

防范和打击长江流域“一条龙”式破坏生态环境犯罪活动。先后开展“五水共治”、保护海洋生态环境的“一打三整治”和打击破坏生态防护林涉林违法犯罪、打击违法采砂等行动，逐步形成司法机关和环保等行政执法部门共同打击环境违法犯罪的联动协作机制等。

2. 时任领导讲话

(1) 车俊：要更高水平参与长江经济带建设。

2018 年 9 月，浙江省委书记车俊在浙江省委理论学习中心组“习近平总书记长江经济带发展和生态环境保护战略思想专题学习会”上强调，浙江作为长江流域和长三角地区的成员，要沿着习近平总书记提出的生态优先、绿色发展之路，在学习领会上更加深刻、落实行动上更加自觉、取得成效上更加显著，为推动长江经济带发展作出应有的贡献。车俊强调，浙江省要更高水平参与长江经济带建设，要立足长三角、面向全流域，全面践行习近平总书记提出的“生态更优美、交通更顺畅、经济更协调、市场更统一、机制更科学”的目标要求，在 5 个方面聚焦发力。

(2) 袁家军：共抓大保护，共推一体化发展。

2018 年 5 月，浙江省省长袁家军主持省政府党组会议，学习贯彻习近平总书记中央财经委员会第一次会议重要讲话精神。他指出，推动长江经济带发展是党中央作出的重大决策，是关系国家发展全局的重大战略。浙江省要把深度融入长江经济带发展摆在更加突出位置，牢固树立“一盘棋”思想，与深入实施“八八战略”和践行“两山”理念紧密结合，切实强化共抓大保护、共推一体化发展的思想自觉和行动自觉。

3. 重要文件

(1) 浙江省环境保护厅关于印发《浙江省参与长江经济带生态环境保护行动计划》的通知(浙环办函〔2017〕116 号)。

(2)《浙江省河长制规定》(2017 年 7 月 28 日浙江省第十二届人大常委会第四十三次会议通过)。

(3) 浙江省人民政府办公厅关于加强湿地保护修复工作的实施意见(浙政办发〔2017〕155号)。
(4) 浙江省环境保护厅 浙江省发展和改革委员会 浙江省水利厅关于印发《长江经济带生态环境保护规划浙江省实施方案》的通知(浙环函〔2018〕27号)。
(5) 浙江省交通运输厅 关于印发《浙江省长江经济带船舶污染防治专项行动实施方案(2018—2020年)》的通知(浙交办〔2018〕28号)。
(6) 浙江省人民政府关于发布浙江省生态保护红线的通知(浙政发〔2018〕30号)。
(7) 浙江省发展和改革委员会 浙江省财政厅 浙江省国土资源厅 浙江省环境保护厅 浙江省水利厅 浙江省农业厅 浙江省林业厅 浙江省海洋与渔业局 浙江省粮食局关于印发浙江省耕地河湖休养生息"十三五"期间实施方案的通知(浙发改农经〔2018〕222号)。

3.5.11 江苏省

1. 举措与亮点

(1) 加强顶层设计,统筹规划引领。

2016年7月,江苏省人民政府发布《关于加强长江流域生态环境保护工作的通知》,提出加快沿江产业布局调整优化、强化工业污染防治、提高城镇污水垃圾收集处理水平、打好农业农村污染防治攻坚战、加强船舶污染控制、增强港口码头污染防治能力、确保饮用水安全、强化突发环境事件风险防控、切实加强环境质量管理、实施生态保护与修复、构建长江流域生态环境保护工作保障体系等重大举措,全面落实党中央、国务院关于长江经济带"共抓大保护、不搞大开发"的决策部署,深入贯彻习近平总书记重要讲话和批示精神,进一步强化绿色发展鲜明导向,扎实推进江苏省长江流域生态环境保护工作。在实施生态保护与修复部分,提出要落实生态红线刚性管控、严格水域用途管制、强化岸线保护和合理利用、保护与修复自然湿地、强化生物多样性保护、加强渔业生态保护、提高水资源利用效率等措施。

2017年制定《江苏省长江经济带生态环境保护实施规划》,提出坚持生态优先、绿色发展,以改善生态环境质量为核心,严守资源利用上线、生态保护红线、环境质量底线,以"共抓大保护、不搞大开发"为导向,建立健全长江生态环境协同共保机制,努力把长江建设成为人与自然和谐共生的绿色生态廊道。到2020年全省生态环境明显改善,生态系统稳定性全面提升,河湖、湿地生态功能基本恢复,生态环境保护体制机制进一步完善;到2030年水环境质量、空气质量和水生态质量全面改善,生态系统服务功能显著增强,生态环境更加美好。

建立长江生态环境保护联席会议制度,由分管副省长任组长,沿江8市人民政府、20个省级机关部门负责人为成员,增强治污合力。此外,《江苏省长江经济带生态环境保护重点突破实施方案》等文件也进一步明确全省长江经济带生态环境保护目标、任务和重点领域。

(2) 全面开展生态河湖行动计划和长江保护修复攻坚战行动。

2017 年 10 月,江苏省政府印发《江苏省生态河湖行动计划(2017—2020 年)》,提出以全面推行河长制为契机,坚持问题导向,突出改革创新,通过实施水安全保障、水资源保护、水环境治理、水生态修复等行动,全面落实水资源承载能力刚性约束,努力打造“洁净流动之水、美丽生态之水、文化智慧之水”,为高水平全面建成小康社会、实现“强富美高”新江苏提供有力支撑和基础保障。

该计划提出加强水生生物资源养护。一是修复生境。通过人工干预、生物调控、自然恢复等多种措施,修复水生生物栖息地,打通鱼类洄游通道,丰富生物多样性。二是增殖放流。贯彻落实《中国水生生物资源养护行动纲要》,加大长江、太湖、洪泽湖等重点水域珍稀物种和重要经济鱼类的放流力度。三是加强水生生物保护区建设。坚持在长江、湖泊等渔业水域实施禁渔期制度,重点加强长江江豚、中华鲟等濒危物种抢救性保护,推进长江流域性水生生物保护区禁捕工作,降低捕捞强度,缓解渔业资源衰退趋势。

该计划提出创新流域综合管理模式。一是建立河长制下流域化管理组织构架。根据防洪、供水等分区,将全省河湖划分为若干管理单元,实施分流域统一管理,制定河湖流域化管理方案。总结洪泽湖管理委员会运行经验,优化省级管理资源配置,建立河长制下流域化管理体制机制,实现以流域为单元的河湖生态资源综合管理。二是强化流域规划管理。健全规划管理机制,完善江河流域综合规划与专业规划体系,强化流域、区域、城市等各层级规划的衔接,推进江河流域规划与经济社会发展规划、城乡规划、土地利用规划、生态环境保护规划等相关规划的协调与融合。三是推进流域综合调度。构建流域、区域、城市协调调度平台,推进统一调度,发挥水利工程常年活水功能。

2019 年 6 月,省政府办公厅印发《江苏省长江保护修复攻坚战行动计划实施方案》,明确江苏省长江水生态环境保护的总体要求、主要任务、保障措施,在加大空间保护、治污减排、生态修复力度上提出更严格的管控措施,推动长江生态功能逐步恢复、环境质量持续改善。

(3) 推进生态文明体制制度改革。

2015 年 10 月,江苏省委、省政府出台《关于加快推进生态文明建设的实施意见》,全面确立江苏生态文明建设的目标任务和具体措施。

2016 年 7 月,江苏省委办公厅和省政府办公厅印发《江苏省生态环境保护制度综合改革方案》,提出要以保障生态安全、改善环境质量、提升治理能力为目标,以解决体制机制难点、提高管理效率为导向,加大生态环境保护制度综合改革力度,有效调动各方面力量,不断提高生态环境管理系统化、精细化、法治化、市场化和信息化水平,纵深推进生态文明建设工程,努力建设“经济强、百姓富、环境美、社会文明程度高”的新江苏。

(4) 推动绿色发展,对沿江地区开发进行严格限制。

坚持推动绿色发展,对沿江地区实行“三个不批”,即:长江干流及主要支流岸线 1 公里范围内的重化工园区、干流及主要支流岸线 1 公里范围内危化品码头一律不批,沿江两岸的燃煤火电项目一律不批,不符合生态红线管控要求、威胁饮用水源安全的项目一律不批。

(5) 建立长江生态环境资源保护检察协作平台。

2018 年 9 月,江苏沿江 8 市人民检察院在南京召开“长江生态环境资源司法保护研讨会”,共同签订一份框架意见,建立并启动长江生态环境资源保护检察协作平台。依据签订的框架意见,江苏沿江8市检察机关明确,牢固树立“共抓大保护”的理念意识,充分认识长江生态环境资源保护的复杂性、系统性,在办案协作、信息共享、研讨交流、人才培养、责任落实等方面加强协作,注重办案实效,全方位护航长江生态文明建设。构建长江生态环境资源保护检察协作平台,就是要建立起跨区域生态环境司法保护办案协作机制,在跨区域办案中提高捕诉质效,统一司法尺度,在解决实际难题上形成合力,推动长江生态环境资源的司法保护。

2. 时任领导讲话

(1) 娄勤俭:扎实推进长江经济带高质量发展。

2018年4月,江苏省委召开领导干部会议,传达学习习近平总书记在深入推动长江经济带发展座谈会上的重要讲话精神,研究部署贯彻落实工作。江苏省委书记娄勤俭指出,要贯彻落实习近平总书记重要讲话精神,要坚持系统思维,突出问题导向,实施重点突破,进一步优化江苏省《实施规划》,统筹抓好规划引领、环境保护、经济发展、机制保障等各方面工作,扎实推进长江经济带高质量发展。要重点抓好3项工作:一是铁腕治污。深化实施“263”专项行动,对全省化工企业污染情况作一次全面调查、摸清底数,不准增量、严控存量。二是加快转型。扎实推进供给侧结构性改革,大力发展新兴产业集群,更大力度推进城乡协调发展、构建现代综合交通体系、提升开放型经济水平,建设现代化经济体系。三是优化生态。实施重大生态修复工程,加快建设长江生态安全带和生态保护引领区、生态保护特区,推进宁杭生态经济带、江淮生态大走廊建设。

(2) 娄勤俭:让“黄金带”镶上“绿宝石”。

2018年5月,省委书记娄勤俭在“江苏省长江经济带发展工作推进会”上强调,要牢牢把握修复长江生态环境这个压倒性任务,涉及长江的一切工作必须服从、服务于生态这个前提,治理污染不讲条件,严控空间不让分毫,修复生态不打折扣,以压倒性力量迅速形成压倒性态势,尽快取得长江生态环境根本好转的压倒性胜利,让绿色成为长江的鲜明底色,让生态文明成为长江经济带发展的突出标识。要铁腕治理污染,坚持源头治理、系统治理,深入推进“两减六治三提升”专项行动,全面实施生态河湖行动计划,重点打好治水、治气、治土三大攻坚战,对突出环境问题“下猛药”,对违规违法行为“零容忍”,环保、纪检、公安部门加强联动,让环保监督执法的“牙齿”真正硬起来、咬下去,形成依法监管的震慑。要严守生态空间,按照“多规合一”的要求,一张蓝图管到底,运用信息化手段实行精细化管控,严格执行规划标准,形成刚性约束“高压线”。要科学修复生态,统筹“山水林田湖草”等生态要素,把实施重大生态修复工程作为优先项目,大规模“增绿”,抢救性“复绿”,舍得把岸线还给母亲河、让给老百姓,构筑更多自然景观、滨水绿带,让“黄金带”镶上“绿宝石”、更具“高颜值”。

(3) 娄勤俭:扛起走在长江经济带高质量发展前列的重任。

2018年8月,省委书记娄勤俭在《经济日报》发表《扛起走在长江经济带高质量发展前列的重任》一文。娄勤俭提出:从历史与未来的维度,深刻理解“共抓大保护、不搞大开发”的战略导向。由于发展阶段的局限,过去我们对长江更多的是“索取”,这条路已经难以持续，总书记讲长江病了，而且病得不轻。这在长江江苏段表现同样明显，当务之急要回馈反哺、修复长江生态。保护长江就是保护未来，就是为长远计、为子孙谋。

从国家战略意图与江苏现实需求的角度，深刻理解“生态优先、绿色发展”的路径指向。我国经济迈向高质量发展，生态优先、绿色发展，不仅是保护长江生态的必由之路，也是国家以长江为发力点、取势长江经济带推动整体经济转型发展的战略抉择。江苏省沿江地区一直是化工产业的主要集聚区，调整产业布局、推动绿色发展已经刻不容缓，江苏省必须在贯彻国家战略中打“主攻战”、当“急先锋”。

从使命与担当的高度，深刻理解“树立一盘棋思想”的内涵要求。从区位上讲，江苏地处长江下游，江河湖海水网密集，水域占比为全国之最；从地位上讲，江苏是长江经济带发展基础最好、综合竞争力最强的地区之一。推动长江经济带高质量发展，既要服务“全国一盘棋”，也要下好“全省一盘棋”，特别是把生态优先、绿色发展的要求从沿江8市拓展到省域全境，把污染治理、环境保护和产业布局优化统筹起来推进，把江苏放到整个长江流域发展中来考虑，真正做好标本兼治、协同推进的大文章。

(4) 吴政隆：生态优先，让黄金水道产生黄金效益。

2017年7月，江苏省委副书记、代省长吴政隆主持召开省政府常务会议。会议传达学习推动长江经济带发展工作会议精神，强调牢牢把握“共抓大保护、不搞大开发”的基调，努力走出生态优先、绿色发展的新路子。要把保护和修复长江生态环境摆在压倒性位置，持续推动“263”专项行动，让良好的生态环境成为核心竞争力；要进一步明确战略定位，建立健全合作机制，科学推进扬子江城市群建设；要合理规划生态生产生活空间，不断优化沿江生产力布局，着力调高调轻调优，推动产业转型升级；要统筹长江岸线管理，创新机制、整合资源，进一步发挥江苏省港口集团的作用，提升港口资源利用效率，使黄金水道效益更加凸显，让黄金水道的成色更足。

(5) 吴政隆：坚决打好碧水保卫战、长江保护修复攻坚战。

2019年5月，江苏省省长吴政隆带队检查长江南京段生态保护及水污染防治时强调，要深入贯彻习近平生态文明思想，坚持生态优先、绿色发展，坚持共抓大保护、不搞大开发，坚持问题导向和目标导向，标本兼治、系统治理，精准施策、依法治污，进一步保护水资源、防治水污染、改善水环境、修复水生态，以只争朝夕的精神和持之以恒的坚守，坚决打好碧水保卫战、长江保护修复攻坚战，推动水环境质量根本好转。

3. 重要文件

(1)《江苏省长江经济带发展实施规划》(2016)。
(2) 江苏省人民政府关于加强长江流域生态环境保护工作的通知(苏政发〔2016〕96号)。
(3) 中共江苏省委办公厅　江苏省人民政府办公厅关于印发《江苏省生态环境保护制度综合改革方案》的通知(苏办发〔2016〕41号)。
(4)《江苏省长江经济带生态环境保护实施规划》(2017)。
(5)《江苏省长江经济带沿江取水口排污口和应急水源布局规划实施方案》(2017)。
(6)《江苏省长江经济带生态环境保护重点突破实施方案》(2017)。
(7)《江苏省长江经济带生态修复与环境保护重大工程实施方案》(2017)。

(8) 中共江苏省委办公厅　江苏省人民政府办公厅印发《关于在全省全面推行河长制的实施意见》的通知(苏办发〔2017〕18号)。
(9) 江苏省人民政府办公厅关于印发江苏省湿地保护修复制度实施方案的通知(苏政办发〔2017〕121号)。
(10) 江苏省人民政府关于印发《江苏省生态河湖行动计划(2017—2020年)》的通知(苏政发〔2017〕130号)。
(11) 江苏省人民政府关于印发江苏省国家级生态保护红线规划的通知(苏政发〔2018〕74号)。
(12) 中共江苏省委办公厅　江苏省政府办公厅印发《关于加强全省湖长制工作的实施意见》(苏办〔2018〕22号)。
(13) 江苏省人民政府办公厅关于开展我省长江经济带固体废物大排查行动的通知(苏政传发〔2018〕53号)。
(14)《江苏省长江水污染防治条例》(2010年9月29日江苏省第十一届人民代表大会常务委员会第十七次会议通过,2018年修订)。
(15) 江苏省政府办公厅《关于加强长江江苏段水生生物保护工作的实施意见》(苏政办发〔2019〕7号)。
(16)《江苏省长江保护修复攻坚战行动计划实施方案》(苏政办发〔2019〕52号)。

4. 重要文章

娄勤俭. 扛起走在长江经济带高质量发展前列的重任. 经济日报,2018年8月11日.

3.5.12 上海市

1. 举措与亮点

(1) 统筹安排对长江大保护的布局。

2016年10月,上海市人民政府发布《上海市环境保护和生态建设"十三五"规划》,其中不少章节涉及长江大保护的内容。提出深化研究长江口水源地联通体系,完善多源联动的原水系统布局。研究实施长江口、杭州湾等重点河口海湾污染综合整治。严格产业环境准入,禁止建设新增长江水污染物排放的项目。加强自然生态系统保护,加大对全球生态保护具有重要意义的沿江沿海滩涂湿地生态系统的保护力度,按照生态保护红线的要求,强化长江口水源地、自然保护区、野生动植物重要栖息地、野生动物禁猎区、湿地公园、重要海岛及其他生态红线区域的保护和管理,拓展生物多样性保护基础空间。加强环境合作协作交流,积极实施长江经济带生态环境大治理、大保护,强化立法、规划、标准、政策、执法等领域协同与对接。深化长三角大气污染联防联控机制,积极推动机动车异地同管、船舶排放控制区建设、高污染天气协同应急等重点工作。建立长三角区域水污染防治协作机制,持续推进太湖流域水环境综合治理。健全区域环境应急联动机制,提高突发环境事件应急协作水平。

(2) 积极推进崇明世界级生态岛建设。

2018 年 6 月，上海市第十四届人大常委会第三十八次会议表决通过《关于促进和保障崇明世界级生态岛建设的决定》，明确努力按照国际先进水平，将崇明建设成为具有引领示范效应，具备生态环境和谐优美、资源集约节约利用、经济社会协调可持续发展等综合性特点的世界级生态岛。2018 年 4 月，上海市召开市政府常务会，审议通过《崇明区总体规划暨土地利用总体规划(2017—2035)》和《崇明世界级生态岛规划建设导则》。会议指出，要贯彻落实习近平总书记长江"共抓大保护、不搞大开发"的重要指示，把崇明打造成长江经济带生态大保护的标杆和典范。该规划提出，至 2035 年把崇明区基本建成在生态环境、资源利用、经济社会发展、人居品质等方面具有全球引领示范作用的世界级生态岛，成为世界自然资源多样性的重要保护地、鸟类的重要栖息地，长江生态环境大保护的示范区、国家生态文明发展的先行区。

(3) 深入开展长江河口生态修复。

2004 年至 2020 年，上海持续开展长江口珍稀水生生物增殖放流 20 次，累计放流各种规格中华鲟、胭脂鱼、松江鲈等珍稀水生生物数十万尾，对长江口的生态修复起到积极作用。开展上海崇明东滩互花米草生态控制与鸟类栖息地优化工程，荣获 2016 年度中国人居环境奖范例奖。该工程针对东滩保护区互花米草入侵与扩张的态势，主动采取生态学与工程学相结合的途径，有效地治理了互花米草的泛滥并修复了鸟类栖息地功能，维持和扩大了鸟类种群数量，改善了崇明东滩国际重要湿地质量，为中国海滨湿地类型自然保护区控制外来入侵种和探索滩涂湿地保护与合理利用提供了"可复制、可推广"的经验，为履行国际湿地公约和全球生物多样性保护作出了贡献。开展上海市长江口杭州湾生态修复规划工作，对长江口滩涂湿地、自然岸线、重要物种的生境等开展保护与修复，增强长江口海洋生态服务功能。

(4) 积极倡导和推进长三角环境治理一体化。

长三角环境治理一体化进程持续 30 多年后，长三角进入更高质量一体化发展的新阶段。2018 年初，在时任上海市委书记李强的倡导下，长三角区域合作办公室正式成立。我国经济最具活力的区域之一正式实现联合办公，并形成"三级运作"的新机制：决策层是三省一市主要领导座谈会，协调层是长三角地区合作与发展联席会议，执行层是各种专题合作组。长三角区域合作办公室在科技创新、人才共享、公共服务协同、综合环境治理等方面进行一系列的专题推进，效果显著。

《长三角地区跨界环境污染纠纷处置的应急联动工作方案》、《长三角跨界水体生态补偿机制总体框架》、《长三角地区环境保护领域实施信用联合奖惩合作备忘录》等合作协议已形成，《关于建立长三角区域生态环境保护司法协作机制的意见》(2018)已签署。长三角区域大气污染防治协作小组和长三角区域水污染防治协作小组已成立。长三角区域空气质量预测预报中心进行二期建设，大气监测重点超级站信息共享技术要求也在制定中。在水环境治理方面，太浦河联防联控已经展开，吴江、嘉善、青浦三地实现检测和监管执法情况的互通有无和应急联动机制等。此外，长三角环境保护领域将实施"信用联合奖惩合作备忘录"，试行统一的长三角地区环保领域企业严重失信行为认定标准，为重点排污单位跨区域的信用联合奖惩奠定基础。

(5) 加强长江口生态环境保护检察工作。

2018年,上海检察机关开展长江口生态环境保护检察专项行动,在刑事、民事、行政监督和公益诉讼等各领域全面发力,全力打好以长江生态保护修复为重点的污染防治攻坚战。集中办理一批有影响、有实效的案件,对人民群众反映强烈、社会影响恶劣的严重破坏生态环境案件实行挂牌督办;对经诉前程序,有关行政机关到期没有切实整改、有关社会组织没有提起公益诉讼的,尽责履职,及时起诉;进一步加强对涉及生态环境民事行政审判和调解执行活动的监督,及时纠正违法;通过有质量的检察建议,推动相关行政主体主动保护长江流域生态环境和自然资源。

2. 时任领导讲话

(1) 李强:努力把崇明岛打造成长三角城市群和长江经济带生态环境大保护的重要标志。

2018年4月,上海市委常委会举行扩大会议,传达学习习近平总书记在深入推动长江经济带发展座谈会上的重要讲话精神。上海市委书记李强指出,要抓好专项检查和整治,按照国家推动长江经济带发展领导小组统一部署,继续开展7个方面专项行动,切实把"共抓大保护、不搞大开发"落到实处。坚定不移推进崇明世界级生态岛建设,努力把崇明岛打造成长三角城市群和长江经济带生态环境大保护的重要标志。要推动生态环境治理合作,落实最严格的水资源管理制度,推动建立地区间、上下游生态补偿机制,加快形成生态环境联防联治、流域管理统筹协调的区域协作机制。

(2) 李强:坚定不移建设崇明世界级生态岛,坚定不移走生态优先、绿色发展之路。

2018年6月,市委书记李强出席长江口珍稀水生生物增殖放流活动,并赴崇明区长兴岛、横沙岛调研。李强指出,要按照习近平总书记关于长江经济带"共抓大保护、不搞大开发"的指示要求,坚定不移建设崇明世界级生态岛,坚定不移走生态优先、绿色发展之路,不断推动生态文明建设迈上新台阶,更好地实现高质量发展、创造高品质生活。

(3) 应勇:把崇明建成长江生态环境大保护的示范区。

2018年7月,上海市委副书记、市长应勇调研崇明世界级生态岛建设。应勇指出,要坚定不移贯彻落实习近平总书记关于长江沿线"共抓大保护、不搞大开发"和实施乡村振兴战略的重要指示精神,坚持建设世界级生态岛这个目标定位不动摇,切实抓住筹办中国花卉博览会这个重大机遇,举全市之力,坚持不懈,久久为功,把崇明建成长江生态环境大保护的示范区,发挥生态优势带动农民增收致富,努力实现高质量发展、高品质生活,推动崇明世界级生态岛建设取得更大突破。

3. 重要文件

(1) 上海市人民政府关于贯彻《国务院关于依托黄金水道推动长江经济带发展的指导意见》的实施意见(沪府发〔2015〕35号)。

(2)《上海市推动长江经济带发展实施规划》(2017)。

(3) 上海市人民政府关于印发《上海市环境保护和生态建设"十三五"规划》的通知(沪府发〔2016〕91号)。

(4) 上海市人民政府关于印发《崇明世界级生态岛发展"十三五"规划》的通知(沪府发〔2016〕102 号)。
(5) 中共上海市委办公厅　上海市人民政府办公厅印发《关于本市全面推行河长制的实施方案》的通知(沪委办发〔2017〕2 号)。
(6) 上海市发展和改革委员会　上海市规划和国土资源管理局　上海市财政局　上海市环境保护局　上海市水务局　上海市农业委员会　上海市绿化和市容管理局　上海市粮食局关于印发《上海市耕地河湖休养生息实施方案(2016—2030 年)》的通知(沪发改农经〔2017〕14 号)。
(7) 上海市人民政府办公厅关于印发《上海市湿地保护修复制度实施方案》的通知(沪府办〔2017〕74 号)。
(8) 上海市人民政府关于发布上海市生态保护红线的通知(沪府发〔2018〕30 号)。
(9) 上海市社会信用建设办公室　上海市环境保护局　江苏省社会信用体系建设领导小组办公室　江苏省环境保护厅　浙江省信用建设领导小组办公室　浙江省环境保护厅　安徽省社会信用体系建设联席会议办公室　安徽省环境保护厅关于印发《长三角地区环境保护领域实施信用联合奖惩合作备忘录》的通知(沪信用办〔2018〕6 号)。

3.6 长江保护修复的政策思考——问题、挑战与对策建议

长江经济带已成为我国生态优先、绿色发展主战场,引领经济高质量发展主力军。根据党中央的战略部署,保护与修复长江生态环境,是目前推动长江经济带高质量发展的压倒性任务,更是实现长江经济带经济高质量发展的重要支撑。打好长江保护修复攻坚战,是党中央确定的打好污染防治攻坚战的"七大标志性重大战役"之一。尽管长江保护修复取得阶段性进展,但长江生态环境面临的形势依然严峻复杂,成为制约长江经济带高质量发展的瓶颈。重点行业绿色发展、面源污染治理、流域生态系统和生物多样性保护修复等关键环节尚未形成突破。长江流域生态环境保护和修复面临的最大问题和难点是缺乏整体性和系统性,水资源、水环境、水生态协同保护体制机制亟待建立健全。生态系统修复不可能一蹴而就,需要久久为功,深入探索有利于流域生态系统保护的体制机制,形成上下联动、全社会投入的生态保护修复长效合力。本书分析认为,长江保护修复面临如下 5 个方面的挑战。

(1) 生态保护修复的系统性不足,未突出以流域为单元进行生态保护综合治理,水生态功能修复存在短板,对生态系统的保护修复与评估需进一步强化。长江流域水污染防治已取得一定成效,但流域生态系统的修复是长期工作。与水污染防治相比,水生态修复基础更为薄弱。首先,针对长江生态环境的管控多针对水质进行,重视水环境污染治理,而对水生生物生境、生态系统功能等的保护修复关注不足,未针对生物多样性的生物生境、物种等关键生态组成提出有力的保护修复行动计划,缺乏有效的保护修复措施。其次,缺乏将生

态系统修复措施和水环境质量目标管理的结合，对生态系统自净能力、生态系统恢复的弹性考虑不足，影响生态环境治理和生态恢复的效力。最后，支撑流域水生态保护修复的监测、评价及修复技术标准未形成，流域水生态监测网络未建立，同时缺乏水生态保护修复相关评价机制。

(2) 城市和工业点源污染逐步得到治理(以排污口排查为例)，但以农药化肥和畜禽养殖污染为主的农业面源污染，仍为长江流域水环境精细化治理的重点和难点，城乡面源污染短板亟待突破。首先，各区域水域水体交换率、自净能力、纳污能力截然不同，沿江部分地区环境基础设施薄弱，雨污分流不到位、管网溢流渗漏、生活污水收集管网建设滞后等问题突出。不少地区农业种植、养殖、城市初期雨水等面源污染防治短板亟待补齐。其次，部分污染治理项目重治标、轻治本，须知水环境的根源在陆地。在治理措施中，重视对河道水体的治理，对流域陆上排放过程的治理措施不够得力，导致水体污染物消减、生态修复等措施不够科学合理，污染减排和生态修复难以持久有效。

(3) 对《长江保护法》和已有法律制度的有机衔接，流域机构未能充分发挥统筹作用，尚未形成流域协调机制。围绕长江大保护密集出台大量政策，但在法制建设上仍缺少进展。长江流域涉水管理的法律有 30 多部，管理权在中央分属 15 个部委、76 项职能，在地方分属 19 个省(市、区)、百余项职能。现行的分散立法模式造成环境与资源立法分离、部门主导立法。部门间难以形成合力和整体效益。现有的《水法》、《水污染防治法》、《水土保持法》等都不是针对长江问题提出来的。依托《长江保护法》，长江的资源保护、开发利用等基本法律制度体系仍需完善。分散立法客观上造成不同部门在保护目标和保护理念上存在较大偏差。从已经出台的政策来看，促进长江大保护的全流域协调机制尚未建立，仅在长三角环境一体化治理上有实质进展。《长江保护法》的实施，将着重改善长江保护中所面临的部门分割、地区分割等体制机制问题，从长江保护的流域性、整体性和全局性，切实加强不同地区和部门间协作。

(4) 长江保护的管理体制仍需完善理顺，存在职能分割和交叉。在长江管理上存在明显的"多头管理、职能交叉"现象。例如，水利部门负责水量和水能管理，环保部门负责水质和水污染防治管理，市政部门负责城市给排水管理；隶属于水利部的长江水利委员会侧重长江水资源管理，隶属于农业农村部的长江流域渔政监督管理办公室侧重于水生生物保护与管理，隶属于交通运输部的长江航务管理局侧重于航务管理。此外，在水资源保护规划与水污染防治规划、水资源与水环境管理的监测体系与标准、数据共享等方面，也缺少有效协调机制。对长江复杂的管理体系，给开展系统性的保护工作带来不少障碍。

(5) 长江保护修复资金可持续性压力大，融资渠道单一且难度大，流域横向生态补偿推进缓慢，需创新长效保障机制。首先，长江保护修复是一项耗费资金的巨大工程。《中国环境报》分析显示，依据试点城市推算，长江保护资金需求至少在 2 万亿元以上，长远需求很可能在 20 万亿元左右。在长江 11 省(市)一般公共预算支出中，节能环保资金额约为 2 220 亿元，仅占预计资金需求量的 1/10。其次，生态保护修复资金来源主要依靠中央财政资金投入，企业和社会资金筹措机制和渠道没有得到充分利用，过度依赖政府财政，尤其是中央财政，并非长久之计。长江生态保护修复和绿色发展投资回报机制有待健全，因资金回收期长，一般通过地方公共财政预算支出，辅之以少量的使用者付费。尤其是部分上游地区经济发展不足，生态环境保护资金投入不足，环境治理能力较弱。

为此，本书提出以下 5 条对策建议。

(1) 以生态系统健康为最终目标，将以水质目标为主导的水环境管理模式转向为水生态目标主导的管理模式，并建立长江流域水生态监测网络。借鉴欧美发达国家水环境管理普遍采用的目标，以珍稀、濒危、特有物种和水生态系统功能恢复为目标，通过生境恢复等方式开展行动计划，实现生物物种、生境的恢复，最终实现流域生态系统结构和功能的恢复。不同水生态监测部门使用的采样、测试标准差异较大，不同来源的数据可比性差，给水生态保护修复成效的评价带来困难，也制约了水生态环境的有效管理。建议编制流域水生态监测、评价及保护修复相关技术标准，联合多部门建立长江流域水生态监测网络体系，为流域生态环境保护修复提供支撑。

(2) 以《长江保护法》为法治约束，从长江保护的流域性、整体性和全局性，尽快建立多部门协调治理、监督管理、评估和考核机制。加强流域内不同地区间的协调联动，通过建立省际横向生态补偿、跨界水污染防治和水生态保护联防联治等机制，实现上下游、左右岸共同治理。加强不同职能部门在长江流域的协作，通过建立全流域统筹管理的协调体制机制，统筹水环境、水资源、水生态开展保护修复，强化“山水林田湖草”等各种生态要素的协同治理，重视长江河口的保护修复，建立陆海统筹的生态修复与污染防治联动机制。

(3) 建设长江流域生态环境信息平台，加强数据共享，形成长江流域生态环境综合数据库。推动大数据、溯源性分析等技术手段，统筹现有长江流域的监测中心和信息化平台，整合政府、企业、科研机构等各方数据资源，形成数据处理标准化闭环，为长江保护的科学决策和精准施策提供高质量大数据，作为流域生态环境问题的精细化诊断依据。

(4) 拓宽资金来源渠道，建立政府主导、多方投入的保护修复资金保障机制，建立政府和市场生态补偿机制，鼓励社会资本参与。地方政府结合长江及主要一级支流沿线企业突出环境问题和环境治理科技需求，鼓励企业积极参与长江保护修复，督促企业落实环境保护的主体责任，帮助企业实现绿色转型和健康发展，引导企事业单位等广泛参与长江生态环境保护修复工作。发挥企业效能，通过降低贷款利率等给予优良政策的方式，支持民企进入长江生态环境保护修复；发挥央企、国企优势，引导国有企业投资长江保护修复重大项目。

(5) 长江保护修复需要全社会的参与，应建立多方参与激励机制。建立长江经济带生态保护修复的激励机制，推动区域内相关利益方积极参与生态保护修复防治决策及其行动计划，实现生态修复地区的政府、社会、非政府组织(NGO)和公众之间形成良好互动。实施生态保护修复工程，除了要重视修复工程本身，更要解决对当地居民产生的影响及其后续维护应对措施，提升人民生活水平。

本章附录 中共中央、国务院和国家各部委关于长江保护政策文件清单

表 3-3 中共中央、国务院和国家各部委关于长江保护政策文件清单

机构	文件名	年份
党中央和国务院	国务院关于依托黄金水道推动长江经济带发展的指导意见	2014
	中共中央　国务院关于印发生态文明体制改革总体方案的通知	2015
	国务院关于印发水污染防治行动计划的通知	2015
	国务院办公厅关于推进海绵城市建设的指导意见	2015
	长江经济带发展规划纲要	2016
	中共中央办公厅　国务院办公厅印发《关于全面推行河长制的意见》的通知	2016
	中华人民共和国国民经济和社会发展第十三个五年规划纲要	2016
	国务院办公厅关于健全生态保护补偿机制的意见	2016
	国务院办公厅关于印发湿地保护修复制度方案的通知	2016
	国务院关于印发土壤污染防治行动计划的通知	2016
	中共中央　国务院关于进一步加强城市规划建设管理工作的若干意见	2016
	国务院关于印发“十三五”生态环境保护规划的通知	2016
	中共中央办公厅　国务院办公厅印发《关于在湖泊实施湖长制的指导意见》的通知	2017
	中共中央办公厅国务院办公厅印发《关于划定并严守生态保护红线的若干意见》的通知	2017
	中共中央　国务院关于深入推进农业供给侧结构性改革　加快培育农业农村发展新动能的若干意见	2017
	中共中央办公厅　国务院办公厅印发《国家生态文明试验区(江西)实施方案》和《国家生态文明试验区(贵州)实施方案》	2017
	中共中央　国务院关于实施乡村振兴战略的意见	2018
	中共中央　国务院关于全面加强生态环境保护　坚决打好污染防治攻坚战的意见	2018
	国务院关于加强滨海湿地保护严格管控围填海的通知	2018
	国务院办公厅关于加强长江水生生物保护工作的意见	2018
	国务院办公厅关于切实做好长江流域禁捕有关工作的通知	2020
推动长江经济带发展领导小组办公室	推动长江经济带发展领导小组办公室关于印发治理长江非法码头工作意见的通知	2015
	推动长江经济带发展领导小组办公室关于印发《推动长江经济带发展三年行动计划(2015—2017)》的通知	2015
	长江经济带省际协商合作机制总体方案	2016
	推动长江经济带发展领导小组办公室关于印发开展长江经济带化工污染整治专项行动方案的通知	2017
	推动长江经济带发展领导小组办公室关于开展长江经济带固体废物大排查行动的通知	2018

续 表

机构	文件名	年份
国家发展改革委	国家发展改革委关于建设长江经济带国家级转型升级示范开发区的通知	2016
	国家发展改革委　住房城乡建设部关于印发长江三角洲城市群发展规划的通知	2016
	国家发展改革委　环境保护部印发关于加强长江黄金水道环境污染防控治理的指导意见的通知	2016
	国家发展改革委　国家林业局关于加强长江经济带造林绿化的指导意见	2016
	国家发展改革委　财政部　国土资源部　环境保护部　水利部　农业部　国家林业局　国家粮食局关于印发耕地草原河湖休养生息规划(2016—2030 年)的通知	2016
	国家发展改革委　工业和信息化部　财政部　国土资源部　环境保护部　住房和城乡建设部　水利部　农业部　国家统计局　国家林业局关于印发 2017 年生态文明建设工作要点的通知	2017
	国家发展改革委　南水北调办　水利部等关于印发丹江口库区及上游水污染防治和水土保持“十三五”规划的通知	2017
	国家发展改革委关于印发《长江经济带绿色发展专项中央预算内投资管理暂行办法》的通知	2018
	国家发展改革委办公厅　水利部办公厅　国家能源局综合司关于开展长江经济带小水电排查工作的通知	2018
	国家发展改革委　财政部　自然资源部等关于印发《洞庭湖水环境综合治理规划》的通知	2018
	国家发展改革委关于印发《汉江生态经济带发展规划》的通知	2018
	国家发展改革委　水利部　自然资源部　国家林业和草原局关于加快推进长江两岸造林绿化的指导意见	2018
	国家发展改革委　生态环境部　农业农村部　住房和城乡建设部　水利部印发《关于加快推进长江经济带农业面源污染治理的指导意见》的通知	2018
	国家发展改革委　自然资源部关于印发《全国重要生态系统保护和修复重大工程总体规划(2021—2035 年)》的通知	2020
科学技术部	科技部　财政部关于加强国家重点实验室建设发展的若干意见	2018
	中共科学技术部党组关于科技创新支撑生态环境保护和打好污染防治攻坚战的实施意见	2018
工业和信息化部	工业和信息化部关于印发《工业绿色发展规划(2016—2020 年)》的通知	2016
	工业和信息化部　发展改革委　科技部　财政部　环境保护部关于加强长江经济带工业绿色发展的指导意见	2017
	工业和信息化部　国家发展和改革委员会　财政部　人力资源和社会保障部　国土资源部　环境保护部　农业部　商务部　中国人民银行　国务院国有资产监督管理委员会　国家税务总局　国家工商行政管理总局　国家质量监督检验检疫总局　国家安全生产监督管理总局　中国银行业监督管理委员会　国家能源局关于利用综合标准依法依规推动落后产能退出的指导意见	2017
	工业和信息化部办公厅关于做好长江经济带固体废物大排查行动的通知	2018

续 表

机构	文件名	年份
司法部	司法部关于全面推动长江经济带司法鉴定协同发展的实施意见	2018
财政部	财政部　国土资源部　环境保护部关于推进山水林田湖生态保护修复工作的通知	2016
	财政部　环境保护部　发展改革委　水利部关于加快建立流域上下游横向生态保护补偿机制的指导意见	2016
	财政部　国土资源部　环境保护部关于印发《重点生态保护修复治理专项资金管理办法》的通知	2016
	财政部关于建立健全长江经济带生态补偿与保护长效机制的指导意见	2018
	财政部　环境保护部　发展改革委　水利部关于印发《中央财政促进长江经济带生态保护修复奖励政策实施方案》的通知	2018
自然资源部	国土资源部关于印发《国土资源"十三五"规划纲要》的通知	2016
	矿山地质环境保护规定(2016 修正)	2016
	国土资源部　工业和信息化部　财政部等关于加强矿山地质环境恢复和综合治理的指导意见	2016
	国土资源部关于印发《自然生态空间用途管制办法(试行)》的通知	2017
	自然资源部　国家发展和改革委员会关于贯彻落实《国务院关于加强滨海湿地保护　严格管控围填海的通知》的实施意见	2018
国家海洋局	国家海洋局关于加强滨海湿地管理与保护工作的指导意见	2016
国家林业和草原局	长江经济带森林和湿地生态系统保护与修复规划(2016—2020 年)	2016
	长江沿江重点湿地保护修复工程规划(2016—2020 年)	2016
	国家林业局关于印发《林业发展"十三五"规划》的通知	2016
	国家林业局关于印发《国家湿地公园管理办法》的通知	2017
	国家林业局　国家发展改革委　财政部　国土资源部　环境保护部　水利部　农业部　国家海洋局关于印发《贯彻落实〈湿地保护修复制度方案〉的实施意见》的函	2017
	国家林业局　国家发展改革委　财政部关于印发《全国湿地保护"十三五"实施规划》的函	2017
	长江经济带生态保护科技创新行动方案	2018
生态环境部	长江经济带生态环境保护 2016—2017 年行动计划	2016
	环境保护部办公厅关于开展长江经济带饮用水水源地环境保护执法专项行动(2016—2017 年)的通知	2016
	环境保护部办公厅关于开展长江经济带化工生产企业和化工园区摸底排查工作的通知	2017
	环境保护部办公厅关于印发《长江经济带战略环境评价工作方案》的通知	2017

续　表

机构	文件名	年份
生态环境部	环境保护部　国家发展和改革委员会　水利部关于印发《长江经济带生态环境保护规划》的通知	2017
	环境保护部　发展改革委　水利部关于印发《重点流域水污染防治规划（2016—2020 年）》的通知	2017
	生态环境部　农业农村部　水利部关于印发《重点流域水生生物多样性保护方案》的通知	2018
	生态环境部办公厅　公安部办公厅　最高人民检察院办公厅关于对长江安徽池州段污染环境案件联合挂牌督办的通知	2018
	生态环境部办公厅关于全面排查处理长江沿线自然保护地违法违规开发活动的通知	2018
	生态环境部办公厅关于对安徽省、湖南省、重庆市的 7 起长江生态环境违法案件挂牌督办的通知	2018
	生态环境部办公厅关于坚决遏制固体废物非法转移和倾倒　进一步加强危险废物全过程监管的通知	2018
	生态环境部办公厅关于印发《长江流域水环境质量监测预警办法（试行）》的通知	2018
	生态环境部　发展改革委关于印发《长江保护修复攻坚战行动计划》的通知	2018
	生态环境部关于开展长江生态环境保护修复驻点跟踪研究工作的通知	2018
住房和城乡建设部	住房和城乡建设部　环境保护部关于印发城市黑臭水体整治工作指南的通知	2015
	住房和城乡建设部办公厅关于印发海绵城市建设绩效评价与考核办法（试行）的通知	2015
	住房和城乡建设部关于印发海绵城市专项规划编制暂行规定的通知	2016
	住房和城乡建设部办公厅　环境保护部办公厅关于对部分城市黑臭水体实行重点挂牌督办的通知	2017
	住房和城乡建设部关于加强生态修复城市修补工作的指导意见	2017
交通运输部	交通运输部关于进一步加强长江港口岸线管理的意见	2016
	交通运输部办公厅关于印发《长江干线危险化学品船舶锚地布局方案（2016—2030 年）》的通知	2017
	交通运输部关于推进长江经济带绿色航运发展的指导意见	2017
	交通运输部办公厅关于印发《长江经济带船舶污染防治专项行动方案（2018—2020 年）》的通知	2017
	交通运输部关于全面加强生态环境保护坚决打好污染防治攻坚战的实施意见	2018
	交通运输部办公厅关于加快长江干线推进靠港船舶使用岸电和推广液化天然气船舶应用的指导意见	2018
	交通运输部贯彻落实习近平总书记推动长江经济带发展重要战略思想的工作方案	2018
	交通运输部关于推进长江航运高质量发展的意见	2019

续 表

机构	文件名	年份
水利部	水利部关于印发推进海绵城市建设水利工作的指导意见的通知	2015
	水利部办公厅关于开展江河湖库水系连通实施方案(2017—2020年)编制工作的通知	2016
	水利部　环境保护部关于印发贯彻落实《关于全面推行河长制的意见》实施方案的函	2016
	水利部关于印发《农村水电增效扩容改造河流生态修复指导意见》的通知	2016
	水利部　国家发展和改革委员会　工业和信息化部　财政部　国土资源部　环境保护部　住房和城乡建设部　农业部　国家统计局关于印发《"十三五"实行最严格水资源管理制度考核工作实施方案》的通知	2016
	水利部　环境保护部关于印发贯彻落实《关于全面推行河长制的意见》实施方案的函	2016
	水利部关于加强水资源用途管制的指导意见	2016
	水利部关于印发《长江经济带沿江取水口、排污口和应急水源布局规划》的通知	2017
	长江岸线保护和开发利用总体规划	2017
	水利部办公厅印发关于加强全面推行河长制工作制度建设的通知	2017
	水利部　环保部　住建部关于做好长江入河排污口专项检查行动有关工作的通知	2017
	水利部关于印发《国家水土保持重点工程 2017—2020 年实施方案》的通知	2017
	水利部关于深入贯彻落实中央加强生态文明建设的决策部署　进一步严格落实生态环境保护要求的通知	2017
	水利部办公厅关于开展全国河湖"清四乱"专项行动的通知	2018
	水利部办公厅关于加强汛期长江河道采砂管理工作的通知	2018
	水利部办公厅关于开展全国河湖采砂专项整治行动的通知	2018
	水利部办公厅　交通运输部办公厅关于开展长江河道采砂管理专项检查的通知	2018
	水利部贯彻落实《关于在湖泊实施湖长制的指导意见》的通知	2018
	水利部　国家发展改革委关于印发《"十三五"水资源消耗总量和强度双控行动方案》的通知	2018
	长江流域水生态环境保护与修复行动方案	2018
	长江流域水生态环境保护与修复三年行动计划(2018—2020 年)	2018
	水利部关于进一步加强河湖执法工作的通知	2018
	水利部印发关于推动河长制从"有名"到"有实"的实施意见的通知	2018
	水利部办公厅　生态环境部办公厅关于印发全面推行河长制、湖长制总结评估工作方案的通知	2018
	水利部　交通运输部关于长江河道采砂管理实行砂石采运管理单制度的通知	2019
	水利部　生态环境部关于加强长江经济带小水电站生态流量监管的通知	2019
	水利部　公安部　交通运输部关于建立长江河道采砂管理合作机制的通知	2020

续　表

机构	文件名	年份
农业农村部	农业部关于进一步加强长江江豚保护管理工作的通知	2014
	农业部关于调整长江流域禁渔期制度的通告	2015
	农业部关于印发《中华鲟拯救行动计划(2015—2030年)》的通知	2015
	农业部关于打好农业面源污染防治攻坚战的实施意见	2015
	农业部　国家发展改革委　科技部　财政部　国土资源部　环境保护部　水利部　国家林业局关于印发《全国农业可持续发展规划(2015—2030年)》的通知	2015
	农业部关于赤水河流域全面禁渔的通告	2016
	农业部关于加快推进渔业转方式调结构的指导意见	2016
	农业部办公厅关于加强长江江豚保护工作的紧急通知	2016
	农业部关于印发《长江江豚拯救行动计划(2016—2025)》的通知	2016
	农业部长江流域渔政监督管理办公室关于加强2016年度长江刀鲚、凤鲚专项捕捞管理工作的通知	2016
	农业部关于印发《农业资源与生态环境保护工程规划(2016—2020年)》的通知	2016
	农业部关于推动落实长江流域水生生物保护区全面禁捕工作的意见	2017
	农业部关于长江干流禁止使用单船拖网等十四种渔具的通告(试行)	2017
	农业部关于公布率先全面禁捕长江流域水生生物保护区名录的通告	2017
	农业部办公厅关于印发《重点流域农业面源污染综合治理示范工程建设规划(2016—2020年)》的通知	2017
	农业部关于印发《"中国渔政亮剑2018"系列专项执法行动方案》的通知	2018
	农业农村部关于印发《长江鲟(达氏鲟)拯救行动计划(2018—2035)》的通知	2018
	农业农村部长江办关于进一步加强长江豚类保护工作的通知	2018
	农业农村部关于支持长江经济带农业农村绿色发展的实施意见	2018
	农业农村部关于调整长江流域专项捕捞管理制度的通告	2018
	农业农村部　财政部　人力资源社会保障部关于印发《长江流域重点水域禁捕和建立补偿制度实施方案》的通知	2019
	农业农村部关于加强长江流域禁捕执法管理工作的意见	2020
公安部	公安部　农业农村部《打击长江流域非法捕捞专项整治行动方案》	2020
最高人民法院	最高人民法院关于为长江经济带发展提供司法服务和保障的意见	2016
	最高人民法院关于全面加强长江流域生态文明建设与绿色发展司法保障的意见	2017
	最高人民法院关于为长江三角洲区域一体化发展提供司法服务和保障的意见	2020
最高人民检察院	最高人民检察院关于充分发挥公诉职能做好长江经济带环境资源保护工作的通知	2018
	最高人民检察院关于印发检察机关服务保障长江经济带发展典型案例的通知	2019

第四章

长江大保护科学研究特征与科技支撑建议

4.1 长江大保护科学研究

4.1.1 长江大保护需要科技支撑

习近平总书记对生态文明建设重要论述是新时代中国特色社会主义思想的重要组成部分之一，是对马克思主义的重要贡献。长江大保护战略思想与战略安排是这一思想的集中体现，有极其深刻的科学内涵与现实意义，更是中央政府、长江流域各级地方政府、科学家和全社会在长江大保护行动中的指南。

长江是中华民族的母亲河，也是中华民族发展的重要支撑。长江流域具有优越的生态要素配置，其气候资源、水资源、生物多样性资源、矿产资源和空间资源是中华文明起源、发展和繁荣的重要物质基础。然而，在不断加剧的人类开发活动下，长江的自然资本已不堪重负，生态环境问题频频出现。2016 年 1 月 5 日、2018 年 4 月 26 日和 2020 年 11 月 14 日，习近平总书记 3 次主持召开推动长江经济带发展座谈会，明确指出"长江病了，而且病得还不轻"。习近平总书记强调，推动长江经济带发展必须从中华民族长远利益考虑，共抓大保护、不搞大开发；指出要从生态系统整体性和流域系统性出发，追根溯源、系统治疗，防止头痛医头、脚痛医脚；要找出问题根源，从源头上系统开展生态环境修复和保护。

长江流域保护一直是学界关注的热点。在新形势和新机遇下，长江大保护战略需要科技支撑，科研是长江治理和保护的探路先锋。对于长江大保护，各级政府已纷纷出台相应政策和举措方案，主流媒体高密度报道。近 30 年来，学界关于长江保护的各领域研究成果逐年增加，科学家们建言献策。已有的研究主要集中在不同区域和尺度、干支流和二级三级子流域、长江流域的湖泊河流湿地或沿江省份，如长江源区、金沙江流域、洞庭湖流域、鄱阳湖流域、太湖流域、三峡库区、汉江流域、长三角和河口地区，以及全流域保护面临问题和政策成效等。长江流域全流域尺度的整体研究和思考是非常有必要的，依然急需在科学与技术层面有深度、成系统的思考，制定在科学与技术上有力支撑长江大保护的推进方案。客观上，长江大保护涉及范围之广和问题之复杂前所未有。主观上，一方面长期以来重发展、轻保护或将发展与保护对立的惯性思维与行为根深蒂固，短时间难以改变；另一方面，科学家们在各自熟悉专业领域开展科学或技术研究，较少从流域尺度聚焦长江大保护的重大需求和重大科学问题，缺乏在关键技术集成上多学科协同创新的举措，忽略"山水林田湖草"等各种生态要素的协同治理。中国学界要有历史担当，认真理解与科学解读长江大保护战略的科学内涵，避免现有的片面认识，为长江大保护和长江经济带高质量发展提供科技支撑。为了更好地理解和把握这一战略，为未来的科技创新提供思路，本书运用文献计量学方法，分析了 1994—2018 年长江保护相关研究的特征和关注科学问题的演变，探讨了目前研究中的空缺，对未来研究的重点问题提出了建议。

4.1.2 长江大保护相关科学研究分析

为了展示以往科学界对保护长江的努力和研究贡献，让科学界能更有效地开展长江大保护研究，本章将从两个方面介绍学界关于保护长江的科学研究成果，梳理目前科学研究的热点，寻找未来仍需努力的方向。首先，本章4.2节将利用文献计量学方法，分析过去25年间(1994—2018年)包括中英文文献在内的长江保护相关研究的内在规律，力图从宏观上把握过往研究的主要脉络，揭示研究主题的变化趋势和中英文文献中相关研究的差异性。其次，本章4.3节至4.7节将对近年来，特别是提出长江大保护战略以来，学界发表的相关研究成果进行总结，重点阐述科学家对于长江大保护战略的解读、科学研究、创新实践和对策建议。由于篇幅和作者水平有限，本章的分析并不能做到面面俱到。因此，本章主要围绕5个重点领域展开，即长江大保护的战略解读、长江流域水生态环境的评价与管理、长江流域生物多样性保护、长江经济带绿色发展、长江流域综合管理的体制机制。即使如此，本章也只能对相关研究进行概括性介绍，无法将它们全面详细地呈现给读者。因此，本章最后列举了所引用的研究论文的目录，方便读者进一步有针对性地研读。

4.2　长江大保护相关科学研究的文献计量学分析

4.2.1　文献计量学分析框架和方法

本节运用文献计量学方法，对过去25年间(1994—2018年)长江保护相关研究文献进行全面梳理，分析过去研究中的规律，指出过去长江保护相关研究中的成就与空缺，为未来长江大保护研究提供建议。

中文文献的元数据在中国知网(CNKI)中搜索并下载。搜索的期刊范围为EI来源、核心期刊、CSSCI和CSCD期刊集，搜索语句为

SU='长江' and SU=('保护'+'生态'+'资源'+'环境'+'生物'+'水生生物'+'生物多样性'+'鱼类'+'生态系统'+'湿地')

英文文献的元数据在Web of Science(WOS)中检索并下载。搜索数据集为Science citation index expanded(SCI-Expanded)，搜索语句为

TS=("Changjiang" or "Yangtze") and TS=('protection' or 'conservation' or 'environment' or 'resource' or 'biology' or 'biodiversity' or 'ecosystem' or 'wetland' or 'fish' or 'benthos' or 'zooplankton' or 'plankton' or 'macrophyte' or 'hydrophyte')

在两个数据库的搜索时间范围均为近25年，即1994—2018年。运用CiteSpace、VOSviewer等文献计量软件以及bibliometric. com文献计量在线分析平台对中英文文献的作者、期刊来源、发表时间、主题词、引用情况等进行分析。

需要说明的是，由于以下原因本研究分析结果会有一定局限性：①本研究检索所用关键词虽然考虑了资源、生态、环境等各个方面，但在生物多样性方面有所侧重；②作者姓名的表达方式存在前后不一致和雷同的情况；③有的文献确定关键词有一定随意性，关键词

分类有重叠或交叉;④作者单位有异动;⑤部分研究区域在长江流域内,但文章没有明显标记,故无法统计在内;⑥本统计不包括专著等其他重要文献。

4.2.2 长江保护学术成果年度变化趋势

近 25 年来科学家们始终十分关注长江保护研究,但是,中英文文章的数量变化规律明显不同。长江保护相关科学研究的文章总数达 9 566 篇,其中中文和英文文献分别有 4 988 和 4 578 篇。文章总数随时间发展而呈现指数增长规律(图 4-1)。与之相应的是,中英文文献都随着时间的推进而迅速增加。在 2010 年以前,中文文献都远远多于英文文献。例如,在 1994 年中文文献为 78 篇,而英文文献仅有 6 篇。中文文献数量在 2010—2014 年间存在一个稳定期,但是,同期的英文文献数量在快速增长。因此,英文文献的数量在 2012 年前后超越中文文献的数量。2018 年,中文文献数量(394 篇)仅相当于英文文献数量(707 篇)的 55.7%。这些结果表明,近 25 年来长江保护相关科学研究保持持续的热度,而且越来越多的学者倾向于发表英文科技论文。

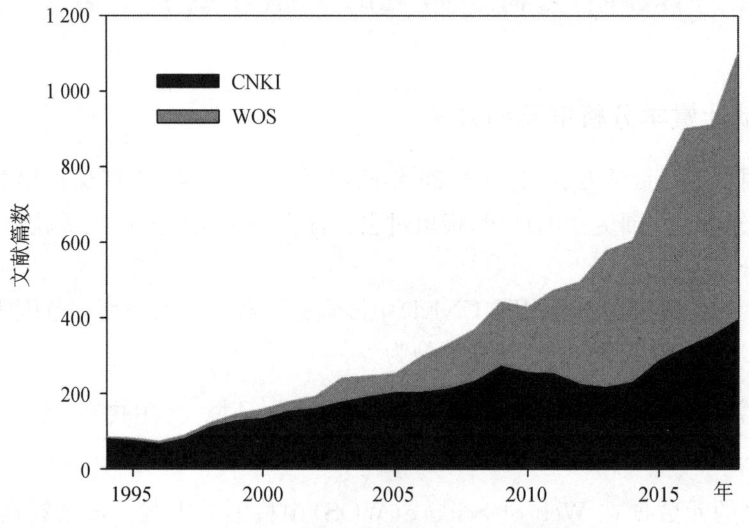

图 4-1 1994—2018 年间长江保护相关文章数量统计

(CNKI 指中国知网,WOS 指 Web of Science)

长江保护相关研究成果发表涉及的中英文期刊都高达 800 余份。但是,绝大多数研究论文都集中在少数的期刊。中文期刊中发文数量排名前 10 的期刊分别为《人民长江》、《长江流域资源与环境》、《长江科学院院报》、《环境保护》、《淡水渔业》、《水生生物学报》、《生态学报》、《中国水土保持》、《生态经济》和《经济地理》(表 4-1)。这 10 份期刊共发表 1 430 篇中文文章,占中文文章发表总数的 29%。中文文章发表数量排名前 30 的期刊共发表 2 165 篇文章,占中文文章发表总数的 43%(表 4-1)。

英文期刊中发文数量排名前 10 的期刊分别为 *Science of the Total environment*、*Journal of Applied Ichthyology*、*Environmental Science and Pollution Research*、*Journal of Hydrology*、*Estuarine Coastal and Shelf Science*、*Marine Pollution Bulletin*、*Ecological Engineering*、*Plos One*、*Palaeogeography Palaeoclimatology*

Palaeoecology 和 *Environmental Earth Sciences*（表 4-1）。这 10 份期刊共发表 790 篇英文文章，占英文文章发表总数的 17%。排名前 30 的英文期刊共发表 1 659 篇文章，占英文文章发表总数的 36%（表 4-1）。

表 4-1　1994—2018 年发表长江保护相关文章数量最多的 30 种中英文期刊

序号	中文期刊名称	篇数	英文期刊名称	篇数
1	人民长江	498	*Science of the Total Environment*	133
2	长江流域资源与环境	361	*Journal of Applied Ichthyology*	107
3	长江科学院院报	115	*Environmental Science and Pollution Research*	96
4	环境保护	81	*Journal of Hydrology*	71
5	淡水渔业	73	*Estuarine Coastal and Shelf Science*	69
6	水生生物学报	62	*Marine Pollution Bulletin*	67
7	生态学报	62	*Ecological Engineering*	64
8	中国水土保持	61	*Plos One*	63
9	生态经济	60	*Palaeogeography Palaeoclimatology Palaeoecology*	61
10	经济地理	57	*Environmental Earth Sciences*	59
11	中国水产	52	*Quaternary International*	58
12	自然资源学报	51	*Precambrian Research*	53
13	湖泊科学	45	*Scientific Reports*	53
14	中国水利	45	*Chemosphere*	53
15	环境科学	43	*Water*	53
16	水运工程	40	*Environmental Pollution*	52
17	地理学报	39	*Chinese Journal of Oceanology and Limnology*	48
18	中国人口·资源与环境	39	*Acta Oceanologica Sinica*	47
19	地理科学	38	*Environmental Biology of Fishes*	45
20	水生态学杂志	37	*Environmental Monitoring and Assessment*	45
21	生态学杂志	36	*Chinese Science Bulletin*	45
22	安徽农业科学	34	*Sustainability*	45
23	中国环境科学	32	*Journal of Geographical Sciences*	44
24	海洋地质与第四纪地质	32	*Journal of Coastal Research*	40
25	第四纪研究	31	*Journal of Asian Earth Sciences*	35
26	资源科学	31	*Continental Shelf Research*	33
27	环境科学学报	30	*Remote Sensing*	32
28	地理研究	28	*Science China-Earth Sciences*	31
29	环境科学与技术	26	*Geomorphology*	29
30	环境科学研究	26	*Hydrobiologia*	28

进一步做期刊的共引用分析表明，发表长江保护英文文章的期刊主要是生物学、生态学、水文学、环境科学、海洋科学、古气候学、地质学等学科的期刊（彩图 2）。生态学、水文

学、环境科学、海洋科学等学科的期刊通过引用与被引用关系形成紧密的联系。相对来讲，古气候学、生物学、地质学等学科期刊主要是与本学科内的期刊产生引用与被引用联系。

通过对期刊的学科分类可以分析相关研究的学科分类。刊载长江保护相关文章的期刊的学科领域非常丰富(表 4-1)。中文期刊的学科领域涉及水利水电、环境科学、生物学、农业、水产科学、自然地理学、海洋学、地球物理学、经济学、交通运输和医学等。英文期刊的学科领域涉及环境科学、地学、水资源科学、气象学、生物学、湖沼学和水产科学等。结果表明，众多学科的学者已经积极投入长江大保护相关的研究工作，这为开展更系统深入的合作研究奠定了良好基础。

4.2.3 长江保护学术合作分析

长江大保护相关中文文献涉及多达 9 000 余位作者，绝大多数是中国学者。通过对发文数量进行统计可以发现，大部分作者只发表了数量很少的文章。事实上，只有 58 位作者发表文章数达到或超过 10 篇，316 位作者发表的文章数介于 5～9 篇之间。发表相关中文文章较多的作者包括：中国水产科学研究院长江水产研究所陈大庆、段辛斌和刘绍平等，长江水利委员会蔡其华、陈进和黄薇等，中国科学院南京地理与湖泊研究所虞孝感和杨桂山等，中国科学院南京土壤研究所骆永明和滕应等，南京大学朱诚、彭补拙和黄贤金等，武汉大学吴传清等，中国环境科学研究院郑丙辉等，水利部中国科学院水工程生态研究所乔晔和常剑波等，江苏省农业科学院许乃银等(彩图 3)。从发文时间来看，高产作者中陈大庆、段辛斌、刘绍平、陈进等人在研究时间段内持续发表文章，虞孝感、蔡其华、黄薇、彭补拙、骆永明等人发表文章的时间较早，而吴传清、许乃银、段学军、方创琳等人发表文章的时间较新(彩图 3)。从作者之间的合作关系来看，中文文章作者之间合作并不多，以单位内部合作为主(彩图 3)。

绝大多数长江大保护相关英文文献也是由中国学者完成的(彩图 4)。国外学者的研究中有很大一部分是通过与中国学者的合作完成的。英文文献作者数量靠前的国家和地区有中国(4 186)、美国(700)、澳大利亚(168)、日本(164)、德国(161)、加拿大(136)、英国(152)、荷兰(83)、法国(83)、中国台湾(83)、韩国(67)、挪威(45)、瑞典(39)、印度(38)、丹麦(33)、瑞士(28)、新加坡(28)、波兰(26)、苏格兰(24)和芬兰(24)等。

通过统计分析，英文文献发表量较大的中国学者包括：华东师范大学的张经(Jing Zhang)、刘敏(Min Liu)、张利权(Liquan Zhang)和侯立军(Lijun Hou)等，复旦大学的李博(Bo Li)和陈家宽(Jiakuan Chen)等，中国科学院水生生物研究所的王丁(Ding Wang)和李钟杰(Zhongjie Li)等，中国科学院武汉植物园的李伟(Wei Li)等、中国水产科学研究院长江水产研究所的危起伟(Qiwei Wei)、张辉(Hui Zhang)和杜浩(Hao Du)等，同济大学的杨守业(Shouye Yang)等，以及中国科学院地理湖泊所的张奇(Qi Zhang)等。其他国家和地区的高产学者包括：奥斯陆大学的 ChongYu Xu，岛根大学的 Yoshiki Saito，图卢兹第三大学的 Lek Sovan，台湾海洋大学海洋中心的 Gwoching Gong，萨斯喀彻温大学的 John P. Giesy，马里兰大学的 miroslaw J. skibniewski，辛辛那提大学的 Thomas J. Algeo，中国地质大学(北京)的 M. Santosh，牛津大学的 Samuel T. Turvey 等。从发文时间来看，张经、危起伟、王丁、李伟等作者在研究时间段内持续在高产地发表文章(彩图 5)。李博、陈家宽等人发表的文章较早，刘敏、李钟杰、张奇、张强等人发表的文章时间较新。从合作网络来分析，英文文献的作者具有明显的合作关系（彩图 5）。各位高产作者在研究过程中普遍形成以本单位同事为核心的科研团队，同时与外单位开展密切的合作。

4.2.4　长江保护科研机构分析

1994—2018 年长江大保护相关中文论文的发表机构共涉及 400 余家。文章发表量排名前 10 的研究机构包括：中国科学院大学（含原中国科学院研究生院）（140 篇）、中国科学院南京地理与湖泊研究所（107 篇）、中国科学院水生生物研究所（69 篇）、中国科学院地理科学与资源研究所（66 篇）、南京大学地理与海洋科学学院（含原南京大学城市与资源学系）（66 篇）、中国水产科学研究院长江水产研究所（59 篇）、长江水利委员会（49 篇）、华东师范大学河口海岸学国家重点实验室（48 篇）、长江流域水资源保护局（40 篇）和长江水利委员会水文局（34 篇）（彩图 6）。对文章发表数量排名前 50 的研究机构进行统计发现，这些研究机构集中于 9 个城市。按发文总量从高到低排序依次为武汉、南京、北京、上海、成都、青岛、无锡、重庆和兰州。这个结果显示位于长江流域上游、中游和下游的研究机构在长江大保护相关研究中的突出地位。同时，北京作为许多国家级研究机构所在地，也在长江大保护相关研究中发挥了重要作用。

基于 1994—2018 年长江大保护相关中文文章发表量前 50 位的科研机构的合作网络分析，可以发现虽然单个作者倾向于与同一机构内的科研人员合作，但是，作为研究机构集体依然表现出一定的对外合作属性（彩图 6）。合作网络分析图中的中心结点包括中国科学院大学、南京大学地理与海洋科学学院、中国科学院地理科学与资源研究所、华东师范大学河口海岸学国家重点实验室、中国科学院水生生物研究所、长江科学院水质资源综合利用研究所、长江水利委员会长江水资源保护科学研究所、长江水利委员会长江科学院、中国环境科学研究院等。经济与管理类单位或部门（如武汉大学经济与管理学院、重庆工商大学长江上游经济研究中心、河海大学商学院和四川大学经济学院等）与自然科学研究单位的跨学科交叉合作研究还比较少。

1994—2018 年长江大保护相关英文文章的发表机构共涉及 265 个，以中国的科研机构为主。中国科学院的文章发表量远远高于其他机构，达到 1 517 次（彩图 7）。其他英文文章发表量较高的国内研究机构有华东师范大学（353 次）、中国科学院大学（302 次）、南京大学（273 次）、中国地质大学（229 次）、中国水产科学院（200 次）、复旦大学（153 次）、中国海洋大学（150 次）、北京师范大学（145 次）和河海大学（137 次）等。我国香港和台湾地区发表量较多的机构有香港大学（44 次）、台湾海洋大学（21 次）、台湾中央研究院（20 次）等。此外，英文文章发表量靠前的其他国家和地区的研究机构分别为奥斯陆大学（26 次）、德州农工大学（21 次）、弗吉尼亚理工大学（18 次）、密歇根州立大学（17 次）、马里兰大学（17 次）、东京大学（17 次）、辛辛那提大学（15 次）和路易斯安那州立大学（15 次）等。

发表英文文章的研究机构也存在广泛的合作关系（彩图 7）。合作网络分析图中的中心结点包括中国科学院、中国科学院大学、南京大学、河海大学、中国地质大学、复旦大学、河海大学、武汉大学、中山大学、清华大学、中国水利水电科学研究院、奥斯陆大学、德州农工大学、西南大学、马里兰大学、贵州大学、杭州科技大学、青岛海洋科学与技术国家实验室等。

4.2.5 长江保护研究热点和主题演化

关键词反映了科技论文的主题。1994—2018 年长江大保护相关中文文章中出现频次前 20 位的关键词分别为长江流域(498 次)、长江(448 次)、长江经济带(413 次)、长三角地区(348 次)、长江上游(207 次)、生态环境(146 次)、长江口(143 次)、可持续发展(119 次)、三峡库区(111 次)、三峡(88 次)、长江中游(76 次)、长江中下游(76 次)、水资源(74 次)、资源(71 次)、三峡工程(71 次)、水土保持(67 次)、水质(62 次)、三峡水库(60 次)、生物多样性(56 次)和长江中游城市群(54 次)。除长江流域和长江外,大部分重要的关键词与长江流域不同的地点和三峡工程有关。这表明长江流域上、中、下游不同地区的生态环境保护和受人类活动干扰影响差异很大,而且极为复杂,需要分区专门研究。另一方面,说明学界非常关心三峡工程对长江流域水文过程和生态环境的影响。

根据关键词共现性分析和聚类分析结果,可以将 1994—2018 年长江大保护相关研究中文文献的关键词归为 6 个重要类别(彩图 8)。

第一类为长江经济带高质量发展类。这类关键词以长江经济带为核心,关键词包括长三角地区、长江中游城市群、经济、资源、三峡库区、三峡、土地利用、人类活动、区域经济、城镇化、产业结构、经济增长、环境规制、城市群、指标体系、综合评价、产业、对策等。围绕生态环境保护、城镇化进程和生态补偿等问题,对长江经济带生态优先绿色发展以及生态文明建设开展理论和实践探索研究。

第二类为生物多样性保护类。这类关键词包括长江、自然保护区、遗传多样性、鱼类、圆口铜鱼、特有鱼类、中华鲟、达氏鲟、江豚、鱼类资源、水产资源、渔业资源、种质资源、农业资源、四大家鱼、增殖放流、禁渔期、保护对策、自然保护区、赤水河、金沙江、长江水产研究所等。围绕流域生物多样性、鱼类资源养护与管理等主题展开,主要聚焦长江水生生物多样性特别是鱼类保护研究。

第三类为水资源开发与保护类。这类关键词包括长江流域、可持续发展、水资源、水环境、水污染、长江水利委员会、水资源管理、水资源保护、水资源配置、流域管理、水利工程、水功能区、环境影响、水利、水电开发、防洪等。它们突出了长江作为河流的属性,强调长江水资源的综合治理以及水利工程的影响。

第四类为长江上游生态治理类。这类关键词以长江上游为核心区域,其他关键词包括长江上游地区、生态环境建设、水土流失、水土流失面积、水土保持、天然林保护工程、“长治”工程(即长江上游水土保持防治工程)、综合治理、生态修复、生态安全、监测、生态补偿、西部地区、四川、西部大开发、生态屏障等。这类研究探讨了上游水土流失及其综合治理问题,研究结果表明天然林保护工程和“长治”工程等林业政策的驱动与成效。

第五类为长江中下游湿地生态环境类。这类关键词包括长江口、长江中游、长江下游、长江干流、湖泊、三峡水库、水生植物、底栖动物、生物多样性、群落结构、重金属、沉积物、富营养化、水质评价、生态风险、污染、土壤、物源、沉积环境、粒度等。着重研究长江中下游湿地生态系统的特征及其在人类活动干扰和威胁下的演变趋势。

第六类为长江流域湿地水文径流类。这类关键词包括生态环境、长江中下游、三峡工程、鄱阳湖、洞庭湖、湿地、长江源、长江源区、生态系统、气候变化、江湖关系、洪水、保护和影响等。它们关注长江流域的水文径流过程,特别是长江高原(长江源区)湿地和大型湖泊(鄱阳湖、洞庭湖等)的水文过程受气候变化和水利工程等因素的影响。

同时,长江大保护相关中文文章的关键词随时间也发生明显变化(彩图 9)。长江大保护相关中文文章很早就开始关注长江上游的生态环境建设、可持续发展、三峡和水产资源等问题。随后,长江大保护相关中文文章的关键词变得越来越多,水资源、水环境、江湖关系、河口生态系统等相关问题的关键词相继受到关注。长江经济带高质量发展类关键词是最近几年才出现的。这一变化趋势反映出长江大保护相关中文文献的关键词(即研究主题),受国家政策的强烈影响。自 1998 年长江大洪水后,国家十分重视上游的生态环境建设,退耕还林、天然林保护工程等重大工程开始实施。大量的文献便开始关注上游水土流失及生态环境建设问题。但是,近年来长江上游生态环境建设的热度下降,而长江水资源、水环境等资源与生态环境问题日益受到重视,与之相应的是,长江大保护相关中文文献也出现相应的关键词。自从长江经济带建设上升为国家战略后,其生态环境建设也逐渐受到重视,所以最近几年内有大量的中文文献在讨论如何实现长江经济带的高质量发展。

长江大保护相关英文文章的关键词与中文文章并不完全相同。英文文章关键词的前 20 位分别为 Yangtze River(1 134 次)、China(809 次)、Yangtze estuary(616 次)、Sediment(396 次)、Impact(349 次)、South China(310 次)、Climate change(307 次)、East China sea(260 次)、Model(211 次)、Fish(204 次)、Yangtze River delta(199 次)、Water(191 次)、Conservation(191 次)、Heavey metals(187 次)、River(173 次)、Evolution(173 次)、Management(171 次)、Surface sediment(169 次)、Three Gorges Dam(169 次)和 Basin(160 次)。这些关键词中虽然也有一些反映区域特征和对三峡工程的关注,但更多的关键词反映了研究科学问题的主题和方法,如 Sediment、Climate change、Model、Fish、Conservation、Evolution 和 Management 等。

根据对关键词共现性分析和聚类分析,可以将 1994—2018 年长江大保护相关英文文献的关键词归为 5 个重要类别(彩图 10)。

第一类为长江水文过程类。这类关键词包括 Yangtze River、China、Climate change、Impact、Three Gorges Dam、Management、Basin、Varibility、Model、Yellow River、Precipitation、Runoff、Poyang Lake、Flow、Dam、Region、Area、Remot sensing、Streamflow、Simulation、Temperature 和 Asian monsoon 等。它们重点关注气候变化背景下长江流域降水与径流过程、人类活动干扰下的江湖关系演变,以及水利工程对水文过程的影响特征等。

第二类为长江水生生物保护类。这类关键词包括 Fish、River、Conservation、Diversity、Biodiversity、Patterns、Lake、Fresh water、Habitat、Sequence、Community、Growth、Genetic diversity、Population structure、Mitochondrial genome、Macrophytes、Restoration、Stream、Threats、Abundance、Plant 等。它们主要围绕长江流域水生生物(包括鱼类和水生植物等)的群落结构和遗传特征等展开研究,并探讨生物多样性面临威胁和保护策略。

第三类为长江环境风险类。这类关键词包括 Sediment、Water、Environment、Pollution、Soil、Heavy metals、Surface sediment、Taihu Lake、Yangtze River delta、Surface water、Risk assessment、Emission、Spatial disturation、Polycyclic aromatic hydrocarbo、Polychlorinated biphenyl ether、Contamination、Exposure、Trace metals 等。它们重点围绕长江流域水体和底泥等的污染问题，如湖泊的富养化、有物机和重金属污染及其环境风险等展开研究。

第四类为长江地质与古气候类。这类关键词包括 South China、Trace element、Evolution、Yangtze platform、Carbon isotope、Black shale、Holocene、Ocean、Sedimentary environment、Origin、Doushantuo formation、Seawater、Cambrian、Sichuan basin、Record 等。它们主要反映长江流域主要的地质特征，着重研究长江流域、长三角、全新世、晚更新世等时期的古气候和环境变化。

第五类为河口生态过程类。这类关键词包括 Yangtze estuary、Nitrogen、Phosphorus、Eutrophication、Dynamics、Ecosystem、Salt marsh、Spartina alterniflora、Sea、Wetland、Shang hai、Shallow lake、Nutrient、East China sea、Carbon、Yellow Sea、Transport、Flux、Continental shelf、Orangic matter、Marine sediment、Sea level rise、Marine 等。它们聚焦研究长江河口的生态与环境问题，如互花米草入侵的生态影响与机制，以及湿地生态系统生物地球化学循环等。

与中文文章不同的是，长江大保护相关英文文献的关键词随时间变化并不明显(彩图 11)。一方面，这可能是因为长江大保护相关英文文献主要集中发表于近 10 年，还未能表现出明显的趋势。另一方面，这个规律也反映出长江大保护相关英文文献相对中文文献受政策影响要小得多。聚类分析结果显示，英文文章的主题主要聚焦于长江流域的基础科学研究。

4.2.6 文献引文信息分析

WOS 数据库记录了每篇文章的引用信息。通过分析所有文献的引用信息，可以揭示对长江大保护相关研究具有突出作用的关键研究。统计显示，长江大保护相关英文文章共引用来自 3 万余种期刊、专著等的 15 万余篇文献。期刊来源既包括许多顶级的综合性科技期刊，也包括环境、地质、地理、水文、海洋、生物等学科的专业性期刊(彩图 12)。引用来源排名前 10 的期刊分别为 *Science*(3 557 次)、*Nature*(3 356 次)、*Envioronmental Science Technology*(3 271 次)、*Journal of Hydrology*(3 150 次)、*Science of the Total Environment*(2 699 次)、*Geochimica et Cosmochimica Acta*(2 509 次)、*Estuarine Coastal and Shelf Science*(2 487 次)、*Chemosphere*(2 175 次)、*Chemical Geology*(2 169 次)和 *Precambrian Research*(2 140 次)。

表 4-2 列举了长江大保护相关英文文献引用次数最多的 30 篇文章。它们均是长江大保护相关研究中的经典文献，主要介绍长江流域水文、泥沙、水生生物、地质、水利工程等方面的整体特征以及一些经典的数据处理方法。从通讯作者所在单位来看，这 30 篇文章中有 13 篇文章出自中国、12 篇文章出自美国、2 篇文章出自瑞典、1 篇文章出自英国、1 篇文章出自澳大利亚、1 篇文章出自法国。来自中国的文章数量虽然最多，但考虑长江大保护研究绝大多数研究都是由中国学者完成的，中国学者完成的经典论文还是较少。这 13 篇文章中有 4 篇来自华东师范大学、3 篇来自中国科学院、2 篇来自复旦大学、1 篇来自中国海洋大学、1 篇来自武汉大学、1 篇来自北京师范大学、1 篇来自中国水产科学研究院长江水产研究所。此外，美国学者虽然对长江保护相关研究的参与度不高，但是他们从事的一些经典研究为长江保护类研究提供了非常重要的基础，引用次数最多的文章有 12 篇，仅次于中国的 13 篇。

表 4-2 长江大保护相关英文文章引用最多的 30 篇文章(1994—2018 年)

序号	频次	作者	年份	题目	来源	通讯作者及所在单位
1	106	Liu JP, Xu KH, LI AC, *et al.*	2007	Flux and fate of Yangtze River sediment delivered to the East China Sea	*Geomorphology*	Liu JP,北卡罗莱纳州立大学,美国
2	92	Mann HB	1945	Nonparametric tests against trend	*Econometrica*	Mann HB,俄亥俄州立大学,美国
3	87	Nilsson C, Reidy CA, Dynesius M, *et al.*	2005	Fragmentation and flow regulation of the world's large river systems	*Science*	Nilsson C,于默奥大学,瑞典
4	84	Fu CZ, Wu JH, Chen JK, *et al.*	2003	Freshwater fish biodiversity in the Yangtze River basin of China: patterns, threats and conservation	*Biodiversity & Conservation*	Lei GC,复旦大学和北京大学,中国
5	82	Yang Z, Wang H, Saito Y, *et al.*	2006	Dam impacts on the Changjiang (Yangtze) River sediment discharge to the sea: the past 55 years and after the Three Gorges Dam	*Water Resources Research*	Yang Z,中国海洋大学,中国
6	81	Wang J, Li ZX	2003	History of Neoproterozoic rift basins in South China: implications for Rodinia break-up	*Precambrian Research*	Li ZX,西澳大学,澳大利亚
7	74	Li Bo, Liao Chengzhang, Zhang Xiaodong, *et al.*	2009	Spartina alterniflora invasions in the Yangtze River estuary, China: an overview of current status and ecosystem effects	*Ecological Engineering*	LI Bo,复旦大学,中国
8	70	Yang SL, Milliman JD, Li P, *et al.*	2011	50, 000 dams later: erosion of the Yangtze River and its delta	*Global and Planetary Change*	Yang SL,华东师范大学,中国
9	69	Condon D, Zhu MY, Bowring S, *et al.*	2005	U-Pb Ages from the Neoproterozoic Doushantuo Formation, China	*Science*	Condon D,麻省理工学院,美国
10	68	Milliman JD, Meade RH	1983	World-wide delivery of river sdiment to the oceans	*the Journal of Geology*	Milliman JD,伍兹霍尔海洋研究所,美国
11	67	Syvitski JPM, Vorosmarty CJ, Kettner AJ, *et al.*	2005	Impact of humans on the flux of terrestrial sediment to the Global Coastal Ocean	*Science*	Syvitski JPM,科罗拉多大学,美国

续 表

序号	频次	作者	年份	题目	来源	通讯作者及所在单位
12	64	Chen ZY, LI JF, Shen HT, *et al.*	2001	Yangtze River of China: historical analysis of discharge variability and sediment flux	*Geomorphology*	Chen ZY,华东师范大学,中国
13	63	Guo Hua, Hu Qi, Zhang Qi, *et al.*	2012	Effects of the Three Gorges Dam on Yangtze River flow and river interaction with Poyang Lake, China: 2003—2008	*Journal of Hydrology*	Hu Qi,内布拉斯加大学,美国
14	60	Xu Kehui, Milliman John D.	2009	Seasonal variations of sediment discharge from the Yangtze River before and after impoundment of the Three Gorges Dam	*Geomorphology*	Xu Kehui,海岸卡罗来纳大学,美国
15	58	Li Maotian, Xu Kaiqin, Watanabe Masataka, *et al.*	2007	Long-term variations in dissolved silicate, nitrogen, and phosphorus flux from the Yangtze River into the East China Sea and impacts on estuarine ecosystem	*Estuarine, Coastal and Shelf Science*	Chen ZY,华东师范大学,中国
16	57	Jiang Ganqing, Shi Xiaoying, Zhang Shihong, *et al.*	2011	Stratigraphy and paleogeography of the Ediacaran Doushantuo Formation(ca. 635—551 Ma) in South China	*Gondwana Research*	Jiang Ganqing,内华达州大学,美国
17	56	Zhou Mingjiang, Shen Zhiliang, Yu Rencheng	2008	Responses of a coastal phytoplankton community to increased nutrient input from the Changjiang (Yangtze) River	*Continental Shelf Research*	Zhou Mingjiang,中国科学院南海海洋研究所,中国
18	52	Yi Yujun, Yang Zhifeng, Zhang Shanghong	2011	Ecological risk assessment of heavy metals in sediment and human health risk assessment of heavy metals in fishes in the middle and lower reaches of the Yangtze River basin	*Environmental Pollution*	Yang Zhifeng,北京师范大学,中国
19	51	Feng Lian, Hu Chuanmin, Chen Xiaoling, *et al.*	2012	Assessment of inundation changes of Poyang Lake using MODIS observations between 2000 and 2010	*Remote Sensing of Environment*	Chen Xiaoling,武汉大学,中国
20	50	Zhang Qi, Ye Xuchun, Werner Adrian D., *et al.*	2014	An investigation of enhanced recessions in Poyang Lake: comparison of Yangtze River and local catchment impacts	*Journal of Hydrology*	Zhang Qi,中国科学院南京地理与湖所,中国

续 表

序号	频次	作者	年份	题目	来源	通讯作者及所在单位
21	49	LI Chao, Love Gordon D., Lyons Timothy W., *et al.*	2010	A Stratified Redox Model for the Ediacaran Ocean	*Science*	Li Chao,加州大学河滨分校,美国
22	49	Liu JP, Li AC, Xu KH, *et al.*	2006	Sedimentary features of the Yangtze River-derived along-shelf clinoform deposit in the East China Sea	*Continental Shelf Research*	Liu JP,北卡罗莱纳州立大学,美国
23	48	Milliman JD, Shen HT, Yang ZS, *et al.*	1985	Transport and deposition of river sediment in the Changjiang estuary and adjacent continental shelf	*Continental Shelf Research*	Milliman JD,伍兹霍尔海洋研究所,美国
24	48	Yang SL, Zhao QY, Belkin IM	2002	Temporal variation in the sediment load of the Yangtze River and the influences of human activities	*Journal of Hydrology*	Yang SL,华东师范大学,中国
25	48	Wei QW, Ke FE, Zhang JM, *et al.*	1997	Biology, fisheries, and conservation of sturgeons and paddlefish in China	*Environmental Biology of Fishes*	Wei QW,中国水产科学研究院长江水产研究所,中国
26	47	McFadden Kathleen A., Huang Jing, Chu Xuelei, *et al.*	2008	Pulsed oxidation and biological evolution in the Ediacaran Doushantuo Formation	*Proceedings of the National Academy of Sciences of the United States of America*	Chu Xuelei,中国科学院地理资源所,中国
27	45	Hakanson L	1980	An ecological risk index for aquatic pollution control: a sedimentological approach	*Water Research*	Hakanson L,瑞典国家环境保护委员会,瑞典
28	45	Kendall MG	1975	Rank correlation method, 4th edition	Charles Griffin	Kendall Maurice G,伦敦大学学院,英国
29	45	Beardsley RC, Limeburner R, Yu H, *et al.*	1985	Discharge of the Changjiang (Yangtze River) into the East China Sea	*Continental Shelf Research*	Beardsley RC,伍兹霍尔海洋研究所,美国
30	45	Tribovillard Nicolas, Algeo Thomas J., Lyons Timothy, *et al.*	2006	Trace metals as paleoredox and paleoproductivity proxies: an update	*Chemical Geology*	Tribovillard N,里尔第一大学,法国

注:引用数据来源:WOS 数据库。

从引文时间和类别来看,引用文献最多的是从事"鄱阳湖"(Poyang Lake)的研究,表明鄱阳湖研究是长江大保护相关研究的最新增长点(彩图 13)。此外,从事"埃迪卡拉陡山沱组"(ediacaran doushantuo formation)研究的文章也被大量引用。从事"水热活性"(hydrothermal activity)、"抗性基因"(antibiotic resistance gene)的研究比较新,但相关文章数量较少。相对而言,与"遗传多样性"(genetic diversity)、"长江河口"(Yangtze river estuary)、"浮游群落呼吸"(Planktonic community respiration)、"长江江豚"(neophocaena phocaenoides asiaeorientalis)、"黑色页岩"(shale)相关研究引用的文章比较多,但引用的时间相对较早。另外一些与"A 型花岗岩"(A-type granite)、"构造演化"(tectonic evolution)、"浅水湖泊"(Shallow lake)、"多环芳烃"(Polycyclic aromatic hydrocarbon)、"寒武系碳酸盐岩环境"(Cambrian carbonate setting)等相关研究引用的文章出现较早,但现在比较少。

4.3 长江大保护战略的解读

长江大保护的一系列政策受到学界的广泛关注。学界对长江大保护的战略内涵以及长江经济带发展与保护之间的关系进行了较为深入的解读,提高了各级政府和社会公众对长江流域生态与环境问题理解的深度和广度,为全社会自觉践行长江大保护战略提供了重要科学依据和指导。

4.3.1 如何认识长江大保护

长江大保护有什么历史和现实意义?长江大保护的范围和对象是什么?我们该如何进行长江大保护?这些都是有关长江大保护的基础问题,学界对这些问题进行了深入的研讨。学界普遍高度评价长江大保护的战略意义,认为长江大保护战略为长江流域的生态与环境建设提供了新的指导思想和行动指南。面对长江流域的生态与环境问题,学者们还对长江大保护战略的实施进行了深入思考并提出了许多针对性的对策。

王希群等(2017)认为"共抓大保护、不搞大开发"是站在中华民族根本利益和长远发展的战略高度,为长江经济带乃至整个长江流域社会经济发展指明了方向,制定了未来长江流域保护和发展的基本原则,确立了我国江河保护的思想和制度,是体现国家治理体系和治理能力现代化的重要制度,需要全社会所有人共同参与。长江大保护的直接对象就是长江独特的生态系统。把修复长江生态环境摆在压倒性位置,是解决长江大保护的行动指南。

秦尊文(2016)认为长江大保护应做到以下 4 点。①以法治手段推进长江水污染防治。长江流域各省市关于水污染防治的法规已基本形成,关键是要稳抓落实,即要坚决杜绝有法不依、执法不严的行为。提高违法成本是水污染治理的重中之重。②全面落实最严格水资源管理制度。强化水资源开发利用控制、用水效率控制、水功能区限制纳污"三条红线"的先导作用和刚性约束,加快建立水资源水环境承载能力监测预警机制。③强化重要生态系统修复与保育。包括加强森林生态系统保护与建设,强化水生态修复和保护、促进人水和谐,加强湿地保护与恢复,加强生物多样性保护,加强水土流失治理等。④大力提升经济发展绿色化水平。包括加快推进工业转型升级、加快发展生态农业和加快发展服务业。

李琴和陈家宽(2017a)指出“长江大保护”不但需要大保护的热情,更需要大保护的科学智慧。长江大保护的范围不是长江而是长江流域;长江大保护的对象是长江流域社会-经济-自然复合生态系统。长江大保护不仅仅是生态学家和环境科学家的责任,也决不能理解为自然保护体系建立和生态环境修复等,而是要从经济、社会和自然 3 个途径去保护。他们认为长江保护的思路应包括:优化长江流域国土空间开发格局,在长江流域全面促进资源节约,加大长江流域生态和环境保护力度,在长江流域示范引领全国生态文明制度建设。

李琴和陈家宽(2017b)还指出长江文明在中国历史上有着极其重要的地位,长江大保护事关中华文明的延续。长江流域有着丰富的自然资源、多样的经济文化和地理区位优势,在我国经济区域中具有极其重要的战略地位。但是近 20 年来人类对流域资源利用和生态破坏强度不断加重,协调这个社会-经济-自然复合生态系统的保护和发展需要更深层次的科学认识和科学依据。

李琴和陈家宽(2018b)用史实说明长江流域在中华文明发展史以及新时代强起来后极其重要的地位,并从生态学视角指出水生生物,特别是鱼类多样性是评价流域生态系统健康的重要标志。基于长江流域不同区域人类活动的差异性分析,提出大保护行动在不同区域应不同,但生物多样性保护应是大保护的重要切入点。他们提出了关于有效推进长江大保护的 5 条建议:加快推进《长江保护法》或涉及长江流域的立法过程;成立国务院直属的跨部门、跨行政区的管理协调机构,推进一体化管理;在长江流域建立水域与陆域类型统筹布局的自然保护地;在实施长江流域生态修复重大工程中,优先抢救性保护生态良好的若干长江支流;加强长江流域大保护的多学科交叉研究,为大保护提供科技支撑。

4.3.2　长江经济带发展与保护的关系

长江经济带作为我国生态文明建设的先行示范带、创新驱动带、内河经济带与协调发展带,是我国国土空间开发最重要的东西线主轴,历经 30 年发展最终上升为国家重大战略,成为新时期支撑我国经济增长的“三大支撑带战略”之一。但是,长江经济带建设也面临经济高速增长与环境承载力有限、短期经济开发与长期可持续发展之间的矛盾。因此,以“生态优先、绿色发展”为基本要求的长江经济带高质量发展,成为新时代长江经济带建设最重要的特征之一。许多学者试图在长江经济带高质量发展框架下理解长江大保护战略,探讨长江经济经带高质量发展的特点、发展与保护的关系和体制机制改革等。

杜耘(2016)指出“生态优先、绿色发展”是国家对长江经济带建设和长江流域发展的最新明确的战略定位。作者分析了长江流域的区位优势及其地位和作用;从流域水资源和水环境总体特征、流域不同区段生态环境特征及主要问题、自然灾害、水利工程影响等不同方面,梳理和讨论了长江流域生态环境现状及主要生态环境问题。基于以上分析讨论,提出长江流域生态环境建设中需重点关注的相关领域,包括长江流域生态环境长效、综合监测机制,生态环境功能评估和区划,长江流域可持续发展的生态安全保障理论与技术,长江流域水资源生态配置,跨部门的协调管理机制和管理平台以及产业结构调整。

刘振中(2016)指出长江经济带生态建设与保护需要遵循长江经济带不搞大开发的原则,坚持保护优先、自然修复为主的方针,强化长江经济带全域生态管控,切实提升生态治理与管控能力;加强沿线重点生态功能区建设,控制开发强度;推进沿线关键节点实施生态保护与修复,扩大生态空间,从而构建"全域-片区-节点"的生态建设与保护战略框架,将生态建设与保护融入长江经济带建设各方面和全过程。同时,推进长江经济带生态建设,要着力于创新生态建设与保护管理体制,健全与社会经济发展和林业生态建设需求相适应的财政转移支付制度,完善生态补偿机制。

彭智敏(2016)指出不堪重负的长江经济带必须摆脱原有发展思维定式。习近平总书记走"生态优先、绿色发展"之路的指示,提出了破解现有困境、形成可持续发展的新模式、新思路:把坚持"生态优先、绿色发展"作为指导长江经济带建设的最基本、最重要的指导思想并贯彻始终;严格按照主体功能区原则,分门别类对不同类型主体功能区实施不同的绿色发展政策和措施;务必正确处理好经济发展与环境保护的关系;对长江上游的水电大规模开发,需再认识和"慢思维"。

陈丽媛(2016)认为长江经济带的生态地位非常重要。然而,因为自然灾害影响和人为破坏等种种原因,长江全线生态环境日益严峻,亟待完善长江流域生态安全保障机制。长江经济带九省二市横跨我国东、中、西部,流域面积广阔,因而要在流域"生态共同体"共建共享的理念下加强体制机制创新,实施生态协同治理,建立维护生态安全的保障机制,包括建立长江流域高层协调委员会、完善生态文明法规体系、建立跨区域联防联控体系、完善生态补偿机制、建立环保投入机制、完善全民参与机制。

刘伟明(2016)指出由于长江流域涉及众多省份和上下游的关系,这必然存在各省之间的共同治理问题,地方政府在长江经济带建设尤其是生态建设中要采取合作态度,妥善解决动力机制、协调机制、利益分配机制以及补偿机制。具体包括:调整产业分工,完善绩效考核,重构动力机制;加快流域立法,加强沟通合作,理顺协作机制;明确各方权责,改革融资手段,建立补偿机制。

肖金成和刘通(2017a)就如何实现长江经济带生态优先、绿色发展的问题提出"共抓大保护、齐建绿长廊"的战略对策,包括实施主体功能区战略,优化国土空间开发格局;实施城镇化战略,以市场手段吸纳生态脆弱地区的人口;健全空间规划体系,编制"多规合一"的空间规划;工业进园区,优化产业结构和空间布局;促进上下游共治,建立生态补偿机制。

肖金成和刘通(2017b)还以生态-经济协调关系为主线,将长江经济带划分为4级区域:一级区域主要指重点生态功能区,二级区域主要指江河湖泊等各种水功能区和湿地,三级区域主要指农产品主产区,四级区域主要指城市密集地区。从生态与经济相结合的角度,提出生态优先、绿色发展的路径:一级区域推进生态保护补偿和发展特色经济相结合,二级区域加强水体保护和发展江河经济相结合,三级区域发展特色绿色农业和减少面源污染相结合,四级区域疏解沿江产业和提升产业发展水平并重。

左其亭和王鑫(2017)指出长江经济带在我国经济社会发展与生态环境保护方面都占有举足轻重的地位,然而,日益加重的资源与环境破坏使长江经济带经济社会的稳步高速发展受到严重制约,必须加倍重视对长江经济带自然环境的保护,寻求更加和谐的发展模式。作者系统剖析了长江经济带开发与保护现状,针对开发与保护间的矛盾,总结了发展过程中面临的关键性问题；结合“共抓大保护、不搞大开发”的方针，深入探析了长江经济带开发与保护的途径，提出了“和谐平衡”发展的新思路。在此基础上，从辩证关系、和谐发展、科技创新、生态文明和严格管理5个方面，为长江经济带未来的发展与保护提供新的一揽子发展路径。

李焕和吴宇哲(2017)认为如何解决“人-水-地”系统内部的矛盾是长江经济带可否持续发展的关键问题。作者认为应该构建点、线、面结合的“人水关系”安全网络主骨架和构建节水型的经济社会发展模式，科学普及节约用水的观念，针对性治理水污染。为协调“人-地”关系，应该集中规范布局重化工业产业园，改变长江沿江重化工业分散布局、污染和风险难以管控的局面，将长江经济带范围内的优质耕地应该划入基本农田、永久保护。为改善“水-地”关系，需要进一步挖掘江河潜在价值，从更高水平、更大范围的角度进行综合发展整治，让长江成为名副其实的黄金水道，还要严格控制地方政府为了招商引资竞相压低工业用地价格、扩大产业用地投放规模的行为。

黄娟和程丙(2017)认为长江经济带坚持生态优先，走绿色发展之路，是实现可持续发展、贯彻绿色发展理念、引领我国绿色发展、顺应国际绿色发展的必然选择。长江经济带资源、环境、生态问题突出，主要表现为资源利用粗放浪费、环境污染日趋严重、生态系统明显退化，成为制约其经济社会可持续发展的重大瓶颈。长江经济带必须坚持生态优先的绿色发展，通过借鉴莱茵河流域集约高效利用资源、重点治理环境污染、自然恢复生态系统的绿色发展经验，优先建设资源节约、环境友好、生态良好型示范带，最终将其建成我国生态文明建设的绿色示范带。

吴传清和黄磊(2017b)指出长江经济带的绿色发展对落实“五大发展理念”特别是绿色发展理念具有重大的实践意义，但仍面临水生态环境恶化趋势严重、产业结构重化工化、协同发展机制不健全、沿江港口岸线开发无序、法律法规制度体系不完善、绿色政绩考评体系乏力等难题。为进一步推进长江经济带绿色发展进程，必须加快建设绿色基础设施，发展壮大绿色产业，保护改善水环境，修复涵养水生态，高效利用水资源，大力建设绿色城市群、绿色城镇和美丽乡村，积极探索践行绿色新政。

洪亚雄(2017)分析了长江经济带生态环境保护的重要性和必要性，提出聚焦水资源、水生态、水环境关键问题的解决，狠抓重点区域的保护、治理和修复，狠抓重大工程的实施，创新体制机制等思路。为长江经济带生态环境保护勾勒出战略构思，包括统筹水资源、水生态、水环境问题，严守资源开发利用上线，以持续改善水环境质量为目标，加大水污染防治力度，制定分区分类的生态环境管理战略及目标等。

何雄伟(2017)表示长江经济带在产业布局、城市布局、生态空间布局等方面都面临诸多亟待解决的问题，给长江流域造成了巨大的生态环境压力。长江经济带要实现绿色发展，不仅要建立长江经济带沿江地区的经济共同体，还要建立长江经济带沿江地区的生态共同体，这就要求从区域协调、环境协调方面优化长江经济带的产业布局，从城市群间协调发展、城市内部体系协调方面优化城市布局，从完善生态空间、明确划定生态保护红线方面优化生态空间布局。长江经济带要实现绿色发展，还必须借鉴国外大河流域管理经验，打破部门和地方利益分割，建立健全跨部门跨地区的协调体制机制。

黄贤金(2017)指出长江作为我国区域发展战略主轴之一，在带动我国区域发展中具有突出作用。而在生态文明建设的大背景之下，这一作用的实现需要充分考虑经济带内部各省市资源环境承载的容量。从长江经济带空间发展的矛盾和冲突出发，通过对资源环境承载力现状和趋势的分析，对未来长江经济大战略空间格局构建进行了探索，建议以资源环境承载力评价及预警机制倒逼长江经济带生态大保护格局的形成，以生态大保护格局引导长江经济带绿色化发展，以空间绿色化促进长江经济带人与自然协调，形成东、中、西部空间协调的战略格局。

常纪文(2018)提出长江经济带应协调好生态环境保护与经济发展的关系。在流域绿色发展的理念方面，要把绿色发展作为长江流域共同走生态文明发展之路的关键支撑。在流域经济产业的绿色化方面，长江流域各地要建立产业准入负面清单，将各类开发活动限制在环境资源承载能力之内。在流域生态环境各要素的统筹保护方面，要按照“山水林田湖”一体化保护的原则，开展大气、水和土壤环境污染专项治理。在流域上下游的经济发展和生态环境保护统筹方面，要按照上下游一体化保护的原则，在邻近省份之间建立区域协商机制。在流域绿色协调发展的基础措施方面，要把加强基础设施的建设和实施重大生态修复工程作为重中之重。在流域绿色协调发展的方式方面，各地要以流域统筹、绿色发展、科学赶超、生态惠民、生态富民的理念为指导，在稳扎稳打中寻求发展上的突破。

黄娟(2018)指出长江经济带发展必须走绿色协调发展之路。长江经济带绿色发展不平衡、不协调问题突出，主要表现为绿色要素流动不自由、绿色主体功能约束不强、绿色公共服务不均等、资源环境承载不协调。欧洲国家在治理莱茵河流域过程中，积累了绿色要素整体流动、绿色空间整体布局、绿色服务整体提升、绿色治理整体推进等经验，可以为长江经济带绿色协调发展提供有益启示。协调发展理念下长江经济带绿色发展，必须促进绿色要素有序自由流动、提高绿色主体功能约束水平、实现绿色基本公共服务均等、增强绿色资源环境承载能力，这样才能把长江经济带建设成为我国生态文明建设的先行示范带、创新驱动带、协调发展带。

王思凯等(2018)通过综合介绍莱茵河流域曾经经过的污染、治理、生态恢复过程，针对我国的生态文明建设和长江大保护行动，提出借鉴莱茵河治理模式与发展经验：打造跨部门跨地区的合作平台，建立“长江保护委员会”；加强流域整合管理，明确流域治理目标，制定“长江保护行动计划”；建立生态补偿机制，协调流域内各方利益；积极鼓励政府、民众和企业参与，形成保护长江的共识与合力；从源头治理污染，提升水质；建立完整的全流域监测方案；完善生态修复模式，以期对我国长江流域的生态保护与综合管理提供参考。

吴传清和董旭(2018)指出为了主动适应经济发展新常态，长江经济带发展必须坚持创新、协调、绿色、开放、共享的新发展理念。落实绿色发展理念，要严格落实主体功能区制度，做好“水文章”，开展生态文明先行示范区建设，构建长江生态补偿机制。落实创新发展理念，要全面形成新的空间布局，促进产业创新和区域协调发展体制机制创新。落实协调发展理念，要优化协同城市群分布与联动，协同构建综合立体交通走廊，有序引导区域间产业转移与承接。落实开放发展理念，要加强与“一带一路”建设融合，推动自贸区、综合保税区等特殊区域开放发展，深化长江大通关体制改革。落实共享发展理念，要全力实施脱贫攻坚，促进基本公共服务均等化，完善共享发展的体制机制。

孙长学(2018)指出习近平生态文明思想是做好生态文明建设、深入推动长江经济带发展的根本遵循。以生态优先、绿色发展为导向，出台有利于深入推进长江经济带战略实施的重要举措：推进自然资源资产管理改革取得突破，建立长江经济带绿色发展的基础性制度；加快形成一批长江特色的绿色发展示范标准，恢复长江最美绿色岸线；探索建立长江经济带生态产品价值实现机制；探索运用市场机制，建设长江经济带绿色发展市场体系和交易平台；深化长江经济带开放平台建设；加大长江法治保障，加快长江保护立法进程。

方世南(2018)指出要深刻认识推进新时代长江经济带绿色发展的政治、经济、文化和社会价值，勇于正视从生态文明观念到生态文明制度再到生态文明行为等方面的一系列突出问题。要统筹协调经济发展和环境保护的关系，建设长江绿色经济带，使其成为全国绿色发展中具有重大示范引领作用的先进绿色经济带，成为将新发展理念落地生根的资源节约型、环境友好型、人口均衡型和生态清洁安全型的模范示范区。牢固树立社会主义生态文明观，以观念变革引领实践自觉。围绕美丽长江和美丽中国建设的目标，加快生态文明体制改革。构建政党、政府、企业、公民集体行动的绿色发展实践共同体。

曲超和王东(2018)认为长江经济带在强化顶层设计、改善生态环境、促进转型发展、探索体制机制改革等方面取得重大进展，但对照党中央对于长江经济带发展的要求，在生态环境保护、建立统一高效管理体制和推进绿色发展等方面还存在诸多薄弱环节，尚难以牵引我国经济社会高质量转型。因此，应加快制定“长江保护法”，建立统一高效的长江流域管理体制；严守长江经济带绿色发展的五大规矩，做好长江生态环境保护修复；用多种手段倒逼产业转型升级，从而推动长江经济带“一盘棋”式、融合式发展。

王林梅和段龙龙(2018)指出为建设我国生态文明的“示范带”和绿色高质量发展的“试验带”，长江经济带在新时代被赋予多重重大改革任务。长江经济带绿色发展理念的形成经历了不断深化和完善的过程，其中马克思主义生态观为其提供了坚实的理论依据和价值指引。长江经济带绿色发展的践行目标致力于消除现代市场经济劣根性和资本逻辑所引致的人与自然关系的严重对立，试图通过探索自然-经济-生态-社会绿色可持续发展的路径来达成马克思提出的两个和解愿景，是对马克思主义生态观在中国特色社会主义市场经济制度下的创新性应用。在新时代理解长江经济带绿色发展的内涵精髓，需要跳出其传统定义局限，分别从创新发展、协调发展和高质量发展三重向度建构长江经济带绿色发展的实质。

陆大道(2018)指出中国国土开发与经济布局的“T”字型架构仍然是中国今后经济增长潜力最大的两大地带。作者对长江经济带的战略地位与落实习近平总书记关于“共抓大保护、不搞大开发”指示的重大意义作了初步阐述，指出近20年来长江经济带在实现高速经济增长的同时却忽视了保护的重要性，认为贯彻“共抓大保护、不搞大开发”指示最为关键的是落实一个“共”字，提出各地区各部门要长时期采取协调一致的具体行动的几个主要领域。

罗敏讷(2018)认为以“共抓大保护、不搞大开发”为导向，推动长江中游城市群绿色发展、高质量发展，具有重大的现实意义。要坚持改革引领，加快建成系统完整的生态文明制度体系，强化制度刚性，让践行生态文明理念转化为长江中游城市群绿色发展、高质量发展的自觉行动。要坚持绿色导向，以供给侧结构性改革为主线，加快推进长江中游城市群发展方式转变和核心动力转换，探索出一条绿色发展、高质量发展的新模式。要坚持协调发展，以长江中游城市群一体化建设为核心，建立健全跨区域生态环境保护联动机制，共同构筑生态屏障，促进城市群绿色发展，形成人与自然和谐发展格局。

庄超和许继军(2019)指出长江经济带绿色发展既是一个实践问题，也是一个理论问题。作为国家重大经济社会发展战略，长江经济带的绿色发展从政策文件走向有效实施尚面临诸多亟待解决的困难和问题。从长江经济带发展与保护关系的认识过程和政策演进方面，分析了绿色发展的理论内核及基本要义。同时，总结了长江经济带绿色发展的整体态势及科学数据表征，结果表明，目前存在发展与保护矛盾突出、绿色发展的技术指标刚性约束不强、流域的整体性保护不足等实际问题。为此，提出相应的措施，并以"问题-诉求-法律应对"为研究道路，从绿色发展利益的法律确认、政策与法律兼容模式以及绿色发展的具体法律制度构建等方面，论述了长江经济带绿色发展的法律逻辑，研究成果可为长江经济带绿色发展的法律实现提出立法建议和参考。

4.4 长江流域水生态环境的评价与管理

经过人类长期高强度的开发，长江流域的生态环境受到严重破坏。水质恶化、水文节律变化、水资源短缺、生物资源锐减、农业面源污染加剧、固体废弃物污染严重和大气污染突出等生态与环境问题日益严重。但是，毫无疑问，与水有关的水资源、水环境和水生态问题是长江流域表现最突出、影响最广泛的生态与环境问题。长江经济带建设的基础是一江清水永续东流，流域水治理是长江经济带生态环境保护工作的重中之重，是第一要务。所以，长江流域水生态环境的评价、管理与修复受到学界最多的关注。

4.4.1 水问题的综合评价与管理

长江流域各种水问题相互交织存在。工业污染、农业面源污染、水利工程、气候变化等各种因素同时影响长江流域的水环境、水资源和水生态的健康状况。许多学者试图从宏观上找出长江流域主要的水生态环境问题，分析其直接和间接原因，并给出解决长江流域水生态环境问题的思路。

吴舜泽等(2016)指出长江流域各类水问题相互交织存在，水资源配置开发不合理、部分支流和湖泊污染问题突出、水生态受损严重，应客观认识水的多重属性，坚持水资源、水环境、水生态统筹并重的治水方略，创新管理体制、完善协作机制、系统保护治理，从而推进完成长江经济带水治理的战略任务。

姚瑞华等(2017)认为长江经济带水治理是一项系统工程，必须遵从"山水林田湖"共生性的自然特征，按照生态系统的整体性、系统性及其内在规律，实施水资源、水生态、水环境协同治理，统筹水陆、城乡、江湖、河海，统筹上中下游，运用空间管控、结构优化、达标治理、生态保护以及政策引导、制度建设等手段，预防与保护同步，工程与管理并重，政府与市场同时发力，政策与措施协同协调，形成工作合力和联动效应，才有可能实现水量、水质、水生态 3 个方面的良性互动，达到提升流域生态服务功能、恢复流域生态系统健康的目标。

尹炜(2018)认为在习近平总书记"共抓大保护、不搞大开发"方针指引下，长江经济带水生态环境保护经过两年建设，取得了显著成效。但在建设过程中也暴露出水生态环境保护存在总体形势严峻、沿江水污染高风险产业依然存在、水生态系统历史破坏严重、水生态安全难以保证、水生态环境保护体制不完善、协同保护体制不健全等问题。针对以上问题，作者提出长江经济带生态环境保护的总体思路，并从健全水生态环境保护规划和法律法规体系、明确水生态环境保护工作目标、构建流域与区域相结合的水生态环境保护体系、加快推进水生态监测监控体系、加强重点区域水生态环境保护力度等方面提出建议，为长江经济带水生态环境保护提供思路和参考。

陈宇顺(2018)探讨了长江流域面临的主要水生态与环境问题、长江流域主要的人类活动干扰及其影响、水生态大保护 3 个方面的内容。长江流域的主要水生态与环境问题体现在水文和泥沙的自然规律发生变化及污染物影响下相应的水体物理、化学和生物问题。水电开发、航运发展、渔业捕捞以及沿江工业、采矿业、农业及城镇化等是影响长江水生态系统健康的主要人类活动干扰因子。根据长江流域的实际情况，参照国际大河(如密西西比河)流域的生态保护与治理经验，建议长江流域水生态大保护主要从腾让和修复水生态空间、恢复鱼类等水生生物资源，以及加强沿江产业绿色转型与升级等方面入手，同时要加强相关立法的建设。

4.4.2　水污染评价与管理

长江是我国重要的生态宝库，实施长江大保护必须提升水污染治理水平。关于长江水污染的研究可以归于两方面内容，即长江流域水质时空特征和水污染事故风险评估。前者揭示了长江流域主要污染物的时空特征，并简要分析了水污染的原因和解决方案；后者评价了长江水污染事故风险的时空分布以及应急处理方法。

1. 水污染的时空特征

杨骞和王弘儒(2016)利用 2004—2014 年长江经济带 11 省(市)的化学需氧量 COD 排放及氨氮 NH 排放数据，对长江经济带水污染排放的地区差异进行测度及分解，并通过面板数据模型和可行的广义最小二乘估计方法实证检验了水污染排放的影响因素。长江经济带水污染排放呈现北多南少、中部多东西部少。地区间差异是长江经济带水污染排放总体差异的主要来源。从地区内差异来看，西部地区水污染排放差异最大，东部地区居中，中部地区差异最小；从地区间差异来看，东部与中部之间水污染排放的差异最小，中部与西部、东部与西部之间的差异较大。长江经济带水污染排放支持“环境库兹涅兹曲线”假说，不支持“污染避难所”假说，产业结构、水资源禀赋、环境规制对长江经济带水污染均存在重要影响。

陈昆仑等(2017)利用探索性空间分析方法和迪氏分解模型研究长江经济带 2002—2013 年工业废水排放的时空格局演化和主要驱动因素。在时空格局演化方面，时间上工业废水排放先上升后下降，在 2005 年达到峰值；空间上排放量自上游向下游增加，高排放城市减少、中排放城市增多，工业废水排放自下游向中上游转移，并由大城市向中小城市扩散，呈现明显的空间集聚状态。在驱动因素方面，经济发展效应和技术进步效应分别是工业废水排放增多和降低的主导因素，产业结构效应的影响取决于产业发展政策的调整，人口规模效应影响较小。

续衍雪等(2018)发现总磷已成为长江经济带水体首要污染指标,总磷超Ⅲ类的断面比例达到18.3%。在主要的一级支流中,沱江、清水江、岷江、乌江总磷平均浓度在地表水Ⅲ类水质标准上下浮动,污染相对较重;长江经济带总磷污染主要受工业、城镇生活、农业等污染源影响,主要涉及四川、贵州、湖北、湖南、重庆等地区;结合总磷污染特征分析,提出涉磷工业企业治理、磷矿管理、城镇生活污水治理、畜禽养殖防治、规范监测方法等治理措施,为长江经济带总磷污染防控提供技术支撑和决策依据。

秦延文等(2018)指出三峡水库蓄水后,库区富营养化问题日益凸显,总氮TN、总磷TP成为影响库区水质的主要污染因子,其中80%~85%入库氮、磷污染负荷来自流域上游。为了保障三峡水库、长江中下游湖泊和东海海域环境安全,支撑长江经济带可持续发展,应按照湖泊保护的要求,进一步深化三峡库区及上游流域氮、磷污染控制与治理。借鉴新安江流域水质补偿试点实施的成功经验,就"十三五"期间继续深化三峡库区及上游流域水污染防治问题,提出以下建议:国家、下游和上游省(市)政府三方共同出资,建立长江流域水质补偿专项资金;科学制订三峡水库水污染防治规划,强化三峡库区及上游流域氮、磷污染负荷控制;建立并实施长江流域跨行政区水环境质量考核制度。

陈进和刘志明(2019)分析了近5年来长江干流及主要支流水功能区一级区和二级区中饮用水源区水质达标情况。水功能区一级区达标率明显提高,其中河流达标率始终高于湖库,湖库达标率年内变幅较大;水功能区二级区水质达标情况虽然也提高了11.6%,但湖库饮用水源地水质达标率仍然处于下降状态;从长江流域水资源二级区来看,各河段水功能区一级区水质达标率都有所改善,改善最明显的是宜宾—宜昌江段,其次是岷沱江,除金沙江石鼓以下干流和嘉陵江等山区河流外,大部分江段枯季达标率相对较差,说明长江水质总体尚好的主要原因是巨大的水环境容量;河流饮用水源区达标率比较高,但年内变幅也较大,改善比较大的是宜宾—宜昌干流和湖口以下干流,乌江有所退步;随着点源治理效果显现,总磷已经超过氨氮和化学需氧量,成为长江几乎所有水体最主要的超标项目。

2. 水污染事故评估

杨小林和李义玲(2015)采用1995—2010年长江流域水污染事故时序数据,运用GIS技术和环境库兹涅茨曲线(EKC)模型,探讨长江流域水污染事故发生的时空变化特征,并分析流域水污染事故发生与经济发展的关系。在时间上,长江流域水污染事故发生频数总体呈下降趋势;在空间上,长江流域水污染事故的发生主要集中在广西、湖南、四川、浙江等省,而西藏、青海、上海等省市发生频数较低;长江流域人均GDP和工业总产值等经济发展指标与事故发生频数之间呈现"N"形EKC曲线特征。长江流域水环境事故发生频数与经济发展之间未表现出期望的倒"U"形变化关系,表明水污染事故频数增加或降低并非经济发展的必然结果,未来流域水污染事故风险仍存在巨大的不确定性,必须采用先进政策、制度和技术才可有效减少污染事故的发生。

李义玲和杨小林(2018)以长江流域为研究对象,采用"纵横向拉开档次法"、GIS空间技术和分层聚类分析等技术方法,从流域水污染源头控制、监控预警、应急处置3个方面,对流域17个省(直辖市)级行政单元的水污染综合防控能力空间变异以及影响因素进行分析。

长江流域水污染综合防控能力存在显著的空间变异性:上海、浙江、江苏综合防控能力指数最高,分别为 12.13,10.48 和 10.22;青海和西藏综合防控能力指数最低,分别为 7.44 和 7.06。流域水污染源头控制、监控预警、应急处置等能力空间变异明显,表明不同区域水污染防控综合能力的主要限制因素差异显著。

贾倩等(2017)基于环境风险系统理论和长江流域突发水污染事件风险特征,建立了涵盖环境风险源强度、环境风险受体易损性、排污通道扩散性指标的长江流域突发水污染事件风险评估指标体系,提出了指标量化方法与区域突发水污染事件风险评估模型,并结合地理信息系统(GIS 技术)开展了长江流域突发水污染事件风险评估与结果可视化展示。长江流域绝大多数地区为突发水污染事件低风险区域,而高风险区域主要分布在上海、江苏、浙江、安徽、四川、重庆(长江沿岸)等地,这主要是由于这些地区风险企业和涉及危险化学品的港口码头数量多、危险化学品存量大、危险废物产生量高、危险化学品运输负荷较重,此外,这些区域存在自然保护区、饮用水源地保护区等重要水环境保护目标,受体脆弱性强。

王永桂等(2018)针对突发事件在时间和空间上的随机性特点,提出了流域水环境快速模拟系统构架,探讨了有资料地区和无资料地区的水环境快速模拟的关键技术问题,并研发了一套适应于不同资料详实程度和不同污染物特点的流域突发性水污染事故快速模拟与预警系统。该系统在长江三峡库区设想突发苯污染物泄露事故和新安江苯酚泄露事故中进行了应用。应用结果表明,该平台能自动识别突发事件的位置信息,根据数据库中关于突发事件所在区域的资料详实程度,启动资料详实或无资料地区的突发水污染事故的模拟,并根据模拟结果,评估突发水污染事件的影响范围与程度,展示突发水污染事故后污染物的空间分布特征和污染团的演进规律,为突发污染事故的应急处置提供支撑。

4.4.3 水资源评价与管理

长江水资源评价与管理类文献阐述了长江水资源配置与需水要求,介绍了长江水资源的保护体系,评价了长江水资源保护的成效和利用效率,剖析了长江水资源保护和开发中存在的问题,提出了应对水资源问题的保护体系和对策建议。

罗小勇等(2011)根据水资源配置中提出的"生活、生产和生态"需水要求,建立了长江流域生态环境需水量的计算方法体系,包括河道内生态环境需水量和河道外生态环境需水量的计算原则与方法,为流域水资源配置确定合理的生态环境需水量提供理论依据与方法支持。根据水文法确定了长江流域河道内生态环境需水量,用定额法确定了河道外生态环境需水量,所确定的长江流域河道内生态环境需水量为 3 313.8 亿立方米,现状年长江流域河道外生态环境用水量为 13.2 亿立方米,2030 年河道外生态环境需水量为 40.2 亿立方米。

胡四一(2016)认为长江中下游水资源保护中存在入江污染物排放总量逐年增加、水资源保护法规不健全、水资源保护机制体制不顺、水资源保护监管和应急处置能力不足等方面的问题。对策建议包括:统筹长江沿线经济发展,优化产业布局与城镇化布局,逐步形成水资源节约保护和高效利用的倒逼机制;加强水资源保护配套法规建设,加快推进《长江流域管理条例》立法进程;建立跨部门跨区域的水资源保护、水污染防治协调机制和流域生态补偿机制;加强水资源保护管理能力建设,加大河湖综合治理力度,建立水资源保护的长效投入机制;加强长江水生态水环境现状及发展趋势的科学研究,为水资源保护决策提供科技支撑。

陈进(2016)指出长江流域水资源未来面临的主要问题是污染导致的水质性缺水问题,而且过度依赖过境的地表水,使长江沿线城市供水的安全性存在隐患,保障率不足,所以,需要在严格水污染防治和管理基础上,充分发挥水利工程作用,重点做好以下4个方面的工作:重要河流或者重要地区(城市)应该建设调节性能好、覆盖范围大的控制性水利工程;将当地水资源保护好,减少利用客水的比例,重要城市或者经济区都应该建立以本地水为主的备用水源地;各地都应该制定好应急供水和城乡用水需求管理方案,遇严重干旱或者突发水污染事件时,除人畜饮用水外,其他用水(包括生态环境用水)都需要同比例压缩,农业可以通过干旱保险和政府补贴等办法保证生活和工业用水;水资源保护和水生态修复是今后一项长期、重要的工作,需要全社会的共同努力和参与。

刘钢等(2017)针对长江经济带水足迹结构异化导致的省际水资源管理困境,依托时空差异性的水足迹算法为基础,以农业、工业、生活、生态4类水足迹为核心,开展长江经济带水足迹精准核算工作。依托水足迹强度、水足迹土地密度等指标,分析长江经济带水足迹结构规律,厘清水足迹结构异化特征。农业是长江经济带省际水足迹主要来源,动量效应与规模效应是省际水足迹结构异化特征,生态禀赋与发展格局是省际水足迹结构异化本质。长江经济带水资源协调发展的关键在于协调产业布局、地理位置、人口规模三大水足迹主导要素关系。

史安娜等(2017)以长江经济带11省(市)社会经济发展、水环境、水生态为研究对象,运用驱动力-压力-状态-影响-响应(DPSIR)框架模型,从驱动力-压力-状态-影响-响应的相互作用机制出发,选取2005—2014年间11省(市)26个相关指标,预测长江经济带水资源综合保护水平。结果显示:长江经济带中下游的水资源保护水平整体较高,而整个经济带水质、水量与水生态保护水平均面临较大压力。

陈进和刘志明(2018)根据近20年来水资源公报成果,分析了长江流域及二级支流水资源总量、用水总量、用水结构、用水指标、废污水排放和河流湖泊水质变化情况,提出未来水资源管理的重点是水污染治理和水资源保护。长江流域水资源总量变化不大,用水总量增幅明显减缓,在2007年以后用水总量趋于稳定;农业用水基本稳定,工业和生活用水增加;万元GDP用水量和万元工业增加值用水量显著下降,用水效率增加;废污水排放总量不断增加,河流和湖泊水质改善不明显,水污染治理任重道远。长江流域水资源管理应该借助长江经济带绿色发展,在加强点源治理基础上,更加重视面源污染的控制和治理。

尹炜和卢路(2018)依据习近平总书记对长江生态环境要“共抓大保护、不搞大开发”的指示精神,结合十九大报告生态文明建设的宏伟目标,考虑长江流域水资源保护现状,梳理长江流域水资源保护的思路与布局,提出了基于水生态文明建设视角下的长江流域水资源保护体系与水生态修复措施,即:构建以水生态文明为指导的区域水资源管理制度;建立以水生态文明为指导的水资源保护基础工程体系;加大水污染防治力度,保障河湖健康水平;加强水土保持和生态建设,着力打造水生态安全屏障;加强监管能力建设,着力强化水资源管理基础支撑。

穆宏强(2018)指出经过几十年的发展,长江流域水资源保护科学研究在水环境监测技术、流域水资源保护规划、大型水工程环境影响评价、技术标准体系等方面取得了长足进展,初步形成了水资源保护的监管体系、监测监控体系、科技支撑体系和工程体系,长江流域水资源环境总体状况不断改善。然而,随着经济社会发展,局部水污染问题还很突出,水安全保障程度不高,科学研究支撑不够,能力建设滞后,监管监控手段乏力,距离国家对生态文明建设和环境保护的要求以及人民对美好生活的需求甚远。为此,提出长江流域水资源保护科学研究思路:应基于大保护,系统开展保护与发展的策略、政策和保障机制,水生态文明建设的支撑体系,入河污染物总量控制体系、技术标准体系、工程体系及新技术引进和应用等方面。

辛小康和贾海燕(2018)指出经过40余年的不懈努力,长江流域已初步建立了水资源保护的法律体系,水资源保护规划的地位不断提升,水资源保护规划的思路不断完善,水资源保护的管理、科研、监测能力不断增强。但是,依然面临生态需水量被过度挤压、水质达标率偏低、局部水生态脆弱化、饮用水安全难以保障、部分水功能区污水承接量超过纳污能力等问题。长江流域水资源保护必须坚定不移地践行"水量、水质和水生态"统一保护的思路,兼顾河流生态需水、水质达标、入河限制排污总量控制、水生态系统完整、饮用水源地安全、地下水质安全等多目标综合保护;必须充分依靠科学技术的进步,建立起监测、调查、评价、模拟、调控、修复和管理全过程的技术框架体系,以推动流域水资源保护朝着快速、准确、高效的方向发展。

王孟等(2018)针对长江经济带水资源保护面临的形势和要求,从水资源保护带建设的概念和内涵出发,研究提出了长江经济带水资源保护带建设规划体系框架,明确了规划的基本原则、战略格局、建设布局以及措施体系。同时,重点围绕饮用水水源地、重要江河湖库的水资源保护,分别提出了包含陆域隔离防护带、滨水缓冲带、水域净化带的水资源保护带建设布局,以及包含有入河排污控制带、水生态系统保护与修复带、生态防护林带、面源污染阻控带的水资源保护带建设布局,形成"远近结合、层次分明、从陆域到水域"的规划措施体系。

4.4.4 饮用水源地风险与管理

许多文献关注了长江经济带主要饮用水源地的风险水平。这些研究对长江经济带饮用水源风险进行了整体评估,包括水质状况、主要的污染源、风险水平和保护对策等,还对长江经济带重点区域的水源地风险进行了深入分析。它们为长江经济带饮用水源地的保护提供了良好的技术支撑。

付青和赵少延(2016)探讨了长江经济带地级及以上城市饮用水水源主要环境问题及保护对策。2014年,长江经济带126个地级及以上城市共有水源298个,水源年供水总量159.97亿立方米,供水服务人口1.49亿人。长江经济带饮用水水质污染特征包括超标指标种类多、总氮总磷污染突出、有毒有害物质检出频次高。长江经济带饮用水源保护,应依托长江经济带区位优势和国家"生态保护优先"的战略机遇,深入贯彻落实《水污染防治行动计划》,提升饮用水安全保障水平:落实饮用水水源保护区制度,提高水源规范化建设水平,开展流域联防联控,加大岸线管控,加强应急技术和物资储备,合理布设取水口,强化监测监督。

孙宏亮等(2016)针对长江干流涵盖 31 个城市、146 个地表水水源地以及 247 家化工企业的实际情况，采用层次分析法和矩阵法，建立饮用水水源环境风险评价指标体系，分析评价了长江干流各饮用水水源地潜在环境风险等级。长江干流饮用水水源环境风险等级为很高、高、中、低、较低的水源地分别占总数的 2.7%，3.4%，21.2%，15.8%和 56.7%，环境风险很高的城市为苏州，其次为荆州、无锡、武汉、南通等市，风险很低的城市为池州及重庆辖属的区县。针对风险评价结果，提出风险分级管控、提高风险抵御能力、降低风险源危害程度、建立区域联防机制以及加强生态修复与水土保持、加强沿江码头及危险品运输监管等对策建议。

王振华等(2017)指出“十二五”时期以来，长江流域农村饮水安全工作取得重大进展，农村人口饮水安全普及程度得到快速提高，农村居民饮水条件得到显著改善，水量不足、取水不便等饮水突出问题得到有效解决。但长江流域一些地区特别是广大的西部山区仍存在相应困难，农村水源保护和水质检测工作薄弱、供水工程建设监管制度落实不到位、后续运行维护机制不完善等，致使农村饮水安全存在隐患或不稳定。针对这些问题，作者建议：“十三五”期间应加强长江流域农村饮用水水源地保护和治理，推进水质检测常态化，大力推广和应用低成本、简单易行的水质净化设备，坚持建管并重，落实长效管理。

杨开元等(2018)认为饮用水水源污染防治是长江经济带水资源、水生态、水环境系统保护工程的重心之一。由于横向管理职权划分不清、纵向末端监管缺位、生态补偿制度缺位、罚则设计不当以及饮用水水源水质监测制度漏洞丛生等诸多原因，导致长江经济带饮用水水源污染呈现恶化趋势，主要表现为由局部性污染转向普遍性污染、由单一型城市污染转向城市农村复合型污染以及工农业点源、面源污染成为主要污染源。破解饮用水源污染防治监管困境，应当借助创新管理体制、厘清横纵关系、健全饮用水水源生态补偿制度、增加违法成本和完善饮用水水源水质监测制度等多项措施协同展开。

周琴等(2018)针对长江经济带沿江存在部分取水口和入河排污口布局不合理、应急供水保障能力不足、水资源管理制度不完善等问题，对长江经济带沿江取水口、排污口、应急水源和水质现状进行调查。在调查分析的基础上，从长江经济带绿色发展的总体国家战略要求出发，通过合理设置分区，优化取水口、排污口空间布局，避免取水口、排污口分布交叉重叠，并以问题为导向，提出重点河段、重点城市取水口、排污口以及应急水源布局规划的总体思路，可为新形势下城市取水口、排污口以及应急水源的合理布局和规范管理提供参考。

张光贵和张屹(2017)根据 2014 年 30 个县级以上城市饮用水源地水质监测数据，采用水环境健康风险评价模型，对洞庭湖区城市饮用水源地水环境健康风险进行评价。结果表明：由毒性物质所致总健康风险总体属中等风险；总健康风险的大小顺序为“地下水型＞河流型＞水库型，澧水＞松澧洪道＞资水＞湘江＞沅江＞汨罗江＞长江＞华容河，下游＞上游，常德市＞益阳市＞岳阳市＞望城区，中部＞东部＞西部”；毒性物质总健康风险主要来自化学致癌物砷，砷应作为水环境健康风险决策管理的重点；优先选取水库和河流作为城市饮用水源是降低洞庭湖区城市饮用水源地水环境健康风险的重要途径；加强上游城市污染治理和城市交界断面水质考核，对保障下游城市饮用水源地水质安全具有关键性作用。

刘畅等(2018)对2016年湖北省长江干流生活饮用水水源地开展放射性水平监测，分丰水期和枯水期采集水样，采用国家标准分析方法测量。结果表明：湖北省长江干流生活饮用水水源地放射性核素水平与1988年长江水系天然放射性核素水平相比，总 α、总 β、U、Th、^{226}Ra、^{40}K、^{90}Sr、^{137}Cs 均在本底范围内，其中总 α、^{90}Sr、^{226}Ra 有降低趋势，^{40}K 有所增加，总 β、U、Th、^{137}Cs 涨落不明显；与2011—2016年湖北省国控断面及2016年长江流域水环境样品放射性水平监测相比，均在其变化范围内；总 α、总 β 放射性活度浓度满足《生活饮用水卫生标准》(GB 5749—2006)限值要求。

方国华等(2018)运用压力-状态-响应模型，通过主成分分析法，构建包括农药化肥施用强度、植被覆盖率、环保投资占GDP比例、水土流失率、水环境自净能力和土壤侵蚀强度6个指标的饮用水水源地生态风险评价指标体系。采用层次分析法和专家咨询相结合的方式确定指标权重，构建长江江苏段生态风险评价模型。以长江江浦—浦口水源地为例，利用遥感软件及地理信息系统(RS/GIS)量化生态风险评价的指标，计算得到江浦—浦口水源地生态风险值为0.365 7，处于较低风险度范围。

4.4.5 水利工程的影响与对策

长江干支流大量已建和在建的水利工程，特别是三峡工程对长江流域生态系统产生了强烈的干扰。许多研究从多个方面分析了水利工程对长江流域的生物多样性、径流、水文、泥沙输送以及污染物扩散等过程的影响，并针对这些负面影响提出了许多应对意见和对策建议。

姚磊等(2016)认为流域水利开发促进了流域经济社会快速发展，也对流域生态系统产生了各种负面影响。长江流域的水电开发已从三峡上溯到金沙江及其他上游支流。长江上游流域水电开发规模大、梯级密、水坝高，举世罕见。在大量文献调研的基础上，对长江上游流域水电开发现状进行梳理。分析认为：由于政出多头，加上急功近利，流域开发正在突破生态环境许可界限；布局密集加上高坝大库，地质风险巨大；密如繁星的水电站将面临蓄水不满而影响实际经济效益；大规模水电开发带来的生态负面影响已经开始突显。长江上游水电开发应该在生态友好理念的指导下，在追求正面效益的同时，最大程度地降低其不利影响，以达到自然生态环境和民族文化遗产保护与水力资源开发利用多赢。

邹家祥和翟红娟(2016)介绍了三峡工程水环境与水生态现状，分析三峡工程对库区及坝下水文情势、水质、库区及支流富营养化等水环境的影响，以及工程运行对水生态系统、饵料生物、鱼类及珍稀水生动物等水生态的影响，并提出优化水库调度、加强城镇生活污水处理、工业废水防治、农村面源治理、饮用水源地保护等水环境保护对策，以及开展栖息地保护、物种保护、人工增殖放流、生态调度等水生态保护对策。

孙宏亮等(2017)指出长江上游水资源丰富，水能资源占全国总数的一半以上。然而，水利水电过度开发与生态环境保护之间矛盾愈发突出，长江中下游生态环境形势严峻，例如，干流河床下切严重、水位降低，洞庭湖、鄱阳湖枯水期提前且延长，泥沙传输量变小，下游鱼类产卵场条件发生变化等。作者分析了长江上游水电开发和生态环境保护现状及存在问题，提出加快实施水利水电联合生态调度，促进鄱阳湖、洞庭湖生态系统的平稳恢复，完善水电项目开发运营监督管理机制等建议，以期为推进落实《长江经济带生态环境保护规划》提供支持和参考。

周建军和张曼(2017)指出几十年来长江流域治理和开发取得了巨大成绩,同时也对河流造成了趋势性的改变,生态环境问题十分突出。生态环境状态主要是大型水利水电工程等人类活动改变了河流自然属性、降低了环境容量。作为长江保护的重点,生态环境修复必须抓住重点,要避免造成新的破坏。作者提出以下建议:以“水资源工程”重新定位上游大型水电工程,修复河流水文状态;“水库挖泥”消除淤积,修复河流物质通量;增加“引清水入洞庭”,提高洞庭湖环境容量;加强长江中下游河道维护和分蓄洪区建设,提高防洪能力;以“调峰调能”定位梯级发电,捆绑开发水库水面光伏电力,降低水库群热效应等。

周建军等(2018)分析了长江磷的自然循环属性、水库作用及可能的环境影响。长江磷以颗粒态为主,与泥沙关系密切,受水库影响大量沉积;颗粒磷的潜在生物有效磷(BAP)较高,总量超过人类排放;自然背景下磷与淡水系统关系较小,到河口及周边海域释放BAP是这里生态系统关键的营养资源;水库拦截使在底泥沉积并在缺氧环境释放的BAP成为河流上游潜在污染源。水库拦沙也破坏了下游河流泥沙的磷缓冲机制,增加环境脆弱性,降低污染承受能力,抬高水库下泄背景溶解磷浓度和河口碳、氮的相对程度,增加干流最下游大型水库污染和水华风险。流域水库改变泥沙、磷及循环规律是长江干流环境条件的实质性改变,是长江保护生态面临的主要问题和修复重点之一,建议在大型水库持续挖泥用以功能性修复河流物质通量和消除上游潜在污染内源。

周建军和张曼(2018)指出近10年长江上游大量兴建的大型水库对中下游河川径流和泥沙产生了深刻影响。河川径流减少,径流季节提前,伏秋(特别是10月)流量显著降低、变差系数增大,97%严重干旱频率情景变成80%～85%。同时,宜昌和出海输沙量分别减少93%和70%,中下游河槽冲刷下降1～3米。汛后流量和干流水位提前降低使洞庭湖和鄱阳湖(两湖)提前干枯。汛后流量减少,甚至会显著增加长江大通10月流量小于15 000立方米/秒的概率和上海长江水源受咸潮影响的风险。建议以“水资源工程”重新定位上游大型工程、以“水资源优先”优化流域管理、切实回归既定三峡工程运行原则等统一调度和改善中下游水情;通过水库挖泥等措施修复长江物质通量,抑制中下游剧烈冲刷和稳定河流格局;加强中下游蓄滞洪区等防洪能力建设,为最大限度降低上游水库防洪和蓄水压力创造条件;主要通过改善上游水库调度维护两湖环境条件。

郦建平等(2018)指出三峡水库及上游梯级水库的运行改变了长江中下游水文情势和水生态环境条件,使河流的纳污能力发生变化。以长江中游武汉河段的汉阳饮用水源、工业用水区为研究对象,采用河流二维水质模型和平面二维水动力水质模型,对水功能区COD和NH_3-N等污染物的纳污能力、扩散规律进行模拟研究。研究结果表明:枯季水文条件和水功能区横向分布宽度对水域纳污能力影响较大,三峡水库运行后研究河段岸边横向50米宽度内的COD和NH_3-N的纳污能力分别为17 850和1 233吨/年,纳污能力有所增加;三峡水库运行后枯季污染物扩散范围有所减小。

杨云平等(2016)认为三峡水库蓄水作用对坝下游水沙输移的影响已初步显现。三峡水库坝下游洪水持续时间和流量被削减,下泄沙量大幅减少,在沿程上输沙量虽得到一定恢复,但总量仍未超过蓄水前多年均值;2003—2014年“$d>0.125$ mm”(粗)输沙量得到一定恢复,至监利站恢复程度最大,基本达到蓄水前均值;三峡水库蓄水后坝下游“$d<0.125$ mm”(细)输沙量在沿程上得到一定程度恢复,但总量仍小于蓄水前均值;三峡水库蓄

水后坝下游粗泥沙输移量因河床补给作用，在沿程上得到恢复，但补给量将不超过0.44亿吨/年，主要受制于洪水持续时间及流量均值，而细悬沙恢复受上游干流、区间支流和湖泊分汇及河床补给控制；2003—2007年和2008—2014年两时段间宜昌至枝城、上荆江为粗细均冲，下荆江、汉口至大通河段为淤粗冲细，城陵矶至汉口河段2003—2007年为淤粗冲细，2008—2014年为粗细均冲，这一差异受控于螺山站洪水流量持续时间和量值。

胡春宏和方春明(2017)对三峡工程采用的减缓水库泥沙淤积与保持长期有效库容的运用方式、水库变动回水区港口与航道泥沙问题治理措施、枢纽引航道与电站引水防沙布置方案、坝下游河道长距离冲刷预测、河势变化及对航道影响的对策等进行了分析总结。2003年三峡水库蓄水运用以来水库淤积和坝下游河道冲刷情况分析表明：水库泥沙主要淤积在死库容，有效库容损失较少，库区航运条件得到大幅改善；坝下游河道发生长距离冲刷，冲刷强度不断向下游发展，河势总体基本稳定；长江中下游航道经过治理，航道维护水深有了较大提高。三峡工程泥沙问题的解决方案已得到初步检验，泥沙问题及其影响基本未超出论证与初步设计的预测。作者还对今后一段时期需要进一步研究的泥沙问题提出建议，包括水库优化调度、坝下游河道冲刷、江湖关系变化和长江口演变等。

潘庆燊(2017)对60年来三峡工程泥沙问题研究的历程、主要研究结论作了简要综述。三峡水库初期蓄水运用以来的泥沙实测资料与预测对比分析表明：三峡水库上游来沙减少的趋势与初步设计阶段预测基本一致，但减少的进程有所提前；三峡水库泥沙淤积量远小于预测值；坝下游河床冲刷量与预测值基本一致，河床冲刷范围则大于预测；坝下游河床冲刷对防洪与航运的影响与预测基本一致；三峡工程泥沙问题总体上未超出论证与初步设计阶段的预测。在此基础上提出三峡工程正常运行期泥沙问题研究的建议，其中关于排沙调度方面，应按控制水库防洪库容年损失率小于1 000万立方米/年，以及变动回水区上、中段无累积性泥沙淤积的要求制定排沙调度方案，以长期发挥三峡工程的综合效益。

黄仁勇等(2018)为研究三峡水库汛期调度方式优化问题，以实测资料为基础，对三峡水库蓄水运用以来入出库沙量特性变化进行分析，主要从泥沙角度对三峡水库采用汛期“蓄清排浑”动态运用方式进行初步探讨。研究结果表明：三峡水库蓄水运用后汛期入库沙量大幅减小，上游溪洛渡和向家坝水库蓄水运用后三峡水库汛期6—9月含沙量已经开始小于论证阶段5月和10月的含沙量；三峡水库主汛期出库沙量占年出库沙量的90%以上，且汛期出库沙量主要集中在一两次大的出库沙峰过程中；三峡水库汛期采用“蓄清排浑”动态运用的泥沙调度方式，泥沙淤积可许。

卢金友和姚仕明(2018)在综述近年来长江中下游江湖系统水沙输移与冲淤演变特性及江湖关系变化等研究成果的基础上，重点阐述水库群联合作用下长江中下游江湖关系响应机制，形成的主要认识包括：水库群联合作用下中下游江湖系统的径流量及比例组成没有明显变化，但输沙量及比例组成发生显著变化，干流宜昌站变化最为明显；中下游河道由自然条件下的中沙河流变为少沙河流，江湖系统由自然条件下的累积性淤积转为持续冲刷，并在较长时期内进行重新塑造与调整；水库群的联合作用对江湖水沙交换与湖区冲淤产生影响，两湖枯水期有所提前，湖区泥沙沉积率显著下降，江湖关系总体趋于向好的方向调整。鉴于长江水沙条件变化的不确定性、人类活动影响的加剧与江湖系统演变的复杂性，今后仍须加强变化环境下中下游江湖系统响应机理研究。

黄维和王为东(2016)以三峡水库调度运行方案、河湖交互作用和洞庭湖湿地植被分布格局为基础,从长江三峡工程对洞庭湖水文、水质以及湿地植被演替等方面综述了三峡工程对洞庭湖湿地的综合影响。三峡工程减缓了长江干流输入洞庭湖泥沙的淤积速率,对短期内增加洞庭湖区调蓄空间、延长洞庭湖寿命有利。总体上减少了洞庭湖上游的来水量,改变了洞庭湖原来的水位/量变化规律。给洞庭湖水环境质量造成了直接或间接的影响,对其水质改变尚存一定争议,但至少在局部地区加剧了污染。水位变化和泥沙淤积趋缓协同改变了洞庭湖湿地原有植被演替方式,改以慢速方式演替,即群落演替的主要模式为"水生植物—虉草或苔草—芦苇—木本植物"。

谭志强等(2017)认为鄱阳湖和洞庭湖湿地是长江中游仅有的两个天然通江湖泊湿地,具有不可替代的自然和人文价值。近年来尤其是三峡工程运行以后两湖湿地景观格局发生改变,对区域生态系统平衡和社会经济发展产生重要影响。以美国陆地卫星7号(Landsat 7)为数据源,通过决策树分类及高斯回归的方法定量评估了三峡工程运行前后两湖湿地景观格局的演变特征及其差异性,能够正确认识大型水利工程的生态效应,为湿地保护与重建提供科学依据。2000—2014年洞庭湖枯水期水位变化不明显。从历史演变特征来看,虽然有少部分植被挤占泥滩和水体,但总体上3种湿地景观类型面积变化不大。相比之下,三峡工程运行后鄱阳湖枯水期水位显著下降,水体面积萎缩近14%,植被面积增加约8%。与2000年相比,2014年鄱阳湖植被分布高程下降了1米多。不同程度的干旱胁迫是形成两湖湿地景观格局差异性演变特征的主要原因。

4.4.6 湿地的演变与保护

长江流域具有丰富的湿地资源,但它们普遍受到人类活动的强烈干扰。现有的研究调查了长江流域湿地资源的家底,分析了各类河流与湖泊湿地(特别鄱阳湖和洞庭湖)以及长江河口湿地等面临的生态环境问题,如富营养化、生物多样性丧失等,并为保护长江流域湿地提出意见和建议。

张阳武(2015)根据第二次全国湿地资源调查统计,发现长江流域湿地划分为5类25型,涵盖了我国所有5大类湿地,湿地型占我国总湿地型的73.53%;长江流域湿地总面积为945.68万公顷,占全国湿地总面积的17.64%,长江流域湿地率为5.25%。自然湿地面积为751.39公顷,占我国自然湿地总面积的16.10%。近海与海岸湿地、河流湿地、湖泊湿地、沼泽湿地和人工湿地分别占全流域湿地面积的7.47%,29.07%,19.28%,23.64%和20.54%。对长江流域423个重要湿地的调查统计,长江流域湿地高等植物共有189科821属2 271种,国家重点保护野生植物有30种,其中有国家Ⅰ级保护植物2种、国家Ⅱ级保护植物28种。长江流域湿地保护面积为452.94万公顷,湿地保护率为47.90%,高于全国平均湿地保护率(43.51%)。自然湿地保护面积为399.98公顷,自然湿地保护率为53.23%,高于全国平均自然湿地保护率(45.33%)。

王洪铸等(2015)指出长江中下游浅水湖泊群具有十分重要的生态服务功能。然而,该湖群正面临江湖阻隔和富营养化等严重威胁。近年来湖泊生态环境的保护和修复越来越受到重视,但治理效果不甚明显。其根本原因是对由流域诸多胁迫导致的湖泊问题缺乏系统全面的认识,导致头痛医头、脚痛医脚。为此,作者提出应对长江湖群实施环境-水文-生态-经济协同管理战略，即：在湖泊及其流域实施环境工程以控制入湖污染，实施生态水文工程以恢复自然水文体制，实施生态修复工程以增强生物自净能力，制定水环境经济制度以建立湖泊保护修复的激励和约束机制，构建生态健康评价体系以实施适应性管理，前提是责任主体明确。

陈凤先等(2016)运用“全国生态环境十年变化(2000—2010 年)遥感调查与评估项目”研究成果，分析了长江中下游湿地 10 年间的生态保护现状和景观格局变化，并应用 CLUE-S 模型预测了长江中下游湿地保护未来 5～15 年的发展趋势。结果表明：2000—2010 年长江中下游湿地构成比例发生了较大变化，自然湿地萎缩严重。其中，洞庭湖水域面积下降了 63.4 平方公里，降幅为 11.9%；鄱阳湖的水域面积下降了 176.3 平方公里，降幅为 13.4%。即使在优化情景下，未来 5～15 年长江中下游城市群湿地面积的持续减少趋势仍难以遏制。

夏少霞等(2016)发现近年来鄱阳湖秋冬季水文呈干枯态势，湿地生态系统及其关键因子也发生了变化。如何合理保护和利用鄱阳湖湿地引起各方关注。系统综述了鄱阳湖湿地生态系统在水文、江湖关系、水质、水鸟栖息地、渔业资源等方面存在的问题，梳理了引起这些问题的外部和内部因素。针对“一切照常”和“水位调控”两种情景，预测了湿地未来的变化趋势，并指出在研究中的不确定性问题。研究认为：鄱阳湖秋冬季的低枯水位，对水质、湿地植被、水鸟栖息地以及鱼类食物资源和“三场”(即产卵场、洄游通道、索饵场)产生了一定不利影响。建议通过模型模拟和情景预测来分析不同调控方案的影响效果，优化调控方案、将生态系统的负面影响降到最低。

王丽婧等(2017)指出长江经济带建设背景下大型通江湖泊的生态环境保护至关重要。以洞庭湖和鄱阳湖两湖为研究对象，着眼于通江湖泊“江湖-河湖-人湖”关系的扰动、失衡和调控，从水沙情势、水环境、湿地生态等层面，剖析了两湖生态环境保护的 3 类 9 项问题，以此为基础提出了相关对策和建议：强化两湖水资源调控，保障生态流量；强化两湖流域水污染综合治理，保护水环境质量；强化两湖湿地生态保护等。

高宇等(2017)从生物多样性保护、水资源利用与保护、保护区湿地管理和湿地管理机构建设等方面，概述了长江口湿地保护与管理现状，分析了长江口湿地面临的主要威胁，包括局部滩涂的过度围垦、渔业资源过度捕捞、水环境严重污染和湿地管理机制不完善等问题。针对长江口湿地存在的问题，作者建议：从生态修复角度，提出“飘浮人工湿地”的技术方法；从流域管理角度，制定流域共管的政策，以恢复长江口湿地生态系统健康，推动湿地公园发展，对长江口湿地自然保护区建设形成有效补充；从法制管理角度，采取有效措施，解决长江口湿地存在的问题。

李琳琳等(2017)探讨了长江水系沿程 6 个重点湖泊的富营养化历史演变特征、成因及控制对策。这些湖泊的富营养化指数在近年来基本呈逐渐降低趋势。外源输入与内源释放是其主要原因，湖泊形态与水文条件也起了辅助作用。对于外源中工业和生活源输入，可通过扩建污水处理厂、提高污水处理率及完善配套管网建设等措施，减少入湖营养物含量；外源中的面源污染则需通过种植结构调整、平衡施肥、生态工程防治。对于内源释放，主要有底泥疏浚、沉积物氧化、化学沉淀、底泥覆盖等物理化学生物方法。但不同湖泊因其物理、化学条件差异，故各湖采取的内源控制技术有待进一步论证。在控制湖泊内外源营养盐输入的同时，进行流域生态修复，保障治理与管理并重，才能确保湖泊富营养化治理的长期有效性。

姚萍萍等(2018)根据长江流域湿地生态系统的特点，基于压力-状态-响应模型，建立包含压力、状态、响应3大类共14个指标的生态系统健康评价指标体系。以全球30米地表覆盖数据(Globe Land 30数据)和社会经济统计数据等为基础，结合层次分析法，对长江流域2000年和2010年湿地进行综合评价。从2000年到2010年长江流域湿地生态健康状况略微下降，2000年长江流域平均湿地生态健康指数是0.478，2010年该指数为0.475；2000年和2010年长江流域湿地生态健康指数“中游的>下游的>上游的”，湿地生态健康状况较差的区域主要分布在西北部和以重庆、武汉和上海为主的三大经济中心；从行政区平均健康水平来看，从2000年到2010年，江西省和福建省的湿地生态健康状况有所好转，而云南省、广西省、贵州省和重庆市受2010年干旱影响，湿地生态健康状况有所下降。

4.4.7 长江流域生态修复探讨

推动长江经济带发展是中共中央作出的重大决策，是关系国家发展全局的重大战略。新形势下推动长江经济带发展，要把修复长江生态环境摆在压倒性位置，坚持共抓大保护、不搞大开发。长江流域的生态修复工作受到学者们的高度关注。许多学者针对长江流域存在的生态环境问题，特别是水生态环境问题，提出了长江流域生态修复的基本原则和重要举措。

徐梦佳等(2017)指出全国八大生态脆弱区中半数都分布在长江经济带范围内，近20年的快速城镇化进程忽视了经济发展与资源环境承载力的协调性，导致生态脆弱区生态系统更加退化、生态服务功能下降。作者分析了长江经济带4个典型生态脆弱区的生态退化问题以及生态修复和保护的现状，并提出了对策建议：针对长江经济带不同脆弱区特征，要因地制宜，分别制定生态恢复的基本措施和技术对策；有序实施生态修复保护工程，促进生态系统整体治理；落实生态保护与修复的监督管理机制，强化后续监管；支持长江经济带生态保护修复技术研究，推进科技创新引领；加快生态修复和环境保护立法工作，构建长江经济带生态修复和保护的长效机制。

徐德毅(2018)指出长江流域开发与保护之间的不平衡问题凸显，水生态结构和功能受损，不能有效支撑流域经济社会可持续发展。通过梳理流域水生态现状和问题表征、水生态保护与修复工作现状等，从做好流域生态系统科技支撑的角度，就推进流域水生态保护与修复工作提出了开展流域水生态保护与修复顶层设计等8项工作建议，以促进水生态保护与修复过程的有效实现，保障流域经济社会可持续发展，具体包括：开展流域水生态保护与修复顶层设计，编制流域水生态保护与修复专项规划，完善水生态保护与修复标准规范体系，加强流域水生态监测与评价工作，加强水生态保护科学理论研究，推进水生态修复工程技术集成与示范，开展水利水电工程水生态影响后评估，加强水生态保护与修复能力建设。

万成炎和陈小娟(2018)以水生态的基本要素——生境、生物及二者的紧密依存关系为主线，论述了长江水生态系统结构与功能特征、长江水生态的重要地位，分析了长江水生态面临的主要问题和已实施保护修复措施的针对性、有效性，提出了长江水生态保护修复工作的建议。建议今后应强化流域综合管理，水生态保护修复工作应注重将生物及其依赖的生境作为一个整体，在时间、空间尺度上加以保护，同时要注重各保护修复措施的关联性，以提升保护与修复的成效。

4.5 长江流域生物多样性的保护

4.5.1 水生动物的保护

1. 鱼类资源的保护

长江是我国第一大河流，全长达 6 300 公里。长江是一条生命之河。它的活力来自干流、支流、湖泊和湿地的血脉沟通形成的独特生命系统。学者们对长江流域以中华鲟等为代表的鱼类生物多样性进行大量的本底调查，对主要鱼类的生物学特征进行重点分析，对长江流域生态系统鱼类资源的主要威胁进行研判。研究认为，长江流域鱼类资源主要威胁包括水利工程、滥捕等。文献从物种本身的生物学特征、改善生境条件、禁捕等角度提出多种保护意见。

(1) 人类活动对鱼类资源的影响。

谢平(2017)指出长江流域是世界生物多样性的热点区域，分布鱼类 400 余种，其中有纯淡水鱼类 350 种左右，特有鱼类多达 156 种。但是，长江干流的渔业捕捞量从 1954 年的 43 万吨下降到 1980 年代的 20 万吨，最后到 2011 年的 8 万吨(降幅为 81%)。与此完全不同的是，1950 年代以来，洞庭湖和鄱阳湖的渔产量分别在 2 万～4 万吨之间徘徊。根据对长江生物多样性危机成因的粗略估算，节制闸和水电站等水利工程"贡献"了 70%，酷渔乱捕等其他因素"贡献"了 30%。所谓的生态调度、鱼道或人工放流等，也难以拯救膏肓之疾，即使在长江干流 10 年禁渔也难有根本改观。如果鄱阳湖和洞庭湖相继建闸，将使长江中下游的渔业资源量进一步衰退，江豚的灭绝在所难免，其他物种的灭绝将难以预料。

曹文宣(2017)指出长江上游水电梯级开发形成的高坝深水水库，显著改变河流的自然状态，影响上游特有鱼类的栖息生境，在水库之外的未建坝河流建立自然保护区是有效措施。河流生态保护修复工程，可从已经修建高坝大库河流的支流着手，这些支流中本就栖息有与其所汇入干流相同的特有鱼类，并可在河道内完成生活史过程。对这些支流的生态保护修复，需要将水系内电站大坝和引水式电站的设施拆除，恢复河道自然流态，建立自然保护区，让特有鱼类在其中正常繁衍。要健全生态补偿机制，加强水域生态健康状况监测和研究。

曹娜和毛战坡(2017)基于《大渡河干流梯级环境影响报告书》、《鱼类栖息地保护规划》等资料，系统地梳理了不同时期大渡河干流主要梯级水电站建设采取的主要鱼类保护措施，并结合流域鱼类、珍稀保护鱼类分布格局，从流域水生态系统整体保护角度出发，分析了大渡河干流梯级水电站鱼类保护措施存在的主要不足，提出了需要优化水生态系统保护措施、统筹考虑鱼类增殖放流的种类和规模以及建立流域层面水生态系统保护模式等对策和建议。

马超等(2017)针对鱼类繁衍需求，通过总结鱼类繁衍条件，提出鱼类繁衍期三峡水库泄流要求及生态调度方案，并计算分析历史径流满足生态调度方案的程度；通过建立繁衍前期和繁衍期来流关联，提出天然径流不满足情况下的预蓄调度方案并探讨其可行性。结果表明:2004—2013 年三峡水库入库径流满足生态调度方案的程度较低,需采取预蓄水量措施;在实际入库径流情况下,预蓄水位范围为 145.00～159.34 米;在 80%概率的入库径流情况下,预蓄水位范围为 145.00～156.63 米。如果按 80%概率的入库径流预蓄水量,当预报预泄期为 7 天时,预蓄调度方案不会增加三峡水库的防洪风险。

石睿杰等(2018)认为鱼类多样性是反映流域水生态系统的关键指标。基于鱼类多样性,分析了影响长江流域水生态系统的主要因素。采用相关分析和灰色关联分析,识别了影响鱼类多样性的主要因素。进一步通过多元线性回归,建立了鱼类多样性与流域特性之间的定量关系。结果表明:影响长江上游干支流鱼类多样性的主要因素是海拔和流域面积等自然因素,除了通天河、金沙江上段、雅砻江等海拔 3 500 米以上的流域之外,其他上游干支流的主要影响因素是径流量。中下游鱼类多样性的主要影响因素从自然因素转变为土地利用类型,反映出人类活动对水生态系统的影响逐渐增强。

陈锋等(2019)指出长江是我国第一大河流,是世界生物多样性的热点区域,也是我国鱼类多样性最高的河流之一。在介绍长江鱼类主要生态习性生境条件的基础上,分析了导致鱼类多样性下降的主要因素——生境丧失和过度捕捞,并简要总结了已采取的保护措施及存在的问题,提出了关于新时期长江鱼类多样性保护的思考与建议:建立以流域管理机构牵头,相关部门和地方共同组建流域生态保护机制;有计划开展支流及通江湖泊的生态恢复,使支流的小水电逐步退出,使原本的通江湖泊恢复自然江湖关系;提高民众环保意识,积极建立全流域禁捕机制和休闲垂钓机制,并让垂钓者成为渔政的管理者和监督者。

(2) 中华鲟的保护。

廖小林等(2017)指出中华鲟是一种大型溯河洄游鱼类,是国家一级重点保护野生动物。目前中华鲟仅在长江繁殖,是长江的旗舰保护物种。参考近年国内外相关的研究成果,对中华鲟在长江的生长繁育状态进行了研究。发现近年来进入长江繁殖的中华鲟亲鱼仅百尾左右,2013—2015 年连续 3 年未在葛洲坝下游中华鲟产卵场监测到中华鲟的自然繁殖,中华鲟面临新的生存危机。为了有效地保护中华鲟,近 20 年来国内许多学者在中华鲟自然繁殖的水文需求与栖息地特征研究、自然繁殖监测、全人工繁殖与苗种培育、增殖放流与放流效果评价、分子生态学研究等方面开展了大量工作,基本突破了中华鲟物种保护的瓶颈。通过对目前中华鲟保护的研究成果分析,指出了今后中华鲟物种保护的重点研究方向。

黄真理等(2017a)根据中华鲟繁殖群体存在两个股群的特点,建立了一种利用捕捞数据估算中华鲟资源量的理论和方法,并估算出 1972—1990 年长江中华鲟资源量及其逐年变化。1972—1980 年长江中华鲟年均资源量为 1 727 尾,年均补充量为 1 009 尾;1981 年的资源量为 1 166 尾;1984 年达到最大 2 309 尾,1984 年以后资源量逐年减少。在此基础上,对葛洲坝阻隔和捕捞对中华鲟资源量的影响进行了定量估算和比较。1981 年 1 月葛洲坝截流,导致 1980 年股群被葛洲坝阻隔在上游的数量为 660 尾,下游数量为 349 尾,葛洲坝对中华鲟资源量的阻隔系数为 65%。1981 年中华鲟过度捕捞量为 1 002 尾,资源利用率达到 86%。从表面来看,1981 年过度捕捞的影响大于葛洲坝的阻隔作用,但葛洲坝大大减少了中华鲟产卵场面积和洄游距离,加上三峡工程的运行影响了中华鲟性腺发育和产卵条件,需要加强研究,采取综合保护措施。

王煜等(2017)认为三峡-葛洲坝梯级水利枢纽工程的建设和运行阻隔了长江部分洄游鱼类的洄游通道,改变了坝下河道天然径流过程,对被迫在坝下形成新产卵场的珍稀水生物中华鲟的产卵繁殖产生一定影响。在明确梯级水库调度运行与中华鲟产卵场产卵适合度相关性分析的基础上,提出优化三峡下泄流量和葛洲坝运行方式相结合的三峡-葛洲坝梯级水库生态调度方式,以补偿中华鲟产卵栖息所需的河流生境。通过以三峡水库的实际来流过程输入水库生态调度模型,得出中华鲟产卵期(每年 10—12 月)补偿其产卵栖息水环境的梯级水库联合生态调度方式。梯级水库联合生态调度可在满足三峡水库常规调度目标的基础上,同时满足中华鲟产卵所需的生态流量,配合葛洲坝电厂优化调度运行方式,可有效增加坝下中华鲟产卵场水动力环境产卵适合度,补偿梯级水库运行对中华鲟产卵生境造成的不利影响。

赵峰等(2017)于 2017 年 3 月 19 日在长江口近海采集到 1 尾中华鲟,全长为 133.0 厘米、体质量为 13.8 公斤,对其食物组成进行了分析。食性分析结果显示,春季中华鲟在长江口近海摄食较好,摄食强度为 4 级,饵料生物共有 6 种,其中鱼类有黄鲫(*Setipinna taty*)、焦氏舌鳎(*Cynoglossus joyneri*)和龙头鱼(*Harpadon nehereus*)3 种,甲壳类有中华管鞭虾(*Solenocera crassicornis*)和口虾蛄(*Oratosquilla oratoria*)2 种,头足类仅四盘耳乌贼(*Euprymna morsei*)1 种。结合历史资料分析认为,中下层和底层鱼类是近海中华鲟最主要的饵料生物。

吴金明等(2017)指出历史上的中华鲟在长江上游及金沙江下游产卵,由于葛洲坝修建阻隔了其洄游通道,1981 年以后在葛洲坝下形成了比较稳定的产卵场,1982—2013 年每年均有自然繁殖发生。由于其栖息生境退化,每年洄游进入长江的中华鲟繁殖亲本逐年减少,2013—2015 年连续 3 年在已知葛洲坝下中华鲟产卵场未监测到中华鲟自然繁殖活动。2016 年 11—12 月的野外监测发现,中华鲟在宜昌葛洲坝下已知产卵场发生了自然繁殖:其中底层网具采集到中华鲟鱼卵(卵膜)67 粒、仔鱼 22 尾;解剖食卵鱼发现,10 尾食卵鱼类共摄食中华鲟卵 454 粒;水下视频观测到 5 处中华鲟卵黏附底质位点。根据采集到的鱼卵发育期及采集位点推算,产卵时间为 2016 年 11 月 24 日凌晨,产卵场位于葛洲坝大江电厂以下约 300 米的江段内,产卵日水温为 19.7 摄氏度,流量为 6 610 立方米/秒,水位为 39.7 米。

班璇等(2018)建立三维水动力学模型,分析中华鲟产卵栖息地水力因子的时空分布和中华鲟产卵时的适宜水力特性,为设计最佳的生态调度方案提供科技支撑。研究结果表明:中华鲟产卵栖息地的上产卵区水深和流速的变化主要受流量影响,涡量的变化主要受地形影响;中华鲟产卵前需要高流量脉冲刺激产卵。坝下与隔流堤之间流速和涡量值的大小与波动远大于其他区域,流速和涡量值的大小均值分别为 2.4 米/秒和 11 平方米/秒。产卵栖息地水体表层、中层和底层的流速和水平涡量分布格局相似,均是在上产卵区值较大、空间分布多样性高。水体中层垂向涡量的值远大于底层和表层。产卵栖息地水体表层、中层和底层水力分布特征为中华鲟繁殖提供了有利的水利条件,体现出中华鲟对产卵栖息地不同功能区的自主选择性。

孙丽婷等(2019)采用线粒体 DNA 控制区(D-loop)序列,对 2015 年和 2017 年长江口中华鲟幼鱼样本进行了遗传多样性分析。2015 年的 682 个样本共检测出 11 个单倍型,2017 年的 158 个样本共检测出 8 个单倍型。2015 年和 2017 年长江口中华鲟幼鱼的平均单倍型多样性 $h=(0.857\pm0.006)$,核苷酸多样性 $\pi=(0.010\ 2\pm0.005\ 5)$,均低于截流前数

据 $h=(0.949\pm0.010)$，$\pi=(0.011\pm0.006)$。分子变异方差分析显示，中华鲟幼鱼的遗传变异主要来自群体内，但其年度样本之间出现了中等程度的遗传分化。

(3) 鱼类资源的种群调查与保护。

秦天龙等(2016)以 2013 年 9 月—2014 年 12 月从鄱阳湖、赣江以及长江采集的 234 尾鲢(*Hypophthalmichthys molitrix*)为样本，对当地鲢鱼的生长特点进行了研究，以分析各江段鲢鱼资源。采集到的鲢鱼体长范围为 120.0～780.0 毫米，体量范围为 31.1～9 278.5 克。鲢鱼质量与体长呈明显的幂函数关系，表明该江段白鲢为匀速生长类型。鲢鱼群体的生长拐点为 5.6 龄，拐点体长为 64.1 厘米，拐点体重为 5 139.7 克，说明当 5.6 龄白鲢是该江段最佳的捕捞年龄。与其他江段相比，鄱阳湖、赣江以及长江白鲢的生长性能和年龄结构表现出一定的衰退趋势，因此，应从加强渔政管理、设立禁渔期、合理控制网箱养鱼以及建立保护区等方面对白鲢资源进行保护。

于悦等(2016)利用 10 个高度多态的微卫星标记对这 4 个鲢野生群体遗传结构进行分析。检测到 148 个等位基因，每个微卫星位点的等位基因数为 5～24，有效等位基因数为 6.4～7.1，平均观测杂合度 H_o 为 0.802～0.821，平均期望杂合度 H_e 为 0.817～0.839，表明这 4 个鲢群体遗传多样性较高。鲢群体间的遗传相似系数为 0.922 2～0.944 1，遗传距离为 0.057 6～0.081 0，固定系数 F_{st} 值为－0.012 35～0.005 28，表明这 4 个鲢群体间遗传一致性高、遗传距离小、群体遗传分化不显著。分子变异分析(AMOVA)结果显示遗传变异主要来自群体内，基因流分析认为长江、赣江、鄱阳湖鲢群体存在频繁的基因交流。

刘晓霞等(2016)于 2002—2013 年在靖江沿岸设置定置张网，了解长江近口段沿岸胭脂鱼(*Myxocyprinus asiaticus*)、中国花鲈(*Lateolabrax maculatus*)、鳜(*Siniperca chuatsi*)和乌鳢(*Channidae argus*)4 种珍稀重要经济鱼类的资源动态。12 年共采集到上述 4 种鱼共 476 尾，占总渔获量的 4.23‰。鳜、中国花鲈、乌鳢和胭脂鱼的数量分别为 224 尾、121 尾、96 尾和 35 尾。出现鳜、乌鳢、中国花鲈和胭脂鱼的样本分别有 93 份、83 份、38 份和 21 份，出现率分别为 24.5%，21.9%，10.0%和 5.5%。平均相对重要性指数(IRI)显示，胭脂鱼是少见种，中国花鲈为一般种，鳜和乌鳢均为常见种。但年度 IRI 分析显示，最近 3 年胭脂鱼已上升为一般种，乌鳢则为优势种，都呈增长趋势。4—6 月的长江禁渔期可以保护靖江沿岸约 31.43%的胭脂鱼、29.75%的中国花鲈、18.30%的鳜和 26.04%的乌鳢幼鱼。如果将沿岸水域的禁渔期延至 9 月，则可使 48.57%的胭脂鱼、94.21%的中国花鲈、92.86%的鳜和 68.75%的乌鳢幼鱼免受沿岸定置张网的损害。

刘红艳等(2016)利用 2007—2009 年三峡库区以上江津江段的渔获量和体长频率数据，评估了长薄鳅(*Leptobotia elongata*)的生长和死亡参数、资源量及资源利用。长江上游江津江段长薄鳅体长范围为 76～480 毫米，体重范围为 5～2 002 克，平均体长为 158.7 毫米，平均体重为 72.4 克。优势体长组为 90～210 毫米，约占总数的 77.9%。长薄鳅体长 L 与体重 W 的幂函数关系为 $W=7.28\times10^{-6}L^{3.09}$。长薄鳅渐近体长为 555 毫米，生长系数为 0.17/年，自然死亡系数为 0.37，死亡系数为 1.23。江津江段长薄鳅资源开发率为 0.70，超过了其资源最大开发率 0.43，表明其资源已过度开发。由体长结构实际种群分析可以估算江津江段 2007 年、2008 年和 2009 年长薄鳅年资源量分别为 2 544 尾/公里(0.75 吨/公里)、2 405 尾/公里(0.42 吨/公里)和 7 245 尾/公里(1.63 吨/公里)，平均为 4 065 尾/公里

(0.93 吨/公里)。建议加强长薄鳅种群动态长期监测,采取禁渔、人工增殖放流等措施促进资源恢复。

王涵等(2017)为探究寡鳞飘鱼(*Pseudolaubuca engraulis*)早期资源量在金沙江一期工程蓄水前后的变化情况,并了解其早期发育状况,于 2011—2015 年的每年 5 月 5 日至 7 月 10 日在长江上游江津断面进行鱼类早期资源调查,同时对采集到的鱼卵早期发育进行研究。2011—2015 年,寡鳞飘鱼卵苗总径流量分别为 2.964×10^8 粒(尾)、2.759×10^8 粒(尾)、1.335×10^8 粒(尾)、1.758×10^8 粒(尾)、3.926×10^8 粒(尾);金沙江一期工程蓄水后,江津断面寡鳞飘鱼卵苗总径流量和卵苗日均密度均呈逐年递增趋势,其产卵量占采样期间总产卵量的比例(相对多度)也呈波动上升趋势,已成为蓄水后长江上游宜宾至江津干流江段产卵规模最大的产漂流性卵鱼类;根据鱼类早期发育结果,寡鳞飘鱼的平均卵膜径为 5.44 毫米,平均卵径为 1.61 毫米,初孵仔鱼平均全长 5.07 毫米。

刘明典等(2017b)为了解长江安庆段春季鱼类群落结构及物种多样性现状,于 2015 年 4—6 月对该江段鱼类进行调查,共采集鱼类 36 种,隶属于 5 目 11 科 31 属,其中鲤科鱼类占优势,占总种类数的 52.78%。按生态习性划分,定居性鱼类占总种数的 88.89%,江湖洄游鱼类占总种数的 11.11%;按栖息空间划分,底栖鱼类最多,占总种数的 50.00%;按摄食类型划分,杂食性鱼类最多,占总种数的 44.44%。鱼类优势种为鲇(*Silurus asotus*)、鲫(*Carassius auratus*)和贝氏䱗(*Hemiculter bleekeri*)。渔获物中小型鱼类占据较大比例,大型鱼类比例偏低、规格偏小。Shannon-Weiner 多样性指数、Margalef 丰富度指数、Simpson 优势度指数和 Pielou 指数均值分别为 2.114,3.476,0.248 和 0.670。与历史资料相比较,鱼类优势种的数量占比降低,群落多样性、丰富度较高,均匀度较为稳定,但个体小型化现象依然存在,渔业资源仍有衰退趋势。建议强化禁渔措施,确保安庆江段渔业资源的可持续利用。

杨志等(2017)基于 2011—2015 年三峡库区干流 5 个江段的渔获物调查,对该区域内长江上游特有鱼类在三峡水库正常运行期内的时空分布特征进行了研究。2011—2015 年长江上游特有鱼类在三峡库区的种类和相对丰度均呈现沿河流纵向差异的特征,在库区分布的 8 种优势鱼种中,除张氏和岩原鲤外,其他 6 种优势种离三峡大坝坝址越远,其种类和相对丰度越高,使得库尾涪陵及其以上江段成为这些特有鱼类更为重要的栖息地,而随着金沙江干支流梯级电站的开发,宜宾至江津之间的长江干支流将成为这些特有鱼类十分关键的栖息场所,因此建议在流域规划层面上保持库尾至宜宾江段的河流联通,扩大长江上游珍稀特有鱼类国家级自然保护区至三峡库尾江段,并在保护区内全面禁渔。

申绍祎等(2017)对长江上游江津段和岷江下游宜宾段两个群体共 108 尾小眼薄鳅(*Leptobotia microphthalma*)样本的遗传多样性和遗传结构进行了分析。小眼薄鳅群体线粒体细胞色素 *b* 序列共检出多态位点 28 个、单倍型 34 种,平均单倍型多样性指数 H_d 和核苷酸多样性指数 P_i 分别为 0.889 和 0.003 82;控制区序列共检出变异位点 49 个、单倍型 65 种,H_d 指数和 P_i 指数分别为 0.958 和 0.004 20。小眼薄鳅采样点群体内的变异大于群体间的变异,遗传变异绝大部分来自群体内部,群体间无显著遗传分化,平均基因流 N_m 表明小眼薄鳅各采样点群体间基因交流十分频繁。基于 Network 软件构建网络结构,可将小眼薄鳅样本划分成 3 个谱系,谱系间显示了显著的遗传分化,提示小眼薄鳅种群内部可能有隔离的产生。核苷酸错配分布及 Tajima's D 中性检验结果显示，小眼薄鳅可能未发生种群扩张事件。

曹过等(2018)在和畅洲北汊开展鱼类资源调查评估，丰富鱼类资源本底资料，为长江中下游流域鱼类生物多样性保护及加强镇江长江豚类省级自然保护区就地保护工作提供科学依据。2015 年 2 月至 2016 年 1 月，采用定置张网采集渔获物。共采集鱼类 48 种，隶属 7 目 13 科 38 属，以鲤形目和鲈形目占优，分别占总种类数的 74.47%和 10.20%；鱼类生态类型以淡水定居性、杂食性、中下层占优；群落优势种为鳊(*Parabramis pekinensis*)、鲢(*Hypophthalmichthys molitrix*)、鳙(*Aristichthys nobilis*)、似鳊(*Pseudobrama simony*)；渔获物规格以单尾均重 50 克以下的鱼类占优；鱼类群聚的丰富度指数为 5.67，*Shannon-Wiener* 指数为 2.68，优势度指数为 0.12，均匀度指数为 0.30；聚类分析和非度量多维标度排序表明，调查江段鱼类群聚在不同月份和种类间均存在极显著差异，同时种间的分离程度在月份间低、在种类间高。

2. 江豚的保护

由于近几十年的生境破坏和人类活动，长江河流旗舰物种江豚(*Neophocaena asiaeorientalis asiaeorientalis*)的生存面临极大的威胁，野生种群数量正快速衰减。因此，学者们对长江江豚的种群动态特征进行调查，对江豚的元素组成、行为学、生理学、声学、食性和遗传学特征进行较为系统的分析。人类的各类活动(如污染、航运、堤岸的固化等)对江豚的干扰、江豚的疾病也是研究的重点。

刘磊等(2016)于 2013—2014 年冬季枯水季节，先后在鄱阳湖重点水域进行 33 天岸上定点观察、10 天水上流动考察和 9 天岸上流动考察，调查了 5 个水域长江江豚种群数量、分布情况及其行为特征。结果表明：2013—2014 年枯水季节，星子水域长江江豚种群估计值分别为 29 和 37 头，龙口水域分别为 47 和 0 头；2014 年枯水季节，康山水域长江江豚种群估计值为 80 头，湖口至渚溪河口水域为 206 头，三山至瓢山南水域为 80 头。长江江豚主要集中分布在鄱阳湖的鞋山、屏峰、马鞍山、火焰山、老爷庙、梅溪嘴、康山新洲、三山、棠荫及其附近水域；江豚个体行为特征分析表明，摄食行为占 75.97%，抚幼行为占 7.56%，玩耍行为占 8.91%，逃避行为占 9.01%，休息行为占 1.55%。

唐斌等(2018)指出长江河口是窄脊江豚(*Neophocaena asiaeorientalis*)栖息密度较高的分布区，崇明岛西部的东风西沙水域是窄脊江豚长江亚种即长江江豚活动的热点水域。为了弄清东风西沙水域江豚的种群动态，2014—2016 年期间采用目视考察与常年监测相结合的方法对该水域进行了详细调查。调查显示，6 次目视考察(样线 224 km)共目击到江豚 11 群次，计 68 头次。江豚的遇见率在 0.12～1.14 头次/km 之间，平均 0.37 头次/km。专业渔民 13 个月的常年监测，共目击到江豚 123 群、340～353 头次，月平均群遇见率为 0.38 群/次，平均个体遇见率为 1.07 头/次。采用可见系数法估算种群数量为 11.1～62.7 头，平均 31.6 头。考虑到该水域北侧的浅滩难以作为江豚的栖息地，修正后的种群数量平均为 26.8 头。鉴于常年有江豚集中活动，建议将该水域作为重点监护区甚至建立江豚的自然保护区。

陈敏敏等(2018)于 2016 年 3 月—2017 年 1 月，对长江干流 2 个自然河段江豚的数量和分布进行了12次考察，并收集了这2个河段岸型的相关数据，来分析固化河岸对江豚栖息活动的影响。12次考察累计发现江豚215头次，平均每次考察观察到江豚17.92头次。研究区域的固化河岸约占岸线总长的59%，分析发现，仅约13.9%的江豚分布在固化河岸水域，86.1%的江豚分布在自然河岸水域。江豚在单位河岸长度的分布数量与该段固化河岸长度所占的比例呈显著负相关。在自然河岸，分布在近岸50米水域的江豚占31.8%；而在固化河岸，仅观察到2头江豚活动在近岸50米水域内。安庆城区建设带约10公里江段12次考察均未发现江豚分布。长江干流的固化河岸所占比例非常高，这可能导致长江干流江豚栖息地的丧失和破碎化加剧，在制定长江江豚保护措施时必须慎重考虑此因素的影响，并据此提出相应的栖息地保护和恢复方案。

张枫等(2018)对采自长江口的36头窄脊江豚东亚亚种样本作了遗传多样性和种群动态分析。结果显示，除了2个微卫星位点显著偏离了Hardy-Weinberg平衡外，其他14个位点均未偏离Hardy-Weinberg平衡。16个微卫星位点共获得129个等位基因，平均等位基因数达8.1个。计算获得的平均观察杂合度为0.733，平均期望杂合度为0.758，多态性信息含量均在0.5以上。其遗传多样性水平与印度洋江豚和海豹等海洋哺乳动物相近，但明显高于大熊猫、东北虎等陆生珍稀哺乳动物。杂合度检验和Mode-shift模型分析显示，该种群未经历过近期的遗传瓶颈效应。Msvar软件的4次模拟均未发现该种群在历史上发生过明显的有效数量波动，估算当前有效种群大小约为5 623头。研究显示，在长江口发现的窄脊江豚东亚亚种个体，属于一个大而稳定的种群。

吴昀晟等(2019)为了从水体环境中提取到高质量的环境DNA(eDNA)，应用于长江中长江江豚的分布调查，比较了滤膜孔径和水样保存方式对eDNA获取的影响，同时对比了eDNA技术与传统调查法对长江江豚的检测结果。结果显示：水样抽滤时间与滤膜孔径大小呈负相关关系，且都可以检出目标生物；水样采集后需在6小时内完成抽滤处理，或在冷藏条件下短期保存48小时；长江流域江苏段中观测到长江江豚出现的8个检测点均检测出长江江豚eDNA，而在10个未观测到长江江豚的水域中有3个检测出其eDNA。研究结果表明，相比传统目视监测方法，eDNA技术在长江江豚监测中不仅具有较高的准确性，还具有更高的灵敏性，可作为长江江豚种群调查的有效辅助检测工具。

鹿志创等(2016)通过分析2012年4—6月在辽东湾沿岸海域搁浅而死亡的江豚样本和同时期(6月)取自辽东湾海域主要渔获物的碳氮稳定同位素比值，研究了江豚及其可能摄食饵料的碳氮稳定同位素组成。结果表明：江豚$\delta^{13}C$值为(−18.4±0.3)‰；$\delta^{15}N$值为(13.8±0.4)‰；28种可能生物饵料的$\delta^{13}C$值介于−19.5‰与−17.0‰之间，$\delta^{15}N$值的范围为11.4‰～14.0‰；江豚的营养级为4.5，高于传统胃含物分析法的研究结果；28种测试生物的营养级位于3.8～4.6之间；江豚的食物来源主要以鱼类为主，对食物种类的喜食顺序为“中上层鱼类>中下层鱼类>底层鱼类>头足类>虾类>蟹类”，其平均贡献率分别为43.9%，18.2%，13.1%，10.0%，8.8%，6.0%；江豚碳氮稳定同位素比值与体长无明显的线性关系，碳营养源较为稳定，氮营养源复杂多变。

徐添翼等(2016)对3头雌性和3头雄性长江口窄脊江豚东亚亚种个体的7种器官组织样品进行了锌(Zn)、硒(Se)、铜(Cu)、钼(Mo)、钴(Co)、铬(Cr)、锰(Mn)、钒(V)和镍(Ni)9种元素含量测定。按干重计算，江豚体内Zn、Cu和Se的平均含量最高，Cr和Mn的平均含量次之，Co、Mo、Ni、V 的平均含量较少。肠道、肝和肾的微量元素含量普遍高于其他组织器官的微量元素含量。除 Cr 以外的其他微量元素在一些组织之间均存在显著性差异。雄性江豚体内 Mn 的含量显著大于雌性，雌性江豚体内 Cr 的含量则显著大于雄性。这 9 种元素在同一组织器官的不同江豚个体间也并不稳定，个体间的平均变异系数达 121.08%。长江口水域窄脊江豚东亚亚种体内各组织器官内的元素含量总体上明显低于黄海、渤海的东亚亚种江豚和北部湾海域的印度洋江豚。长江口东亚亚种江豚体内 Zn、Se 和 Mo 的含量低于人体，Cu 和 Co 的含量高于人体。

裴丽丽等(2016)构建可溶性肿瘤坏死因子相关凋亡诱导配体(TRAIL)基因的表达体系，研究其蛋白表达产物对肿瘤细胞凋亡的影响，为江豚免疫系统的研究奠定基础。通过 RT-PCR 技术从江豚血液总 RNA 中反转录扩增出肿瘤坏死因子相关凋亡诱导配体(fTRAIL)的全长 cDNA 序列，并将 fTRAIL 的胞外可溶性(fsTRAIL)片段连接入表达载体 pET43.1a 中，在大肠杆菌 BL21(DE3)中表达并纯化，用蛋白质印迹法对产物 Nus-His-fsTRAIL 蛋白进行鉴定。体外用 MTT 法、台盼蓝拒染法及流式细胞术检测 Nus-His-fsTRAIL 蛋白对人 T 淋巴细胞白血病细胞(Jurkat 细胞)和人宫颈癌细胞(HeLa 细胞)的影响。成功构建了 fTRAIL 胞外可溶性片段与 pET43.1a 组成的表达载体，并获得 Nus-His-fsTRAIL 蛋白。体外实验表明，Nus-His-fsTRAIL 蛋白能够以剂量依赖的方式，抑制 Jurkat 和 HeLa 细胞的增殖并诱导其凋亡。Nus-His-fsTRAIL 表达产物具有对 Jurkat 和 HeLa 细胞体外抗肿瘤活性的作用。

徐添翼等(2016)对 5 头东亚亚种和 3 头长江亚种的 10 种多氯联苯同族物含量进行测定。长江口江豚体脂中多氯联苯的平均含量为 3.38 微克/克(湿重)，其中，长江亚种的多氯联苯含量(3.40～12.67 微克/克)要显著高于东亚亚种(0.33～2.21 微克/克)。在 10 种多氯联苯中，一氯、二氯和三氯联苯在所有个体中均未测出(小于 0.005 微克/克)，但四氯、五氯、六氯和七氯联苯在所有个体中都被测出，其中，六氯联苯的平均含量高达 1.48 微克/克，占总含量的 43.79%。从含量的组成看，六氯联苯和七氯联苯均构成长江口江豚体脂内多氯联苯的主要成分，但与东亚亚种相比，长江亚种的四氯联苯和五氯联苯也占较高的比例。低氯代组分的多氯联苯可以随水流的稀释和生物转化而逐渐降解，高氯代组分的多氯联苯则不易降解，并且随江豚年龄的增长而快速积累，产生更持久的毒性效应。

刘志刚等(2018)指出人工饲养或易地保护长江江豚，其水体中常含有病原菌，且易引起江豚发病，探讨长江江豚的细菌性疾病诊疗方法十分必要。文章利用细菌的分离培养与鉴定，结合血液检测结果，对安庆西江围网内一头患病江豚进行病原确诊，结果发现患病江豚的致病原为金黄色葡萄球菌(*Staphylococcus aureus*)和魔氏摩根菌(*Morganella morganii*)。依据致病菌的药敏试验结果，综合患病江豚的整体状况制定了治疗方案，并对其进行系统治疗，结果预后良好。研究的成功开展为江豚、海豚等鲸类动物细菌性疾病的诊断与防治提供了良好借鉴。

陈燃等(2018)于 2013 年 8 月 8 日对栖息在铜陵淡水豚国家级自然保护区半自然水域的一头死亡雌性长江江豚进行了组织解剖和病理分析。结果发现该豚心脏、肝脏、脾脏、肺和肾脏没有发现明显病变，胃中无食物，肠道有淤血迹象。该豚体长 156 厘米，体重 37 公斤，皮下脂肪厚度在 1.6～2.0 毫米之间，明显偏瘦，左侧卵巢有一明显的妊娠黄体，表明该豚近期发生过早产或流产；肾上腺明显肿大，尸检判断该豚死亡原因为由于长期营养不良及异常高温引发热应激反应，导致器官衰竭而死亡。基于对该豚的组织解剖和病理分析，还对该水域内长江江豚迁地保护和饲养管理提出了科学的建议。

居涛等(2017)指出为保障长江通航能力，抛石作为航道整治的一种常用方式而被频繁实施。为了探索抛石产生的水下噪声特征及其对长江江豚的潜在影响，采集了 4 种不同类型的抛石施工产生的水下噪声，分析声信号的声压级、功率谱密度等。结果表明，抛石噪声的声源级均大于 151 分贝；能量主要集中于中低频(＜20 千赫)部分；20～100 千赫频率范围的声压级均大于 45 分贝；记录到的 1/3 倍频程声压级在绝大多数频率处都高于长江江豚听觉阈值，说明抛石噪声可被江豚感知。结合长江江豚声信号及听觉特性，认为抛石噪声可能会压缩长江江豚的自然栖息地，对幼年长江江豚造成伤害的可能性较大，对长江江豚的听觉可能造成不利影响。

张天赐等(2018)认为长江航运业的快速发展导致长江中船舶数量激增，相应的水体噪声污染可能对同水域的长江江豚产生一定的负面影响。采用宽频录音设备，对长江和畅洲北汊非正式通航江段的各类常见大型船舶(“长＞15 米，宽＞5 米”)的航行噪声进行记录，并分析其峰值-峰值声压级强度($SPL_{\mathrm{p\text{-}p}}$)和功率谱密度(PSD)等。结果表明，大型船舶的航行噪声能量分布频率范围较广(＞100 千赫)，但主要集中于中低频(＜10 千赫)部分，各频率(20 赫兹～144 千赫)处的均方根声压级(SPL_{rms})对环境背景噪声在该频率处的噪声增量范围为 3.7～66.5 分贝。接收到的 1/3 倍频程声压级在各频率处都大于 70 分贝，在 8～140 千赫频段内都高于长江江豚的听觉阈值。这说明大型船舶的航行噪声可能会对长江江豚个体间的声通讯和听觉都带来不利影响(如听觉掩盖)。

3. 其他水生生物的评价与保护

部分学者还关注了长江流域浮游生物和底栖动物等其他水生生物的特征。这些研究主要调查了长江流域浮游生物和底栖动物的分布以及对生态与环境变化的响应，对认识长江流域水生生态系统的结构、功能与过程具有重要意义。

李莎等(2015)于 2014 年 3 月对长江中游干流水陆洲、三八滩、金城洲和牯牛沙等江段四面六边透水框架护岸工程区大型底栖动物群落进行了调查，对比分析了工程区和对照区底栖动物群落结构和多样性差异。在透水框架工程区及对照区共采集底栖动物 22 种，隶属于 3 门 6 纲 8 科；摇蚊幼虫种类最多(占 50.0%)，其次是寡毛类(占 27.2%)和软体动物(占 13.6%)。透水框架工程区底栖动物种类丰度、密度、生物量和多样性指数表现出高于对照区的趋势，表明透水框架工程区群落结构较复杂，并提高了底栖动物的多样性，这可能与透水框架群能降低河水流速、减小河水对底质的冲击有关。

王海华等(2016)采用沿江实地调查、跟船监测、渔民访谈和渔政部门核实相结合的方式，调查了 2008—2014 年长江中下游江西、安徽段中华绒螯蟹成体资源变动情况。长江中下游江西、安徽段汛期时间和捕捞期均有变化，中游捕捞期增加了 20～30 天，下游捕捞期减少了 7～12 天；成蟹渔获物平均体质量达到了大蟹标准，肥满度均值达到了一级蟹标准。研究还发现，2008—2014 年中华绒螯蟹捕捞量呈现一个先升后降的“∧”形曲线，与同期长江水质污染物总量存在显著的负相关关系。在此基础上，针对长江水系中华绒螯蟹资源保护，提出了强化长江污染物排放总量控制，设立长江口中华绒螯蟹产卵场保护区；加强长江渔政管理力度，畅通中华绒螯蟹洄游通道；继续加大长江中华绒螯蟹增殖放流力度，采取生态调度等管理对策。

王魏根（2018）采用两种方法对长江中下游19个湖泊螺类β多样性进行了分析。首先，采用Legendre方法分析单个螺类物种（SCBD）和单个湖泊（LCBD）在β多样性中的贡献。结果表明分布范围居中的螺类，如大沼螺（*Parafossarulus eximius*），SCBD值大，分布范围窄的和分布范围广的螺类SCBD值均会降低；花马湖的LCBD值最大，单个湖泊的LCBD值与其中分布的螺类物种数没有显著的相关性。二是采用Baselga方法分析螺类β多样性中的周转和嵌套成分。多位点计算结果表明长江中下游湖泊中螺类β多样性的主要原因是物种在空间上的周转。配对的分析结果表明，不同湖泊对间的β多样性周转和嵌套组成比例不同，并且存在完全的周转和完全的嵌套格局。

潘超等（2018）于2014年10月—2017年1月不同时段在宜昌国家可持续发展实验示范区卷桥河（J）、清江利川段（Q）、宜昌市水源地黄柏河（H）和丹江口入库河流天河郧西段（T）开展了底栖动物群落特征研究。4个河段共采集到大型底栖动物5门8纲18目61科。基于底栖动物指示种耐污性及其丰度占比分析，表明J、Q和T三河流污染程度沿水流方向呈加重趋势，而H水体健康状况整体较好。运用大型底栖动物科级水平生物指数法（FBI）和底栖动物敏感性计分器（SIGNAL）指数，显示4条河流健康程度沿水流方向均呈下降趋势，但H变化趋势平缓。对主要环境因子（TP、NH_3-N、CODMn和TN）做主成分分析表明，轴1的解释率达到65.1%，表明轴1可以有效表征主要环境压力梯度。FBI和SIGNAL指数与轴1线性拟合度均较高，表明二者在鄂西河流水生态健康评估中可作为快速生物评价指数。

邵倩文等（2017）根据2006—2007年长江口及其邻近海域150个站位4个季节的调查资料，对长江口海域浮游动物群落结构、种类组成、优势种及其季节变化进行研究。长江口及其邻近海域浮游动物群落物种多样性丰富，4个季节共鉴定浮游动物460种，隶属7门246属，另有54类浮游幼体。桡足类是最优势类群，有193种；端足类为第二优势类群，有51种；水螅水母为第三优势类群，有34种。长江口及其邻近海域浮游动物的物种多样性呈现明显季节变化，其特征为“夏季＞秋季＞春季＞冬季”。中华哲水蚤和百陶带箭虫为长江口及其邻近海域的四季优势种。长江口及其邻近海域浮游动物大体可划分为5种生态类群，即近岸低盐类群、广温广盐类群、低温高盐类群、高温广盐类群和高温高盐类群。盐度是影响长江口及其邻近海域的浮游动物群落丰度的主要环境因子。

张晓可等（2018）于2015年4月—2016年1月对安庆西江浮游动物和环境因子进行了季节性调查。共采集浮游动物55种，其中有原生动物13种、轮虫27种、枝角类9种、桡足类6种。在4个季节间，夏季种类数最多，冬季种类数最少。全年浮游动物平均密度和生物量分别为4 115个/升和1.735毫克/升，且均以原生动物和轮虫为主。夏季浮游动物密度和生物量均显著高于其他3个季节。全年共记录优势种12种，其中有原生动物4种、轮虫6种、桡足类2种；不同季节间浮游动物优势种的组成差异明显。采用浮游动物生物量对水质的评价结果显示西江水体处于中营养状态；运用Shannon多样性指数和Margalef多样性指数，对水质的评价结果显示西江水体处于α-中污状态，表明西江水质基本上满足江豚生存需求。依据浮游动物的现存量,估算出西江食浮游动物鱼类的渔产力为 54 340.2 公斤,相应地可满足 36 头江豚的营养需求。

4.5.2 水生植物的现状与响应

水生植物是河湖生态系统的初级生产者,是长江流域生态系统的重要组成部分。学者们调查了长江流域不同水域和湿地的浮游植物、水生植被、大型水生植物的群落结构及其演变的驱动因素,分析了它们与水质之间的关系以及受水动力学特征的影响,为认识水生生态系统提供了基础资料。

1. 浮游植物

谭巧等(2017)于 2013 年 11 月—2014 年 6 月对长江上游宜宾至江津段 5 个断面的浮游植物进行了 4 次调查,共鉴定出浮游植物 6 门 38 属 95 种。对 13 个备选指标进行分布范围、判别能力及 Pearson 相关性分析,构建了适合长江上游的浮游植物生物完整性指数指标体系(P-IBI),即 Shannon 多样性指数、Margalef 丰富度指数、Pielou 均匀度指数、浮游植物密度、硅藻密度百分比等参数指标。采用 3 分制法、4 分制法和比值法,分别对生物指标计分,评价结果显示:高庄桥、羊石处于“健康”状态,白沙处于“亚健康”状态,而江安、德感处于“亚健康”向“一般”过渡状态。综合来看,3 种评价方法反映各样点的健康状况基本一致,只是 4 分制法和比值法在划分评价等级上更细致、评价结果更精确。Pearson 相关性分析显示 TN、pH 与 P-IBI 值呈显著负相关。

刘明典等(2017a)于 2015 年 4—9 月对长江干流安庆段浮游植物进行调查,共检出 5 门 22 科 33 属 54 种(含变种)。以硅藻门种类最多,其次是蓝藻门和绿藻门,黄藻门和甲藻门的种类相对较少。优势种为蓝藻门的小颤藻(*Oscillatoria tenuis*)、极大螺旋藻(*Spirulina maxima*)、湖沼色球藻(*Chroococcus limneticus*),绿藻门的小球藻(*Chlorella vulgaris*)、集星藻(*Actinastrum lagerheim*)以及硅藻门的尖针杆藻(*Synedra acus*)。浮游植物密度均值为 9.453×10^4 株/升,生物量均值为 0.157 毫克/升。密度和生物量最高值均出现在皖河口采样断面(7 月),最低值均出现在杨家套采样断面(4 月)。浮游植物密度和生物量在空间分布上差异均不显著,季节变化上则均表现出显著性差异。Shannon-Wiener 指数均值为 2.539,Pielou 均匀度指数均值为 0.893。Shannon-Wiener 指数在空间分布和季节间均无显著性差异;Pielou 均匀度指数在空间分布上无显著性差异,在季节间变化上则表现出显著性差异。浮游植物多样性指数结果表明,长江干流安庆段水质状况介于清洁型/β-中污型。

张馨月等(2017)为探索长江干流宜昌断面浮游植物群落结构分布状况和生物多样性特征及其与水文要素等环境因子的关系,2015 年对长江干流宜昌段浮游植物群落结构进行了月度监测。结果共鉴定出浮游植物 8 门 41 属,其中有蓝藻门 7 属,隐藻门 1 属,甲藻门 2 属,金藻门、黄藻门各 1 属,硅藻门 14 属,裸藻门 2 属,绿藻门 13 属。春季优势种为绿藻,夏季为蓝藻和硅藻,秋季为硅藻,冬季为绿藻和硅藻。Shannon-Weaver 多样性指数和 Pielou 均匀性指数显示宜昌断面主要为中污染和轻污染状态,该结果与水体综合营养状态评价结果基本一致。在三峡水库调度影响下,水动力学条件的变化成为影响现阶段宜昌段浮游植物群落结构特征与水质的主要因素。

胡俊等(2018)为研究浮游植物与浮游动物之间的交互影响作用,以天鹅洲保护区长江干流河段为研究区域,于 2014 年 10 月、2015 年 1 月、2015 年 5 月和 2015 年 7 月开展了浮游植物和浮游动物监测。4 次调查共检出浮游植物 104 种;均以硅藻门浮游植物为主,其次是绿藻门与蓝藻门。浮游动物共检出 88 种。原生动物夏季种类数最高。轮虫以春季与冬季种类数最高。浮游甲壳动物以春季种类数最高,桡足类种类多于枝角类。种群更替率结果显示,浮游植物和浮游动物种类随季节演替的变化均较为明显,所有类群种群更替率均达到 50%以上,尤其是轮虫在夏—秋间的演替率达到了 78%。去趋势对应分析(DCA)进一步表明,浮游植物群落四季演替明显,但浮游动物四季变化差异不大。共对应分析(CoCA)则显示,浮游植物群落与浮游动物群落之间交互影响显著,其中硅藻门浮游植物和浮游甲壳动物在冬季的相互影响最为突出。

朱爱民等(2018)为了探究三峡水库 175 米蓄水后工程运行对库区浮游植物的影响,于汛期对长江干流及其 25 条支流进行了调查。在干流 145 米淹没河段,硅藻种类比例明显降低,蓝藻、绿藻、甲藻、隐藻种类比例明显升高,但主要种类组成仍为硅藻-绿藻-蓝藻型;现存量升高不明显,硅藻比例明显降低,蓝藻比例明显升高;出现蓝藻优势种类且占比最高,硅藻优势种类占比下降,但仍为最高优势度种类;浮游植物 Shannon-Wiener 多样性指数、Pielou 均匀性指数下降不明显。在 145 米未淹没支流、175 米淹没河段重新恢复为自然河流状态,其浮游植物群落也恢复到自然河流状态。在 145 米淹没支流河口,浮游植物种类组成特点明显改变;现存量明显升高,其组成发生较大变化;硅藻优势种类占比、最高优势度明显下降,绿藻、蓝藻、隐藻、甲藻等优势种类相应升高;Shannon-Wiener 多样性指数和 Pielou 均匀性指数均明显降低。从上游至下游,干流和 25 条支流河口硅藻种类比例由最高到最低变化,蓝藻、绿藻种类比例由较低到最高变化。

郭文景等(2018)考虑太湖水华暴发过程中水质参数(如营养盐或水体理化参数)对浮游植物增殖的滞后效应,利用有滞后变量参与的格兰杰因果关系检验和向量自回归模型(VAR),分析了太湖梅梁湾湖区 2000—2012 年的监测数据,探讨了湖泊水质参数对于水华暴发的影响和定量关系。结果发现,表征浮游植物生物量的叶绿素 a(Chl-a)浓度与总磷(TP)、氮磷比(N/P)、水温(WT)之间存在长期的均衡关系,格兰杰因果关系模型和向量自回归模型的结果显示,水体中 TP 浓度、N/P 和 WT 是 Chl-a 含量变化的格兰杰原因,上述结果提供了湖泊水质参数与蓝藻生物量的定量关系,在其他水质参数保持不变的情况下,约 1%湖泊 TP 含量、N/P 和水温的变化将分别造成 0.97%,0.078%和 0.55%的浮游植物生物量的变化。

陶峰等(2019)于 2017 年 4 个季节(3 月、6 月、9 月、12 月),对西江浮游植物群落密度和生物量进行了周年调查。共鉴定出浮游植物 7 门 104 种;浮游植物种类季节性差异明显,冬季种类数最多,秋季种类数最少;浮游植物密度和生物量 4 个季节平均值分别为 4.88×10^7 细胞数/升和 12.11 毫克/升,4 个季节浮游植物密度和生物量均存在显著性差异,秋季生物量和密度均高于其他 3 个季节,浮游植物群落结构季节性差异明显;在浮游植物空间格局上也存在较大差异,密度和生物量在空间变化与环境因子中的 TN、TP、NH_3-N 含量变化趋势相一致,且不同时空格局均以蓝藻门密度和生物量为主;西江在不同季节共发现浮游植物优势种类群为 17 种;利用卡尔森营养状态指数评价西江水质,水体营养状态为贫营养级，定性评价水质为优；冗余分析显示，水温、水中溶解氧量(DO)、NH_3-N 含量、化学需氧量(COD)、pH 值是影响浮游植物群落结构动态变化的重要环境因子。

2. 大型水生植物和水生植被

孔祥虹等(2015)认为研究水生植物分布与环境因子的关系可为富营养化湖泊的生态修复提供重要科学依据。通过对长江下游 10 个不同营养水平湖泊的水生植物群落组成和环境状况进行野外调查，研究了长江下游湖泊主要水生植物分布状况及水环境因子对水生植物分布的影响。调查发现长江下游 10 个代表性湖泊主要水生植物共计 6 科 7 属 11 种，主要生活型为沉水植物。水生植物群落组成与环境因子的冗余分析结果显示，总氮、pH 值和水深是显著影响这些不同营养水平湖泊水生植物分布的主导因子。

高敏等(2016)采用原位监测与室内分析相结合的方法，研究了太湖不同营养条件下马来眼子菜(*Potamogeton wrightii* Morong)和菹草(*Potamogeton crispus* L.)叶片中叶绿素、游离脯氨酸(PRO)含量以及过氧化物酶(POD)活性的差异。结果表明：马来眼子菜与菹草分布区水体的理化因子、综合营养指数(TLI)存在显著差异，马来眼子菜主要分布于中营养水体，菹草则分布在富营养水体；马来眼子菜与菹草叶片内叶绿素 a+b 含量、叶绿素 a/b、POD 活性及 PRO 含量在其各自分布的湖区间差异显著，且叶绿素 a+b 含量、POD 活性均与 TLI 呈显著相关；水体透明度、营养盐(氮、磷)是引起马来眼子菜与菹草叶片内叶绿素含量、POD 活性变化的重要因素。实验说明，马来眼子菜、菹草叶片的生理变化特征受到水体营养状态及理化性质支配。

李娜等(2018)通过野外调查、资料收集并结合 GIS 方法，对长江中下游 9 个湖泊岸线形态演变和水生植物多样性现状及变化进行了研究。结果显示，近几十年来长江中下游一些湖泊岸线长度和计盒维数均显著降低，水生植物物种多样性总体呈下降趋势。湖泊岸线发育系数和湖泊计盒维数均与水生植物多样性呈显著相关，湖泊岸线形态特征显著影响沉水、漂浮植物物种多样性。研究表明湖泊岸线形态对水生植物的生长及分布影响显著，保护湖泊岸线形态对维持水生植物多样性及湖泊生态系统功能具有重要作用。

胡振鹏和林玉茹(2019)基于 1983 和 2013 年两次鄱阳湖综合科学考察植被调查结果发现，30 年来鄱阳湖水生植被呈退行性演变。主要体现如下：水生植被面积大幅缩减，沉水植被面积减少 37.7%，菱等敏感物种面积减幅为 87.6%；群落结构简单化，组成物种由 5～8 种下降至 3～5 种，苦草替代竹叶眼子菜成为优势物种；生物多样性降低，单位面积生物量减少。驱动此演变的主要因素包括：长期持续的低枯湖水位压缩了水生植物的生存空间；湖水氮磷浓度增加，恶化沉水植被的生境；洪水灾害干扰沉水植物正常生长发育，诱发沉水植被演替；过度的人类活动直接或间接损害沉水植被。为了遏制退行性演变趋势、保护湿地植被生态系统的健康，建议采取有力的湖泊管理措施，将人类活动控制在湿地生态系统可承受范围之内。

吴志刚等(2019)以不同时期发表的长江流域水生植物相关文献、专著等为基础资料，选取 22 种环境因子，分析长江流域水生植物多样性时空格局，并应用 MaxEnt 软件建立物种分布模型，预测流域水生植物适生区及主要影响变量。结果表明长江流域已报道分布的水生维管植物共有 298 种，隶属于 52 科 121 属，占我国水生维管植物物种数的 57.6%，是我国水生植物多样性重要区域，其中长江中游流域的物种多样性最高。海拔和土地利用类型是影响长江流域水生植物空间分布格局的主要因素。水系对于水生植物的隔离效应较小，而河湖一体的特征使得中下游各流域物种组成较为相近。MaxEnt 模型结果表明，洞庭湖、鄱阳湖和太湖以及连接三湖的中游干流、下游干流流域是水生植物的适生区域。过去半个多世纪，长江流域水生植被出现了明显的退化，建议建立以“两湖”为核心的长江中下游整体保护体系，设立或更新现有保护区和管理区时应兼顾水生植被的保护。

4.5.3 长江流域陆域生物的评价与保护

长江经济带是生态文明建设的先行示范带，生物多样性是生态文明建设的重要内容和物质基础。长江流域陆域分布大量的濒危物种，了解这些物种的分布和多样性可以为长江流域生物多样性保护政策的制定提供重要的科学基础。

谢宗强和陈伟烈(1999)发现长江流域共有 127 种列入《中国植物红皮书》的稀有濒危植物。具有较高经济价值的松科、木兰科、樟科、毛茛科 4 个科的植物占 1/3 强，以森林为生境的稀有濒危植物占 66.93%，因生境丧失而受威胁的植物达 71.65%。长江流域稀有濒危植物形成了“2 区+6 片”的地理分布格局：川西滇北和四川盆地盆周山地的“2 区”地貌多为高山峡谷，东部平原丘陵区出现的 6 个稀有濒危植物分布片都在片断化后形成山地森林区。人类干扰是长江流域植物受威胁的主要原因，保护森林成为保护长江流域稀有濒危植物的主要途径。以“种群数≤10 个”作为判定植物是否属于濒危这一级的条件之一基本符合《中国植物红皮书》的标准。长江流域的稀有濒危植物可分为 5 个优先保护等级，8 种仅有 1 个种群的本区特有植物为第一优先保护对象，必须尽快采取有效保护措施。

李红清等(2008)根据众多研究者对长江流域 19 省(自治区、直辖市)珍稀濒危植物和国家重点保护植物已有研究结果，结合 1991 年《中国植物红皮书(第一册)》和 1999 年 8 月国务院批复的《国家重点保护野生植物名录(第一批)》，对长江流域珍稀濒危植物和国家重点保护植物资源进行了统计与分析。结果表明，长江流域珍稀濒危植物 60 科 109 属 154 种，占全国珍稀濒危植物种类的 39.7%，其中有蕨类植物 9 科 9 属 10 种、裸子植物 7 科 23 属 38 种、被子植物 44 科 77 属 106 种；长江流域国家重点保护植物 126 种，其中有Ⅰ级 31 种、Ⅱ级 95 种。作者分析了长江流域珍稀植物和国家重点保护植物的分布特点及保护现状，提出了相应的保护措施。

唐见等(2019)基于 1982—2015 年的归一化植被指数数据(NDVI)和气象数据，分析长江源区植被 NDVI 的时空变化规律，构建预测植被 NDVI 对气候因子响应的人工神经网络模型，在年和季节尺度上量化气候变化和生态保护工程对长江源区植被变化的影响程度。在长江源区气候条件变化和生态保护工程影响下，长江源区植被退化得到遏制，植被生长呈好转趋势。海拔相对较低的通天河附近植被 NDVI 增加幅度较大，高海拔的沱沱河和当曲流域的植被 NDVI 增加幅度相对较小。长江源区植被 NDVI 对气候因子响应存在 1～2 个月的滞后性。年尺度的植被 NDVI 增加受到生态保护工程的影响程度(58.5%)大于气候变化的影响程度(41.5%)。生长季生态保护工程对 NDVI 的影响程度(63.3%)大于气候变化对 NDVI 的影响程度(36.7%)，而非生长季气候变化是影响长江源区植被生长的关键要素(52.8%)。

于晓东等(2006)共记录了长江流域内兽类 280 种,隶属于 11 目 36 科 135 属,特有种和受威胁物种分别有 14 种和 154 种。根据兽类分布特点,依据山系和水系将长江流域分为 19 个区域,除了江源区外,物种丰富度、G-F 多样性指数和特有种比例在从上游到下游区域的总体趋势是随海拔降低逐渐降低,形成以四川盆地和沅江为分界线的 3 个数量级;利用 Jaccard 物种相似性系数对长江流域内 19 个区域进行聚类分析,发现整个流域分成 4 个部分:江源区,横断山区、川西高原、云南高原、四川盆地和秦巴山区,贵州高原、江南丘陵、鄱阳湖平原和长江三角洲,淮阳山地、两湖平原和长江下游平原,基本反映了流域内自然地理环境及我国大陆地势 3 级台阶变化的特点。

薛达元和武建勇(2016)指出长江经济带是生态文明建设的先行示范带,生物多样性是生态文明建设的重要内容和物质基础。滇西北是全球生物多样性热点地区,是《中国生物多样性保护战略与行动计划(2011—2030 年)》划定的横断山南段生物多样性保护优先区的重要组成部分,是长江中上游重要的生态屏障。作者介绍了滇西北生物多样性保护概况和滇西北县域生物多样性本底调查成果。滇西北县域生物多样性丰富,本底数据不清,大部分县域调查数据比历史记录数据有较大比例的增加,生物遗传资源丧失和流失严重,建议加强生物多样性本底调查,制定区域保护规划,进一步加强滇西北生物多样性保护,为长江经济带建设与战略的实施提供物质保障。

苏化龙和肖文发(2017)于 2003—2013 年的隆冬季节(2011 年除外)对三峡库区长江主河道、12 条一级支流以及 2 个湖泊进行了鸟类监测调查。观察统计到鸟类 76 种,其中有游禽类 32 种、鸥类 6 种、涉禽类 23 种、傍水栖息型鸟类 13 种、空中傍水栖息型鸟类 2 种。长江主河道中的游禽类在蓄水 156 米后表现出增长趋势,蓄水 175 米后的第 5 年达到最高;2 个湖泊中的游禽数值却表现出下降趋势;大多数支流河道中的游禽数量呈现波动幅度不大或是明显下降趋势。涉禽类在长江主河道中的分布格局类似于游禽类,蓄水前后的其他年份数量差别不大;多数支流河道中涉禽类分布数量不高。傍水栖息型鸟类总体数量在蓄水后下降明显,个别鸟种消失不见。空中傍水栖息型鸟类于蓄水之后在长江主河道数量锐减,在大多数支流河道中几乎绝迹。鸥类主要分布在长江主河道,其数量在不同阶段蓄水初期出现峰值,监测后期趋于接近蓄水之前。

李鹏飞(2018)研究表明在 1998 年长江中游发生特大洪涝灾害后,湖北石首麋鹿国家级自然保护区有 34 头麋鹿(7♂, 27♀)被洪水冲走,一部分到达保护区附近的长江北岸杨波坦,一部分游过长江,到达长江南岸三合垸和湖南洞庭湖等几处芦苇湿地,在那里长期繁衍生息,形成了杨波坦、三合垸、洞庭湖 3 个野生麋鹿种群。2017 年 4 月,科研人员对长江中游两岸野生麋鹿种群进行科学考察,共调查到 11 处、用无人飞行器航拍到 320 头(91♂, 177♀, 52Y),结合直接观察和访问调查的情况,分析野生麋鹿种群的实际数量应大于本次调查所得数据。野外调查和统计分析发现,长江中游野生麋鹿迁移路径是沿长江或长江古河道湿地由西向东拓展。

4.5.4 作物遗传资源的保护

长江流域的作物遗传资源为中华文明的发展与繁荣提供了重要的基础,也是将来长江流域甚至全国农业可持续发展的命脉。全流域的栽培植物数量极大,初生和次生中心植物种群变异大，异型和野生近缘种多，遗传多样性丰富。流域内起源的作物种类多，如水稻、茶、油茶等。长江流域的作物遗传资源具有明显的地域性，在流域自然条件演变和近万年农耕文明耕作制度下，经历了漫长的自然选择和人工选择，形成了丰富的遗传多样性。学者们对长江流域主要作物遗传资源的保护、面临问题和可持续利用都进行了分析。

李琴和陈家宽(2018a)指出中国是世界上生物多样性最丰富的12个国家之一，生物多样性的重要意义已被人们所熟知。然而，遗传多样性(遗传资源)作为生物多样性的重要组成部分以及物种多样性和生态系统多样性的重要基础，其实际和潜在价值尚未得到足够的认识和重视。长江流域的作物遗传资源具有明显的地域性，在流域自然条件演变和近万年农耕文明耕作制度下，形成了丰富的遗传多样性。随着城镇化进程对土地利用格局的大幅改变、人类活动对湿地和森林生态系统的干扰以及生境片断化，流域内野生近缘种遗传资源丧失严重。在长江大保护的背景下，长江流域植物遗传战略资源的整体保护非常紧迫，需加大保护、研究、开发和可持续利用工作的力度，尽快全面系统地开展长江流域作物和林木遗传多样性的调查工作，摸清家底，摸清尚未引起重视的遗传资源的濒危情况。

赵耀和陈家宽(2018)指出，长江流域的农耕文明是中华文明的重要组成部分。作为世界著名的农作物起源中心之一，长江流域拥有丰富的生物多样性，孕育了大量的栽培植物。作者梳理了起源于长江流域的农作物的资料以及新石器时代文化遗址的植物遗存信息，结合对长江流域的自然环境特征与全新世以来植被变化的总结，尝试厘清长江流域对植物资源利用的动态变化，探讨本地栽培植物与生物多样性的关联。长江流域农耕文明以稻作为最主要的生产方式，驯化了大量果树与水生蔬菜，反映出对本地亚热带常绿阔叶林与湿地的依赖与适应。与其他流域相比，长江流域具有相对优越的生态要素配置，其驯化作物类型表现出典型的亚热带湿润森林植被区特征。研究长江流域农作物驯化相关的自然与人类因素，有助于更好地把握长江流域农耕文明的起源。

宋志平等(2018)指出水稻(即亚洲栽培稻 *Oryza sativa*)是世界上最重要的粮食作物之一，全球有超过半数以上人口以稻米为食。关于水稻是何时、何地、在什么环境下开始驯化等问题，一直是学界关注的热点。得益于分析技术的进步，近年来考古学和遗传学研究在水稻驯化起源问题上取得了重要进展。作者记述了有关长江流域水稻驯化起源的遗传学和考古学的研究进展，并讨论了水稻驯化与稻作文化及长江文明的关系。遗传学研究结果认为水稻(粳稻)最早起源于中国长江流域及以南地区(珠江流域)，考古学证据则表明水稻最先于10000—8000BP在中国长江流域被驯化，水稻驯化和稻作农业的发展催生了长江文明。这些进展促进了我们对水稻驯化、稻作文化和长江文明的认识，对长江流域重要植物资源的保护也有启示意义。

叶俊伟等(2018)指出中国长江流域有着丰富的林木资源，包含极高水平的物种多样性、特有性和遗传多样性。根据考古证据，在旧石器和新石器时代长江文明早期的孕育与发展中，林木在食物、能源、工具、建筑和舟船中的应用起到关键作用。长江流域和珠江流域已经逐渐成为国内木材供给的热点地区。面对木材供给总量不足和大径级木材结构性短缺问题，长江流域林木资源将是未来国内木材安全的重要保障。这使得林木种质资源的保护更加迫切。针对长江流域林木种质资源保护存在的家底不清和保存体系不完善问题，应尽快完成林木种质资源的全面调查和重要树种的多样性分析，完善原地、异地和设施保存相结合的保存体系。

王玉国等(2018)指出长江流域是猕猴桃属(*Actinidia*)植物起源和演化的关键分布区,富集了全世界重要的猕猴桃属野生物种资源和中华-美味猕猴桃物种复合体(*Actinidia chinensis*-*A. deliciosa* species complex)的种群遗传资源。猕猴桃植物的研究已在二倍体"红阳"中华猕猴桃(*Actinidia chinensis* cv. Hongyang)的基因组测序、种间关系的重测序分析和基础的分子系统发育、种群遗传结构等方面取得长足进步,但基于最新研究成果的基本资源评价还相当匮乏,对猕猴桃野生资源的保护与可持续利用亟待加强。作者还回顾了栽培猕猴桃的驯化简史与猕猴桃属植物系统分类的研究进展,通过与其他流域的比较,对长江流域野生猕猴桃资源的潜在价值和现状进行分析,阐述了该流域猕猴桃属植物的分布特点和受威胁的状况,并针对目前存在的问题,提出建立长效的保护机制、加强遗传资源的基础科研调查和系统评价,以及健全种质资源保存规范和促进可持续利用等相应保护策略。

张文驹等(2018)指出长江流域及以南地区分布有众多栽培茶树的野生近缘种,特别集中于云南、贵州、广西等地。一方面,南方各族语言中"茶"发音的相似,暗示了茶知识起源的单一性,最可能起源于古代的巴蜀或云南;另一方面,遗传分析揭示栽培的茶存在多个起源中心,即使茶[*Camellia sinensis*(L.) O. Kuntze]的几个栽培变种也可能起源于不同的地区。文献记载茶的栽培中心曾经从西向东再向南迁移,遗传多样性的变化也揭示了这一可能性,但考古发现却提示最早的栽培茶可能出现在长江流域的最东部。推测在茶知识及栽培品种的传播过程中,各地野生近缘植物的基因渗入栽培类型中,或各地居民直接用当地野生茶培育出新的栽培茶类型,从而导致遗传上的复杂性和语言上的一致性并存。茶树的祖先类型、起源地点、起源时间以及栽培品种的演变历程都还需要更为明确的证据,未来应该以整个茶组植物为对象,将茶文化、群体遗传学、谱系地理、人类学、气候变化、考古等多学科研究进行整合分析。

吴凌云和黄双全(2018)指出荞麦是禾本科之外的谷物类作物。栽培荞麦有甜荞(*Fagopyrum esculentum*)和苦荞(*F. tartaricum*),这两种一年生草本分别为自交不亲和的二型花柱、自交亲和的同型花柱植物,前者结实依赖昆虫传粉。前人对蓼科荞麦属(*Fagopyrum*)记录了 30 个物种名,已有形态学和遗传多样性的调查表明,该属的物种多样性中心位于我国西南地区,特别是长江上游的三江并流区域,甜荞和苦荞的起源地和祖先物种也被认为在该区域。作者在论述前人研究的基础上,指出对荞麦属的分类修订、野生种质资源的分布、种间关系的调查、优良品种的选育亟待研究。孢粉学和考古学的证据显示,在我国长江流域,人们在 4 500 年前就开始种植荞麦。荞麦可能曾经是山区人民的主粮,为孕育长江流域文明提供了食物资源。加强对荞麦基础生物学特性的研究,运用现代基因组学的方法,有望澄清栽培荞麦的起源并探究产量不高的原因,挖掘和利用其经济和药用价值的性状,为让荞麦成为一类优良的粮食作物提供参考依据。

秦声远等(2018)认为普通油茶(*Camellia oleifera*)的野生近缘种是油茶育种宝贵的遗传资源。普通油茶属于山茶科山茶属(*Camellia*)油茶组(Sect. *Oleifera*),其野生近缘种应包括山茶属油茶组和短柱茶组(Sect. *Paracamellia*)的物种,但油茶组和短柱茶组的划分仍有争议,物种间的系统发育关系仍不清楚。油茶组和短柱茶组是山茶属中多倍体出现频率最高的类群,而且存在突出的种内多倍性现象,人工选择和种间杂交可能在其中起到促进作用。长江流域与珠江流域的分水岭——南岭、苗岭及附近地区是油茶组和短柱茶组物种多样性最高的地区，也是野生普通油茶潜在的高适生区，还可能是普通油茶及其野生近缘种潜在的种间杂交带。物种多样性从南向北呈下降趋势，可能反映了从南向北的扩散方向。普通油茶及其野生近缘种间的潜在杂交带可能蕴含丰富的遗传多样性，为选择育种提供了天然的育种场，应对这些地区优先开展研究和保护，挖掘与利用有重要经济价值的遗传资源。

4.5.5　长江流域保护地体系的构建

学者们围绕长江流域濒危物种的分布、长江流域的优先保护区域、长江流域现有各类保护区的空间分布等科学问题，开展了推进和优化长江流域保护地体系的大量科学研究。基于研究结果，阐明了各类相应生物类群的保护区空间分布中的问题，识别了保护区分布的空缺。学者们还讨论了保护区管理中存在的问题，对建设以国家公园为主体的长江流域自然保护地体系提出了若干针对性建议与对策。

徐卫华等(2010)认为开展大尺度重要物种的保护优先区研究对于提高生物多样性保护效率十分重要。选取 1 020 个物种(包括植物 568 种、哺乳动物 142 种、鸟类 168 种、两栖动物 57 种、爬行动物 85 种)为长江流域重要保护物种。在分析重要保护物种类群分布格局的基础上，利用系统保护规划与专家参与的方法，提出了长江流域物种保护的 27 个保护优先区。保护优先区总面积占流域面积的 41.8%，涵盖了重要保护物种 973 种，占全部重要保护物种数目的 95.4%。建议以保护优先区为基本单元，开展有关生物多样性保护研究及保护区群的建设。

燕然然等(2013)发现长江流域各子流域中湿地自然保护区在空间分布格局与组成结构上都存在一定的问题。湿地自然保护区的区域代表性不足：在空间分布上，子流域中湿地自然保护区的数量与密度分布不均，部分自然保护区之间空间距离过近，使自然保护区之间发展的协调性不好、整体性保护观念较弱；在组成结构上，各子流域中国家级自然保护区数量极少，级别层次低，且部分邻近自然保护区之间主管部门不同，自然保护区之间的管理和保护存在矛盾。通过分析发现，大部分省级行政区在湿地保护方面存在困难，尤其是经济较落后、地域较偏远的地区。要加强各省湿地的保护及湿地自然保护区的管理，国家必须对困难较大的省级行政区进行资金和管理上的支持，同时加强省级行政区之间，特别是流域内各省之间的合作，共同促进长江流域湿地的整体性保护和可持续发展。

黄心一等(2015)以长江中下游为例，采用系统保护规划法来开展鱼类保护区网络的顶层规划，选择栖息于长江中下游的 153 种鱼类，采用 Marxan 保护规划软件来执行保护规划。为了同时考虑保护区网络的代表性、维持性和高效性，在规划过程中考虑已建立湿地自然保护区、人类干扰、保护区间的水文连通性等因素，并为各鱼类设定适当的代表性目标。通过运行 Marxan 软件，得到每个规划单元的选择频率和一个最优解。规划单元选择频率表示一个规划单元的保护重要性，而最优解是一个理想的鱼类保护区网络。结果显示，无论是选择频率高的规划单元还是最优解，都仅有少部分位于现有的湿地自然保护区网络内，这说明长江中下游鱼类存在着明显的保护空缺。本研究得到的最优解可以作为构建长江中下游鱼类保护区网络的参考。

张卓然等(2017)基于保护地类型的多样性和区域地理条件与历史脉络的差异性，以长江中下游地区六省一市为研究区域，以9类国家级保护地形式为研究对象，引入最邻近点指数、地理集中指数及Kernel核密度指数分析长江中下游保护地空间分布特征，明确影响自然与人文保护地分布的主要因素。结果表明，保护地总体趋于集聚分布，但自然保护区、森林公园、地质公园和历史文化名城的最邻近点指数 R 大于1，趋于均匀分布，其他类型的保护地均呈集聚分布。在省域保护地地理集中指数中，江苏最高，江西最低；各类型保护地地理集中指数相差不大，分布较为均衡。自然保护地分布形成环太湖都市圈、南京都市圈、武汉都市圈和长沙都市圈4个高密度地区，人文保护地高密度地区集中在浙江、安徽和江苏3省。自然保护地分布受资源禀赋影响最大，而人文保护地与城市发展状况关系紧密。

唐晓岚等(2017)指出长江流域自然资源丰富，拥有数量众多的各级保护地，已建成较为成熟的多种保护类型。为响应长江经济带生态环境保护的要求、进行我国国家公园体制的推广与实践，提出建立"长江国家公园大廊道"，以实现对长江流域自然资源和保护地整体保护与管理的目标。从长江流域建设国家公园大廊道的自然资源优势显著、多种保护地模式并行等基础研究出发，分析了建立大廊道的生态、游憩、美学、科研、经济和历史等多重价值意义，提出了整体性与多样性兼备、荒野性与敏感性并存的建立原则，论述了明确"四层次＋三重点"之空间策略、建设共享信息库之数据策略、实施统一管理之管控策略、建立绿色共享基础设施之网络化策略的建设性构想。

郭云等(2018)以长江流域湿地为研究区，以湿地鸟类为代表的物种保护目标，依托Marxan保护规划软件，确定长江流域湿地保护具有不可替代性的优先保护格局。对比现有湿地保护格局，最终确定了游离于现有保护体系外的湿地保护空缺。研究结果表明：长江流域源区和长江三角洲地区的湿地保护体系完善，无需新建保护区；金沙江流域湿地保护空缺主要分布在现有保护区周围，可以适当扩充保护区外围或调整边界；嘉陵江流域和长江上游干流流域的保护空缺严重，大面积集中在重庆西北部，乌江流域的贵州省习水县北部湖泊湿地存在保护空缺，这些区域建议适当新建保护区或者保护小区；长江中下游湿地保护空缺主要分布在湖北、湖南、江西与安徽境内的沿江湖泊湿地，建议建立湿地公园及合理进行河流岸坡修复。

游珍和蒋庆丰(2018)指出长江经济带面积大、跨度广、生态水平差异大。以长江经济带1 088个自然保护区为基础，根据斑块密度、斑块走向、斑块联通度等，结合地形地貌、气象气候等条件，在长江经济带划出10条不同类型生态带。将这10条生态带连接后，可以在长江经济带协调性均衡构建"一横四纵"的生态网络。在这一网络中，根据自然保护区斑块密度和联通度，划分成保持维护区、稳步建设区和加速建设区。在保持维护区，西部和中东部在斑块格局特征上差异显著，对于西部主要是保持自然保护区面积，对于中东部则要将保持保护区面积和维护斑块间通道相结合；稳步建设区应结合具有一定经济作用的生态用地，加强斑块联通；加强建设区位于经济较发达地区，应结合城市生态廊道、景观公园等扩大绿地面积，完善生态网络。

林孝松等(2018)利用地理集中指数、均衡度指数、均衡比指数等定量方法，从东、中、西部和11省(市)尺度对长江经济带1 066个自然保护区分布特征进行综合分析。结果表明：保护区数量和面积分布均衡性存在空间差异；保护区在东部主要受经济状况影响，中部受人口数量影响，西部受省市面积影响；森林生态类在中部和西部分布均衡，野生动物类在东部和中部分布较均衡，野生植物、古生物和地质遗迹在西部分布较均衡，内陆湿地在中部分布较均衡；市级和国家级保护区分布较集中，县级和省级保护区分布相对均衡；草原草甸和海洋海岸类分布较集中，内陆湿地、野生植物和森林生态等分布相对均衡。研究成果可为优化自然保护区空间格局、拟定自然保护区发展政策提供依据。

马坤等(2018)对长江流域现有 8 类共计 996 处国家级保护地空间的分布特征进行研究。长江流域国家级保护地总体呈集聚分布，并形成三江源区域、三江并流区域、川西高山高原区域、秦岭中段区域、渝西盆地区域、环洞庭湖区域、环鄱阳湖区域、黄山区域、环太湖区域 9 个集聚区，主要集中在中切割高山区和中下游低山丘陵平原区，覆盖了河网密布、水资源丰富、植物种类繁多、土壤肥沃、可达性较高、人口密度适中及经济发展水平较高的东部和中部区域。作者还提出构建"长江源头-入海口"重要保护节点、"洞庭湖-鄱阳湖-巢湖-太湖"重要保护片区、"武当山-华釜山-大凉山、巫山-武陵山-药山"重要保护带的"三重要"模式与"国家公园先行区-国家级保护地聚集区-自然、社会、经济优势区-原生动植物本底"的"四层次"体系相结合的长江国家公园廊道空间策略。

4.6 长江经济带绿色发展

4.6.1 经济发展的资源与生态环境效率

1. 经济发展与生态环境的关系

长江经济带作为我国综合实力最强、战略支撑作用最大的战略区域之一，其发展潜力巨大，如何实现经济发展与资源环境相适应，走出一条绿色低碳循环高质量发展的道路是今后一段时期内长江经济带亟须探寻的关键所在。因此，众多的学者对长江经济带经济发展中资源环境等各方面的效率进行了总体评价，所用的指标包括环境治理效率、环境质量指数、绿色经济效率、环境绩效、生态效率、全要素生态效率等。

唐德才等(2016)指出长江经济带被喻为中国射向世界的"箭"，然而，随着城镇化和工业化进程的加速，在发展过程中却面临严峻的环境承载压力。选取 2003—2013 年长江经济带九省二市的环境数据，对长江经济带的环境治理效率进行研究。结果表明：长江经济带环境治理有效省份有 3 个，无效省份为 8 个，整体不容乐观，且有恶化的趋势；对长江经济带环境全要素生产率贡献程度最大的是技术进步指数，纯技术效率指数次之，规模效率指数最小；长江经济带环境治理无效的主要原因不是城市环境管理水平低，而是环境资源投入冗余、污染物排放过多以及工业废弃物综合利用率不高。文章最后为长江经济带环境无效省市指明路径，以使长江经济带环境治理投入产出要素进一步优化。

邹辉和段学军(2016)分析了长江经济带经济环境协调发展的时空演变格局，并对经济带经济发展、环境污染与环境质量的格局与态势展开研究。经济带协调发展度空间差异显著，东部地区明显大于中西部地区，沿江地区高于非沿江地区。高度协调型主要分布在长三角地区及少数中西部省会城市，高度失调型主要分布在重庆、皖北、滇西南、鄂中等地区，江西与四川是协调型转为失调型的集中地区。长三角核心城市经济地位依然凸显，但长三角边缘地区城市经济位序呈下降趋势，中西部地区部分城市经济位序上升明显。工业废水排放以重庆、苏州、杭州为最多，工业 SO_2 排放呈现三大集中地带。城市空气质量较差的是长三角边缘地区以及中西部沿江地区，城市空气质量总体上与工业 SO_2 排放、工业烟尘排放在空间格局上较为吻合。长江干流断面水质上游（川滇渝）与下游（苏沪）较差，在一定程度上反映了沿江地区工业废水排放对长江水质的影响。

吴传清和陈文艳（2016）根据压力-状态-响应模型构建环境质量评价体系，采用熵值法测算长江经济带 2004—2013 年环境质量指数。长江经济带经济增长与环境质量之间呈显著的“U 型”关系，产业结构优化与环境治理有利于环境质量提高。提高长江经济带环境质量的主要路径如下：加快产业结构优化升级，提高外资准入的环境门槛，加大环境治理力度。

汪侠和徐晓红（2016）运用 2001—2014 年我国长江经济带 11 个省（市）的面板数据，构建基于非期望产出的 SBM 模型，对绿色经济效率（GEE）进行测算，与不考虑资源和环境因素的传统经济效率进行比较分析，考察 GEE 的地区异质性与演变特征，并进一步运用面板 Tobit 模型实证分析检验 GEE 的影响因素。研究结果表明：考虑资源环境因素后，长江经济带整体 GEE 较低，存在较大改进空间；三大区域 GEE 差异巨大，呈现“下游—中游—上游”梯度分布；经济发展水平、产业结构和能源结构等因素对长江经济带及其上中下游的 GEE 均有一定影响，但影响的力度、方向以及显著性存在差异。

马骏和李亚芳（2017）选取长江经济带九省二市 2003—2014 年的面板数据，分析经济增长和环境质量的关系。利用熵值法设定环境污染指标的综合水平，运用环境库兹涅茨曲线模型，对污染物综合水平和人均 GDP 进行实证分析。结果发现：从污染综合水平来看，长江经济带整体经济增长与环境质量之间确呈“倒 U 型”关系，但在具体省份间存在不同，安徽、四川、贵州、江西、湖南 5 省经济增长与环境质量之间不存在环境库兹涅茨曲线关系，而呈“正 U 型”曲线，未来长江经济带环境质量的改善应重点寻求贵州、湖南、四川 3 省环境保护途径。

李华旭等（2017）为了对长江经济带沿江地区绿色发展水平进行科学评价，寻找制约长江经济带绿色发展的关键影响因素，设计了由 3 个一级指标、34 个基础性指标组成的绿色发展水平评价指标体系，基于沿江 11 省（市）2010—2014 年的相关统计数据，运用主成分分析法，对长江经济带沿江地区绿色发展指数进行定量评价与排序，运用回归模型方法，对影响沿江地区绿色发展水平的关键影响因素进行定量甄别。研究结果表明，长江经济带沿江地区绿色发展水平随着时间推移而呈现出稳步提高的总体趋势以及上中下游地区之间明显梯次分布的空间分异特征，经济因素对绿色发展水平产生不显著的正向影响，第二产业在产业结构中所占比重对绿色发展水平产生不显著的负向影响，技术创新能力、城镇化率、政府规制因素对绿色发展水平产生显著的正向影响。

李雪松等（2017）对长江经济带 2000—2014 年经济增长的总体效率水平以及全要素生产率分解进行比较分析，实证检验了区域一体化对全要素生产效率、技术效率以及技术变动的影响。长江经济带经济增长效率在 2008 年之后呈波动中下降趋势，其中长三角城市群效率最高，黔中城市群效率最低；长三角城市群与长江中游城市群全要素生产率波动上升，技术进步对全要素生产率的贡献大于技术效率，而成渝、滇中和黔中 3 个西部城市群则相反，技术效率对全要素生产效率的贡献高于技术进步；区域一体化对长江经济带全要素生产率中的技术进步影响显著，而对全要素生产率以及技术效率影响不明显。区域一体化存在影响经济增长效率的区域差异性，长三角区域一体化显著促进技术效率变动以及技术变动，但对全要素生产率影响不明显，而成渝城市群区域一体化显著促进全要素生产率以及技术进步，其他城市群则对效率值的影响均不显著。

黄磊和吴传清(2018)采用熵权- TOPSIS 与超效率全局 SBM-GML 指数，从环境质量、生态效率、绿色全要素生产率 3 个维度，对 2011—2016 年长江经济带生态环境绩效进行全面评估。结果表明：长江经济带生态环境绩效呈上升态势，优于全国平均水平；内部分异显著，下游地区、上游地区、中游地区生态环境绩效逐次递减；环境绩效与经济发展水平呈正相关关系，上海、重庆、江苏、浙江 4 省(市)引领长江经济带绿色发展。作者建议进一步提升长江经济带生态环境绩效，必须加强环境污染治理，维护生物多样性，培育产业绿色发展新动能，建立负面清单管理制度，完善环境联防联控机制，推进生态补偿制度。

贲慧等(2018)收集长江经济带九省二市“十一五”规划时期的经济增长目标与环境保护目标数据，以 2010 年末为检验点，检验期初的经济增长目标和环境保护目标的实现程度，探讨各省市是以环境保护优化经济增长，还是依然“增长第一、环保第二”。逐一比较长江经济带区域经济增长目标与环境保护目标实现的差异，以及各省市间环保目标实现的梯度性、经济增长优化水平的差异性，并从政府行为机制层面探讨其差异性可能的形成原因。结果表明环境破坏严重的原因主要是政府治理环境污染行为失灵，政府官员考核体系以 GDP 增长为核心，政府治理环境污染的积极性不足。文章基于此提出较具针对性和可操作性的政策启示。

汪克亮等(2016)将经济生产过程中的自然资源消耗与环境污染排放视为“环境压力”，结合数据包络分析模型(DEA)理论与视窗分析法，实证测算 2004—2012 年长江经济带 11 个省(市)的 5 类生态效率指标值，并以此为基础考虑生态效率的地区差异与变化趋势，采用 σ 收敛与绝对 β 收敛两种收敛分析方法，检验生态效率的敛散性。结果表明：样本期内长江经济带的生态效率整体水平依然偏低，且出现下降态势，资源节约与污染减排还存在很大的空间；不同省市与地区生态效率的差异特征较为明显；无论是长江经济带整体，还是上游、中游与下游三大地区，内部省市生态效率之间的差距都有进一步扩大的趋势。

邓明亮和吴传清(2016)基于 PCA-DEA 的组合模型评价长江经济带 11 省(市)生态效益，并对长江经济带生态效率的影响因素进行分析。研究结果显示：长江经济带 11 省(市)平均生态效率低于全国平均水平且存在地区差异，并表现出扩大的趋势；产业结构、外商投资水平、地区就业人口总数对生态效率的提高有反向作用，高技术产业主营业务收入、城镇化率、能源投资、能源消费总量、地区生产总值对生态效率的提高有着正向作用。因此，应坚持生态优先、绿色发展的总体战略定位，坚持改革创新，将重点放在经济结构的转型升级方面，促进上中下游协同发展，重点提升上游省市生态效率。

孙欣等(2016)构建衡量生态效率的投入产出指标体系，采用基于 Malmquist-Luenberger 指数法的超效率 DEA 模型，对长江经济带及上中下游 2003—2013 年生态效率进行评价，并测算了生态效率的差异性及收敛性。长江经济带各省市生态效率总体平均水平较高，下游生态效率高于平均水平，中游和上游低于平均水平；生态效率区域差异性显著，省际间差异均明显高于上中下游间差异，但差异性趋势减缓；长江经济带层面生态效率 σ 收敛大体上呈现出“总体收敛，局部发散”的特点，上中下游区域呈现生态效率 σ 收敛和绝

对 β 收敛，这表明长江经济带存在生态协调发展的有利环境。在经济“新常态”下，应该更加注重长江经济带一体化发展进程，让下游区域高新技术向中、上游区域转移，各省市应结合自身生态效率发展状况特点，推进生态文明建设，缩小区域间生态效率差异，促进生态协调发展。

王维等(2017b)以长江经济带 130 地市为例，从生态支撑力和生态压力两方面，对生态承载力进行量化研究，通过构建较为完整的生态承载力综合评价指标体系，利用熵值法对评价指标进行赋权，对长江经济带城市生态支撑力、生态压力和生态承载力状况进行评价，探讨了 2003 年、2008 年和 2013 年长江经济带生态支撑力、生态压力和生态承载力的空间格局及其影响因素。结果表明：2003—2013 年长江经济带生态支撑力逐渐上升，空间格局由上、下、中游梯度递减向中、上、下游梯度递减转变；生态压力持续增大，空间格局均为下、中、上游梯度递减；生态承载力先下降后上升，空间格局由上、中、下游梯度递减向中、上、下游梯度递减转变。生态承载力影响因素由环境治理和节能减排主导转变为由社会进步和经济发展主导。

曹俊文和李湘德(2018)基于 PCA-DEA 组合模型，对长江经济带 11 省(市)2005—2015 年的生态效率进行评价，测算生态效率收敛性并对其影响因素进行分析。实证结果显示：长江经济带平均生态效率处于中等水平，下游水平高于整体平均水平；各省市之间追赶效应较弱，生态效率水平没有趋同，差距可能扩大；经济发展水平、外商投资、环境污染治理投资、技术进步与生态效率是正相关关系，而产业结构、地区就业人口总数与生态效率是负相关关系；促进产业结构的转型有利于生态效率的提升。

邢贞成等(2018)将基于生态足迹模型计算所得的生态足迹指标纳入全要素生产率分析框架之中，运用 SBM 模型测算 2000—2014 年长江经济带的全要素生态效率。长江经济带各省市在生态足迹总量和年均增长率方面均存在显著差异。2000—2014 年平均生态足迹最大的是江苏省，最小的是重庆市；生态足迹年均增长率最高的是江苏省，最低的是上海市。长江经济带整体及上中下游的全要素生态效率在 2000—2014 年呈现“先下降，后波动”的变化趋势。上中下游全要素生态效率差异显著，下游地区的全要素生态效率最高，中游地区次之，上游地区最低。长江经济带各省市的全要素生态效率存在显著差异，上海的生态效率最优，贵州的生态效率最劣，大体呈现由西向东逐步提升的分布态势，同时，在研究期内长江经济带全要素生态效率地区差距呈缩小趋势。

卢丽文等(2017)利用基于 DEA 模型的 Malmquist-Luenberger 指数测度了资源环境约束下的长江经济带 108 个城市 2003—2013 年的绿色全要素生产率。结果表明：长江经济带城市绿色全要素生产率以年均 13.55%的速度增长，城市经济处于良性扩展阶段；增长主要来源于技术进步与规模效率的提升，但这种贡献在 2011 年以后逐步降低；绿色纯技术效率总体上处于下降态势；大部分城市都存在资源配置效率不高的现象；绿色全要素生产率存在“中部塌陷”。

王伟(2017)用综合指数衡量金融发展程度，用非径向方向距离函数测算绿色全要素生产率，以生态问题突出、金融欠发达的长江经济带上游乌江流域 40 个县域为样本，估计县域金融对绿色全要素生产率的影响。研究发现：县域金融不发达，但整体水平处于上升态势，绿色全要素生产率年均增长 0.6%，上游地区高于中下游地区；在全样本下，县域金融通过绿色技术进步效应，推动了绿色全要素生产率增长；中下游地区县域金融推动了绿色全要素生产率进步，上游地区县域金融则抑制了绿色全要素生产率增长；2008 年之后县域金融对绿色全要素生产率的影响增大。

王伟和孙芳城(2018)在理论分析基础上,建立金融发展和环境规制指数,以更全面的投入产出指标体系和非径向模型,测算绿色全要素生产率水平,基于动态面板模型对长江经济带107个城市进行整体、分流域和分城市实证检验。结果显示:金融发展和环境规制显著地促进了绿色全要素生产率增长,下游的表现优于上中游,重点环保城市和大城市强于非重点环保城市和中小城市。整体上,金融发展与环境规制协同推进绿色增长的效应有待提高,但下游、重点环保城市和中小城市较好地发挥了这种联合影响。

2. 资源利用效率的评价

大量的研究还关注了长江经济带发展中各类资源的利用效率。长江经济带水资源的合理有效使用为经济的可持续发展提供了重要保障。在生态优先、绿色发展的战略定位下,长江经济带更应该重视地区生态文明建设与资源环境保护,特别是水资源的可持续利用与保护。同时,能源效率的提升是我国能源战略重点关注的问题,也是建设长江经济带亟待解决的问题。随着全球变暖问题的日益严峻,气候问题引起国际社会的广泛关注。提高长江经济带碳排放效率,降低碳排放强度,对实现低碳发展、绿色发展具有重要意义。

(1) 水资源利用效率。

杨倩等(2016)基于G20国家和长江经济带的水经济学,通过分析长江经济带上中下游的产业结构及经济发展对水资源与水环境的影响,结合用水量和废水排放量的分析,提出在长江经济带地区平衡经济发展与水资源合理利用和水污染防治的关系、优化产业结构和农作物结构以提高水经济表现、通过优化生产布局调整进出口结构以及推动资源循环利用来管理水资源等促进长江经济带绿色发展的政策建议。

任俊霖等(2016b)基于2011—2013年长江经济带11个省会城市(含直辖市)面板数据,利用超效率DEA模型和Malmquist指数测度各城市用水效率,并用Tobit模型检验其影响因素。长江经济带11个省会城市(含直辖市)的水资源利用效率总体情况较好。武汉、昆明、杭州、贵阳和成都水资源利用效率相对较高,上海和重庆水资源利用效率相对较低。2012年最严格水资源管理制度的实行,证明水资源利用效率受政策因素驱动迹象明显。长江经济带11个省会城市整体水资源利用效率呈衰退趋势,而较低的技术效率变化和纯技术效率是制约长江经济带整体水资源利用效率的关键因素。人均GDP、人均水资源量和第三产业比重对水资源利用效率影响较大,且呈正相关关系。提升水资源利用效率的关键是在切实落实最严格水资源管理制度基础上,积极改进生产技术,普及节水工艺,大力发展第三产业,优化产业结构,最终形成制度、技术和结构的综合节水模式。

卢曦和许长新(2017a)运用三阶段DEA模型和Malmquist指数法,对2010—2014年长江经济带11省(市)水资源的利用效率进行静态和动态分析。研究结果表明:在剔除外部环境因素和随机误差因素以后,纯技术效率均值和综合技术效率均值被低估,规模效率均值被高估,投入规模不足是扼制我国水资源利用效率提升的瓶颈。东中西部省份的水资源利用效率差异显著,呈现“东部>中部>西部”的格局。全要素生产率指数与技术变化值的演变趋势基本一致,反映了全要素生产率指数对技术变化的严重依赖。因此,扩大生产规模、加大科技投入和知识创新、优化和升级产业结构是提高水资源利用效率的重要途径。

卢曦和许长新(2017b)利用三阶段 DEA-Malmquist 指数法,对 2009—2014 年长江经济带 11 省(市)水资源全要素生产率及其分解指数进行测算和分析。研究结果表明:在剔除外部环境因素和随机误差因素以后,长江经济带水资源的全要素生产率及其分解效率发生了显著变化,水资源全要素生产率年均增长 7.2%,技术进步指数年均增长 4.7%,技术效率指数年均增长 2.4%,技术进步是推动长江经济带水资源全要素生产率增长的主要源泉。分区域来看,西部地区水资源全要素生产率和技术效率年均增长率最高,东部地区技术进步年均增长率最高。长江经济带水资源全要素生产率存在显著绝对 β 收敛,表明长江经济带内省际水资源全要素生产率差距正在缩小,最终都朝相同的稳态水平趋近。

李宁等(2017)将长江中游城市群整体作为研究对象,利用水足迹理论与方法,通过计算该地区 2000—2015 年水足迹的构成,定量分析长江中游城市群近 16 年来水资源利用状况,并结合协调发展脱钩评价模型,对水资源利用与经济增长协调关系进行评价。长江中游城市群近 16 年来水足迹呈现先小幅波动上涨、再稳步上涨的总体上涨趋势,农业生产用水是水足迹的主要组成部分;水资源利用效率逐年提高,但水资源利用结构不合理,农业生产用水所占比重过大,水资源基本用于本地区内部经济发展,对外交流不足;水资源总量丰富,但水资源利用与经济增长基本处于相对脱钩的初级协调状态。基于以上研究结果,从"严管理、抓节水、调结构、促发展"4 个方面提出促进长江中游城市群水资源利用与经济协调发展的政策建议。

李焕等(2017)以长江经济带为研究区域,通过设计水资源人口承载力评价方法,构建水资源人口承载力的系统动力学预测模型,对长江经济带水资源人口承载的现状及未来发展趋势进行研究。研究发现:长江经济带水资源虽然总体上比较丰富,但由于经济社会发展需求,水资源的消耗量非常巨大。在水资源人口承载力水平、等级等方面,总体上都显示东部低、西部高。与人口的变化相比,水资源在一定时期内是相对稳定的。因此,在新一轮的经济发展过程中,如果需要降低东部地区水资源人口承载力的压力,应该适当促进人口向西部地区转移。

李燕和张兴奇(2017)综合评价长江经济带水资源承载力的时空变化特征,为长江经济带水资源合理利用和区域可持续发展提供决策参考。从社会经济、水资源量、用水量和废水排放量 4 个方面选取 18 项指标,建立长江经济带水资源承载力评价指标体系,运用主成分分析法,对长江经济带九省二市水资源承载力的时空变化特征进行综合评价。2004—2013 年长江经济带水资源承载力呈现逐年上升的趋势,水资源赋存条件、人口的增加、经济的发展以及水污染治理水平的提高是水资源承载力上升的主要驱动因素;长江经济带水资源承载力的空间差异显著,东部和中部地区总体较好,西部地区除四川省外水资源承载力相对较差。长江经济带水资源承载力的时空变化主要受所在地区的水资源赋存条件和社会经济条件的影响。

张玮和刘宇(2018)基于 DEA 评价模型理论,选用 2006—2015 年的统计数据,通过建立 EBM 评价模型来进行水资源利用效率分析。分析结果表明:长江沿线省市对水资源的利用效率呈现逐年提高的趋势,但不同省市之间对水资源的利用存在差异性,这源自不同地区间的差异性。此外,农业生产用水对长江沿线用水效率的整体差异性具有显著影响,最终得到提升长江沿线省市用水效率的关键所在,即:制定科学合理的上中下游地区之间的用水政策，并加大对各个省市内部优化用水的力度，以此确保长江水资源利用效率的大幅提升。

(2) 能源利用效率。

潘敏杰等(2015)利用 DEA-Malmquist 指数测算了考虑环境因素后的长江经济带全要素能源效率。研究发现：长江经济带全要素能源效率整体出现下降，下降的原因可归结为技术进步和技术效率的下降，其中技术进步的下降又是主要因素。产业结构与能源效率负相关，对外开放程度与能源效率正相关，而政府影响力、能源结构、能源价格对能源效率没有显著影响。可以通过加速产业结构升级和提高对外开放水平来提高长江经济带的能源效率。

吴传清和董旭(2015)基于超效率 DEA 模型和 ML 指数法，考察长江经济带 1999—2013 年全要素能源效率。在研究期内，环境约束下的长江经济带全要素能源效率年均下降 2.9%，而不考虑环境因素的全要素能源效率年均下降幅度仅为 0.4%，污染是导致能源效率损失的重要因素；长江经济带整体层面全要素能源效率的发展演变基本呈“双峰一谷”的“M 型”分布，表现为两个“上升-下降”周期，而省际和上中下游全要素能源效率的演变特征迥异；从空间差异来看，省际全要素能源效率差异远远大于上中下游差异，但近年来这种差异均有不同程度的缩小。未来长江经济带发展必须践行生态文明发展战略，保证发展的可持续性，同时加强能源、环保等领域的合作，促进长江经济带全要素能源效率发展的协同进步。

陈芳(2016)以废气和废水作为非合意产出，细化测算存在要素替代和不存在要素替代两种情况下的长江经济带省级全要素能源环境效率和能源绩效效率，分析各影响因素如何影响长江经济带全要素能源环境效率和能源绩效效率。结果显示：长江经济带在两种不同非合意产出约束下的全要素能源环境效率和能源绩效效率均处于不断改进的状态，不同省市之间存在明显的差异；以废气和废水作为非合意产出的约束下，长江经济带能源绩效效率整体上大于全要素能源环境效率，说明长江经济带能源环境效率提升的路径在于能源利用效率的提升或污染程度的降低；产业结构、能源结构、所有制结构以及政府干预对长江经济带全要素能源环境效率增长具有抑制作用，对外开放和经济发展有利于提升长江经济带全要素能源环境效率。

赵鑫等(2016)采用考虑非期望产出的超效率 SBM-DEA 模型，对长江经济带整体及其上中下游 1996—2013 年能源生态效率进行评价，从 3 个方面测算省际间能源生态效率收敛性。长江经济带整体能源生态效率平均水平为 0.936，下游能源生态效率最高，上游次之，中游最低；能源生态效率区域差异性显著，长江经济带整体和中下游区域同时存在 σ 收敛、绝对 β 收敛和条件 β 收敛，上游只存在条件 β 收敛。在去产能背景下，应该更加注重长江经济带能源生态效率一体化发展进程，各省市结合自身能源生态效率发展状况特点，推进能源效率提升，缩小区域间能源生态效率差异，促进过剩产能消化。

田泽等(2016)对 2006—2014 年长江经济带各省市节能减排效率进行评价，揭示其时间演进规律和区域差异特征。在此期间整个长江经济带节能减排效率得到提高。从空间分布来看，长江经济带省际节能减排呈现东高西低的特点；从时间来看，整个长江经济带节能减排效率呈先降后升的“U 型”趋势。长江经济带省际节能减排效率差异经历了先增后减的过程,并有持续下降的趋势。在影响节能减排效率的诸多因素中,技术进步是推动长江经济带节能减排效率提升和区域差异缩小的主要动力,并得出结论与有益启示。

王钰莹和何晴(2017)指出运用LMDI模型将1996—2014年长江经济带上中下游共11省(市)的能源消耗增量分解为规模效应、结构效应和强度效应,结果显示:长江经济带上中下游地区规模效应和强度效应分别体现了促进能源消耗增加和减少的主导作用,而结构效应对能源消耗的影响相对较弱,其中下游地区与中上游地区相比,其单位能耗、产业结构调整、产业内能源利用技术均明显优于中上游地区。加快产业转型升级、深化创新驱动、承接产业转移等政策建议,能促进长江经济带实现节能减排、绿色发展。

顾浪和李强(2017)基于长江经济带108个城市2003—2015年的数据,采用DEA方法和Tobit模型,对长江经济带全要素能源效率及其内外部影响因素进行分析,结论表明:长江经济带全要素能源效率稳定在0.8左右,下游地区能源效率值最高且稳定,中游次之,上游最差且波动较大。技术进步、纯技术变动效率以及规模变动效率对长江经济带与中下游地区能源效率变动均呈现负向影响,上游地区能源效率变动受纯技术变动效率及规模变动的负向影响。政府干预、科研投入和第二产业比重对长江经济带能源效率有负向影响,外部因素对上游地区能源效率均有负向影响,政府干预、科研投入以及经济增长对中游地区能源效率有负向影响;产业结构对下游地区能源效率有正向影响。

张星灿和曹俊文(2018)运用非径向、非角度的SBM模型,将雾霾因素作为非期望产出纳入能源效率中,对长江经济带11省2006—2015年能源效率水平进行测度,并运用离差分解模型对省际之间的差异性进行分析。研究表明:在考虑雾霾因素后,长江经济带地区的能源效率水平均有所下降;长江经济带能源效率水平总体差异是由上、中、下游地区内部带来的,而上游地区内部差异是影响长江经济带总体差异的主要来源,地区内的发展水平差距大制约了长江经济带绿色可持续发展。因此,在雾霾硬约束下协调三大地区内部省际间经济、环境以及能源消费之间的关系是实现区域协调、健康发展的关键。

(3) 碳排放强度。

李建豹和黄贤金(2015)指出随着全球变暖问题的日益严峻,气候问题引起国际社会的广泛关注。长江经济带作为中国区域发展"三大战略"之一,面临严峻的碳减排压力。以CO_2排放为测度指标,定量分析1998—2012年长江经济带CO_2的时空格局特征,并构建碳排放影响因素的空间面板模型,分析产业结构、人口总量、经济水平、技术水平与城市化水平对长江经济带碳排放的影响。研究结果表明:碳排放的绝对差异呈增大趋势,相对差异呈波动变化趋势;碳排放与人均GDP(1997年不变价)的相关性较弱;碳排放空间格局相对稳定,高碳排放区域以江苏为中心,逐渐向四周扩散;人口总量是影响长江经济带碳排放时空格局演化的决定性因素,其次依次为经济水平、技术水平和城市化水平。

赵晓梦和刘传江(2016)将碳排放因素纳入全要素生产率的测度和分析框架,使用方向性距离函数和Malmquist-Luenberger指数,测算了2000—2013年长江经济带全要素生产率,结果表明:在节能减排约束下,CO_2排放造成长江经济带全要素生产率的损失;从时间视角来分析,2000—2009年长江经济带的M指数和ML指数都呈现"双峰一谷"的"M型"特征,2009—2013年长江经济带的M指数和ML指数均呈现"先上升后下降"的"倒U型";从区域视角来分析,下游区域的全要素生产率高于中上游区域,原因是下游区域技术进步和技术效率提升时，中游区域和下游区域却分别出现技术停滞不前和技术效率下降的问题。

雷蕾等(2017)依托“污染天堂”假说，选取长江经济带9个省份2004—2013年CO_2排放量为测度指标，构建了面板模型来探讨长江经济带进出口贸易和CO_2排放的相关关系。研究结果表明：贸易开放的结构效应和技术效应有利于改善空气污染情况，减少碳总体排放量，规模效应会导致长江经济带碳排放增加、环境恶化；“污染天堂”假说在长江下游地区不成立，进出口贸易对碳排放的长期效应超过短期效应，总体上抑制碳排放量增加，改善大气污染情况；长江上、中游地区“污染天堂”假说成立，进出口贸易会导致长江中、上游地区环境遭到破坏，加剧碳排放的增长。因此，必须从转变经济增长方式、优化对外贸易结构等方面促进长江经济带进出口贸易与碳排放的协调发展。

胡登峰和闵静静(2017)认为长江经济带是横跨东中西三大区域的巨型经济带，探究其能源碳排放差异特征及原因对实现低碳发展与产业升级有重要意义。采用2001—2014年中国能源消耗与社会经济数据，通过数理统计，得出长江经济带历年碳排放总量、人均碳排放、碳排放增速等特征指标。结合运用LMDI与Tapio指标方法，探究长江经济带碳排放特征驱动因素。长江经济带碳排放总量、人均碳排放量不断增长，碳排放增速、单位GDP碳排放量明显放缓。各基本量在省际差异上呈现东多西少、东快西慢的趋势。经济规模与技术水平分别是长江经济带的最强正负向驱动因素。能源品种结构、人口规模、产业结构驱动不明显。经济规模脱钩弹性指标为弱脱钩关系，技术水平弹性指标为弱负脱钩关系。作者针对分析结果，提出相应低碳减排措施。

黄勤和何晴(2017)运用LMDI模型将1995—2014年长江经济带能源消费CO_2排放增量的驱动因素分解为经济规模、产业结构、能源强度和能源结构“四大效应”。结果表明，经济规模、产业结构变化对CO_2排放表现为正效应，能源强度、能源结构对CO_2排放则表现为负效应。各效应对CO_2排放的累积贡献率绝对值由大到小依次是经济规模效应、能源强度效应、产业结构效应和能源结构效应；长江经济带上、中、下游三大地区的碳排放因素存在较为明显的空间差异，下游经济规模扩张对CO_2排放的增长影响最为明显，产业结构变化对中上游CO_2排放的正效应较为明显，能源强度对减少CO_2排放的作用从大到小依次为中游、下游、上游。

宁亚东等(2017)基于Tapio脱钩模型和改进的加权因素分解模型，对长江经济带1995—2013年经济发展与能源消费起源CO_2排放之间的脱钩关系及其驱动因素进行研究。长江经济带三次产业能源消费起源CO_2排放量约占全国排放总量的1/3。1995—2013年CO_2排放总量逐年增加，2013年稍有下降，第二产业是CO_2主要排放源，占3次产业CO_2排放总量的80%左右；1995—2013年长江经济带CO_2排放与经济发展之间的动态关系在大多数年份处于弱脱钩状态，少数年份出现强脱钩和扩张性负脱钩状态。经济因素是阻碍CO_2排放脱钩的最主要因素，能源强度因素是促进CO_2脱钩的最主要因素，结构因素对CO_2脱钩也起阻碍作用，碳排放系数因素的影响不稳定。

李强和左静娴(2018)基于长江经济带11省(市)2000—2015年省级数据，采用灰色关联分析方法，对长江经济带产业结构与碳排放强度之间的关联进行分析。研究发现：三次产业中第三产业对长江经济带各地区碳排放强度的影响最大，第二产业其次，第一产业对长江经济带碳排放强度的影响最小。在长江上游和下游地区中，第三产业与碳排放强度关联性最强；在长江中游地区中，与碳排放强度关联性最高的是第二产业。探讨长江经济带控制碳排放的产业发展政策，以期能有效控制产业发展对长江经济带碳排放强度的影响。

马嫦和陈雄(2018)通过整理计算2010—2014年的相关数据，分析长江经济带碳排放总量的时空特征，结合碳排放的影响因素，采用主成分分析法和ArcGIS软件中的自然断裂分类法，探究长江经济带各影响因素的空间差异性。研究结果表明：长江经济带碳排放总量表现出波动上升的趋势，且在空间分布上存在显著差异；综合因素对碳排放量的促进(抑制)作用强度由下游向中上游地区依次递减，且北部省市大于南部省市；各因素对碳排放量的影响作用存在显著的空间差异性，此种差异性表现为在长江经济带内，同一影响因素对不同地区碳排放量的促进(抑制)作用强度不同。

田泽和黄萌萌(2018)结合非期望产出EBM和超效率DEA模型，测算长江经济带终端能源消费碳减排效率，并构建终端能源消费碳减排效率与产业结构的耦合模型。研究结论显示：长江经济带碳减排效率在2006年到2015年间整体呈现出“扁U型”先降后升的演进特征；长江经济带碳减排效率区域差异较大，下游效率最高，中游次之，上游最低；各省市整体处于中低耦合协调阶段，碳减排效率与产业结构演化尚未实现协调发展，且区域空间耦合度分布不均衡；经济带产业结构集中度、高级度与碳减排效率耦合协调度较高，说明产业结构集中化和高级化的优化有利于提升碳减排效率。为此，作者提出长江流域区域协同发展、加强节能环保科技投入、促进产业结构优化升级等对策及建议。

王健和甄庆媛(2018)指出长江经济带是我国经济发展的重要战略支撑带，其绿色低碳发展日益受到重视。首先，运用Tapio脱钩模型归纳了长江经济带各省市碳排放和经济增长关系的特征。其次，通过扩展EKC曲线，建立面板数据模型，并采用滞后期工具变量法，对长江经济带经济增长与CO_2排放之间的关系进行实证检验。结果表明：在经济增长水平方面，CO_2排放总量和人均GDP呈“倒U型”关系，EKC曲线成立；在经济增长方式方面，产业结构、能源结构、技术水平以及对外商直接投资有显著的CO_2减排效应，区域治理无显著的减排效应。作者还预测了CO_2排放总量的达峰时间，并为长江经济带绿色低碳发展提出了政策建议。

3. 产业聚集与转移的生态环境效应

长江经济带的高质量发展不可避免地需要推动区域内各产业的升级转型。具体来讲，不同的产业不可避免地将在空间上进行转移。科学家们研究了产业转型过程中的生态环境效应，并对产业的优化布局提出了建议。

任胜钢和袁宝龙(2016)指出长江经济带产业发展方式要向质量效率型转型，发展模式要向资源节约型和环境友好型转型，发展目标要向可持续发展转型。以转型升级实现长江经济带产业绿色发展，应从调整长江经济带能源供应结构、推动长江经济带现代农业生态化发展、推动长江经济带传统工业高端化发展、推动长江经济带战略性新兴产业规模化发展、推动长江经济带现代服务业智能化发展5个方面着手；以协调发展实现长江经济带产业绿色发展，应从着力构建长江经济带中上游绿色承接产业转移模式、依据资源环境承载力着力优化长江经济带产业布局、着力构建跨区域的横向生态补偿机制3个方面着手。

崔木花和殷李松(2015)基于SDM模型,对长江经济带九省二市的污染排放对自身及相邻区域产业发展的空间效应进行分析。结果表明:长江经济带各省市的污染排放不仅对本地的产业发展产生影响,还对邻近区域的产业发展产生影响。这种影响一方面通过各地产业发展过程中接收的污染排放的正负效应体现,另一方面通过污染排放对各地产业发展发出的正负效应体现。此外,这种影响还可以通过长江经济带各省市接收、发出的交互效应来体现。

何宜庆等(2016)探讨了金融集聚、产业结构优化对长江经济带生态效率的提升作用,运用空间计量方法检验了金融集聚、产业结构优化和生态效率的空间自相关性,建立了空间计量模型。研究主要发现:生态效率存在空间集聚效应,不存在空间溢出效应;金融集聚对生态效率的提升作用不大,暗示着需要加强金融支持绿色产业和环境保护力度;产业结构优化对生态效率提升作用明显,贡献度较高。最后,根据实证研究结论提出相应的对策建议。

吴传清等(2017)利用长江经济带2004—2014年数据,在测算出制造业集聚水平和环境效率的基础上,检验了制造业集聚与环境效率的关系。研究结果显示:长江经济带制造业集聚水平与环境效率存在明显的地区差异,制造业集聚的正外部性大于负外部性,对环境效率的提高具有正向的驱动效应。长江经济带发展必须推进优势产业集聚,推动产业结构优化升级,加快创新驱动促进产业转型升级,坚持生态优先、绿色发展,加大环境规制力度。

吴传清和黄磊(2017a)基于长江经济带中上游地区8省(市)、83个城市2004—2014年面板数据,采用生态DEA模型,测度长江经济带中上游地区生态效率,对其演化趋势作收敛性检验;采用面板Tobit模型,探究产业转移对长江经济带中上游地区生态效率的影响。长江经济带中上游地区生态效率呈波动上升态势,且内部差异显著,但收敛趋势明显;承接产业转移并未损害长江经济带中上游地区整体生态效率,但对中游地区生态效率负向作用显著;国内产业转移为产业转移的主体,主导了产业转移的生态效应;国际产业转移对长江经济带中上游地区生态效率提升具有不利影响,"污染天堂"假说得到证实。要进一步推动长江经济带中上游地区绿色承接产业转移,提升长江经济带中上游地区生态效率,必须重点推行"绿色GDP"政绩考核体系、建设"产业转移绿色承接示范区"、建立健全流域生态补偿机制。

孔凡斌和李华旭(2017)为了准确把握长江经济带产业梯度转移态势,辨析长江经济带流域内产业转移及其环境效应,基于沿江地区11个省(市)2006—2015年相关统计数据,利用构造的产业集聚度相对变化指数,估算长江经济带产业梯度转移总体情况;利用单方程模型方法,计量分析长江经济带沿江地区产业转移相对指数与环境污染之间的关系。研究结果表明:随着长江经济带沿江地区产业集聚度的提高,沿江地区多数省(市)承接工业产业转移的规模随之快速扩大,由此带来的环境负面效应不断增大,工业在产业结构中比重增加进一步恶化了沿江地区环境,劳动生产率和环境规制政策两个因素对环境污染带来显著的抑制作用。

李强(2017)基于长江经济带108个城市2003—2014年数据,分别测算了长江经济带城市产业升级、生态环境优化和产业升级与生态环境优化耦合协调度指数。采用系统广义矩估计方法,实证研究了产业升级与生态环境优化耦合度的影响因素。长江流域城市产业升级综合得分显著低于生态环境优化综合得分，长江经济带城市属于产业升级滞后型；长江外围城市耦合度明显高于沿江城市，且纵向来看下游城市产业升级和生态环境优化耦合协调度不断提高，而中上游城市却有所降低；对产业生态耦合协调度影响因素的进一步研究发现，经济增长、研究与开发、制度质量是实现产业与环境优化发展的重要因素，而产业结构、固定资产投资和外商直接投资降低了产业升级与生态环境优化耦合度，从全球产业链低端向产业链高端跃升、经济增长、制度优化是提高产业与环境耦合发展的关键。

刘军跃等(2017)利用分位数回归法，从碳减排角度实证分析长江经济带在不同碳排放水平下产业结构升级与碳排放的关系。结果表明：产业结构升级对碳排放具有显著的降低效应，对中等碳排放水平地区(0.3 至 0.7 分位数之间)的降低效应最大；产业间要素配置优化的效果越好，产业结构内高级化程度越高，对降低碳排放的作用越大，并且前者作用明显强于后者。同时，长江经济带碳排放水平不同的地区，能源消费结构、能源价格、环境政策、人口规模、外商投资水平、地理区位等因素对碳排放产生的影响存在明显差异。因此，政府有必要根据碳排放水平的不同，有针对性地制定产业发展政策和环境保护政策。

黄娟和汪明进(2017)基于集聚与污染存在“倒 U 型”曲线关系的假说，选取 2004—2014 年中国 285 个地级及以上城市的统计数据，探讨制造业集聚、制造业与生产性服务业共同集聚对城市污染排放的影响，并分地区、规模进行双向固定效应回归分析。研究结果表明：制造业集聚、制造业与生产性服务业共同集聚对污染排放的影响均呈“倒 U 型”曲线关系；随着集聚层次的不断发展，当城市产业集聚水平跨过“拐点”后，产业集聚能改善污染排放状况。科技创新能有效减少污染排放，且在共同集聚与污染排放的“倒 U 型”曲线关系中发挥显著作用。通过稳健性分析发现，不同区域、不同规模城市的制造业集聚、共同集聚对污染排放存在明显的区位性、结构性和规模性特征。

高红贵和赵路(2019)以长江经济带产业绿色发展为研究视角，从产业转型升级、自主创新能力、资源利用效率和环境保护 4 个方面，构建长江经济带产业绿色发展评价指标体系，运用 2007—2016 年长江经济带 11 省(市)面板数据，对长江经济带产业绿色发展水平进行测度，并根据所得数据从空间尺度对长江经济带产业绿色发展水平进行相关分析。结果显示，长江经济带产业绿色发展指数介于−0.40 和 0.37 之间。其中，上海最优，四川最差，产业绿色发展整体水平从下游地区到中游地区再到上游地区呈逐渐递减趋势。空间自相关分析显示，Moran's 指数显著为正，并呈现空间正相关特征。因此，提升长江经济带产业绿色发展水平，必须发挥下游地区的辐射带动作用，加强下游地区和中、上游地区间的交流合作，构建长江经济带中、上游地区绿色承接产业转型模式，促进区域协同发展。

4. 环境规制的影响与效应

环境规制是指以环境保护为目的而制订实施的各项政策与措施的总和。为了实现长江经济带的高质量发展，政府将大量制订相应环境规制。长江经济带作为我国经济社会发展布局中的重要战略组成部分，环境规制的实施能否有效促进长江经济带高质量发展？科学家们试图通过定量分析来回答这个问题。

阮陆宁等(2017)利用长江经济带 2000—2014 年 30 个主要城市的动态面板数据，实证分析环境规制对产业升级的影响。结果表明：环境规制强度和产业结构升级呈“U 型”关系,当环境规制强度较弱时,会抑制产业升级,当环境规制强度越过门槛值且不断增强时,产业结构水平持续上升;长江经济带总体环境规制强度较低,主要城市依然处于外延式的发展阶段;长江经济带发达城市的拐点值小于欠发达城市,相对更容易越过门槛值,进而使得环境规制促进产业结构升级。

余淑均等(2017)认为绿色创新效率考虑了环境与能源因素的创新效率,提升绿色创新效率是长江经济带创新驱动发展的根本要求。对2001—2014年长江经济带38个城市绿色创新效率进行测度的结果显示,长江经济带的绿色创新效率存在显著的区域差异,但相关城市基本上能够兼顾创新激励和环境保护。总体来看,环境规制可以在一定程度上促进长江经济带绿色创新效率的提升,但不同环境规制模式对区域绿色创新效率的影响存在差异:费用型环境规制倾向于短期影响,在一定程度上抑制了区域绿色创新效率的提升,投资型环境规制则在一个更长期的过程中促进了区域绿色创新效率的提升。因此,长江经济带应注重采取长期与短期相结合的差异化环境规制政策来激励绿色创新。

李强(2018a)从河长制制度创新入手,阐释了环境规制影响产业升级的内在机理,在此基础上,基于长江经济带104个城市2003—2015年市级面板数据,实证研究了环境规制对长江经济带产业升级的影响效应。研究表明,环境规制有利于促进长江经济带产业的转型升级,"波特假说"显著成立。环境规制和产业升级其他表征方法的稳健性检验结果进一步表明,环境规制强度提升是促进长江经济带产业转型升级的重要路径。研究还发现,制度环境、经济增长、外商直接投资、研究与试验发展对长江经济带产业升级具有显著的正向促进作用。最后,从加大环境政策监管力度、建立跨地区跨部门环境治理方面的协调机制、改造提升传统产业、加快培育和发展高新技术产业和战略性新兴产业等维度,提出了促进长江经济带产业转型升级的政策建议。

李强(2018b)基于长江经济带104个城市2003—2015年市级面板数据,采用广义系统矩阵估计方法实证研究了环境规制对长江经济带环境污染的影响效应。研究结果表明,正式和非正式环境规制对长江经济带城市环境污染影响为负,表明正式与非正式环境规制的节能减排效应较为显著,并且两种环境规制对长江经济带环境污染的影响存在此消彼长的关系。分区域来看,非正式环境规制对长江上游、中游和下游地区环境污染影响为负,两者交互项的影响为正;与上下游地区不同的是,正式环境规制加剧了长江中游城市的环境污染水平。因此,建立跨区域的环境治理协调机制和生态补偿机制是实现长江经济带生态环境治理的重要手段。

吴传清和张雅晴(2018)以碳排放和污染物排放作为非期望产出,采用全局超效率SBM模型,测算1997—2015年长江经济带沿线11省(市)工业绿色全要素生产率,采用面板门槛模型,分析环境规制强度对工业绿色生产率的门槛效应。实证结果表明:1997—2015年虽然长江经济带沿线省市工业绿色生产率均呈提升态势,但仅有2014—2015年的上海、2015年的江苏是有效率省份,且省市之间效率差距不断拉大;环境规制对长江经济带绿色生产率存在双重门槛效应,在低、中、高3种环境规制强度地区中,只有中等环境规制强度地区能够通过环境规制显著提升工业绿色生产率。基于此提出应促进经济增长方式由粗放型转为集约型、提高云贵川湘四省环境规制强度、推动现有环境规制内容市场化转型等政策性建议,以不断提高长江经济带工业绿色生产率。

马勇等(2018)以长江经济带公众参与型环境规制为研究对象，运用空间分析方法研究其时空格局，通过地理探测器筛选其主导驱动因子，基于GWR模型揭示主导驱动因子空间异质性。结果表明：各年份公众参与型环境规制均呈显著空间正相关，但集聚程度逐年下降；公众参与型环境规制空间分异格局基本稳定；地理探测器剔除地均固定资产投资和万人在校大学生数两个初选因子；公众参与型环境规制驱动因子作用力由大到小依次为环境风险、人地压力、排放强度、信息化水平、经济水平、产业结构；各驱动因子存在特征不同的空间异质性，为制定针对性政策提供理论依据。

4.6.2 工业的绿色发展

工业的绿色发展对于长江经济带的高质量发展至关重要。提高长江经济带工业生态效率，是促进工业向绿色转型升级的重要路径，更是促进区域经济与生态协调发展的重要选择。工业绿色化发展是我国生态文明建设的必然要求。因此，诸多学者特别分析了长江经济带中工业的绿化发展效率，以及相应的资源利用效率。此外，在各类工业门类中，科学家尤其关注长江经济带化学工业的布局问题。化学工业是长江经济带发展的重要支撑，同时对长江流域生态环境带来重要影响。推动长江经济带发展，必须把保护和修复长江生态环境摆在优先位置。在这一过程中要妥善处理能源重化工发展与保护长江生态环境的两难问题。

1. 工业绿色发展效率

汪克亮等(2015)指出长期粗放型的工业增长模式给中国生态环境造成巨大压力，已经引起社会各界的广泛关注。选择工业用水总量、工业煤炭消费量、工业COD排放量以及工业SO_2排放量作为环境压力代表性指标纳入DEA分析框架，实证测算2006—2012年长江经济带11个省(市)的5类工业生态效率(IEE)指标值，并考察IEE的地区差异与动态演变特征，分析长江经济带IEE的影响因素。研究结果表明：长江经济带的IEE整体水平不高，资源节约与污染减排空间巨大；不同地区IEE差异特征明显，且不存在明显的收敛趋势；经济发展水平、工业结构、工业能源消费结构、外资利用、政府环境规制力度对长江经济带及其上、中、下游地区的IEE均有一定影响，但影响的力度、方向以及显著性存在差异。

李琳和张佳(2016)采用熵权-TOPSIS模型评估长江经济带108个地级市2004—2013年的工业绿色发展水平，运用锡尔指数分析长江经济带三大城市群间以及三大城市群内部工业绿色发展水平差异特征及构成。研究结果表明：近10年长江经济带工业绿色发展水平总体差异有所缩小，2004—2010年总体差异缩小受益于三大城市群间差异缩小，2011—2013年总体差异缩小趋缓受制于城市群内部差异扩大；近10年三大城市群间差异呈缩小之势，长三角与中三角、泛成渝的差异明显改善；近10年三大城市群内部差异持续扩大，政府绿色政策支撑和工业绿色增长度的差异扩大引起城市群内部差异扩大。

齐绍洲和林屾(2016)基于Malmquist指数方法，测算长江经济带电力行业绿色全要素生产率，运用STIRPAT模型和空间动态面板计量方法，研究长江经济带电力行业碳排放的影响因素。实证研究结果表明：空间因素对于长江经济带电力行业的碳排放具有不可忽视的作用，域内常住人口数量、城镇化水平和人口受教育程度的提高对电力行业碳减排有一定的促进作用;人均收入的提高加剧电力行业碳排放;各省市的绿色全要素生产率、非化石能源发电比重、企业技术进步和研发水平的提高对电力行业碳减排有正向的促进作用,其中企业研发水平的提高对碳减排的促进作用最大,第二产业比重的提高增大了碳排放。

黄国华等(2017)认为工业绿色化发展是我国生态文明建设的必然要求。通过构建工业绿色化发展评价指标体系,采用因子分析技术对长江经济带工业绿色化发展进行评价。研究结果表明:长江经济带工业绿色发展取得较大改善,但存在区域差异性加大、工业绿色发展程度与经济发展水平及产业结构关联度大。东段地区工业绿色发展度最高,西段地区最差,中西段某些省份存在绿色发展恶化风险。作者还结合区域间协调发展要求提出相关建议。

马骏和王雪晴(2017)以长江经济带 11 个省(市)为研究对象,运用超效率 DEA 模型对 2005—2014 年各省市的工业环境效率进行静态评价。实证结果表明:2005—2014 年长江经济带整体工业环境效率水平较高,但各地区之间仍然存在一定差距,其中浙江、江苏等地环境效率值较高,云南、贵州等地较低;11 个省(市)的全要素环境效率的增长率平均值大于 1,技术进步是工业环境效率变动的主要因素;产业结构和环境管制对工业环境效率产生积极影响,外商投资和人口密度对工业环境效率产生消极影响。

吴传清和黄磊(2018)采用熵权- TOPSIS 法评估 2011—2015 年长江经济带工业发展水平,采用考虑非期望产出的全局 SBM 模型,测度 2011—2015 年长江经济带工业发展效率,基于耦合协调度模型分析二者的协同效应。研究发现:长江经济带工业绿色发展水平呈上升态势,整体处于全国中等靠后水平,下游、中游、上游地区呈严格梯度递减格局;长江经济带工业绿色发展效率增长偏缓,处于全国中等偏后水平,中游、下游、上游地区呈递减“凸型”分布格局;长江经济带工业绿色发展绩效协同效应显著,工业绿色发展水平和发展效率的协调度处于中高级协调阶段。进一步提升长江经济带工业绿色发展绩效,必须加大工业绿色创新投入,推动产业结构转型升级,建立绿色制造体系,推动能源结构低碳化。

任胜钢等(2018)将工业生态系统分解为工业经济、环境、能源 3 个子系统,以 2009—2013 年九省二市的工业数据为基础,采用网络 DEA 模型对长江经济带九省二市的工业生态效率及 3 个子系统效率进行评价。长江经济带工业生态效率水平整体呈上升趋势,且自上游至下游效率水平依次递增。长江经济带工业经济子系统效率水平相对稳定,区域内以下游最高、上游最低;环境子系统效率水平呈增长趋势,区域内以下游最高、中游最低;能源子系统效率水平呈增长趋势,区域内以下游最高、上游最低。长江经济带工业生态效率及各子系统效率呈收敛趋势,其中工业经济子系统效率呈相对稳定的状态。研究为长江经济带工业生态效率的改善提出了可操作性的政策建议。

李琳和刘琛(2018)采用方向距离函数及 ML 指数测算 2003—2016 年长江经济带 108 个城市的工业绿色全要素生产率(GTFP),建立面板数据模型,实证检验互联网、禀赋结构及其交互作用对工业 GTFP 的影响。结果表明:长江经济带工业 GTFP 年均增长 8.4%,长三角-中三角-泛成渝城市群工业 GTFP 呈显著梯级差异;互联网显著促进了长江经济带工业绿色技术进步,禀赋结构的提升抑制了工业 GTFP 增长,但互联网与禀赋结构的良性互动纠偏了禀赋结构提升的负向影响;中三角互联网处于提升技术效率的低水平阶段,泛成渝和长三角较高的互联网发展水平显著促进了技术进步,互联网与禀赋结构的良性互动促进了长三角和中三角工业 GTFP 改进，而泛成渝尚未形成两者的良性互动。

云泽宇和戴胜利(2018)利用泰尔指数与构建线性对数模型，对长江经济带九省二市 2001—2015 年的工业污染差距、经济发展差距以及工业污染与经济发展的关系进行了实证分析。研究发现：各省市工业废气排放差距、工业废水排放差距与经济发展差距在不断缩小，一般工业固体废物产生差距在不断拉大，但总体变化趋势并不明显；各省市工业废气人均排放对人均 GDP 均呈正向影响，工业废水人均排放对人均 GDP 的影响呈区域性特征，一般工业固体废物人均产生对人均 GDP 普遍呈正向影响；以省市为单位来看，区域经济发展程度越高，工业污染与经济发展的负向关系就越明显。

2. 工业的资源利用率

任毅等(2016)指出工业能源效率的提升是我国能源战略重点关注的问题，也是建设长江经济带亟待解决的问题。通过三阶段 DEA 模型，主要从外部环境、效率结构、省际差异等方面，对“十五”至“十二五”期间长江经济带工业能源效率空间差异化特征与发展趋势进行实证研究。研究发现：研发投入、产业结构、开放水平等因素对能源投入冗余有显著影响；工业能源效率提升的瓶颈在于规模效率；长江经济带工业能源效率及其分解效率在空间上从下游到中上游存在梯度差异；在“十五”至“十二五”阶段中，工业能源效率有显著提升，地区之间效率差异也进一步缩小。

丁黄艳等(2016)运用能源强度、离散系数、莫兰指数综合测度 1999—2013 年长江经济带工业能源效率空间差异及发展趋势，并建立面板托宾模型探索工业能源效率影响因素，分析表明：长江经济带省际工业能源效率从下游至上游存在梯度差异，空间差异由趋异向趋同转变，省际工业能源效率呈现空间集聚特征；长江经济带工业能源效率与经济发展水平、工业比重、政府影响力(财政支出比重)、电力消费比例、研发投入力度呈正相关，与能源消费比例、煤炭消费比例呈负相关，与对外开放水平的关系不明确。提高工业能源效率，长江经济带上游地区应提高研发投入在国民经济中的比重，下游地区要加快能源消费结构的优化升级，而中游地区工业能源效率受能源消费比例影响明显，提升潜力较大。

东童童(2017)以长江经济带为研究对象，运用 DEA-Malmquist 指数法对该区域全要素工业能源效率进行测度，并分析了区域雾霾污染现状。在此基础上，选取长江经济带 11 个省(市)的面板数据，运用空间联立方程对全要素工业能源效率与雾霾污染的交互作用进行分析。结果显示：长江经济带全要素工业能源效率与雾霾污染之间存在显著的交互作用，全要素工业能源效率的提高能够有效降低雾霾污染水平，雾霾污染增加则会导致全要素工业能源效率降低；二者均存在显著的空间溢出效应，空间因素作用能够降低二者之间产生的负效应；整个长江经济带均表现出明显的雾霾污染问题，其中上游地区表现出“低效率”与“高污染”并存的发展现状。

黄国华等(2016)基于 2000—2012 年相关数据，综合运用 Tapio 脱钩模型和 LMDI 模型，研究长江经济带工业经济增长及驱动因素对碳排放的影响。可以得出结论：一是长江经济带工业碳排放量增速趋缓，碳排放强度持续下降。二是长江经济带工业经济增长与碳排放关系经历了脱钩到挂钩再到脱钩的过程，对能源的依赖由弱到强再到弱，工业经济增长方式由集约到粗放再到集约。三是劳动生产率首要是驱动工业碳排放增加，其次是劳动力总数因素;能源强度是抑制工业碳排放增长的主要因素,劳动生产率的驱动作用大于能源强度下降的抑制作用;能源结构、碳排放系数、劳动力地域结构对工业碳排放先抑制后促进,但作用有限。

赵爽和江心英(2018)以长江经济带 11 个省(市)工业行业为研究对象,选取 2006—2015 年面板数据,利用三阶段 DEA 和 Malmquist 指数分析方法对长江经济带工业碳排放效率进行研究。剔除环境因素和统计噪声后,长江经济带工业碳排放效率为 0.580,距离有效前沿面 0.420 个单位,仍有较大的提升空间。规模效率不高是导致整体效率偏低最主要的原因;区域间工业碳排放效率呈现"东部>中部>西部"的格局,东部纯技术效率达到有效,规模效率略低于 1,西部纯技术效率低于中部,中西部的规模效率显著偏低。时间演化方面表现出 11 个省(市)的工业碳排放效率在 2009 年后差距逐步缩小;Malmquist 指数显示,长江经济带全要素生产率变化趋势与技术进步变化基本相同,说明全要素生产率水平的提高主要依靠技术进步来带动。总体而言,优化规模、统筹区域发展、提高科技创新能力是提高长江经济带工业碳排放效率的主要途径。

汪克亮等(2017)指出提高工业绿色水资源效率是缓解长江经济带水资源短缺与水环境污染的重要途径。以地区工业为研究对象,将工业用水与水污染排放纳入分析框架,构建 Epsilon-Based Measure(EBM)-Tobit 两阶段效率分析模型。研究表明 2005—2014 年内长江经济带工业绿色水资源效率较低,地区差异特征明显,工业节水与水污染减排潜力巨大;缩小长江上游、中游与下游三大地区间差距和长江上游各省市间内部差距是未来优化长江经济带工业绿色水资源效率的关键;经济发展水平、工业化程度、工业用水强度、科技进步、政府环境规制力度、地域差异对长江经济带工业绿色水资源效率均有一定影响,但各因素影响方向、影响力度与显著性存在差异。

罗伟峰和王保乾(2017)使用 2005—2014 年长江经济带 11 个省(市)的面板数据,基于投入导向的超效率 DEA-CCR 模型,测算含有非合意产出的全要素工业水资源利用率,利用 Malmquist 指数对全要素工业水资源利用率进行分解,分析工业水资源利用率提高和降低的主要影响因素,对全要素工业水资源利用率进行收敛性分析,判断各地区工业水资源利用率差异的变化趋势。研究结果表明:不同省(市)工业水资源利用率差距明显,下游地区最高,中游地区最低;2005—2014 年长江经济带区域工业水资源利用率总体呈提高趋势;科技进步是推动全要素工业水资源利用率提高的主要因素;长江流域工业水资源利用率呈收敛趋势,省(市)工业水资源利用率差距在缩小。

3. 化学工业布局

周冯琦和陈宁(2016)在对长江经济带现有化学工业布局、化学工业供应链、需求链剖析的基础上,考察产业布局对长江水环境负荷的影响,进而分析目前长江经济带化学工业布局存在的问题。尽管长江经济带经长期发展形成的化学工业布局有其合理性,但仍存在不可忽视的问题以及潜在的不合理的演变趋势,主要表现在以下 3 个方面:长江经济带化学工业布局仍然较为分散,环境污染负荷难以集中监管;产销地分离,长距离运输,环境风险较高;尤其是以规模经济效益为主要特征的石油化工产业近年来有沿江向上游扩张的趋势,这使得长江流域环境污染负荷随之向上游转移,环境风险加大。有鉴于此,长江经济带化学工业应统筹规划布局，发挥产业集聚效益，运用行政、经济、市场等手段，引导石油化工企业进一步向沿海大型基地集聚，化工企业向原料产地或消费地集聚，向园区集聚，引领长江经济带共抓大保护。

刘志彪(2017)指出发展能源重化工业是中国这样的大国经济无法回避的选择，但它并不是“污染天堂”必然的代名词。在长江流域的环境保护工作中，仍然受到地方政府增长偏好、财税体制和生态补偿机制不完善等因素的强烈约束。保护和修复长江经济带，必须加大供给侧结构性改革的推进力度，用最严厉的环保标准控制企业进入，同时加快推进高排放的企业彻底退出，逐步使环境友好型产业占据主导地位。其中，最重要的问题是如何用新型工业化的理念、思路和方法，对沿江沿海地区的能源重化工业进行包括布局在内的结构调整。

张厚明和秦海林(2017)指出长江经济带面临严峻的“重化工围江”局面，数十万家重化工企业沿江布局，使长江经济带的环境污染日益加剧，环境承载力已然接近上限。对此，作者提出 4 点对策建议：加强顶层设计，科学合理编制发展规划；优化国土空间开发格局，推进沿江各地产业转型升级；落实最严格的管理制度，加大生态环境保护考核问责力度；完善政务公开制度，提高公众参与程度。

陈庆俊和吴晓峰(2018)对长江经济带化工产业布局和产业特点进行多角度分析及综合评价，认为长江经济带化学工业长期以来形成的空间布局基本体现了贴近原材料和市场这两大因素，但仍存在化工企业入园率低、中上游石化产业扩张迅速、环境污染负荷梯度向中上游转移、环境风险大等问题，提出长江经济带化工行业优化布局应进一步向沿海大型基地集聚、化工企业向园区集聚、促进行业升级发展。

邹辉和段学军(2019)基于企业数据和空间计量方法，探讨了长江沿江地区 2000—2013 年化工产业空间格局演化及影响因素。结果表明：化工产业主要分布在上海市和江苏沿江地区；中上游部分地区化工产业呈现明显的增长势头，由 3 个主要热点区发展到 20 余个不同规模大小的分布热点，成为化工产业新兴“增长极”；城市主城区化工产业减少而远郊区县增加，分布热点变化也反映了化工产业“郊区化”和“园区化”的过程；相对低端基础的行业呈现集聚趋势，其中肥料业集聚明显；相对高端精细的行业呈现扩散趋势，其中合成材料业分散化明显；地区化工产业增长受到环境规制、外商投资、交通区位等因素显著影响，外商投资和交通区位具有显著的促进作用，而环境规制呈现显著的抑制效果。

4.6.3　城市与城镇化的生态环境效应

我国正处于城镇化加快发展阶段，城镇化肩负实现绿色发展的历史重任。随着新型城镇化进程的加快，如何实现城镇化与生态环境协调发展将是长江经济带发展的核心议题。因此，大量的文献分析了长江经济带内主要城市的绿色发展水平，以及城镇化对生态环境的影响。与此同时，人多地少、土地资源稀缺是我国的基本国情，采用建设占地少、利用效率高的用地方式是国家长期坚持的一项根本方针，集约用地评价对于集约用地具备重要指导作用。认识和探讨长江经济带城市土地利用效率地区差异及其形成机理，对于引导城市土地高效利用、实现区域协调发展具有重要的现实意义。因此，城镇化中的土地利用效率也是相应科学研究的重点。

1. **城市的绿色发展效率**

王旭熙等(2015)以长江经济带的36个城市为研究对象,从生态环境压力、状态、恢复潜力3个维度出发,构建生态环境健康评价指标体系,建立熵权综合评价模型,对各城市生态环境健康进行综合评价。结果表明:长江经济带城市生态环境水平存在明显的空间差异,长江下游城市生态环境综合指数整体高于长江中游和上游。根据长江沿江36个城市生态环境各指标的差异,借助主成分分析排序对其进行分类,将36个城市大致分为六大类型。利用相关分析探讨城镇化与生态环境压力、状态、恢复潜力等指标的关联性,了解城镇化背景下长江经济带城市生态环境水平的差异,结果表明城镇化与生态环境压力呈现指数曲线变化,长江经济带上、中、下游城市间生态环境与城镇化的耦合特征不同。

任俊霖等(2016a)认为城市水生态文明评价指标体系是测量水生态文明、指导城市水生态文明建设的基础。在综述国内水生态文明评价研究文献基础上,按水生态、水经济和水社会三大系统,从水生态、水工程、水经济、水管理和水文化等方面筛选了18项指标,构建了水生态文明城市建设评价指标体系,并应用主成分分析法对长江经济带11个省会城市(含直辖市)的水生态文明建设水平进行测度分析。结果显示:长沙、杭州、成都和贵阳的城市水生态文明综合得分靠前,上海、南京得分较低,并且与其他城市相比差距较为明显;将长江经济带11个省(市)的水生态文明状况划分为5个等级,以体现不同城市水生态文明的差异性,并按空间格局分析了长江经济带东部、中部和西部三大区域的水生态文明程度。

卢丽文等(2016)表明长江经济带城市绿色效率整体水平不高,但有逐步改善的趋势。与规模效率相比,技术效率成为制约长江经济带绿色城市综合效率的主要因素。要改变效率低下的现状,关键在于提高技术效率、推进城市的创新发展、促进产业结构的优化升级。从资源投入的冗余度来看,“土地资源>能源>劳动力>技术>资本>水资源”,长江经济带资源利用率低,存在高投入、高消耗的问题,加快长江经济带中西部地区城市绿色发展,应合理配置资源要素。从期望产出不足度来看,“地方财政预算内收入>社会消费品零售总额>GDP”,长江经济带总体发展模式还是追求经济产出的最大化,而忽视了经济运行的质量与社会效益。绿色效率不高主要集中在资源的过度消耗和环境污染物的过度排放方面,其中环境问题成为城市发展过程中提高绿色效率亟待解决的重点和难点问题。

滕堂伟等(2017)指出长江经济带110个地级以上城市生态环境协同发展能力差异悬殊。协同发展水平较高的城市主要集中在经济发展水平较高、能耗和污染排放较少的城市以及经济发展水平不高、工业污染较少的城市。而生态协同发展能力较差的城市多集中在那些能耗和污染严重的地区。这些城市形成了三大一级城市群和八大二级城市子群的空间分异格局。区域经济发展水平与生态协同发展能力之间在现阶段并非存在严格的对应关系。长江经济带生态协同发展需要切实体现一体化治理(流域性),中央集中性治理(国家战略性),经济、社会、生态、环境统筹性治理(复合地域生态系统)三大内在需求。从长江流域整个生态系统恢复与地方生态环境保护的分工协作入手,处理好中央与地方政府在流域生态环境治理中的责权利关系,实现上下游之间、中央与地方政府之间在生态环境治理实践中的战略协同。

李强和高楠(2018)基于108个城市2004—2014年市级面板数据,测度了长江经济带城市生态效率的时空演变格局。综合而言,长江经济带生态效率水平呈现波动上升态势,长江流域城市生态效率分化特征明显，湖南、湖北和四川等长江上游城市生态效率较高，长江上、中、下游地区城市生态效率依次递减。对生态效率的影响因素研究表明，科技创新显著地提高了长江经济带的生态效率，经济快速增长降低了城市生态效率，这意味着转变经济增长方式、加快科技创新是提高城市生态效率的有效途径。研究还发现，产业结构偏离度有利于提高城市生态效率，而产业升级抑制了城市生态效率的增长，这意味着产业升级并不是提高城市生态效率的捷径。

马勇和朱建庄(2018)将绿色人居看成一个集经济-生态-居住于一体的复杂且具有耦合特征的开放巨系统，正确认识和处理3个子系统之间的关系是推进绿色人居发展的前提和基础。首先，构建区域经济-生态-居住的耦合协调评价指标体系；其次，运用熵值法、耦合协调模型、Jenks自然最佳断裂聚类法，对长江经济带城市群3个子系统耦合协调度水平进行测度、分析和可视化处理。结果表明：长江经济带城市群耦合协调度呈现东高西低、沿海高值高度集中的格局；除昆明市和南昌市外，直辖市和省会城市都有较为显著的首位度效应，低值区集中于四川省境内，集中连片分布。

李芳林和蒋昊(2018)为开展长江经济带城市环境风险评价，在明确环境风险评价的涵义及内容基础上，结合长江经济带城市的生态、经济、社会特点，依据环境风险理论，提出了城市环境风险评价指标体系。选取长江经济带地级以上城市为研究对象，利用空间自相关和热点分析等空间统计方法，展现环境风险的空间分布规律及集聚特征。研究发现：长江经济带风险源危险性和受体敏感性的分布存在空间集聚，受体恢复性不存在显著的空间集聚；长三角为城市环境风险热点区域，冷点主要分布在重庆、湖南一带。因此，长江经济带城市需深入实施主要污染物减排、强化区域环境协作、建立和完善专项的环境风险动态评价平台、加强重点生态功能区环境保护。

李永贺等(2018)对长江经济带110个城市的城市投入产出效率及其与生态环境的耦合关系进行研究。2001—2015年上海在城市资源要素投入产出效率方面明显优于其他城市。攀枝花、六盘水等一些工业城市的城市效率得分低于0.626分。城市效率相对低的城市主要由川西北、皖南等地分布转移到川西南、鄂北等地区分布。从时空格局演变来看，2001—2015年长江经济带城市的全要素生产指数(tfpch)值平均每年提升0.8%。长江下游沿海地区城市和多数沿江城市的tfpch值要明显大于其他城市。攀枝花、马鞍山等资源型城市的生态环境得分最低，并且得分逐年下降，表明在资源开发时对当地的生态环境破坏较为严重。整体上，长江经济带城市的生态环境状况呈现先恶化后稳定的状态。从时空格局演变来看，2001—2015年长江经济带的城市投入产出与生态环境耦合协调性呈现先降低后升高的态势。低度耦合型城市由长江中下游的湘北、苏北等地区转移到鄂西北、湘南等地区。

周莹莹和孙玉宇(2018)以2014年长江经济带37个城市为研究样本，综合地理距离、经济水平、人口规模、碳排放量等因素，构建长江经济带城市碳排放的空间关联网络，并通过社会网络分析对网络结构进行研究。长江经济带城市碳排放空间关联网络的密度值不是很高，整个长江经济带能源流通效率较低；上海、南京、杭州等城市位于网络的中心位置，沪、苏、浙、皖4个地区在网络中发挥积极的控制和调节作用；沪、苏、浙、皖各地区的城市之间存在碳排放的溢出效应，长江经济带各子群的城市之间存在能源资源流通现象，但流通范围较小。长江经济带城市碳排放的空间关联对于自身甚至全国碳减排机制的推进都具有深远的影响。因此，要在整体上把握能源流通和碳排放的传导机制，统筹长江经济带城市群落实低碳减排规划。

成金华和王然(2018)表明长江经济带上下游区域矿业城市水生态环境问题较为严峻；与以金属矿为主要矿种的矿业城市相比，以煤矿为主要矿种的矿业城市在资源开发利用过程中面临更严峻的水生态环境问题；衰退型矿业城市水生态环境质量状况优于处于其他发展阶段的矿业城市，而再生型矿业城市水生态环境质量状况要差于处于其他发展阶段的矿业城市；中下游区域矿业城市水环境质量和上游区域矿业城市水生态安全面临较大挑战。要根据“共抓大保护、不搞大开发”所倡导的生态保护优先、绿色发展、高质量发展的要求，针对不同区域、不同矿种、不同发展阶段的矿业城市制定不同的发展策略，必须开发的战略性矿产资源要走绿色矿业道路，实行最严格的环保管理，矿业城市的发展要以人为本，建设生态宜居城市。

李汝资等(2018)的研究显示，考虑非期望产出的长江经济带城市绿色全要素生产率(绿色 TFP)提升更明显，污染物减排效应反映出的技术进步对绿色 TFP 改善贡献突出；区域差异表现为上、中、下游城市绿色 TFP 增长率依次递减；长江经济带城市绿色 TFP 变化具有显著空间自相关性，局部热点区域表现为上、中、下游“哑铃型”分布，并开始由下游地区逐步向上游地区转移。作者将长江经济带城市划分为绿色 TFP 增长严重滞后型、技术进步引发绿色 TFP 增长滞后型、综合效率引发 TFP 增长滞后型、技术进步滞后型、综合效率滞后型、绿色 TFP 增长稳定型 6 种类型区域，并从提升区域协同发展水平、明确主体功能、强化城市群辐射功能、加快绿色发展动力转换等方面，提出长江经济带实现保护与开发协调发展的主要途径。

郭炳南和卜亚(2018)采用基于松弛变量(Slacks-Based Measure, SBM)超效率模型，测算长江经济带 110 个地级及以上城市的生态福利绩效，并利用 Tobit 模型回归分析其影响因素。研究结果表明：2015 年长江经济带城市生态福利绩效整体处于 DEA 无效状态，长江经济带东部区域城市的生态福利绩效发展水平比较均衡，而中部与西部区域城市的生态福利绩效差距较大；经济规模的扩大与开放水平的提升，对长江经济带城市生态福利绩效有显著的正向影响，而第二产业比重的提高会降低城市生态福利绩效，城市人口密度与城市绿化对城市生态福利绩效的影响并不显著。因此，可以通过加强区域合作、改革监管体制、提高要素使用效率以及提升利用外资质量等途径，来改善长江经济带城市生态福利绩效。

邓宗斌等(2019)基于生态文明建设和新型城镇化的耦合协调发展机理，分别构建了生态文明建设和新型城镇化评价指标体系，运用综合评价模型、耦合协调度模型、相对发展模型和固定效应模型，研究了长江经济带生态文明建设和新型城镇化的耦合协调发展关系及其动力因素。研究结果表明：从综合水平来看，生态文明建设和新型城镇化发展的不充分、不平衡问题突出，特别是生态文明建设；从协调发展水平来看，长江经济带总体处于初级协调阶段，东部处于中级协调阶段，中部和西部处于勉强协调阶段；从相对发展度来看，长江经济带总体和中部为低水平的同步发展型，东部为生态文明建设滞后型，西部为新型城镇化滞后型；从动力因素来看，动力开发不充分问题突出，且地区间的主要动力差异显著。

钟茂初(2018)基于“胡焕庸线”的生态承载力内涵，测度分析了长江经济带 47 个主要城市的生态承载力，并根据生态环境质量合意指标与实际指标的比较，分析了各城市的合理发展取向。研究结果显示，长江经济带主要城市的基本态势是多数城市处于生态环境质量“良好”的边缘、多数城市“宜维持当前规模”。基于博弈分析，作者还讨论了长江经济带生态功能区生态保护的责任分担与生态补偿的理论机理，提出某一生态功能区的保护责任应基于“生态价值分享指数”，由所在城市、相邻周边城市、递延周边城市分担。

2. 城市的土地利用效率

张荣天和焦华富(2015)以长江经济带为研究区域，综合运用 DEA 模型、ESDA 统计指数及 Tobit 线性回归模型等方法，对长江经济带城市土地利用效率格局演变及驱动机制进行分析。研究结果表明：2000—2012 年长江经济带城市土地利用效率总体呈上升趋势，存在显著区域差异，且技术效率高于综合效率和规模效率；从全局来看，城市土地利用效率呈现正的空间自相关，效率高 H(低 L)的城市相互空间邻接；从局部来看，城市土地利用效率的 L-L 类型主要集中在川西高原区，空间分布形态较平稳，而效率 H-H 类型主要分布在上海及苏南地区，并逐渐向绍杭、皖江地区演化，从“一字形”转向“Z 字形”分布；城镇化、经济发展、产业结构、科技水平及土地市场化是研究期长江经济带城市土地利用效率格局时空演变的主要驱动力。

谢锋等(2017)指出人多地少、土地资源稀缺是我国的基本国情，采用建设占地少、利用效率高的用地方式是国家长期坚持的一项根本方针，集约用地评价对于集约用地具备重要指导作用。以长江经济带主要地级市 2000—2014 年相关建设用地数据、社会经济数据为基础，从建设用地投入水平、利用程度、产出水平和可持续性 4 个方面，构建建设用地利用评价体系。用主成分分析法，对 2001—2005 年、2006—2010 年和 2011—2014 年 3 个时段的建设用地集约水平进行评价并赋分，利用 Arcgis 软件空间化显示，结果表明：在时间上，长江经济带的城市土地集约利用水平整体呈现上升趋势；在空间上，经济带东部城市建设用地集约节约水平总体高于西部；城市建设用地集约水平与经济发展水平呈现明显相关性。

李璐等(2018)利用超效率 DEA 模型、重心模型、泰尔指数和地理探测器模型，系统研究了 2004—2014 年长江经济带 105 个城市土地利用效率的时空演化格局、地区差异及其形成机理。研究表明：2004—2014 年长江经济带城市土地利用效率呈明显上升态势，其地理重心总体由西向东、由南向北迁移；在空间上，长江经济带东、中、西部地区均出现“中心-外围”空间分异格局；长江经济带城市土地利用效率的泰尔指数表明地区差异显著，且东、中、西部地区出现“组内趋同而组间趋异”特点的“俱乐部趋同”现象；城市土地利用效率受控于多种复杂因素，从长江经济带整体来看，社会经济因素对城市土地利用效率空间分布的决定力最高；不同区域的主导因素存在显著差异，从东部、中部到西部，主导因素呈现由区域自身条件及内在动力向外部要素转变的特征。

陈恩等(2018)基于超效率 SBM 模型，分析了长江经济带 105 个地级市土地利用效率的空间分布差异。借助 Malmquist 指数，揭示了 2001—2014 年不同规模城市土地利用全要素生产率(TFP)的时间演变趋势，在此基础上进行了土地利用效率的收敛性检验。结果表明：长江经济带城市土地利用效率总体水平较低，空间分布具有区域差异性；城市土地利用效率存在典型的规模等级递增效应，城市规模越大的土地利用效率越高；不同规模的城市土地利用 TFP 均呈现下降趋势，但影响因素差异较大；收敛性检验表明，不同规模城市的土地利用 TFP 均存在收敛，且最终收敛于各自稳态水平，不同规模城市之间土地利用效率差异在短时间不会自动消失。

向文等(2018)对 2005—2020 年长江经济带土地生态安全警情状况进行分析，为长江经济带土地生态环境保护提供决策参考。研究结论如下：2005—2015 年长江经济带土地生态安全整体状况改善，土地生态安全级别由“较不安全”提高至“临界安全”，但形势依然不容乐观；2016—2020 年长江经济带各城市土地生态安全警情出现向高、低警度两端聚集的趋势，“轻警”和“重警”城市增多，城市间土地生态安全水平差距将继续变大，且Ⅱ类大城市土地生态安全改善幅度最大；长江经济带各城市土地生态安全状态呈现“东中部和西南部优，西北部劣”的格局，西北部的攀枝花市、凉山彝族自治州、甘孜藏族自治州、阿坝藏族羌族自治州等是土地生态安全敏感区；经济密度、单位土地废水负荷和人均公园绿地面积是影响长江经济带土地生态安全的敏感因子，也将是今后调控的重点。

金贵等(2018)以长江经济带 110 个地级市为研究对象，基于 2005—2014 年的市级投入产出面板数据，引入随机前沿模型(SFA)测度城市土地利用效率，并对其空间关联特征进行分析。结果表明：2005—2014 年长江经济带城市土地利用效率由 0.344 升至 0.530，累计提升率为 54.07%，呈现明显的增长趋势；上游效率增长速率快于中游和下游；全域土地利用效率仍有较大上升潜力。城市土地利用效率呈现“条块状”分布特征，从东向西逐步递减，不仅省内、省际差异显著，上中下游的差异也较大，下游地区土地利用效率最高、中游次之、上游最低。10 年间城市土地利用效率 Moran's I 均大于零且逐年上升，说明城市土地利用效率存在空间正相关性，且集聚特征逐年增强，LISA 空间形态呈现“小集聚、大分散”特征，H-H 集聚区沿浙江、上海向外扩散，L-L 集聚区集中于皖北、川北等地。

3. 城镇化的生态环境效应

彭迪云等(2015)以长江经济带 11 个省(市)为研究对象，运用主成分分析法，综合多种指标以量化雾霾污染程度，并在此基础上构建门槛面板回归模型，以居民消费水平为门槛变量，实证研究 2001—2013 年该地区城镇化发展对雾霾污染影响的门槛效应。研究表明，城镇化发展与雾霾污染之间存在显著的“双门槛效应”。当居民消费水平低于第一道门槛时，城镇化发展会加速雾霾污染；跨越第一道门槛时，城镇化发展对雾霾污染影响有所减弱，但仍为正向促进关系；跨越第二道门槛时，城镇化发展对雾霾污染的作用则转变为负向关系。

温彦平和李纪鹏(2017)通过构建合理的指标体系，评价长江经济带内各省级行政单位的城镇化状态以及生态环境承载力状况；利用耦合度模型与协调度模型，对 2006—2015 年长江经济带内各省城镇化与生态环境承载力协调关系进行研究。结果表明：研究期内长江经济带内各省份城镇化水平不断提高，城镇化水平由东到西存在一定程度的渐变规律，生态环境承载力变化情况则较为复杂多样；与其他省份相比，云贵川 3 省城镇化水平依然偏低，其较好的生态环境承载力开发潜力有待进一步挖掘；安徽、湖北、湖南、江西、重庆 5 省(市)城镇化水平有较高的提升空间，同时应该注意生态环境的保护；上海市的生态环境承载力与城镇化发展矛盾突出，二者相互制约；江浙两省协调状况良好，但江苏省城镇化水平与生态环境承载力耦合性持续下降，其协调性有退化趋势。

张雅杰和刘辉智(2017)探究了长江经济带 2005—2014 年城镇化与生态环境耦合协调关系,为统筹谋划整个区域健康发展提供理论基础。以长江经济带九省二市为研究区域,建立长江经济带城镇化与生态环境协调发展评价体系,采用变异系数法和耦合测度模型,从时间、空间两个维度分析长江经济带城镇化与生态环境耦合协调关系。从时间序列来看,2005—2014 年长江经济带城镇化与生态环境耦合协调度呈持续上升趋势,但城镇化指数增长速度快于生态环境指数。从空间格局来看,长江经济带城镇化与生态环境协调发展水平呈现与经济发展格局相一致的地势阶梯特征,即"上游地区<中游地区<下游地区",而从省域视角分析,长江经济带城镇化与生态环境协调发展水平空间差异明显,在空间上呈现"东北-西南"格局,具体表现为东北高、西南低。

柳梦畑和夏良科(2017)基于长江经济带 110 个地级市 2005—2015 年的面板数据,构建包含城镇化因素的 STIRPAT 模型,分析城镇化对 3 种常见工业污染物(工业 SO_2、工业烟粉尘、工业废水)排放量的影响及其作用机制,同时比较其在长江三角洲城市群、长江中游城市群和长江上游城市群之间的差异。研究发现:人均 GDP、城市人口数量和城镇化均是影响 3 种环境污染物排放的因素;在整体层面,城镇化率与 3 种工业污染物均存在明显的环境库兹列茨曲线关系,其中工业 SO_2 排放量受城镇化率变化的影响最大;在分样本的 3 个城市群中,城镇化进程均有利于区域内工业废水排放量的减少,在下游的长三角城市群中,城镇化进程会减弱能源强度对工业 SO_2 和工业烟粉尘排放量的促进作用,而上中游城市的这种间接作用还不明显。

郑垂勇等(2018)基于长江经济带 2006—2015 年省际面板数据,测度了长江经济带绿色全要素生产率的实际水平,并构建了以城镇化率为门槛变量的门槛模型,重点探讨了城镇化率与绿色全要素生产率间的非线性关系及其时空差异。结果表明:区域绿色全要素生产率年均增长 2.31%,但增长幅度呈下降态势;技术进步增长是绿色全要素生产率增长的主要动力。城镇化率总体上降低了绿色全要素生产率,但呈现显著的双门槛效应;当城镇化水平分别跨越 38.7%和 53.1%两个门槛值后,城镇化率对绿色全要素生产率的负效应不断减弱,然而当前的城镇化质量尚未达到促使绿色全要素生产率产生正向溢出的水平;从空间来分析,长江经济带城镇化发展不均衡,城镇化率对绿色全要素生产率的负向影响程度呈现"上游>中游>下游"的态势。

张泽义(2018)以城镇化综合指数为期望产出,并纳入环境污染,运用 SBM 方向性距离函数和 Luenberge 生产率指数,测算长江经济带 11 个地级市(州)2005—2014 年的绿色城镇化效率、城镇化全要素生产率及其成分,采用 Tobit 模型实证分析影响绿色城镇化效率的因素。研究结果表明,忽略环境污染将高估真实城镇化效率水平,绿色城镇化效率水平呈现东高西低态势,环境污染是效率损失的主要原因;长江经济带城镇化全要素生产率的不断提高主要源于纯技术进步的大幅提升,但提高有所放缓;政府财政支出是城镇化效率提高的主要因素,产业结构对城镇化效率具有积极作用,且第三产业比重的作用更大;外商直接投资的影响具有地区差异性,中上游存在"污染天堂"效应,而下游的"污染光环"效应更加显著;市场力量对城镇化效率提升具有积极影响,环保意识与城镇化效率的正向关系仅下游较为显著。

吴传清和吴重仪(2018)采用环境监测数据空气质量指数(AQI)和贝叶斯高斯混合模

型，测度长江经济带地级及以上城市环境质量及其时空演变趋势，采用空间计量模型实证检验长江经济带环境质量的影响因素。研究发现：经济增长与长江经济带环境质量正相关，但环境库兹涅茨曲线并不成立；环保技术研发的政产学研链条并不完善，政府科研支出未能明显提升环境质量；外商直接投资的清洁生产及技术外溢效应与环境恶化效应相抵消；财政分权可能影响环境质量，但地方政府借助信息优势等可增强环保政策实用性，部分抵消财政分权负面效应。进一步提升长江经济带环境质量，实现绿色发展，沿线城市必须促进企业环保技术研发和自主创新，完善外商直接投资引进机制和环保体制。

4.7 长江流域管理的机制体制改革

深化政府的机制体制改革，是长江大保护得以推进的制度保证。学者们普遍希望从法律、制度和政策等方面对长江经济带的管理方式进行改革，促进长江经济带的绿色发展。

4.7.1 长江保护法律体系

流域综合管理是一项系统工程，需要综合运用行政、法律、经济等多种手段。随着依法治国、依法行政的稳步推进，健全法律法规体系，为长江流域综合管理提供法律支撑，显得越来越重要。新中国成立后颁布了一大批流域管理法律、法规、规章和规范性文件，为长江流域综合管理走上法制化道路奠定了良好基础。因此，学术界对制定长江流域管理与保护相应的法律体系呼声很高，如制定综合性的《长江法》、《长江保护法》以及专门的长江水资源保护法律等。包括法学专家、生态学家和经济学家等多学科在内的学者们纷纷发声，在借鉴国外流域立法经验的同时，充分考虑长江流域的具体情况，对长江立法的基本原则、基本思路和主要内容等进行了分析。

吕忠梅和陈虹(2016)围绕是否需要为长江立法、应该为长江立什么样的法、如何才能立好“长江法”3个基本问题进行分析。关于是否需要为长江立法，国家战略新定位与发展新理念要求长江经济带建设具备完善的顶层设计，生态系统的重负荷与保护紧迫性要求长江经济带建设“生态修复优先”有抓手，流域机构的弱管理与九龙分治格局要求长江经济带建设以改革的方式创新体制机制，依法治国的总布局与深化改革目标要求长江经济带建设规则先行、于法有据。关于应该为长江立什么样的法，从长江经济带建设的历史使命，确定长江经济带建设的重大利益关系，创新长江经济带管理体制、构建多元共治体系，重构法律制度、协调沟通法律部门之间的关系等多方面出发，都决定《长江法》必须是综合法。关于如何才能立好《长江法》，开展调查研究，完成“从事理到法理”的转变；创新体制机制，实现从“单维管制”到“多元共治”的体制机制转变；梳理整合制度，实现从“单项局部立法”到“多项综合立法”的转变。

周珂和史一舒(2016)讨论了《长江法》立法的必要性、可行性和基本原则。在必要性方面，制定《长江法》是长江流域水资源属性的客观要求，是解决长江流域水资源保护与长江经济带发展矛盾的重要举措，而且我国现有的水资源立法不直接以长江流域水资源管理与保护为内容，无法适应现实需要。在可行性方面，国内长江流域水资源管理与保护的规范性文件及国外相关立法经验为《长江法》的制定奠定了法律基础，现有的组织管理机构设置与科研成果、基础资料为《长江法》的制定奠定了实践基础。《长江法》应以绿色发展原则、流域综合管理原则、流域水资源保护与流域水资源管理相结合原则、公众参与原则这四大基本原则为主线，立法内容应着重解决水资源的管理与保护、水工程的环境与安全管理以及水事纠纷处理等问题，同时还要特别关注长江流域管理体制的重构和流域生态补偿制度的问题，力图实现《长江法》的科学性与民主性，并能够满足长江流域保护实际工作的需要。

吴国平和杨国胜(2016)指出国家关于水资源保护制定了一系列的法规，初步形成了法规体系，但长江流域的水资源保护具有一些特殊性，如三峡工程、南水北调工程、上游梯级水电开发的累积影响等，因此，流域水资源保护需要有一些针对性强的法规。从实施有关法规的需要和从长江流域水资源保护实际需要出发，探讨了制定流域配套法规，以解决长江流域水资源保护中的特殊问题。长江流域水资源保护立法应注重对长江及其水资源经济功能和生态功能的统一保护，遵循以流域为单元进行保护以及预防为主的原则，立法内容要体现长江流域的特点。

叶必丰(2017)认为长江经济带省市因长江而紧密地联结在一起，因国家战略而具有共同任务，因具有地方事权、可裁量性和法律上的“协商条款”而具有法律基础，对国民经济和社会发展规划的编制和实施必须协同。长江经济带省市国民经济和社会发展规划编制和实施的协同，需要建立和完善下列行为法机制：需要征求和听取意见、联席会议、列席人代会、法律合同、协同基金以及第三方评估；需要建立和完善组织法机制，改革现有的长江水利和航运机构，组建统一的领导机关，即长江经济带发展合作委员会，可作为国务院的直属机构或中央政府的大区级派出机关。

罗念和付炫平(2018)指出加强和改进长江经济带内各省市的环境立法，是全面实施“生态优先”的长江经济带发展战略的重要制度前提。以湖北省为例，在深入分析当前环境立法工作存在的主要问题基础上建议，加强和改进长江经济带内的地方环境立法需要从4个方面入手：一是进一步发挥地方人大的立法职能，提高其环境立法效力；二是深化“立改废”改革，提高环境立法分布的均衡性；三是建立以可持续发展为根本评价标准的环境立法评估机制；四是积极探索跨省域的协同环境立法模式。

陈泽章(2018)认为水资源是人类赖以生存的必备要素之一，且长江是中华民族的“母亲河”，习近平总书记近年来不断地对长江流域保护工作作出指示。因此，如何有效地保护好长江流域水资源，达到可持续利用的目的，是摆在我们面前的一项重要课题。长江流域水资源法律保护存在的问题主要是没有完善的水法体系作支撑，缺少流域单独立法，管理机构执法水平有待提高，水权制度不明确，没有健全流域生态补偿机制，公众参与程度不够。解决之道便是在原有基础之上，构筑起完备的水法体系，为长江流域单独立法，并在此基础上建立系统的流域管理机构，建立健全水权制度和生态补偿制度，呼吁广大群众积极参与长江流域的保护。

付琳等(2018)指出长江对我国社会经济的可持续发展、生态健康和安全有着重要意义，由于气候变化以及人类不合理的开发利用，长江流域生态环境问题面临严峻的挑战。为保护母亲河，亟需《长江保护法》来规范流域开发和保护活动，为长江大保护提供法治保障。结合长江实际，分析长江保护面临的现实问题和制度困境，对《长江保护法》的立法基础、立法思路以及制度选择进行论证，提出长江保护立法应以习近平总书记关于保障中国水安全和长江经济带发展系列重要讲话为基本遵循，解决长江生态环境突出问题，提高长江大保护法律的针对性和适用性，健全流域管理体制机制，建立严格的法律制度体系，为长江经济带发展保驾护航。

4.7.2 区域协调机制研究

长江经济带作为流域尺度经济区，涉及主体众多、利益复杂，生态环境治理面临较大的难度。分割的行政区域管辖和部门管理体制容易使长江流域生态环境治理陷入"碎片化"困境，从而偏离流域整体性治理和公共治理要求。因此，学者们普遍希望建立一个长江流域统一的协调机制，使政府、企业、公众等社会主体充分联动，驾起部门之间、上下游各省份之间、陆地和水体之间、产业之间的桥梁，形成强大的"长江大保护"合力。

方创琳等(2015)指出应以流域一体化和交通一体化为主线，推进长江经济带城市群建设的一体化和市场化进程，构建"1＋2＋3"分级梯度发展的长江经济带城市群新格局；以差异化驱动力为支撑，因地制宜地突出各级各类城市群的发展优势与建设重点。未来为确保长江经济带城市群可持续发展，应采取以下战略措施：成立长江经济带城市群一体化发展委员会，建立流域一体化的统筹协调机制；遵循城市群发育的科学规律，避免脱离实际催生扩大城市群；构建以城市群为战略桥墩的上下联动、以轴串群的流域生态经济带束簇状城镇体系；建立长江经济带城市群发展的公共财政制度和公共财政储备机制；加强长江经济带城市群发展的生态环境联防联治，建成生态型城市群；加快长江经济带城市群发展的创新驱动步伐，建设创新型城市群；重点建设一批支撑长江经济带城市群发展的重大工程和国家级新区。

李志萌等(2017)指出长江经济带是世界规模最大的内河产业带，受制于行政分割，全流域 11 个省(市)之间开发与保护不协调、竞争与合作不同步、上下游利益诉求不一致等问题突出，直接影响长江承载能力和发展潜力。在"共抓大保护、不搞大开发"的新战略要求下，统筹好长江经济带开发、利用和保护等问题，把长江经济带建成生态文明建设的示范带、创新带、协调带，亟须打破分割的旧格局、创建协调的新机制，形成长江全流域共抓、共管、共建、共享、共赢的绿色发展局面。

王维等(2017a)认为长江经济带建设已纳入国家战略，一体化建设研究势在必行。长江经济带区域涉及上中下游三地、六大城市群和八大国家新区，城市群和新区间的有机联系成为区域一体化建设的关键因素。作者首先对长江经济带经济发展、产业结构、资源环境和交通体系进行现状描述，然后对区域一体化的经济性、均衡性、生态性和公平性四大要素进行分析，最后提出长江经济带一体化发展的对策建议，即：重点发展国家级新区，带动区域均衡一体化发展；六群联动优化配置产业布局，促进分工协作发展；建立多样化补偿机制，打造区域生态可持续发展；完善流域交通基础设施，发挥长江联运交通优势。

秦尊文(2018)指出党的十九大报告强调以"共抓大保护、不搞大开发"为导向推动长江经济带发展，要求以城市群为主体构建大中小城市和小城镇协调发展的城镇格局。为了研究长江经济带城市群的联动发展、建立更加有效的区域协调发展新机制，使中央提出的"区域协调发展战略"落到实处，建议建立长江经济带城市群联动发展机制，完善城市群综合交通体系，构建流域生态化城镇体系，积极推广“飞地经济”模式，并共推城市群国际产能合作。

彭中遥等(2018)指出虽然我国一直较为重视长江流域保护工作，但仍然存在碎片化保护的困境，因此，有必要探讨长江流域一体化保护的法治策略。长江流域一体化保护尚存缺乏统一协调的立法规范、环保执法机制不完善、环境司法专门化建设任重道远等法治困境，这严重阻碍长江流域保护工作的有效推进。为了应对上述困境，应当尽快制定长江流域保护综合性立法、构建长江流域一体化保护执法机制、加强长江流域环境司法保障，以促进长江流域保护工作的稳步、有序与健康发展。

李奇伟(2018)认为在科层管理体制下，分割的行政区域管辖和部门管理体制容易使长江流域生态环境治理陷入“碎片化”困境，从而偏离流域整体性治理和公共治理要求。为此，需要推动治理模式从科层管理向流域共同体治理转变，使政府、企业、公众等主体基于伙伴信任关系与共同利益形成参与、合作、共同担责的流域社会集合体。从法制层面来看，为实现流域共同体治理目标，应在借鉴域外经验基础上，结合本国实际推动《长江法》立法进程，构建权义明确、多元融合的共同体治理主体制度，形成中央引导、流域管理机构协调、地方参与的磋商合作制度，构建完善信息公开与公众参与制度、流域环境污染和生态破坏联合防治制度、多元纠纷解决机制，为流域共同体治理提供政策法律保障。

罗志高和杨继瑞(2019)认为长江经济带作为流域经济，涉及主体众多、利益复杂，生态环境治理面临较大的难度。传统的科层型治理、市场型治理、自治型治理机制都无法为长江经济带生态环境治理问题提供较好的解决方案。在综合 3 种治理机制基础上，提出建立网络化治理机制，以整合多元主体力量推进协作共治。为此，要完善多层治理的责权利分配机制，着力矫正地方政府行为偏差；强化区际伙伴治理，健全多元化、市场化生态补偿机制；深化多元主体合作伙伴关系，探索多元主体间伙伴治理的组织形式和运行机制。

何寿奎(2019)认为长江经济带的内河建设、工农业生产领域的污染物排放量大，生态空间被挤压，环境管理体制机制存在壁垒，多元治理利益分配与补偿机制不完善，生态产品购买选择与评价机制不完善，排污权交易与环境监管机制有待完善。提出长江经济带生态环境与绿色发展协同机制，从组织制度、价值协同、市场机制、成本分担与利益分配维度，构建长江经济带沿线政府组织、政府与企业、政府与社会公众、不同企业之间的环境治理与绿色产业发展多元协同共治动力机制，提出营造长江经济带环境治理与绿色产业发展协同推进的政策环境、构建生态环境服务定价机制与补偿机制、加强服务监督与评价等政策建议。

4.7.3 生态补偿制度探索

完善长江经济带生态补偿机制，是避免污染转移和促进区域可持续发展的重要途径。学者们对长江流域相关地区居民的生态补偿认知情况和受偿意愿进行实地调研。运用各种理论方法，在局地和跨界两个层面，考虑纵向的财政支付和横向的生态补偿两种途径，对补偿主体和客体、可采取的补偿方式和途径及确定补偿标准都进行讨论。在此基础上，提出相关的政策建议以保障生态补偿机制的有效实施。

卢新海和柯善淦(2016)通过计算长江流域各省级行政区之间水资源生态服务价值的差异，建立各省间水资源利用和经济补偿的联动关系，促进区域协调发展。长江流域各省水资源生态服务价值总量高达 9.37×10^{12} 元，各省生态服务价值也都在 3.1×10^{8} 元以上。在整体上，长江流域水资源生态服务价值呈现两端低、中间高的趋势，上中下游生态服务价值比例分别为 44%，49%和 7%。因此，处于长江流域下游以及中游的地区理论上应当对上中游地区水资源保护以及"生态服务价值外溢"进行相应的补偿。长江流域总体应获得 1 193.53 亿元的水资源生态补偿。

熊兴和储勇(2017)以修复长江经济带生态环境作为切入点，基于生态足迹理论与方法，测算了长江经济带各省市生态足迹、生态承载力、生态赤字及生态投入与生态补偿标准，探讨了长江经济带生态补偿的政策思路。结果表明：2013 年长江经济带整个流域内均为生态赤字，生态压力较大，特别是长江中下游生态安全问题严重，化石能源地、草地和水域等土地资源开发过度；通过构建长江经济带生态补偿标准模型，得到长江中下游地区对长江上游地区总的生态补偿额为 514.797 5 亿元，有助于长江经济带生态保护和经济协调可持续发展。

邹晓涓(2017)以武汉高校教师为调查对象，调查受访者对长江流域生态补偿的认知情况和偿付意愿。调查发现：受访者虽然关注环境问题和居住地环境的改变，但在日常生活中并不注重环保行为，对环境法规和流域生态补偿政策也不了解，环境观念并不一定能转化为人的日常活动的环保准则。运用条件估值法(CVM)对长江流域生态补偿的支付意愿和受偿意愿进行分析，并采用 Spike 模型计算受访者对长江流域环境改变的支付意愿和受偿意愿的期望值。未来流域生态补偿的资金来源可以采取居民支付和政府设置专项资金相结合的手段。从偿付方式来看，对于支付者可以提供多种支付方式的选择，对于受偿者尽量采取现金补偿的方式。调查显示，人的环保行为并不完全受环境观念的影响。因此，政府应当细化环境行为的约束规则，普及环境政策和环境法规，从制度层面强化对日常环保行为的约束。

李长健等(2017)对长江流域相关地区居民的生态补偿认知情况和受偿意愿进行实地调研，并采用 Logit 模型和回归分析法对该地区居民受偿意愿进行实证分析。居民受偿意愿主要受文化水平、职业和生态补偿认知的影响。文化程度越高，居民在补偿标准确立意愿方面表现越强烈；职业因素对居民在补偿主体选择、现金补偿计算依据和非现金补偿方式选择方面的影响较强，对生态补偿了解情况则对上述各个方面都有影响。此外，在选择补偿主体方面，国家机关层面居民选择地方政府作为补偿主体的意愿大于国家作为补偿主体的意愿；在选择补偿标准方面，选择相对独立的评定或监督机构和企业制定补偿标准优于国家制定补偿标准；在现金补偿依据方面，按影响程度计算更优于按耕地面积计算；在非现金补偿方面，优惠政策优于其他形式的非现金补偿。作者基于研究结论，结合长江流域特点，提出 6 个方面的政策建议。

董战峰等(2017)指出建立流域生态补偿机制是解决长江流域生态环境问题、促进流域水生态环境资源资产增值、实施流域综合治理的长效政策手段。在借鉴全国跨界流域生态补偿机制实践经验的基础上，加快推进建立长江流域生态补偿机制是长江经济带实施生态优先战略的重要途径。作者分析了长江流域生态补偿机制建设面临的主要问题与挑战，提出了长江流域生态补偿机制建设的总体思路和框架，建议长江流域生态补偿机制建设的重点是处理好中央政府和流域上下游地方政府的角色关系，以及补偿主体、客体的经济和生态责任关系等八大关系。

王坤等(2018)指出流域上下游生态补偿是环境管理的重要手段,长江等大型流域由于涉及省份多,上下游之间经济发展、生态环境问题等差别较大,利益诉求不同,在补偿的主体与客体的认定、补偿模式以及补偿标准确定等方面均存在一定的难度。作者分析了国内外流域生态补偿机制与实践经验,按照"谁开发、谁保护,谁破坏、谁恢复,谁受益、谁补偿,谁污染、谁付费"的原则,设计了各级政府主导下纵横向补偿相结合的长江经济带流域上下游生态补偿方案,并基于保护和治理措施的不同,分类提出了以任务量为基础、以生态环境质量改善为目标的补偿测算标准,同时对补偿机制的实行提出了意见建议,以期为我国长江经济带上下游流域及其他大型流域生态补偿机制建设工作提供可参考的方法。

陈伟等(2018)在界定政府主导型生态补偿、流域生态补偿效率概念的基础上,详细阐述了流域生态补偿效率影响因素的作用机制,以此构建流域生态补偿效率产出端的指标体系,并运用层次分析法-数据包络分析(AHP-DEA)模型,测度长江经济带生态补偿效率。近 10 年来长江经济带生态补偿综合效率以 4.7%的年平均速度上升;长江经济带生态补偿直接效率呈"U 型"上升趋势,各城市之间以及河流、大气、土壤三大系统之间的生态补偿直接效率差异化明显;长江经济带生态补偿间接效率显著上升,差异化水平呈"倒 U 型"变化趋势。应建立和完善流域生态补偿的顶层设计,促进跨行政区域的合作机制重构和政策创新;应构建流域生态补偿效率评价体系,参照负面清单管理模式,选择负向性指标;应定期优化流域生态补偿效率评价体系,参照评价结果,适时改进生态补偿机制、市场机制在流域生态补偿不同阶段的应用。

潘华和周小凤(2018)认为多年的经济大开发使长江流域生态环境不堪重负,作为流域生态环境治理重要手段的生态补偿,其实现路径仍主要依靠纵向的财政支付,横向的生态补偿难有大的进展。长江流域的生态补偿政策措施多集中在省内或省际间的水污染治理,缺乏全流域治理的制度安排。应考虑基于国土治理与产权视角,通过确认计量长江流域上下游生态补偿的权利责任,探索一条政策引导、市场主导的长江流域横向生态补偿准市场化路径,以期破除地方"各自为政"的利益藩篱,提高其生态补偿效率。

曹莉萍等(2019)认为跨较大空间范围流域内的城市群因地理区位、自然资源禀赋和社会经济结构等要素相似,从而使城市群内流域生态补偿机制的设计具有相似性,但不同城市群的流域生态补偿机制设计却因上述要素的不同而存在较大差异,而且仅研究单个城市生态系统及其协作管理并不能从根本上解决区域(包括城市群中流域、流域中城市群)生态环境问题。从城市群视角出发,研究区域协调发展能够提高城市间合作程度和政策制定的协调度,并为流域生态环境治理和生态系统服务供求平衡研究提供了一条新思路。以长江流域为例,研究典型城市群的流域生态补偿机制,对比不同城市群与城市群之间生态补偿机制设计的异同,形成基于城市群的长江流域生态补偿机制设计创新。为创新基于城市群的流域生态补偿长效机制和协调流域城市群生态环境保护体制提供政策建议。

杨光明等(2019)运用演化博弈理论,对三峡流域上下游政府保护(补偿)行为演化博弈过程进行研究,构建未引入中央政府参与机制和引入中央政府参与机制的"三峡流域上下游政府行为"演化博弈模型,运用系统动力学 Vensim 软件进一步验证,借以探究三峡流域上下游政府在生态补偿机制建设中的政策行为变化趋势。研究结果表明:中央政府制定合理的奖惩机制，可以有效抑制上下游政府政策行为波动；三峡流域上下游政府在合作时初始意愿值对生态补偿建设的发展有显著影响；签订有约束条款的治理协议，可以提高三峡流域生态补偿治理效率。

4.7.4 生态保护红线划定

生态保护红线是在自然保护区、重点生态功能区、风景名胜区、森林公园等诸多区域生态管理制度不断实践的基础上，面对中国国土开发和生态保护的复杂关系，继承和创新提出的一种新型区域生态管控制度，它已经成为推动国家生态文明建设的重大战略。但是，在生态红线的划定过程中，存在许多争议，面临许多阻力。科学家们在文献中充分说明了生态保护红线对于长江大保护的重要性，阐述了生态红线在落实中存在的问题，并且提出了许多对策和建议。基于生态保护红线“生态功能不降低、面积不减少、性质不改变”的管控目标，科学家们还评价了长江流域生态空间的范围。

高吉喜(2016)指出长江经济带生态环境脆弱，资源开发、经济发展和生态环境保护之间存在尖锐矛盾，水资源、水环境和水生态均面临不同程度威胁，生态环境保护面临巨大挑战。在长江经济带划定生态保护红线，实行严格保护的空间边界与管理限值，是不断改善生态环境质量的关键举措。作者分析了长江经济带在划定过程中存在的落地难度大、与各类规划有交叉重叠、配套政策缺失等问题，提出了从构建区域生态安全格局、加大区域生态修复和保护、建立统筹协调的红线管控制度等对策和建议，以推进长江经济带大保护。

陈进(2018)根据国家生态功能区划、长江流域综合规划等相关成果和长江生态环境存在的问题，分析了长江流域生态红线设置和主要保护对象，并提出了生态保护对策建议。研究结果表明：长江流域现存的保护区或者生态功能区数量和类型众多，但连续、成片、生态功能齐全的保护区较少，保护区片段化问题比较严重，容易受人类活动影响。建议从流域整体生态系统保护角度着手，完善各类保护区管理的体制和机制，协调各类保护政策、专项行动和能力建设，加大保护力度，实现有效的生态红线和旗舰物种的保护。

邓伟等(2018)指出划定并严守生态保护红线，是破解长江经济带资源开发、经济发展和生态环境保护之间尖锐矛盾的重要手段。完善长江经济带生态保护红线监管体系，是严守生态保护红线的关键环节，是实现“图上红线”到“地块红线”转变的重要保障。作者分析了长江经济带各省市在生态保护红线划定及严守过程中面临落地难度大、法律法规建设滞后、制度配套不完善、监管体制不健全、监管能力薄弱等诸多问题，提出了以加快完善生态保护红线立法体系为突破口，以严格的生态保护红线环境准入制度、监督巡查制度、评价考核制度、责任追究及赔偿制度、生态补偿制度等系列制度为重点，着力提升长江经济带生态保护红线执法监管能力，加大宣传、教育和鼓励公众参与，分区域、分步骤实施生态保护红线区域生态保护修复等对策和建议，以推进长江经济带大保护。

孔令桥等(2019)以长江流域为对象，探讨面向流域生态空间规划的方法与管理对策。选择生态系统服务指标(水源涵养、洪水调蓄、水质净化、水土保持、生物多样性维护)和生态敏感性指标(水土流失、石漠化、土地沙化)，基于流域水文路径分析以及与其关联的生态系统服务的受益人口，提出一种流域尺度的生态空间规划方法。研究结果显示：长江流域生态空间面积为102.25万平方公里，占长江流域总面积的57.42%，其中森林占52.87%，灌丛占 19.51%，草地占 18.96%，湿地占 4.26%，保护了 79.47%的水源涵养功能、86.99%的洪水调蓄功能、78.09%的水质净化功能、80.60%的水土保持功能以及 86.49%的自然栖息地。在生态空间规划的基础上，进一步探讨了长江流域生态保护红线的格局，现阶段生态保护红线面积为 59.25 万平方公里，占长江流域总面积的 33.27%，其中上游占比为 59.24%，中游和下游分别占比 38.05%和 2.71%。

4.7.5 流域河(湖)长制研究

河(湖)长制是中国面向流域水资源的管理制度创新，具有重要的科学意义和应用价值，有利于加强河湖流域管理和保护、保障国家水安全，全方面对水资源保护、水资源污染防治、水域岸线保护和修复等方面进行综合治理，实现水资源生态可持续发展。但不可否认的是，河(湖)长制在实践过程中还存在诸多问题和众多争议。学者们分析了河(湖)长制的起源和发展过程，直接从理论和现实两个层面找到现行的河(湖)长制存在的问题，并在此基础上提出改进方法。

郑雅方(2018)指出在长江大保护战略的实施中，河长制作为流域综合治理的核心制度具有重要作用。但河长制的制度设计偏重于党政领导对流域治理的责任制度，较为欠缺社会参与、民众治水的理念和机制。“共抓大保护”的新形势需要发展和完善河长制，使之与公众参与充分融合，形成良性互动，以共同发挥作用。具体路径包括：以现行 4 级河长制为制度依托，将发动公众参与增设为各级河长的基本职责，明确河长在集聚民心、吸纳民智、动员民力、引入民资等方面的工作内容，并实行工作绩效的目标责任考核。通过加强河长制中的公众参与机制，达成“全社会共同关心和保护河湖”的目标。

沈坤荣和金刚(2018)认为水污染治理是建设美丽中国赢得攻坚战和持久战的重要方面。基于国控监测点水污染数据和手工整理的河长制演进数据，采用双重差分法，识别河长制在地方实践过程中的政策效应。结果发现，河长制达到了初步的水污染治理效果。但河长制并未显著降低水中深度污染物，可能揭示了地方政府治标不治本的粉饰性治污行为。在全面推行河长制的进程中，各级政府制定清晰且适宜的治理目标，设计健全可行的问责机制，引进专业第三方水质检测机构进行监督，将取得更好的治理效益。

李汉卿(2018)指出河长制起源于地方政府的政策创新，后被上升为国家制度并在全国推行。在地方水环境治理实践中取得一定效果的河长制能否在全国范围内取得既定效果，这是一个尚有存疑的问题。河长制是一种行政发包制。基于控制权理论将行政发包制下的河长制进行解构，发现它在组织运行中存在“阳奉阴违”式政策冷漠以及增加执政风险等方面的困境。究其原因，行政发包制是以上下分治的国家治理模式为基础的，中央政府不直接治理社会事务，而是授权给地方政府(主要是县及以下)，在对地方官员缺乏有效约束机制的情况下，行政发包制下的河长制就可能会偏离中央政府的政策。因此，河长制治理绩效的提升需要行政发包制的转型。以行政发包制为基础的河长制并非长久之策。

张治国(2019)为了促使河长制进一步制度化和规范化，使得河长在河流治理中的职权于法有据，针对河长制进行立法的必要性便由此彰显。通常而言，河长制立法有两种主要模式：一是对河长制进行专项立法，二是在其他立法中将河长制入法。这两种立法模式各具优劣，且在实践中均有采用。为了保证河长制立法的科学性与合理性，在对河长制进行立法时，应当分析并解决相关的难点问题，包括合理确定河长制的立法层级、实现河长制立法与党内法规的协调衔接、处理好法律与政策的关系以及科学安排河长与行政部门的职责。

詹国辉和熊菲(2019)认为“河长制”的治理成效关乎到“美丽中国”战略的在地化实践。通过考察河长制的运作模式后发现，压力型体制下目标任务治理的逻辑桎梏、尚不健全的河长制法律制度、滞后的生态治理观念以及多元参与机制的缺失等治理困境，限制了河长制的地方实践。为此，应基于“三治合一”视角，建构河长制治理路径体系：从法治维度上，健全相关法律法规制度；从德治维度上，强化生态治理观念体系；从自治维度上，建构多元主体共同参与机制，以期提升河长制实践的治理质量，建设美丽中国。

颜海娜和曾栋(2019)指出河长制作为一项中央自上而下在全国范围内推行的水环境治理创新举措，旨在形成河长领治、上下同治、部门联治、全民群治、水陆共治的治水新格局，但其在基层的运作中却遭遇上下层级协同的不力、跨部门协同的困顿、政社协同的尴尬以及协同治理手段的阙如与失当等一系列困境。究其根源，从价值的角度来看，源于内部协作的信任基础薄弱以及难以形成共享理解；从结构的角度来看，源于双重管理体制的冲突、权责关系的不清以及多元主体合作共治的结构难以形成；从制度设计的角度来看，源于激励机制的缺失、问责机制的扭曲以及跨部门责任风险共担机制的虚化；从技术的角度来看，源于机械的计时打卡机制、信息流转的链条过长、培训与平台功能使用的协同配套不足。未来的治水之路，应强化协同治理理念，从河长制走向“河长治”。

陈涛(2019)指出河长制是一项由地方创新实践上升为国家意志的治水方略，在水污染治理中彰显了治理绩效。当前，河长制制度再生产中出现了治理机制泛化现象。不少地方将“长制”模式视为解决突出矛盾和体制机制障碍的通用良方，沿着河长制轨迹出台了很多类似“长制”。河长制本身的示范功能与治理绩效辐射不足、常规治理机制失灵、政府主导型治理模式的路径依赖以及地方政府的政绩增长诉求是这种现象产生的主要因素。治理机制泛化现象需要加以审视，它可能导致基层政府疲于应付、公众力量被忽视、治理绩效“内卷化”以及“南橘北枳”效应等风险。现代社会治理必须激活社会力量，发挥公众的主体作用。就政府系统本身而言，需要强化科层部门的“守土有责”、“守土负责”、“守土尽责”意识，并通过体制机制创新增强治理能力。

4.7.6 其他机制体制研究

除了以上法律和政策安排之外，学者们还分析了其他的举措以促进长江经济带的高质量发展，如环境审计、监测和管理的信息化。

向思和陈煦江(2017)提出了一种新的长江经济带上游地区水污染审计机制(包括动力机制、运行机制、评价机制和监督机制)，并在此基础上对该地区水污染审计实施路径提出了建议，包括创新长江经济带上游地区环境审计模式、实施长江经济带上游地区专项环境审计、构建长江经济带上游地区环境信息披露和环境跟踪审计的动态机制等方面。

唐洋和陈依(2018)从环境审计角度研究长江经济带水污染治理问题，探究了环境审计在长江经济带水污染治理中的基本理论。长江经济带水污染治理中的环境审计内容主要包括水污染防治项目工程审计、水污染治理政策法规审计和水污染治理专项资金审计。作者分析了环境审计在长江经济带水污染治理中的作用机制，包括动力机制、运行机制、评价机制和监督机制4个方面。环境审计在长江经济带水污染治理中的具体实施路径应从审计工作领导者、审计区域划分和审计内容扩充3个方面展开，以此加强对长江经济带水污染防治审计全过程的有效管理：设立长江经济带环境审计领导小组，领导水污染防治审计工作；合理划分长江经济带水污染治理环境审计区域；积极扩展环境审计在长江经济带水污染治理方面的审计内容。

杜泽艳(2019)指出自然资源资产离任审计如何与绿色发展理念有效结合成为一条审计制度的创新之路。首先明确了长江经济带开展自然资源资产离任审计的现实背景，然后分析了在实施审计过程中存在的问题，最后基于绿色发展理念对长江经济带自然资源资产离任审计体系的整个流程提出了初步的构想，期望为逐步建立起经常性的审计制度和长江经济带的绿色发展提供理论支持。

黄真理等(2017b)指出依托长江黄金水道推动长江经济带发展是国家重大战略举措，如何解读“坚持生态优先、绿色发展”和“共抓大保护、不搞大开发”的理念，是长江经济带发展需要破解的重大命题。针对长江经济带发展的难点地区——长江上游地区，提出设立“长江上游经济带经济体制和生态文明体制综合改革试验区”的设想，认为应着眼于体制变革和机制创新，以依托黄金水道推动长江经济带发展为目标，以梯级水电开发为抓手，以深化区域综合配套改革为根本动力，给予地方政府在资源、环境、经济社会发展等领域中更大的自主权。文章分析了设置试验区的战略意义和定位，提出了该试验区的重点创新内容。

朱琦等(2018)发现由于流域水环境和大气环境的不同特性，将环境信息化手段运用到流域水环境层面开展部门间、跨区域业务协同的实践较少。作者通过总结长江经济带生态环境保护管理现状，分析影响长江经济带环境管理精准化的主要矛盾是缺少跨部门、跨区域的业务协调和信息共享机制，建议通过构建跨部门互联互通监测网络、推动数据的交换和共享等信息化手段，提升长江经济带环境治理体系精细化水平，实现从传统环境管理到精准环境监管的转变，为全流域的生态环境保护管理提供统一的信息化支撑和服务。

4.8 长江保护的科学研究进展与未来发展

1994—2018年中外科学家持续高度关注长江流域的保护工作，在中外科技期刊发表了9 566篇与长江大保护相关的学术论文，而且论文数量持续快速增加。其中，来自中国科学院、中国水产科学研究院、长江水利委员会、南京大学、华东师范大学等400余个科研机构的科研人员，在《人民长江》、《长江资源与环境》、《长江科学院院报》、《环境保护》、《中国水土保持》等中国期刊上发表了4 988篇与长江大保护相关的中文论文。中文论文的关键词大致可归为长江经济带高质量发展类、长江上游生态建设类、生物资源保护类、水资源保护类、长江中下游湿地生态环境类和长江流域湿地水文径流类共6类。此外，来自中国科学院、华东师范大学、中国科学院大学、南京大学、中国地质大学、中国水产科学院、复旦大学、中国海洋大学、北京师范大学和河海大学等265个科研机构的科研人员，在 *Science of the Total Environment*、*Journal of Applied Ichthyology*、*Environmental Science and Pollution*

Research、*Journal of Hydrology*、*Estuarine Coastal and Shelf Science*、*Marine Pollution Bulletin* 和 *Ecological Engineering* 等期刊上，发表了 4 578 篇与长江大保护相关的英文论文。英文论文的关键词大致可归为长江流域水文过程类、长江流域水生生物保护类、长江流域环境风险类、长江地质与古气候类和河口生态过程类共 5 类。这些研究有效地为天然林保护工程、"长治"工程、三峡工程等重大生态和水利工程的实施提供了科技支撑，为长江水资源、生物资源的保护提供了有效对策建议，为长江三角洲地区的发展提供了宝贵数据，为长江经济带的高质量发展提供了创新思路。

基于长江保护文献分析，本书将学界对于长江流域保护研究概括为"状态"、"压力"、"响应"3 个方面。

首先，从长江流域保护的"状态"来看，通过对长江流域陆域和水域生物多样性分布格局、生物特别是鱼类资源保护及其面临威胁、遗传资源及其保护等的研究，为流域生物多样性优先保护、生态保护红线划定和自然保护地体系建设和优化等提供了科技支撑和对策建议。流域水资源开发与利用始终是研究重点，学界评估了长江水资源的现状、水资源需求、水资源保护的成效和利用效率等，剖析了长江水资源保护和开发中存在的问题。长江流域各种水问题相互交织存在，工业污染、农业面源污染、水利工程、气候变化等多因素同时影响长江流域的水环境、水资源和水生态。诸多研究从宏观上找出长江流域主要的水生态环境问题，分析其直接和间接原因，评估风险并给出解决长江流域水生态环境问题和促进流域生态系统健康的思路。研究表明，流域具有丰富的湿地资源和生物多样性，但它们普遍受到人类活动的强烈干扰。已有研究调查了长江流域湿地资源的家底与保护现状，分析了各类湖泊湿地(特别是鄱阳湖、洞庭湖和太湖)和长江河口湿地面临的生态环境问题，如富营养化、生物多样性丧失等，并为保护长江流域湿地提出了意见和建议。

长江流域经济社会发展给水资源、土地资源、环境容量等带来严峻挑战，大量研究对长江流域(长江经济带)的生态系统健康、生态环境风险、生态安全、生态敏感性等开展了研究，评估现状并厘清问题，提出了未来应对的方向和工作重点。同时，分析了长江经济带以水资源为核心的生态承载力及其区域特征，识别了主要问题和影响因素。部分研究关注了长江流域主要饮用水源地安全，对饮用水源风险进行了整体评估，包括水质状况、主要污染源、风险水平和保护对策等，为长江饮用水源地的保护提供技术支撑。

其次，从长江流域保护面临的"压力"来看，不同来源的污染排放是导致和加剧长江流域生态环境问题的重要因素。众多学者分析了长江流域主要污染物的时空特征，以及水污染的原因和解决方案。此外，长江干支流水利工程建设特别是三峡工程对长江流域生态系统产生了强烈的干扰，研究从多个方面分析了水利工程对长江的影响，如生物多样性、径流、水文水沙过程以及污染物扩散过程等。

最后，从长江流域保护的"响应"来看，学界对长江大保护的战略内涵以及长江经济带发展与保护之间的关系进行了深入解读，提升了各级政府和社会公众对长江生态环境问题理解的深度和广度。长江流域生态修复受到学者们的高度关注。针对长江流域存在的生态环境问题，特别是水生态环境问题，提出了长江流域生态修复的原则和举措建议。建立和完善长江流域生态补偿机制，是避免污染转移和促进区域可持续发展的重要途径之一。学者们在局域和跨界等层面，考虑纵向财政支付和横向生态补偿两种途径，对补偿主体和客体、可采取的补偿方式和途径及确定补偿标准都进行了讨论，并提出了相关的政策建议以保障生态补偿机制的有效实施。绿色发展和创新对于长江经济带的高质量发展至关重要。研究者非常关注长江流域的绿色发展和创新水平，包括绿色经济效率、环境绩效与治理效率、城镇化集约用地、资源利用效率、区域协调发展等，探讨如何实现经济发展与资源环境相适应。

1. 长江大保护相关科学研究的空缺

文献计量学分析的结果表明长江大保护相关研究已经有非常好的基础，跨学科研究呈增加趋势。然而，从社会需求和科研规律来看，过去的长江大保护相关研究依然存在两个空缺。

首先，社会科学和多学科交叉的研究成果相对较少。从主题词和期刊来源的分析结果来看，过去长江保护相关研究主要针对长江流域自然生态环境特征及演变驱动因素的自然科学研究，跨领域开展重大科学问题系统研究仍然不足，社会科学的研究成果相对较少。这种局面在近几年的中文论文中才有所改观，明显的证据是国家社会科学基金的资助文章数量近年来有明显的增加，长江经济带和绿色发展成为近年来的热门关键词，学科交叉融合文献开始增加。但是，英文文献尚未有这种变化趋势。目前专门从事长江大保护战略的社会科学集成创新团队较少。“长江共抓大保护”跨领域、跨学科、跨部门，涉及诸多流域重大科学问题，该战略并不是凭空产生的，它是践行习近平生态文明思想的重要举措行动之一，有其酝酿、发生、发展的过程。这个空缺导致推进长江“共抓大保护、不搞大开发”的体制机制改革、自然保护地体系优化整合、管理机制与区域经济社会可持续发展等还缺少精准、有效的科技支撑。因此，需要各学科共同参与，进行创新性的系统科学研究，为保护治理提供科学指引和决策支持。

其次，流域是一个完整的自然地理单元，但现有研究尚缺乏从生态系统整体性和流域系统性的视角。一方面，现有的研究主要反映了长江流域部分区域性特征，如长江上游水土保持、三峡库区环境风险、长江中下游湿地保护以及长江河口生态过程等，或者反映了长江流域某个领域的特征，如水文、环境、水生生物保护、空气污染等，少有研究能够从长江流域的整体性出发，系统阐明长江流域上下游之间、各个领域之间的协同联系。针对某个区域或某个领域的政策建议，并不一定是对整个流域最有利的。另一方面，长江流域陆域与水域的联系还不清楚。长江流域是一个由“山水林田湖草”组成的生命共同体。河流和湖泊、湿地承接着流域内大量的物质-能量-信息流，是长江生态与环境问题的集中暴发区。但是，长江水问题的病根很可能是流域内陆域人类活动与全球气候变化等因素。只关注“水”本身，往往并不能很好地解决长江的水问题。

2. 长江大保护战略的未来科技支撑建议

长江流域具有显著的地理区位优势、丰富的自然资源、多样的经济社会文化，在我国生产力区域布局中具有极其重要的战略地位。随着近年来人类对流域资源利用和生态环境影响的加剧，协调长江流域自然-经济-社会复合生态系统的保护和高质量发展需要更深层次的科学认识和科学依据。针对现有研究中的空缺，本书认为仍需从 4 个方面提升对长江大保护的认识与研究。

第一，科学论证长江流域的自然资本及其与中华文明发展的关系。长江拥有独特的生态系统，是我国重要的生态宝库，也是中华民族重要的发源地。学界需要通过与全球主要大江大河流域的生态学、历史学、社会学和经济学的比较研究，系统回答长江流域的独特生态系统与自然资本的特征，更有力证明长江流域是中华民族的发源地、摇篮、生命河和生态宝库的判断，提高我们世世代代保护长江流域的自觉性。一项研究表明长江流域农耕文明农作物起源与流域内生物多样性密切关联，农作物的出现和与之配套的农业生产方式的形成促成了农耕的兴起，进而加速了文明的发展。长江流域农耕文明以稻作为最主要的生产方式，驯化了大量果树与水生蔬菜，反映出对本地亚热带常绿阔叶林与湿地的依赖与适应。

第二，基于生态系统整体性和流域系统性，探讨“追根溯源、系统治疗”的方法。长江流域生态系统结构复杂，生态环境问题及影响因素多元，演化机理规律独特，“长江共抓大保护”仍缺乏系统的治理方案。习近平总书记曾指出“长江病了，而且病得还不轻”。他还强调“治好‘长江病’，要科学运用中医整体观，追根溯源、诊断病因、找准病根、分类施策、系统治疗”。学界不能让决策者和公众停留在“长江病了”的表观或直觉的认同上，需用大量的科学数据与严密论证，统筹整个流域上中下游、江河湖库、左右岸和干支流的协同治理的需求，研究长江流域的病症、病因和后果。因此，需加快研究长江流域生态系统和上中下游子系统结构功能及其相互作用和演变规律，只有深入研究子系统各自的演化机理，全面掌握全流域的生态系统结构和功能，把握好整体与局部、长期与阶段、现状与趋势，才能对症下药、分区施策、有效治理修复，提升流域生态系统质量和稳定性。

第三，加强长江流域“山水林田湖草”综合研究。长江流域“山水林田湖草”生命共同体内部存在广泛的联系。在关注流域中大江大河和大中型湖泊的同时，应对流域陆域的森林、草地和农田生态系统过程，以及陆域人类活动（如农业、工业和城镇化等）对长江流域水资源、水生态、水环境、水灾害和水管理的影响等问题给予足够重视。突出水资源、水生态、水环境、水灾害和水管理主线，核心是水生态，特别是水生生物中的鱼类生物多样性保护，是流域生态系统健康状况的指示。在重视流域中大中型湖泊和重要支流的同时，秉承“山水林田湖草”生命共同体理念，从流域地理学、流域水文学和流域生态学等多学科角度，考虑水陆界面间的综合作用，综合流域内的人类活动及气候变化的影响角度，更好地解决长江所面临的生态与环境问题。同时，复杂因素影响下的长江口是“江海”交汇重要生态敏感区，长江口生态系统演变及保护成效对于长江保护治理整体效果具有重要参考意义。

第四，拓展长江流域生态产品价值实现的路径。长江经济带是我国生态优先、绿色发展的主战场之一。处理好绿水青山和金山银山的关系，促进长江流域生态产品价值实现是一项系统工程，需从运行机制、转化模式和政策保障等方面创新和突破。学界应当全面、深入理解与解读政策文件和区域经济社会发展需求，应用经济学、生态学、社会学等多学科交叉，科学认知长江流域生态系统特征及其自然属性和社会功能的变化。基于生态系统服务价值实现的目标，探讨如何因地制宜、差异化地明确森林、湿地、水、生物多样性和自然保护地等重点领域的生态与资源环境权益，以及对其有偿使用、购买服务、生态补偿等生态产品价值实现机制，并进一步探讨森林碳汇、排污权、林权、水权、用能权等现有生态产品交易机制和市场化的交易制度体系，科学确定进入市场交易的生态权益品种类型，将长江流域生态资产转化为资本和财富，促进生态产品的供给。

本章参考文献

[1] 班璇,高欣,DIPLAS P,肖飞,石小涛. 中华鲟产卵栖息地的三维水力因子适宜性分析. 水科学进展,2018,29(1):80-88.

[2] 贲慧,张阳,黄德春. 用环境保护优化经济增长:以长江经济带区域的地方政府行为为例. 学海,2018,(3):148-155.

[3] 邴建平,邓鹏鑫,徐高洪,张万顺. 三峡水库运行后长江汉阳段污染物扩散规律研究. 人民长江,2018,49(19):26-32.

[4] 曹过,李佩杰,王媛,杨彦平,刘凯. 长江下游镇江和畅洲北汊江段鱼类群落多样性研究. 水生态学杂志,2018,39(6):73-80.

[5] 曹俊文,李湘德. 长江经济带生态效率测度及分析. 生态经济,2018,34(8):174-179.

[6] 曹莉萍,周冯琦,吴蒙. 基于城市群的流域生态补偿机制研究——以长江流域为例. 生态学报,2019,39(1):85-96.

[7] 曹娜,毛战坡. 大渡河干流水电开发中鱼类保护对策及建议. 水利水电技术,2017,48(1):116-121.

[8] 曹文宣. 长江上游水电梯级开发的水域生态保护问题. 长江技术经济,2017,1(1):25-30.

[9] 常纪文. 长江经济带如何协调生态环境保护与经济发展的关系. 长江流域资源与环境,2018,27(6):1409-1412.

[10] 陈恩,董捷,徐磊. 长江经济带城市土地利用效率时空差异与收敛性分析. 资源开发与市场,2018,34(3):316-321.

[11] 陈芳. 非合意产出约束下长江经济带能源效率评价与影响因素研究——基于非径向方向性距离函数估算. 安徽大学学报(哲学社会科学版),2016,40(6):138-147.

[12] 陈锋,黄道明,赵先富,史方. 新时代长江鱼类多样性保护的思考. 人民长江,2019,50(2):13-18.

[13] 陈凤先,王占朝,任景明,李天威. 长江中下游湿地保护现状及变化趋势分析. 环境影响评价,2016,38(5):43-46.

[14] 陈进. 长江水资源问题及调控方法. 江苏水利,2016,(2):10-13+17.

[15] 陈进. 长江流域生态红线及保护对象辨识. 长江技术经济,2018,2(1):30-36.

[16] 陈进,刘志明. 近20年长江水资源利用现状分析. 长江科学院院报,2018,35(1):1-4.

[17] 陈进,刘志明. 近年来长江水功能区水质达标情况分析. 长江科学院院报,2019,36(1):1-6.

[18] 陈昆仑,郭宇琪,刘小琼,张祚. 长江经济带工业废水排放的时空格局演化及驱动因素. 地理科学,2017,37(11):1668-1677.

[19] 陈丽媛. 完善长江经济带生态安全保障机制. 决策与信息,2016,(4):52-56.

[20] 陈敏敏,刘志刚,黄杰,连玉喜,杨晓鸽,于道平. 固化河岸对长江江豚栖息活动的影响. 生态学报,2018,38(3):945-952.

[21] 陈庆俊,吴晓峰. 长江经济带化工产业布局分析及优化建议. 化学工业,2018,36(3):5-9.

[22] 陈燃,张西斌,黄立新,蒋文华,糜励,李进华. 半自然水域一例死亡长江江豚的组织解剖及病理分析. 野生动物学报,2018,39(3):652-656.

[23] 陈涛. 治理机制泛化——河长制制度再生产的一个分析维度. 河海大学学报(哲学社会科学版),2019,21(1):97-103+108.

[24] 陈伟,余兴厚,熊兴. 政府主导型流域生态补偿效率测度研究——以长江经济带主要沿岸城市为例.

江淮论坛，2018，(3)：43-50.
[25] 陈宇顺. 长江流域的主要人类活动干扰、水生态系统健康与水生态保护. 三峡生态环境监测，2018，3(3)：66-73.
[26] 陈泽章. 我国水资源保护立法研究——以长江流域为例. 法制与社会，2018，(25)：11-12.
[27] 成金华，王然. 基于共抓大保护视角的长江经济带矿业城市水生态环境质量评价研究. 中国地质大学学报(社会科学版)，2018，18(4)：1-11.
[28] 崔木花，殷李松. 长江经济带污染排放对产业发展影响的空间效应分析. 统计与信息论坛，2015，30(6)：45-52.
[29] 邓明亮，吴传清. 基于 PCA-DEA 组合模型的长江经济带生态效率研究. 湖北经济学院学报，2016，14(5)：58-66.
[30] 邓伟，张勇，李春燕，周渝，安冬. 构建长江经济带生态保护红线监管体系的设想. 环境影响评价，2018，40(6)：38-41.
[31] 邓宗兵，宗树伟，苏聪文，陈钲. 长江经济带生态文明建设与新型城镇化耦合协调发展及动力因素研究. 经济地理，2019，39(10)：78-86.
[32] 丁黄艳，任毅，蒲坤明. 长江经济带工业能源效率空间差异及影响因素研究. 西部论坛，2016，26(1)：27-34.
[33] 东童童. 全要素工业能源效率与雾霾污染的交互影响——以长江经济带为例. 城市问题，2017，(11)：87-95.
[34] 董战峰，李红祥，璩爱玉，葛察忠. 长江流域生态补偿机制建设：框架与重点. 中国环境管理，2017，9(6)：60-64.
[35] 杜耘. 保护长江生态环境，统筹流域绿色发展. 长江流域资源与环境，2016，25(2)：171-179.
[36] 杜泽艳. 绿色发展理念下长江经济带自然资源资产离任审计体系研究. 时代金融，2019，(5)：41-42.
[37] 方创琳，周成虎，王振波. 长江经济带城市群可持续发展战略问题与分级梯度发展重点. 地理科学进展，2015，34(11)：1398-1408.
[38] 方国华，袁婷，林榕杰. 长江江苏段饮用水水源地生态风险评价. 水资源保护，2018，34(6)：12-16.
[39] 方世南. 推进新时代长江经济带绿色发展. 群言，2018，(7)：10-13.
[40] 付琳，肖雪，李蓉.《长江保护法》的立法选择及其制度设计. 人民长江，2018，49(18)：1-5.
[41] 付青，赵少延. 长江经济带地级及以上城市饮用水水源主要环境问题及保护对策. 中国环境监察，2016，(6)：25-27.
[42] 高红贵，赵路. 长江经济带产业绿色发展水平测度及空间差异分析. 科技进步与对策，2019，36(12)：46-53.
[43] 高吉喜. 划定生态保护红线，推进长江经济带大保护. 环境保护，2016，44(15)：21-24.
[44] 高敏，胡维平，邓建才，胡春华. 太湖典型沉水植物生理指标对水质的响应. 环境科学，2016，37(12)：4570-4576.
[45] 高宇，章龙珍，张婷婷，刘鉴毅，宋超，庄平. 长江口湿地保护与管理现状、存在的问题及解决的途径. 湿地科学，2017，15(2)：302-308.
[46] 顾浪，李强. 长江经济带全要素能源效率测算及影响因素研究. 西安电子科技大学学报(社会科学版)，2017，27(3)：22-30.
[47] 郭炳南，卜亚. 长江经济带城市生态福利绩效评价及影响因素研究——以长江经济带 110 个城市为例. 企业经济，2018，37(8)：30-37.
[48] 郭文景，符志友，汪浩，吴丰昌. 水华过程水质参数与浮游植物定量关系的研究——以太湖梅梁湾为

例. 中国环境科学,2018,38(4):1517-1525.

[49] 郭云,梁晨,李晓文. 基于水鸟保护的长江流域湿地优先保护格局模拟. 生态学报,2018,38(6):1984-1993.

[50] 何寿奎. 长江经济带环境治理与绿色发展协同机制及政策体系研究. 当代经济管理,2019,41(8):1-7.

[51] 何雄伟. 优化空间开发格局与长江经济带沿江地区绿色发展. 鄱阳湖学刊,2017,(6):50-58+126-127.

[52] 何宜庆,陈林心,周小刚. 长江经济带生态效率提升的空间计量分析——基于金融集聚和产业结构优化的视角. 生态经济,2016,32(1):22-26.

[53] 洪亚雄. 长江经济带生态环境保护总体思路和战略框架. 环境保护,2017,45(15):12-16.

[54] 胡春宏,方春明. 三峡工程泥沙问题解决途径与运行效果研究. 中国科学:技术科学,2017,47(8):832-844.

[55] 胡登峰,闵静静. 长江经济带省际碳排放的区域差异及因素贡献度研究. 华北电力大学学报(社会科学版),2017,(3):21-28.

[56] 胡俊,池仕运,郑金秀,陈明秀. 基于 CoCA 分析的长江干流浮游动植物群落交互影响研究. 生态环境学报,2018,27(12):2200-2207.

[57] 胡四一. 切实加强长江中下游水资源保护. 江苏水利,2016,(2):1-3+9.

[58] 黄国华,戴军,钱春燕. 长江经济带工业绿色发展评价与对策. 老区建设,2017,(10):40-44.

[59] 黄国华,刘传江,李兴平. 长江经济带工业碳排放与驱动因素分析. 江西社会科学,2016,36(8):54-62.

[60] 黄娟. 协调发展理念下长江经济带绿色发展思考——借鉴莱茵河流域绿色协调发展经验. 企业经济,2018,37(2):5-10.

[61] 黄娟,程丙. 长江经济带“生态优先”绿色发展的思考. 环境保护,2017,45(7):59-64.

[62] 黄娟,汪明进. 制造业、生产性服务业共同集聚与污染排放——基于 285 个城市面板数据的实证分析. 中国流通经济,2017,31(8):116-128.

[63] 黄磊,吴传清. 长江经济带生态环境绩效评估及其提升方略. 改革,2018,(7):116-126.

[64] 黄勤,何晴. 长江经济带碳排放驱动因素及其空间特征——基于 LMDI 模型. 财经科学,2017,(5):80-92.

[65] 黄仁勇,王敏,张细兵,刘亮,任实,周曼. 三峡水库汛期“蓄清排浑”动态运用方式初探. 长江科学院院报,2018,35(7):9-13.

[66] 黄维,王为东. 三峡工程运行后对洞庭湖湿地的影响. 生态学报,2016,36(20):6345-6352.

[67] 黄贤金. 基于资源环境承载力的长江经济带战略空间构建. 环境保护,2017,45(15):25-26.

[68] 黄心一,李帆,陈家宽. 基于系统保护规划法的长江中下游鱼类保护区网络规划. 中国科学:生命科学,2015,45(12):1244-1257.

[69] 黄真理,王鲁海,任家盈. 葛洲坝截流前后长江中华鲟繁殖群体数量变动研究. 中国科学:技术科学,2017a,47(8):871-881.

[70] 黄真理,王毅,张丛林,张爽,李海英. 长江上游生态保护与经济发展综合改革方略研究. 湖泊科学,2017b,29(2):257-265.

[71] 贾倩,曹国志,於方,周夏飞,朱文英. 基于环境风险系统理论的长江流域突发水污染事件风险评估研究. 安全与环境工程,2017,24(4):84-88+93.

[72] 金贵,邓祥征,赵晓东,郭柏枢,杨俊. 2005—2014 年长江经济带城市土地利用效率时空格局特征. 地理学报,2018,73(7):1242-1252.

[73] 居涛,张天赐,王志陶,谢燕,郑超蕙,王克雄,王丁. 抛石噪声特性及其对长江江豚的可能影响. 声学技

术,2017,36(6):580-588.

[74] 孔凡斌,李华旭.长江经济带产业梯度转移及其环境效应分析——基于沿江地区11个省(市)2006—2015年统计数据.贵州社会科学,2017,(9):87-93.

[75] 孔令桥,王雅晴,郑华,肖燚,徐卫华,张路,肖洋,欧阳志云.流域生态空间与生态保护红线规划方法——以长江流域为例.生态学报,2019,39(3):835-843.

[76] 孔祥虹,肖兰兰,苏豪杰,吴耀,张霄林,李中强.长江下游湖泊水生植物现状及与水环境因子的关系.湖泊科学,2015,27(3):385-391.

[77] 雷蕾,刘健露,杨恺钧."污染天堂"假说视角下长江经济带进出口贸易与碳排放的关系研究.科技与管理,2017,19(6):25-32.

[78] 李芳林,蒋昊.长江经济带城市环境风险评价研究.长江流域资源与环境,2018,27(5):939-948.

[79] 李汉卿.行政发包制下河长制的解构及组织困境:以上海市为例.中国行政管理,2018,(11):114-120.

[80] 李红清,李迎喜,雷阿林,雷明军,马晓洁.长江流域珍稀濒危和国家重点保护植物综述.人民长江,2008,39(8):17-24+119.

[81] 李华旭,孔凡斌,陈胜东.长江经济带沿江地区绿色发展水平评价及其影响因素分析——基于沿江11省(市)2010-2014年的相关统计数据.湖北社会科学,2017,(8):68-76.

[82] 李焕,黄贤金,金雨泽,张鑫.长江经济带水资源人口承载力研究.经济地理,2017,37(1):181-186.

[83] 李焕,吴宇哲.如何解决人-水-地系统矛盾?——长江经济带发展战略探讨.中国生态文明,2017,(4):53-55.

[84] 李建豹,黄贤金.基于空间面板模型的碳排放影响因素分析——以长江经济带为例.长江流域资源与环境,2015,24(10):1665-1671.

[85] 李琳,刘琛.互联网、禀赋结构与长江经济带工业绿色全要素生产率——基于三大城市群108个城市的实证分析.华东经济管理,2018,32(7):5-11.

[86] 李琳,张佳.长江经济带工业绿色发展水平差异及其分解——基于2004—2013年108个城市的比较研究.软科学,2016,30(11):48-53.

[87] 李琳琳,卢少勇,孟伟,刘晓晖,国晓春,万正芬.长江流域重点湖泊的富营养化及防治.科技导报,2017,35(9):13-22.

[88] 李璐,董捷,张俊峰.长江经济带城市土地利用效率地区差异及形成机理.长江流域资源与环境,2018,27(8):1665-1675.

[89] 李娜,杨磊,邓绪伟,汪正祥,李中强.湖泊形态与水生植物多样性关系——以长江中下游湖群典型湖泊为例.植物科学学报,2018,36(1):65-72.

[90] 李宁,张建清,王磊.基于水足迹法的长江中游城市群水资源利用与经济协调发展脱钩分析.中国人口·资源与环境,2017,27(11):202-208.

[91] 李鹏飞,丁玉华,张玉铭,杨涛,宋玉成,蔡家奇,姚毅.长江中游野生麋鹿种群的分布与数量调查.野生动物学报,2018,39(1):41-48.

[92] 李奇伟.从科层管理到共同体治理:长江经济带流域综合管理的模式转换与法制保障.吉首大学学报(社会科学版),2018,39(6):60-68.

[93] 李强.产业升级与生态环境优化耦合度评价及影响因素研究——来自长江经济带108个城市的例证.现代经济探讨,2017,(10):71-78.

[94] 李强.河长制视域下环境规制的产业升级效应研究——来自长江经济带的例证.财政研究,2018a,(10):79-91.

[95] 李强.正式与非正式环境规制的减排效应研究——以长江经济带为例.现代经济探讨,2018b,(5):

92-99.

[96] 李强，高楠. 长江经济带生态效率时空格局演化及影响因素研究. 重庆大学学报(社会科学版)，2018，24(3)：29-37.

[97] 李强，左静娴. 长江经济带碳排放强度与产业结构的灰色关联分析. 长春理工大学学报(社会科学版)，2018，31(1)：77-84.

[98] 李琴，陈家宽. 长江大保护的范围、对象和思路. 中国周刊，2017a，(1)：24-25.

[99] 李琴，陈家宽. 长江大保护的理论思考：长江流域的自然资本、文明溯源及保护对策. 科学，2017b，69(2)：29-32.

[100] 李琴，陈家宽. 长江大保护事业呼吁重视植物遗传多样性的保护和可持续利用. 生物多样性，2018a，26(4)：327-332.

[101] 李琴，陈家宽. 长江流域的历史地位及大保护建议. 长江技术经济，2018b，2(4)：10-13.

[102] 李汝资，刘耀彬，王文刚，孙东琪. 长江经济带城市绿色全要素生产率时空分异及区域问题识别. 地理科学，2018，38(9)：1475-1482.

[103] 李莎，熊飞，王珂，段辛斌，刘绍平，陈大庆. 长江中游透水框架护岸工程对底栖动物群落结构的影响. 水生态学杂志，2015，36(6)：72-79.

[104] 李雪松，张雨迪，孙博文. 区域一体化促进了经济增长效率吗？——基于长江经济带的实证分析. 中国人口·资源与环境，2017，27(1)：10-19.

[105] 李燕，张兴奇. 基于主成分分析的长江经济带水资源承载力评价. 水土保持通报，2017，37(4)：172-178.

[106] 李义玲，杨小林. 长江流域水污染综合防控能力空间变异及影响因素分析. 环境科学导刊，2018，37(6)：22-28.

[107] 李永贺，赵威，蔡冰冰，张荣荣，杨慧. 长江经济带城市投入产出与生态环境耦合分析. 华中师范大学学报(自然科学版)，2018，52(4)：544-556.

[108] 李长健，孙富博，黄彦臣. 基于 CVM 的长江流域居民水资源利用受偿意愿调查分析. 中国人口·资源与环境，2017，27(6)：110-118.

[109] 李志萌，盛方富，孔凡斌. 长江经济带一体化保护与治理的政策机制研究. 生态经济，2017，33(11)：172-176.

[110] 廖小林，朱滨，常剑波. 中华鲟物种保护研究. 人民长江，2017，48(11)：16-20+35.

[111] 林孝松，张莉，董雨琪，余情，李於鲜. 长江经济带自然保护区分布特征研究. 资源开发与市场，2018，34(3)：330-334.

[112] 刘畅，王娟，刘建华，潘洁，周肖肖. 湖北省长江干流生活饮用水水源地放射性水平分析. 环境科学与技术，2018，41(S2)：189-192.

[113] 刘钢，王保平，徐业帅，陈骏宇. 长江经济带水足迹结构异化特征及协调发展策略研究. 河海大学学报(哲学社会科学版)，2017，19(3)：42-48+91-92.

[114] 刘红艳，熊飞，段辛斌，刘绍平，陈大庆. 长江上游江津江段长薄鳅种群参数和资源量评估. 动物学杂志，2016，51(6)：993-1002.

[115] 刘军跃，苏莹，樊昌明，杨欢欢，王娇. 基于碳减排的长江经济带产业结构升级研究. 重庆理工大学学报(社会科学)，2017，31(7)：38-47.

[116] 刘磊，胥左阳，杨雪，欧阳珊，李伟明，吴小平. 枯水期鄱阳湖重点水域长江江豚种群数量、分布及行为特征. 南昌大学学报(理科版)，2016，40(3)：276-280.

[117] 刘明典，李鹏飞，曾泽国，黄翠，刘绍平. 长江干流安庆段浮游植物群落结构特征. 淡水渔业，2017a，

47(4):29-36.

[118] 刘明典,李鹏飞,黄翠,段辛斌,陈大庆,刘绍平.长江安庆段春季鱼类群落结构特征及多样性研究.水生态学杂志,2017b,38(6):64-71.

[119] 刘伟明.长江经济带生态保护及协同治理问题研究.北方经济,2016,(11):61-64.

[120] 刘晓霞,周天舒,唐文乔.长江近口段沿岸4种珍稀、重要鱼类的资源动态.长江流域资源与环境,2016,25(4):552-559.

[121] 刘振中.促进长江经济带生态保护与建设.宏观经济管理,2016,(9):30-33+38.

[122] 刘志彪.重化工业调整:保护和修复长江生态环境的治本之策.南京社会科学,2017,(2):1-6.

[123] 刘志刚,郑爱芳,陈敏敏,连玉喜,蒋胡艳,于道平.长江江豚细菌性疾病的诊治.水生生物学报,2018,42(3):584-592.

[124] 柳梦畑,夏良科.城镇化加剧了环境污染吗?——基于长江经济带110个城市面板数据的经验分析.科技与管理,2017,19(5):45-51.

[125] 卢金友,姚仕明.水库群联合作用下长江中下游江湖关系响应机制.水利学报,2018,49(1):36-46.

[126] 卢丽文,宋德勇,黄璨.长江经济带城市绿色全要素生产率测度——以长江经济带的108个城市为例.城市问题,2017,(1):61-67.

[127] 卢丽文,宋德勇,李小帆.长江经济带城市发展绿色效率研究.中国人口·资源与环境,2016,26(6):35-42.

[128] 卢曦,许长新.基于三阶段DEA与Malmquist指数分解的长江经济带水资源利用效率研究.长江流域资源与环境,2017a,26(1):7-14.

[129] 卢曦,许长新.长江经济带水资源利用的动态效率及绝对β收敛研究——基于三阶段DEA-Malmquist指数法.长江流域资源与环境,2017b,26(9):1351-1358.

[130] 卢新海,柯善淦.基于生态足迹模型的区域水资源生态补偿量化模型构建——以长江流域为例.长江流域资源与环境,2016,25(2):334-341.

[131] 陆大道.长江大保护与长江经济带的可持续发展——关于落实习总书记重要指示,实现长江经济带可持续发展的认识与建议.地理学报,2018,73(10):1829-1836.

[132] 鹿志创,田甲申,王召会,马志强,韩家波,高天翔.应用碳氮稳定同位素技术研究江豚(*Neophocaena asiaeorientaliss sp. sunameri*)食性.生态学报,2016,36(1):69-76.

[133] 罗敏讷.长江中游城市群绿色发展的路径选择.社会科学动态,2018,(11):49-50.

[134] 罗念,付炫平.加强地方环境立法助推长江经济带实现生态优先的发展——基于湖北省环境立法现状的分析.长江论坛,2018,(4):27-32.

[135] 罗伟峰,王保乾.基于环境绩效的长江经济带工业用水效率.水利经济,2017,35(3):42-47+68+77.

[136] 罗小勇,邱凉,涂建峰.长江流域生态环境需水量研究.人民长江,2011,42(18):77-80+98.

[137] 罗志高,杨继瑞.长江经济带生态环境网络化治理框架构建.改革,2019,(1):87-96.

[138] 吕忠梅,陈虹.关于长江立法的思考.环境保护,2016,44(18):32-38.

[139] 马嫦,陈雄.长江经济带碳排放时空特征及影响因素分析.贵州科学,2018,36(1):75-80.

[140] 马超,赵明,孙萧仲,唐志波,郭鑫宇.考虑鱼类繁衍需求的三峡水库汛期调度要求及可行性探讨.水资源与水工程学报,2017,28(1):109-113.

[141] 马骏,李亚芳.长江经济带环境库兹涅茨曲线的实证研究.南京工业大学学报(社会科学版),2017,16(1):106-113.

[142] 马骏,王雪晴.长江经济带工业环境效率差异及其影响因素——基于超效率DEA-Malmquist-Tobit模型.河海大学学报(哲学社会科学版),2017,19(3):49-54+92.

[143] 马坤，唐晓岚，刘思源，王奕文，任宇杰，刘小涵. 长江流域国家级保护地空间分布特征及其国家公园廊道空间策略研究. 长江流域资源与环境，2018，27(9)：2053-2069.
[144] 马勇，童昀，任洁，刘军. 公众参与型环境规制的时空格局及驱动因子研究——以长江经济带为例. 地理科学，2018，38(11)：1799-1808.
[145] 马勇，朱建庄. 绿色人居视角下区域经济-生态-居住耦合关系研究——以长江经济带 110 个城市为例. 生态经济，2018，34(5)：143-147.
[146] 穆宏强. 长江流域水资源保护科学研究之管见. 长江科学院院报，2018，35(4)：1-5+17.
[147] 宁亚东，章博雅，丁涛. 长江经济带碳排放脱钩状态及其驱动因素研究. 大连理工大学学报，2017，57(5)：459-466.
[148] 潘超，周驰，苗滕，刘林峰，高健，焦一滢，李祝，张佳敏，王卉君. 长江流域鄂西四河流大型底栖动物群落结构特征及水质生物学评价. 长江流域资源与环境，2018，27(11)：2529-2539.
[149] 潘华，周小凤. 长江流域横向生态补偿准市场化路径研究——基于国土治理与产权视角. 生态经济，2018，34(9)：179-184.
[150] 潘敏杰，张继良，王紫绮. 基于环境约束的长江经济带全要素能源效率实证研究. 上海商学院学报，2015，16(6)：102-111.
[151] 潘庆燊. 三峡工程泥沙问题研究 60 年回顾. 人民长江，2017，48(21)：18-22.
[152] 裴丽丽，章纬菁，卢佳，黄芳，曹倩倩，任文华. 长江江豚 TRAIL 基因的克隆、体外表达及生物学功能分析. 生物工程学报，2016，32(5)：610-620.
[153] 彭迪云，刘畅，周依仿. 长江经济带城镇化发展对雾霾污染影响的门槛效应研究——基于居民消费水平的视角. 金融与经济，2015，(8)：36-42.
[154] 彭智敏. 实现长江经济带生态保护优先绿色发展的路径. 决策与信息，2016，(4)：38-40.
[155] 彭中遥，李爱年，王彬. 长江流域一体化保护的法治策略. 环境保护，2018，46(9)：27-31.
[156] 齐绍洲，林屾. 电力行业碳排放的影响因素——基于长江经济带空间动态面板的实证研究. 环境经济研究，2016，1(1)：91-105.
[157] 秦声远，戎俊，张文驹，陈家宽. 油茶栽培历史与长江流域油茶遗传资源. 生物多样性，2018，26(4)：384-395.
[158] 秦天龙，沈建忠，李宗栋，于悦，王娟. 鄱阳湖、赣江以及长江白鲢资源分析与保护研究. 人民长江，2016，47(12)：23-27.
[159] 秦延文，赵艳民，马迎群，郑丙辉，汪星，王丽婧，李虹. 三峡水库氮磷污染防治政策建议：生态补偿·污染控制·质量考核. 环境科学研究，2018，31(1)：1-8.
[160] 秦尊文. 长江怎么“大保护”. 决策与信息，2016，(3)：86-90.
[161] 秦尊文. 关于推动长江经济带城市群联动发展的思考与建议. 长江技术经济，2018，2(2)：6-11.
[162] 曲超，王东. 关于推动长江经济带绿色发展的若干思考. 环境保护，2018，46(18)：52-55.
[163] 任俊霖，李浩，伍新木，李雪松. 基于主成分分析法的长江经济带省会城市水生态文明评价. 长江流域资源与环境，2016a，25(10)：1537-1544.
[164] 任俊霖，李浩，伍新木，李雪松. 长江经济带省会城市用水效率分析. 中国人口·资源与环境，2016b，26(5)：101-107.
[165] 任胜钢，袁宝龙. 长江经济带产业绿色发展的动力找寻. 改革，2016，(7)：55-64.
[166] 任胜钢，张如波，袁宝龙. 长江经济带工业生态效率评价及区域差异研究. 生态学报，2018，38(15)：5485-5497.
[167] 任毅，丁黄艳，任雪. 长江经济带工业能源效率空间差异化特征与发展趋势——基于三阶段 DEA 模

型的实证研究. 经济问题探索,2016,(3):93-100.

[168] 阮陆宁,曾畅,熊玉莹. 环境规制能否有效促进产业结构升级?——基于长江经济带的GMM分析. 江西社会科学,2017,37(5):104-111.

[169] 邵倩文,刘镇盛,章菁,孙栋,林施泉. 长江口及邻近海域浮游动物群落结构及季节变化. 生态学报,2017,37(2):683-691.

[170] 申绍祎,田辉伍,刘绍平,陈大庆,吕浩,汪登强. 长江上游小眼薄鳅线粒体DNA遗传多样性. 生态学杂志,2017,36(10):2824-2830.

[171] 沈坤荣,金刚. 中国地方政府环境治理的政策效应——基于"河长制"演进的研究. 中国社会科学,2018,(5):92-115+206.

[172] 石睿杰,唐莉华,高广东,杨大文,徐翔宇. 长江流域鱼类多样性与流域特性关系分析. 清华大学学报(自然科学版),2018,58(7):650-657.

[173] 史安娜,陆添添,冯楚建. 长江经济带社会经济发展与水资源保护水平研究. 河海大学学报(哲学社会科学版),2017,19(1):24-28+89.

[174] 宋志平,陈家宽,赵耀. 水稻驯化与长江文明. 生物多样性,2018,26(4):346-356.

[175] 苏化龙,肖文发. 三峡库区不同阶段蓄水前后江面江岸冬季鸟类动态. 动物学杂志,2017,52(6):911-936.

[176] 孙宏亮,刘伟江,文一,姚瑞华,孙运海. 长江干流饮用水水源环境风险评价与管理初探. 人民长江,2016,47(7):6-9+101.

[177] 孙宏亮,王东,吴悦颖,井柳新,刘伟江. 长江上游水能资源开发对生态环境的影响分析. 环境保护,2017,45(15):37-40.

[178] 孙丽婷,赵峰,张涛,纪严,庄平. 基于线粒体D-loop序列的长江口中华鲟幼鱼遗传多样性分析. 海洋渔业,2019,41(1):9-15.

[179] 孙欣,赵鑫,宋马林. 长江经济带生态效率评价及收敛性分析. 华南农业大学学报(社会科学版),2016,15(5):1-10.

[180] 孙长学. 推动长江经济带成为高质量发展的生动样本. 中国党政干部论坛,2018,(7):58-61.

[181] 谭巧,马芊芊,李斌斌,吕红健,付梅,姚维志. 应用浮游植物生物完整性指数评价长江上游河流健康. 淡水渔业,2017,47(3):97-104.

[182] 谭志强,许秀丽,李云良,张奇. 长江中游大型通江湖泊湿地景观格局演变特征. 长江流域资源与环境,2017,26(10):1619-1629.

[183] 唐斌,仝云云,唐文乔,张亚. 长江口东风西沙水域江豚种群调查. 上海海洋大学学报,2018,27(1):126-132.

[184] 唐德才,汤杰新,薛佩佩. 长江经济带环境治理效率研究——基于投入产出优化分析的视角. 现代管理科学,2016,(9):69-71.

[185] 唐见,曹慧群,陈进. 生态保护工程和气候变化对长江源区植被变化的影响量化. 地理学报,2019,74(1):76-86.

[186] 唐晓岚,任宇杰,马坤. 基于自然资源生态优势的长江国家公园大廊道的构想. 环境保护,2017,45(17):38-44.

[187] 唐洋,陈依. 环境审计在长江经济带水污染治理中的作用机制及实施路径研究. 湖南财政经济学院学报,2018,34(1):102-108.

[188] 陶峰,刘凯,蔺丹清,张家路,尤洋. 安庆市西江浮游植物群落多样性时空格局. 大连海洋大学学报,2019,34(2):239-246.

[189] 滕堂伟,瞿丛艺,曾刚. 长江经济带城市生态环境协同发展能力评价. 中国环境管理,2017,9(2):51-56+85.

[190] 田泽,黄萌萌. 长江经济带终端能源消费碳减排效率与产业结构耦合分析. 安徽师范大学学报(人文社会科学版),2018,46(1):92-100.

[191] 田泽,严铭,顾欣. 碳约束下长江经济带区域节能减排效率时空分异研究. 软科学,2016,30(12):38-42.

[192] 万成炎,陈小娟. 全面加强长江水生态保护修复工作的研究. 长江技术经济,2018,2(4):33-38.

[193] 汪克亮,刘悦,史利娟,刘蕾,孟祥瑞,杨宝臣. 长江经济带工业绿色水资源效率的时空分异与影响因素——基于 EBM-Tobit 模型的两阶段分析. 资源科学,2017,39(8):1522-1534.

[194] 汪克亮,孟祥瑞,程云鹤. 环境压力视角下区域生态效率测度及收敛性——以长江经济带为例. 系统工程,2016,34(4):109-116.

[195] 汪克亮,孟祥瑞,杨宝臣,程云鹤. 基于环境压力的长江经济带工业生态效率研究. 资源科学,2015,37(7):1491-1501.

[196] 汪侠,徐晓红. 我国长江经济带绿色经济效率的区域差异及影响因素研究. 对外经贸,2016,(8):80-82+104.

[197] 王海华,庄平,冯广朋,高宇,赵峰. 长江赣皖段中华绒螯蟹成体资源变动及资源保护对策. 浙江农业学报,2016,28(4):567-573.

[198] 王涵,田辉伍,陈大庆,高天珩,刘明典,高雷,段辛斌. 长江上游江津段寡鳞飘鱼早期资源研究. 水生态学杂志,2017,38(2):82-87.

[199] 王洪铸,王海军,刘学勤,崔永德. 实施环境-水文-生态-经济协同管理战略,保护和修复长江湖泊群生态环境. 长江流域资源与环境,2015,24(3):353-357.

[200] 王健,甄庆媛. 经济增长与 CO_2 排放的关系研究——以长江经济带为例. 金融与经济,2018,(4):36-45.

[201] 王坤,何军,陈运帷,姚瑞华,郑丙辉,姜霞. 长江经济带上下游生态补偿方案设计. 环境保护,2018,46(5):59-63.

[202] 王丽婧,郑丙辉,王圣瑞,李虹. 长江经济带建设背景下"两湖"生态环境保护的问题与对策. 环境保护,2017,45(15):27-31.

[203] 王林梅,段龙龙. 长江经济带绿色发展的政治经济学思辨. 海派经济学,2018,16(4):127-142.

[204] 王孟,刘扬扬,李斐. 长江经济带水资源保护带建设规划体系研究. 人民长江,2018,49(20):1-7.

[205] 王思凯,张婷婷,高宇,赵峰,庄平. 莱茵河流域综合管理和生态修复模式及其启示. 长江流域资源与环境,2018,27(1):215-224.

[206] 王维,李孜沫,文春生. 长江经济带一体化发展对策研究. 管理现代化,2017a,37(3):48-50.

[207] 王维,张涛,王晓伟,文春生. 长江经济带城市生态承载力时空格局研究. 长江流域资源与环境,2017b,26(12):1963-1971.

[208] 王伟. 县域金融与绿色全要素生产率增长——来自长江经济带上游流域证据. 统计与信息论坛,2017,32(9):69-77.

[209] 王伟,孙芳城. 金融发展、环境规制与长江经济带绿色全要素生产率增长. 西南民族大学学报(人文社科版),2018,39(1):129-137.

[210] 王魏根. 长江中下游湖泊螺类 beta 多样性分析. 生态科学,2018,37(6):122-130.

[211] 王希群,王前进,陆诗雷,郭保香. 准确认识共抓长江大保护的科学意义. 林业经济,2017,39(12):6-10+17.

[212] 王旭熙，彭立，苏春江，马宇翔，徐定德. 城镇化视角下长江经济带城市生态环境健康评价. 湖南大学学报(自然科学版)，2015，42(12)：132-140.

[213] 王永桂，张潇，张万顺. 流域突发性水污染事故快速模拟与预警系统. 环境科学与技术，2018，41(7)：164-171.

[214] 王玉国，杨洁，陈家宽. 长江流域野生猕猴桃遗传资源的潜在价值、现状分析与保护策略. 生物多样性，2018，26(4)：373-383.

[215] 王钰莹，何晴. 长江经济带产业结构调整的节能效应研究. 长江大学学报(社会科学版)，2017，40(4)：47-54.

[216] 王煜，翟振男，戴凌全. 补偿中华鲟产卵场水动力环境的梯级水库联合生态调度研究. 水利水电技术，2017，48(6)：91-97＋127.

[217] 王振华，李青云，陈进. 长江流域农村饮水安全现状、问题及对策. 水利发展研究，2017，17(12)：13-16.

[218] 温彦平，李纪鹏. 长江经济带城镇化与生态环境承载力协调关系研究. 国土资源科技管理，2017，34(6)：62-72.

[219] 吴传清，陈文艳. 长江经济带经济增长与环境质量关系的实证研究. 生态经济，2016，32(5)：34-37＋73.

[220] 吴传清，董旭. 环境约束下长江经济带全要素能源效率的时空分异研究——基于超效率 DEA 模型和 ML 指数法. 长江流域资源与环境，2015，24(10)：1646-1653.

[221] 吴传清，董旭. 新发展理念与长江经济带发展战略重点. 长江技术经济，2018，2(1)：12-19.

[222] 吴传清，黄磊. 承接产业转移对长江经济带中上游地区生态效率的影响研究. 武汉大学学报(哲学社会科学版)，2017a，70(5)：78-85.

[223] 吴传清，黄磊. 长江经济带绿色发展的难点与推进路径研究. 南开学报(哲学社会科学版)，2017b，(3)：50-61.

[224] 吴传清，黄磊. 长江经济带工业绿色发展绩效评估及其协同效应研究. 中国地质大学学报(社会科学版)，2018，18(3)：46-55.

[225] 吴传清，申雨琦，陈文艳. 长江经济带制造业集聚与环境效率关系的实证研究. 长江大学学报(社会科学版)，2017，40(5)：26-31.

[226] 吴传清，吴重仪. 长江经济带环境质量测度与提升策略. 宏观质量研究，2018，6(1)：1-14.

[227] 吴传清，张雅晴. 环境规制对长江经济带工业绿色生产率的门槛效应. 科技进步与对策，2018，35(8)：46-51.

[228] 吴国平，杨国胜. 长江流域水资源保护法规体系建设与思考. 人民长江，2016，47(12)：33-36＋41.

[229] 吴金明，王成友，张书环，张辉，杜浩，刘志刚，危起伟. 从连续到偶发：中华鲟在葛洲坝下发生小规模自然繁殖. 中国水产科学，2017，24(3)：425-431.

[230] 吴凌云，黄双全. 虫媒传粉植物荞麦的生物学特性与研究进展. 生物多样性，2018，26(4)：396-405.

[231] 吴舜泽，王东，姚瑞华. 统筹推进长江水资源水环境水生态保护治理. 环境保护，2016，44(15)：16-20.

[232] 吴昀晟，唐永凯，李建林，刘凯，李红霞，王钦，俞菊华，徐跑. 环境 DNA 在长江江豚监测中的应用. 中国水产科学，2019，26(1)：124-132.

[233] 夏少霞，于秀波，刘宇，贾亦飞，张广帅. 鄱阳湖湿地现状问题与未来趋势. 长江流域资源与环境，2016，25(7)：1103-1111.

[234] 向思，陈煦江. 长江经济带上游地区水污染审计机制的构建与实施路径探讨. 绿色财会，2017，(4)：12-16.

[235] 向文,涂建军,李琪,朱月,刘莉. 基于灰色预测模型的长江经济带城市土地生态安全预警. 生态科学,2018,37(2):78-88.

[236] 肖金成,刘通. 长江经济带:实现生态优先绿色发展的战略对策. 西部论坛,2017a,27(1):39-42.

[237] 肖金成,刘通. 长江经济带生态优先绿色发展路径研究. 长江技术经济,2017b,1(1):18-24.

[238] 谢锋,周伟,曹银贵. 长江经济带城市建设用地集约水平分析. 中国矿业,2017,26(S2):155-161+175.

[239] 谢平. 长江的生物多样性危机——水利工程是祸首,酷渔乱捕是帮凶. 湖泊科学,2017,29(6):1279-1299.

[240] 谢宗强,陈伟烈. 长江流域稀有濒危植物特征及其优先保护等级. 植物学报,1999,41(9):1010-1015.

[241] 辛小康,贾海燕. 长江流域水资源保护现状分析与关键技术研究展望. 三峡生态环境监测,2018,3(2):13-20.

[242] 邢贞成,王济干,张婕. 长江经济带全要素生态效率的时空分异与演变. 长江流域资源与环境,2018,27(4):792-799.

[243] 熊兴,储勇. 基于生态足迹的长江经济带生态补偿机制研究. 重庆工商大学学报(自然科学版),2017,34(6):94-102.

[244] 徐德毅. 长江流域水生态保护与修复状况及建议. 长江技术经济,2018,2(2):19-24.

[245] 徐梦佳,刘冬,葛峰,林乃峰. 长江经济带典型生态脆弱区生态修复和保护现状及对策研究. 环境保护,2017,45(16):50-53.

[246] 徐添翼,唐文乔. 长江口两种江豚亚种体脂内多氯联苯同分异构体含量的比较分析. 动物学杂志,2016,51(3):337-346.

[247] 徐添翼,姚思聪,樊明宁,唐文乔. 长江口窄脊江豚东亚亚种体内几种微量元素的含量及分布. 动物学杂志,2016,51(1):22-32.

[248] 徐卫华,欧阳志云,张路,李智琦,肖燚,朱春全. 长江流域重要保护物种分布格局与优先区评价. 环境科学研究,2010,23(3):312-319.

[249] 续衍雪,吴熙,路瑞,杨文杰,赵越. 长江经济带总磷污染状况与对策建议. 中国环境管理,2018,10(1):70-74.

[250] 薛达元,武建勇. 长江中上游生物多样性与保护研究——以滇西北为例. 环境保护,2016,44(15):31-35.

[251] 颜海娜,曾栋. 河长制水环境治理创新的困境与反思——基于协同治理的视角. 北京行政学院学报,2019,(2):7-17.

[252] 燕然然,蔡晓斌,王学雷,厉恩华,邓帆,李辉,姜刘志,赵素婷. 长江流域湿地自然保护区分布现状及存在的问题. 湿地科学,2013,11(1):136-144.

[253] 杨光明,时岩钧,杨航,石良娟. 长江经济带背景下三峡流域政府间生态补偿行为博弈分析及对策研究. 生态经济,2019,35(4):202-209+224.

[254] 杨骞,王弘儒. 长江经济带水污染排放的地区差异及影响因素研究:2004—2014. 经济与管理评论,2016,32(5):141-147.

[255] 杨开元,孙芳城,郭海蓝. 面向流域的饮用水水源污染防治机制改革——以长江经济带为分析对象. 西部论坛,2018,28(5):91-98.

[256] 杨倩,胡锋,陈云华,张晓岚. 基于水经济学理论的长江经济带绿色发展策略与建议. 环境保护,2016,44(15):36-40.

[257] 杨小林,李义玲. 长江流域水污染事故时空特征及其环境库兹涅茨曲线检验. 安全与环境学报,2015,

15(2):288-291.

[258] 杨云平,张明进,李义天,张为,由星莹,朱玲玲,王冬.长江三峡水坝下游河道悬沙恢复和床沙补给机制.地理学报,2016,71(7):1241-1254.

[259] 杨志,唐会元,龚云,董纯,陈小娟,万成炎,常剑波.正常运行条件下三峡库区干流长江上游特有鱼类时空分布特征研究.三峡生态环境监测,2017,2(1):1-10.

[260] 姚磊,陈盼盼,胡利利,李亦秋.长江上游流域水电开发现状与存在的问题.绵阳师范学院学报,2016,35(2):91-97.

[261] 姚萍萍,王汶,孙睿,岳兵,刘刚.长江流域湿地生态系统健康评价.气象与环境科学,2018,41(1):12-18.

[262] 姚瑞华,王东,孙宏亮,孙运海,赵越.长江流域水问题基本态势与防控策略.环境保护,2017,45(19):46-48.

[263] 叶必丰.长江经济带国民经济和社会发展规划协同的法律机制.中国政法大学学报,2017,(4):5-15+158.

[264] 叶俊伟,张云飞,王晓娟,蔡荔,陈家宽.长江流域林木资源的重要性及种质资源保护.生物多样性,2018,26(4):406-413.

[265] 尹炜.长江经济带水生态环境保护现状与对策研究.三峡生态环境监测,2018,3(3):2-7+95.

[266] 尹炜,卢路.长江流域水生态文明建设视角下的水资源保护体系研究.三峡生态环境监测,2018,3(2):9-12.

[267] 游珍,蒋庆丰.长江经济带生态网络体系及管理模式的构建.南通大学学报(社会科学版),2018,34(3):37-44.

[268] 于晓东,罗天宏,伍玉明,周红章.长江流域兽类物种多样性的分布格局.动物学研究,2006,27(2):121-143.

[269] 于悦,庞美霞,俞小牧,童金苟,沈建忠.利用微卫星分子标记分析长江、赣江和鄱阳湖鲢群体遗传结构.华中农业大学学报,2016,35(6):104-110.

[270] 余淑均,李雪松,彭哲远.环境规制模式与长江经济带绿色创新效率研究——基于38个城市的实证分析.江海学刊,2017,(3):209-214.

[271] 云泽宇,戴胜利.长江经济带工业污染与经济发展关系实证研究.未来与发展,2018,42(11):64-68+116.

[272] 詹国辉,熊菲.河长制实践的治理困境与路径选择.经济体制改革,2019,(1):188-194.

[273] 张枫,张保卫,唐文乔,刘健,吴建辉,唐斌.长江口江豚的遗传多样性现状及种群动态.上海海洋大学学报,2018,27(5):656-665.

[274] 张光贵,张屹.洞庭湖区城市饮用水源地水环境健康风险评价.环境化学,2017,36(8):1812-1820.

[275] 张厚明,秦海林.长江经济带"重化工围江"问题研究.中国国情国力,2017,(4):38-40.

[276] 张荣天,焦华富.长江经济带城市土地利用效率格局演变及驱动机制研究.长江流域资源与环境,2015,24(3):387-394.

[277] 张天赐,居涛,李松海,谢燕,王丁,王志陶,王克雄.长江和畅洲江段大型船舶的噪声特征及其对长江江豚的潜在影响.兽类学报,2018,38(6):543-550.

[278] 张玮,刘宇.长江经济带绿色水资源利用效率评价——基于EBM模型.华东经济管理,2018,32(3):67-73.

[279] 张文驹,戎俊,韦朝领,高连明,陈家宽.栽培茶树的驯化起源与传播.生物多样性,2018,26(4):357-372.

[280] 张晓可，刘凯，万安，陈敏敏，刘志刚，连玉喜，于道平. 安庆西江浮游动物群落结构及江豚生存状况评估. 水生生物学报，2018，42(2)：392-399.

[281] 张馨月，钱宝，樊云，彭春兰. 长江干流宜昌段浮游植物群落结构初步研究. 人民长江，2017，48(3)：28-32＋47.

[282] 张星灿，曹俊文. 雾霾约束下的长江经济带能源效率的空间差异研究. 科技与经济，2018，31(4)：106-110.

[283] 张雅杰，刘辉智. 长江经济带城镇化与生态环境耦合协调关系的时空分析. 水土保持通报，2017，37(6)：334-340.

[284] 张阳武. 长江流域湿地资源现状及其保护对策探讨. 林业资源管理，2015，(3)：39-43.

[285] 张泽义. 环境污染、长江经济带绿色城镇化效率及其影响因素——基于综合城镇化视角. 财经论丛，2018，(2)：3-10.

[286] 张治国. 河长制立法：必要性、模式及难点. 河北法学，2019，37(3)：29-41.

[287] 张卓然，唐晓岚，贾艳艳. 保护地空间分布特征与影响因素分析——以长江中下游为例. 安徽农业大学学报，2017，44(3)：439-447.

[288] 赵峰，王思凯，张涛，杨刚，王妤，庄平. 春季长江口近海中华鲟的食物组成. 海洋渔业，2017，39(4)：427-432.

[289] 赵爽，江心英. 基于三阶段 DEA 和 Malmquist 指数的长江经济带工业碳排放绩效研究. 财经理论研究，2018，(4)：68-77.

[290] 赵晓梦，刘传江. 节能减排约束下全要素生产率再估算及增长动力分析——基于长江经济带数据的研究. 学习与实践，2016，(8)：12-22.

[291] 赵鑫，孙欣，陶然. 去产能视角下的长江经济带能源生态效率评价及收敛性分析. 太原理工大学学报(社会科学版)，2016，34(5)：45-50.

[292] 赵耀，陈家宽. 长江流域农作物起源及其与生物多样性特征的关联. 生物多样性，2018，26(4)：333-345.

[293] 郑垂勇，朱晔华，程飞. 城镇化提升了绿色全要素生产率吗？——基于长江经济带的实证检验. 现代经济探讨，2018，(5)：110-115.

[294] 郑雅方. 论长江大保护中的河长制与公众参与融合. 环境保护，2018，46(21)：41-45.

[295] 钟茂初. 长江经济带生态优先绿色发展的若干问题分析. 中国地质大学学报(社会科学版)，2018，18(6)：8-22.

[296] 周冯琦，陈宁. 优化长江经济带化学工业布局的建议. 环境保护，2016，44(15)：25-30.

[297] 周建军，张曼. 当前长江生态环境主要问题与修复重点. 环境保护，2017，45(15)：17-24.

[298] 周建军，张曼. 近年长江中下游径流节律变化、效应与修复对策. 湖泊科学，2018，30(6)：1471-1488.

[299] 周建军，张曼，李哲. 长江上游水库改变干流磷通量、效应与修复对策. 湖泊科学，2018，30(4)：865-880.

[300] 周珂，史一舒. 论《长江法》立法的必要性、可行性及基本原则. 中国环境监察，2016，(6)：21-24.

[301] 周琴，肖昌虎，黄站峰，杨芳. 长江经济带取排水口和应急水源布局规划研究. 人民长江，2018，49(5)：1-5.

[302] 周莹莹，孙玉宇. 长江经济带城市碳排放的空间关联性研究. 北京交通大学学报(社会科学版)，2018，17(2)：52-60.

[303] 朱爱民，程郁春，周连凤，李嗣新. 三峡水库汛期运行对长江干支流浮游植物的影响. 水生态学杂志，2018，39(5)：22-30.

[304] 朱琦,周军,宋旭娜.以信息化手段助推长江经济带环境管理精准化的思考.环境保护,2018,46(5):47-50.
[305] 庄超,许继军.新时期长江经济带绿色发展的实践要义与法律路径.人民长江,2019,50(2):35-41+52.
[306] 邹辉,段学军.长江经济带经济环境协调发展格局及演变.地理科学,2016,36(9):1408-1417.
[307] 邹辉,段学军.长江沿江地区化工产业空间格局演化及影响因素.地理研究,2019,38(4):884-897.
[308] 邹家祥,翟红娟.三峡工程对水环境与水生态的影响及保护对策.水资源保护,2016,32(5):136-140.
[309] 邹晓涓.长江流域生态补偿的认知程度及偿付意愿调查.河北地质大学学报,2017,40(6):40-45.
[310] 左其亭,王鑫.长江经济带保护与开发的和谐平衡发展途径探讨.人民长江,2017,48(13):1-6.

致　谢

1. 中国科协科技智库青年人才计划项目“长江十年禁渔的生态-社会效益及体制机制优化路径研究”(项目编号:20220615ZZ07110416)
2. 江西省科技厅科技创新平台项目“江西省流域生态演变与生物多样性重点实验室”(项目编号:20181BCD40002)
3. 农业农村部长江流域渔政监督管理办公室咨询课题“长江大保护理论与政策研究”(项目编号:CJBRKT201801)
4. 农业农村部长江流域渔政监督管理办公室咨询课题“长江十年禁渔的价值、成效与政策研究”(项目编号:NYCJBZ15)
5. 国家自然科学基金面上项目“基于可持续生计框架的长江流域禁捕补偿政策绩效评估和优化研究”(项目编号:72173084)

后　记

《长江大保护理论、政策与科学研究》一书源于2018年承担农业农村部长江流域渔政监督管理办公室(以下简称“农业农村部长江办”)的合作项目“长江大保护理论与政策研究”。在该课题成果基础上,结合近年来关于长江保护与发展的思考和研究,我们进一步对本书内容做了大量补充和完善,特别是对长江大保护理论、规范性政策文件、长江保护科学研究特征和科技支撑的分析内容做了更新和完善。在此,特别感谢农业农村部长江办以及复旦大学咨政研究支持计划的大力支持,同时感谢所有对本书提出修改意见、提供过帮助与支持的专家、学者和朋友。限于作者研究能力和水平,不足和不当之处在所难免,敬请读者不吝指正。

编者

2022年9月

图书在版编目(CIP)数据

长江大保护理论、政策与科学研究/李琴,马涛,沈瑞昌著. —上海：复旦大学出版社，2024. 3
ISBN 978-7-309-15903-5

Ⅰ. ①长… Ⅱ. ①李… ②马… ③沈… Ⅲ. ①长江流域-生态环境-环境保护-研究②长江流域-经济发展-研究 Ⅳ. ①X321. 25②F127. 5

中国版本图书馆 CIP 数据核字(2021)第 178468 号

长江大保护理论、政策与科学研究
李 琴 马 涛 沈瑞昌 著
责任编辑/梁 玲

复旦大学出版社有限公司出版发行
上海市国权路 579 号 邮编：200433
网址：fupnet@fudanpress. com http://www. fudanpress. com
门市零售：86-21-65102580 团体订购：86-21-65104505
出版部电话：86-21-65642845
上海四维数字图文有限公司

开本 787 毫米×1092 毫米 1/16 印张 16. 75 字数 387 千字
2024 年 3 月第 1 版
2024 年 3 月第 1 版第 1 次印刷

ISBN 978-7-309-15903-5/X · 39
定价：59. 00 元